高职高专水利工程类专业“十二五”规划系列教材

工程水文及水利计算

主　编　宋萌勃　刘能胜　张银华
副主编　陈吉琴　徐成汉　刘艳芳
　　　　李太星　何国勤
主　审　邹响林　冉　曦

华中科技大学出版社
中国·武汉

内 容 提 要

本书根据高职高专水利水电建筑工程专业教学标准和基本教学要求编写。全书包括基础知识、河川径流形成的基本知识、水文资料的收集与整理、水文频率计算和相关分析、设计年径流和多年平均输沙量的分析计算、设计洪水的分析计算、水库兴利调节计算、水电站水能计算及主要参数选择、水库防洪调节计算、水库调度等内容。

本书可供水利类高等职业院校水利水电建筑工程专业教学使用，也可供水利类高等职业院校水利工程、水利水电工程管理、水利工程施工技术等专业的师生及水利水电工程技术人员阅读参考。

图书在版编目(CIP)数据

工程水文及水利计算/宋萌勃　刘能胜　张银华　主编.—武汉：华中科技大学出版社，2013.8(2022.1重印)

ISBN 978-7-5609-8806-1

Ⅰ.工…　Ⅱ.①宋…　②刘…　③张…　Ⅲ.①工程水文学-高等职业教育-教材　②水利水电工程-水利规划-高等职业教育-教材　Ⅳ.TV

中国版本图书馆 CIP 数据核字(2013)第 069730 号

工程水文及水利计算　　宋萌勃　刘能胜　张银华　主编

策划编辑：谢燕群　熊　慧
责任编辑：熊　慧
封面设计：李　嫚
责任校对：朱　霞
责任监印：周治超
出版发行：华中科技大学出版社(中国・武汉)　　电话：(027)81321913
　　　　　武汉市东湖新技术开发区华工科技园　　邮编：430223
录　　排：武汉市洪山区佳年华文印部
印　　刷：武汉市籍缘印刷厂
开　　本：787mm×1092mm　1/16
印　　张：17.25
字　　数：446 千字
版　　次：2022 年 1 月第 1 版第 8 次印刷
定　　价：38.80 元

高职高专水利工程类专业“十二五”规划系列教材

编审委员会

前　言

本书属于由华中科技大学出版社牵头、多所知名水利水电类高等职业院校负责组织编写的高职高专水利工程类专业“十二五”规划系列教材，是水利类高等职业技术学院水利水电各专业主干专业基础课教材之一。

本书除基础知识外共分为9个项目。项目2，河川径流形成的基本知识；项目3，水文资料的收集与整理；项目4，水文频率计算和相关分析；项目5，设计年径流和多年平均输沙量的分析计算；项目6，设计洪水的分析计算；项目7，水库兴利调节计算；项目8，水电站水能计算及主要参数选择；项目9，水库防洪调节计算；项目10，水库调度。内容大致按60学时编排。在编写过程中，编者尽力体现现代高职高专教学特点，注重实践能力培养，突出实用性和职业性，便于学生学习和掌握。

参加本书编写的有：长江工程职业技术学院的宋萌勃（项目1、项目2）、李太星（项目3）、何国勤（项目5）、徐成汉（项目7、项目8的任务1至任务3）、陈吉琴（项目8的任务4、任务5、项目10），湖北水利水电职业技术学院的刘能胜（项目6），河南水利与环境职业学院的刘艳芳（项目4）、张银华（项目9）。全书由宋萌勃担任主编并统稿。武汉船舶职业技术学院邹响林副教授、长江水利委员会水文局冉曦高级工程师任主审。

在本书的编写过程中，承蒙各编写人所在学院给予的大力支持。本书参考并引用了各种教材和文献资料，除已列出外，其余未能一一注明，特此一并表示真诚感谢。

由于编者水平有限，不足之处在所难免，敬请读者对本书中的缺点和错误予以批评指正。

编　者

2013年5月

目　录

项目1　基础知识

【任务目标】

正确理解水文学和水资源的含义；了解我国水资源的概况、特点及开发利用现状，了解水文现象的基本特性及研究方法；初步了解本课程的研究内容及其在水资源开发利用工程中的应用。

任务1　我国水资源概况及其开发利用

模块1　水文学与水资源的含义

1. 水文学

水文学是研究自然界各种水体的存在、循环、分布和运动规律，探讨水体的物理与化学特性，以及水体对环境与生物的影响和作用的一门学科。它是地球物理学和自然地理学的分支学科。存在于大气层中(水汽)、地球表面(如江河、湖沼、海洋)和地壳内部(地下水)各种形态的水统称为水体。地球上的总水量约为13.86亿立方千米，但其中96.5%(13.37亿立方千米)的水是海水，覆盖地球总面积(5.1亿平方千米)的71%；陆地上的水量约为0.48亿立方千米，占总水量的3.5%。而陆地水中有1.7%存在于极地冰雪中，1.7%存在于地下水中，仅有2.86%存在于地面和大气中。

2. 水资源

水资源是人类生产和生活不可缺少的自然资源，也是生物赖以生存的环境资源。2011年中国政府中央1号文件《关于加快水利改革发展的决定》指出“水是生命之源、生产之要、生态之基”。对于水资源，目前还没有非常明确的定义，但比较普遍的说法有广义和狭义之分。广义的水资源是指地球上水的总体，包括大气中的降水、河湖中的地表水、浅层和深层的地下水、冰川、海水等。狭义的水资源是指与生态系统保护和人类生存与发展密切相关的、在现有的经济技术条件下可供人们开发利用的，而又逐年能够得到恢复和更新的淡水。水资源一般包括水量和水质两个方面。降水、地表水和地下水及其相互转化构成水资源系统。大气降水是其总补给来源。但是，随着科学技术和社会经济的不断发展，狭义水资源的内涵也是在不断发展变化的。现在人们常说的水资源一般是指狭义的水资源。

水资源不同于静态的矿产资源，是一种动态资源。其特点主要表现为流动性、再生性、有限性、时空分布不均匀性、多用途性、不可替代性和利害双重性。人们在长期的生产、生活过程中，为了自身和环境的需要在不断地认识和开发利用水资源，其内容包括兴水利、除水害和保护水环境。兴水利主要指农田灌溉、水力发电、城乡给排水、水产养殖、航运等；除水害主要指防止洪水泛滥成灾；保护水环境主要指防治水污染，维护生态平衡，为子孙后代的可持续利用和发展留一片绿水青山。

模块 2　我国的水资源概况

1. 我国的水资源总量

我国位于北半球欧亚大陆的东南部，气候特点是，季风显著，大陆性强，复杂多样，主要受气候因素控制的降水分布很不均匀。据统计，我国多年平均降水量为 6.19 万亿立方米，折合 649 mm，低于全球平均值 800 mm，也低于亚洲平均值 740 mm。其中 56% 耗于蒸散发，44% 形成河川径流。我国多年平均年地表水资源量为 27115 亿立方米，多年平均地下水资源量为 8288 亿立方米，扣除两者的重复计算量 7279 亿立方米后，我国多年平均水资源总量为 28124 亿立方米（见表 1-1），位于巴西、苏联、加拿大、美国、印度尼西亚之后，居第六位，如表 1-2 所示。但最新公布数据为：全国多年平均水资源总量为 28405 亿立方米，其中河川径流量为 27328 亿立方米，地下水资源量为 8226 亿立方米，两者重复量为 7149 亿立方米（王浩，《中国水资源问题及其科学应对》）。

表 1-1　中国分区年降水、年河川径流、年地下水、年水资源总量统计

分　　区	计算面积 /km^2	年降水量		年河川径流		年地下水 /亿立方米	年水资源总量 /亿立方米
		总量 /亿立方米	深 /mm	总量 /亿立方米	深 /mm		
黑龙江流域片(中国境内)	903418	4476	496	1166	129	431	1352
辽河流域片	345027	1901	551	487	141	194	577
海滦河流域片	318161	1781	560	288	91	265	421
黄河流域片	794712	3691	164	661	83	406	744
淮河流域片	329211	2803	860	741	225	393	961
长江流域片	1808500	19360	1071	9513	526	2464	9613
珠江流域片	58041	8967	1554	4685	807	1115	4708
浙闽台诸河片	2398038	4216	1758	2557	1066	613	2592
西南诸河片	851406	9346	1098	5853	688	1544	5853
内陆诸河片	3321713	5113	154	1064	32	820	1200
额尔齐斯河片	52730	208	395	100	190	43	103
合　　计	11180957	61862	8661	27115	3978	8288	28124

表 1-2　世界主要国家年径流量、人均和单位面积耕地占有量

国　　家	年径流量 /亿立方米	每平方公里国土面积产水量/万立方米	人口 /亿	人均占有水量 /(m^3/人)	耕地 /($\times 10^8$ m^2)	单位耕地面积水量/(m^3/100 m^2)
巴西	69500	81.5	1.49	46808	32.3	215170
苏联	54660	24.5	2.80	19521	226.7	24111
加拿大	29010	29.3	0.28	103607	43.6	66536
美国	24780	26.4	2.50	9912	189.3	13090

续表

国　　家	年径流量/亿立方米	每平方公里国土面积产水量/万立方米	人口/亿	人均占有水量/(m^3/人)	耕地/($\times 10^8$ m^2)	单位耕地面积水量/(m^3/100 m^2)
印度尼西亚	25300	132.8	1.83	13825	14.2	178169
中国	27115	28.4	11.54	2350	97.3	27867
印度	20850	60.2	8.50	2464	164.7	12662
日本	5470	147.0	1.24	4411	4.33	126328
全世界	468000	31.4	52.94	8840	1326.0	35294

资料来源：陈家琦，王浩. 水资源学概论[M]. 北京：中国水利水电出版社，1996。

2. 我国水资源的特点

(1) 水资源总量大，但人均、亩均占有量较少。

尽管我国水资源总量较大，但我国国土辽阔，人口众多，人均、亩均占有水量都较低。按1985年人口统计，人均水资源量为2700 m^3，只相当于世界人均水平的1/4，居世界人均数的第88位。加拿大的为中国的48倍，巴西的为中国的16倍，印度尼西亚的为中国的9倍，苏联的为中国的7倍，美国的为中国的5倍，而且这一数值也低于日本、墨西哥、法国、南斯拉夫、澳大利亚等国家的。预计到2030年我国人口将增至16亿，人均水资源将降至1760 m^3，按国际公认的标准，属于水资源紧张国家，而且各省(市)人均水资源量也差别很大。耕地亩均占有河川径流量也只有1900 m^3，相当于世界亩均水量的2/3左右，远低于印度尼西亚、巴西、日本和加拿大的水平。

(2) 水资源的地区分布不均匀，水土资源的组合不相匹配。

我国的年降水量在东南沿海地区最高，逐渐向西北内陆地区递减。黄河、淮河、海河三流域，土地面积占全国的13.4%，耕地占全国的39%，人口占35%，GDP占32%，而水资源量仅占7.7%，人均约500 m^3，耕地亩均少于400 m^3，是我国水资源最紧张的地区；西北内陆河流域，土地面积占全国的35%，耕地占全国的5.6%，人口占2.1%，GDP占1.8%，水资源占4.8%。该地区属干旱区，但人口稀少，水资源人均约5200 m^3，亩均约1600 m^3。

(3) 水资源时间分布极不均衡，年际、年内变化大，水旱灾害频繁。

我国大部分地区受季风气候影响，水资源的年际、年内变化大。南方地区最大径流量与最小径流量的比值达2～4，北方的高达3～8。南方汛期的水量可占全年径流量的60%～70%，华北平原和辽宁沿海的可达80%以上。全国大部分地区每年汛期连续4个月的降水量占全年的60%～80%。降水量的年际剧烈变化造成江河的特大洪水和严重枯水，甚至发生连续丰水年和连续枯水年组。如黄河在1922—1933年，连续12年为枯水年，径流量比正常年的少24%，而1943—1951年，连续9年为丰水年，其水量比正常年的多19%；松花江在1916—1928年，连续13年为枯水年，其水量比正常年的少40%，而1960—1966年，连续7年为丰水年，其水量比正常年的多32%。大部分水资源量集中在汛期以洪水的形式出现，利用困难，且易造成洪涝灾害。近1个世纪以来，受气候变化和人类活动的影响，我国水旱灾害更加频繁，平均每2～3年就有一次水旱灾害，如1991年的长江大洪水，1998年的长江和松花江大洪水，1999年、2000年北方及黄淮流域的大旱，灾害损失愈来愈严重。水旱灾害仍然是中华民族的心腹之患。

(4) 天然水质好，但水污染日趋严重。

我国河流的天然水质是相当好的，但由于人口的不断增长和工业的迅速发展，废污水的排放量增加很快，水体污染日趋严重。1999 年废污水日排放量达 606 亿吨，80%以上的废污水未经任何处理直接排入水域，使河流、湖泊遭受了不同程度的污染。根据 1999 年水质监测结果，全国 11 万公里长的河流中有 37.6%被污染(Ⅳ类水质以上)，被调查的 24 个湖泊中有 5 个湖泊部分水体受到污染，9 个湖泊受到严重污染。水污染加剧了一些地区的缺水程度。长江三角洲和珠江三角洲，由于水体受到污染，成为污染型(水质型)缺水区。1994 年淮河特大污染事故造成苏、皖两省 150 万人饮水困难。1996 年春节后，淮河再次出现大污染，致使蚌埠 70 万人陷入水荒。水污染造成了巨大的经济损失，1994 年 7 月淮河流域一次污染事故直接经济损失高达 2 亿元。

(5) 水土流失严重，河湖库泥沙淤积问题突出。

由于自然条件的限制和长期以来人类活动的结果，我国森林覆盖率很低，水土流失严重。据统计，目前全国森林覆盖率只有 12.5%，居世界第 120 位。全国水土流失面积为 357 万平方公里，占国土面积的 38%。根据近 20 多年的泥沙观测资料统计分析，全国输沙模数大于 1000 t/km^2 的面积达 60 万平方公里。黄河中游黄土高原地带是中国水土流失最严重的地区，年输沙模数大于 5000 t/km^2 的面积就有 15.6 万平方公里。水土流失造成许多河流含沙量增大，泥沙淤积严重，北方河流更为突出。全国平均每年进入河流的悬移质泥沙约 35 亿吨，其中有 20 亿吨淤积在外流区的水库、湖泊、中下游河道和灌区内。黄河是我国泥沙最多的河流，也是世界罕见的多沙河流，年平均含沙量在 1000 kg/m^3 以上，居世界大河首位。

(6) 河道功能退化，湖泊面积缩小。

20 世纪 80 年代以来，我国特别是北方河流实测径流量较其天然径流量呈显著的减少趋势，许多河流(段)实测径流量仅为其天然径流量的 20%～40%，部分河流(段)的仅为 10%左右，有的河流(段)甚至常年干涸。初步调查的北方 514 条河流中，有 49 条河流发生断流，其断流河段长度总计达到 7428 km。20 世纪 50 年代以来，全国面积大于 10 km^2 的 635 个湖泊中，目前有 231 个湖泊发生不同程度的萎缩，其中干涸湖泊 89 个；湖泊总萎缩面积约 1.38 万平方公里(含干涸面积 0.43 万平方公里)，约占现有湖泊面积 7.7 万平方公里的 18%，湖泊储水量减少(不含干涸湖泊)517 亿立方米。洞庭湖在 1949—1983 年的 35 年间湖区面积已减少了 1459 km^2，平均每年减少 41.7 km^2，容量共减少 115 亿立方米，平均每年减少 3.3 亿立方米。如果按此速率发展，50 年内洞庭湖就会消失。

(7) 地下水超采严重。

由于缺少地表水或者地表水严重污染，我国许多地区不得不依靠过度开采地下水维持经济社会发展，特别是近 30 年超采尤其严重。全国目前已形成深浅层地下水超采区 400 多个，地下水超采区总面积近 19 万平方公里，约占平原区总面积的 11%。地下水超采已导致全国超过 9 万平方公里的面积发生不同程度的地面沉降，最大累积沉降量达 3040 mm；海水入侵总面积超过 1500 km^2；地下咸水入侵面积约 1160 km^2。

3. 我国的水能资源

2005 年复查结果表明，我国大陆水力资源理论蕴藏量在 1 万千瓦及以上的河流共 3886 条，水力资源理论蕴藏量年电量为 60829 亿千瓦时，平均功率为 69440 万千瓦；技术可开发装机容量为54164万千瓦，年发电量为24740亿千瓦时；经济可开发装机容量为40180万千瓦，年发电量为17534亿千瓦时。主要特点：一是资源总量丰富，水能蕴藏量和可开发量均居世界首位，但人均资源量较低。以电量计，人均资源量只有世界平均值的70%左右。二是水电资源分布不均，与经济发展不匹配。水电资源量的75%集中在经济发展相对滞后的西部地区，而经济发达、人口集中的东部沿海11省市仅占6%，其用电量却占全国的51%。从河流看，我国水电资源主要集中在长江、黄河的中上游，雅鲁藏布江的中下游，珠江、澜沧江、怒江和黑龙江上游，这7条江河可开发的大、中型水电资源都在1000万千瓦以上，总量约占全国大、中型水电资源量的90%（见表1-3）。三是江河来水量年内、年际变化大，水电开发利用的难度较大。年径流最大量与最小量的比值，长江、珠江、松花江的为2～3，淮河的达15，海河的更达20之多。四是开发利用不足。至2003年年底，全国水电开发量仅占可开发量的24%左右，远低于发达国家平均60%以上的开发程度。

表1-3 全国各流域水能蕴藏量和可开发量统计表

流域	理论蕴藏量			可开发量		
	理论出力/万千瓦	年发电量/亿千瓦时	占全国/(%)	装机容量/万千瓦	年发电量/亿千瓦时	占全国/(%)
全国	67604.71	59221.8	100	37853.24	19233.04	100
长江	26801.77	23478.4	39.6	19724.33	10274.98	53.4
黄河	4054.8	3552	6	2800.39	1169.91	6.1
珠江	3348.37	2933.2	5	2485.02	1124.78	5.8
海滦河	294.4	257.9	0.4	213.48	51.68	0.3
淮河	144.96	127	0.2	66.01	18.94	0.1
东北诸河	1530.6	1340.8	2.3	1370.75	439.42	2.3
东南沿海诸河	2066.78	1810.5	3.1	1389.68	547.41	2.9
西南国际诸河	9690.15	8488.6	14.3	3768.41	2098.68	10.9
雅鲁藏布江及西藏其他河流	15974.33	13993.5	23.6	5038.23	2968.58	15.4
北方内陆及新疆诸河	3698.55	3239.9	5.5	996.94	538.66	2.8

模块3 我国水资源开发利用现状

新中国成立以来，水利事业取得了长足的发展，水资源开发利用成绩斐然。至2007年底，全国已累计建成各类水库85412座，水库总库容达6345亿立方米，其中大型水库493座，总库容为4836亿立方米；中型水库3110座，总库容为883亿立方米。累计治理水土流失面积达99.9万平方公里，累计建成江河堤防长达28.38万公里，保护人口5.6亿人，保护耕地46000千公顷。同时，灌溉事业也得到了蓬勃发展，建成万亩以上灌区5869处，全国农田有效灌溉面积达57782千公顷，占全国耕地面积的44.4%。全国工程节水灌溉面积达到23489千公顷，全国农业灌溉水利用系数达0.47。到2008年年底，中国已建水电装机容量达到1.72亿千瓦，发电量将近6000亿千瓦时，占全国总发电装机容量的20%、总发电量的15%左右，远超美国跃居世界第一。到 2010 年，我国水电装机容量已突破 2 亿千瓦。2012 年 7 月 4 日，三峡工程最后一台 70 万千瓦巨型机组正式交付投产，这标志着总装机容量达到 2250 万千瓦（左、右岸电站和地下电站 32 台 70 万千瓦的水轮发电机组，2 台 5 万千瓦的电源机组）的世界装机容量最大的巨型水电站全面投产发挥效益。我国已建和在建的 10 个特大型水电站如表 1-4 所示。世界已建成的 10 大水电站如表 1-5 所示。根据国家有关发展规划，到 2020 年，全国水电装机容量将达到 3.0 亿千瓦，占电力总装机容量（12 亿千瓦）的 25％。届时水能资源开发程度将达到 45％，中国将成为名副其实的水电大国。

表 1-4　我国已建和在建的 10 个特大型水电站

（按装机容量大小排）

序号	名称	坝高/m	库容/亿立方米	正常蓄水位/m	装机容量/万千瓦	年平均发电量/亿千瓦时	所在河流	备　注
1	三峡	181	393	175	2250	1000	长江干流	(14＋12＋6)×70 万千瓦＋2×5 万千瓦
2	溪洛渡	278	126.7	600	1260	571.2	金沙江	(9＋9)×70 万千瓦
3	白鹤滩	277	206	820	1200	515	金沙江	16×75 万千瓦
4	乌东德	264	42.18	950	870	320	金沙江	12×72.5 万千瓦
5	向家坝	161	51.63	380	640	307.47	金沙江	8×75 万千瓦
6	龙滩	216.5	273	400	630	187	红水河	9×70 万千瓦
7	糯扎渡	261.5	227.41	812	585	239.12	澜沧江	9×65 万千瓦
8	锦屏Ⅱ	37	0.1428	1646	480	242.3	雅砻江	8×60 万千瓦
9	小湾	294.5	151.32	1240	420	190.6	澜沧江	6×70 万千瓦
10	拉西瓦	250	10.79	2452	420	102.23	黄河	6×70 万千瓦

全国总用水量从 1949 年的 1031 亿立方米，增加到 2010 年的 6022.0 亿立方米。其中生活用水占 12.7％，工业用水占 24.0％，农业用水占 61.3％，生态与环境补水（仅包括人为措施供给的城镇环境用水和部分河湖、湿地补水）占 2.0％。2010 年全国用水消耗总量为 3182.2 亿立方米，其中农业耗水占 73.6％，工业耗水占 11.2％，生活耗水占 12.4％，生态与环境补水耗水占 2.8％。全国综合耗水率（消耗量占用水量的百分比）为 53％，干旱地区耗水率普遍大于湿润地区的。各类用户耗水率差别较大，农田灌溉的为 63％，工业的为 25％，城镇生活的为 30％，农村生活的为 86％。2010 年用水指标：全国人均用水量为 450 m^3，万元国内生产总值（当年价格）用水量为 150 m^3。城镇人均生活用水量（含公共用水）为每日 193 m^3，农村居民人均生活用水量为每日 83 m^3，农田实灌面积亩均用水量为 421 m^3，万元工业增加值（当年价格）用水量为 90 m^3。

根据 2010 年水资源公报，全国总供水量为 6022.0 亿立方米，占当年水资源总量的 19.5％。其中，地表水源供水量占 81.1％，地下水源供水量占 18.4％，其他水源供水量占 0.5％。在地表水源供水量中，蓄水工程占 32.3％，引水工程占 33.9％，提水工程占 30.8％，水资源一级区间调水占 3.0％。在地下水源供水量中，浅层地下水占 81.7％，深层承压水占 17.9％，微咸水占 0.4％。

2000—2010年，全国水资源开发利用率为21%。北方地区水资源开发利用率平均为50%，其中辽河、黄河流域的分别为87%和73%；南方地区水资源开发利用率为14%。全国地表水资源开发利用率为18%，北方地区平均地表水资源开发利用率为38%，海河、黄河和辽河流域的分别为76%、63%和59%；南方地区地表水资源开发利用率为14%。

2010年，对全国17.2万公里的河流水质状况进行监测评价，Ⅰ类水河长占6.0%，Ⅱ类水河长占29.3%，Ⅲ类水河长占26.8%，水质为Ⅳ类和劣于Ⅳ类的河长占总评价河长的37.9%，特别是水质为劣Ⅴ类的河长占17.5%。

世界已建成的10个特大型水电站如表1-5所示。

表1-5　世界已建成的10个特大型水电站

（按装机容量大小排）

序号	名称	大坝			库容/亿立方米	正常蓄水位/m	装机容量/万千瓦	年平均发电量/亿千瓦时	所在国家	所在河流	控制面积/万平方公里	备注
		坝型	坝高/m	坝长/m								
1	三峡	混凝土重力坝	181	2309.47	393	175	2250	1000	中国	长江	100	(14+12+6)×70万千瓦+2×5万千瓦
2	伊泰普	混凝土空心重力坝	196	7744	290	220	1260	790	巴西/巴拉圭	巴拉那	82	18×70万千瓦
3	溪洛渡	混凝土双曲拱坝	278	698.09	126.7	600	1260	571.2	中国	金沙江	45.4375	(9+9)×70万千瓦
4	古里	混凝土重力坝	162	1400	1350	270	1006	510	委内瑞拉	卡罗尼	8.5	(10×27.6+10×73)万千瓦
5	大古力	混凝土重力坝	168	1272	197.4	393	888	216	美国	哥伦比亚	19.2	(18×12.5+2×50+5×70+3×60)万千瓦
6	图库鲁伊	土坝	106	7810	503	72	837	324	巴西	托坎廷斯河	75.8	(12×35+2×2.25+11×37.5)万千瓦
7	拉格兰德河Ⅱ	斜心墙堆石坝	160	2854	613	175.3	732.6	433	加拿大	拉格兰德	9.8	(16+6)×33.3万千瓦
8	萨扬舒申斯克	混凝土重力拱坝	245	1066	313	540	640	235	俄罗斯	叶尼塞河	18	10×64万千瓦
9	克拉斯诺雅尔斯克	混凝土重力坝	124	1175	733	243	600	204	俄罗斯	叶尼塞河	28.8	12×50万千瓦
10	丘吉尔瀑布	土坝(88座)	32	5506	334	448.6	542	345	加拿大	丘吉尔河	6.93	11×47.5万千瓦

任务2　水文现象及其研究方法

模块1　水文现象的基本特性

地球上的水在太阳辐射和重力作用下周而复始地循环着，水在循环过程中存在和运动的各种形态（如降雨、蒸发、河流中的洪水、枯水）统称为水文现象。水文现象属于自然现象的一种，它和其他自然现象一样，是许许多多复杂影响因素综合作用的结果。这些因素按其影响作用分为必然性因素和偶然性因素两类。其中，必然性因素起主导作用，决定着水文现象发生、发展的趋势和方向；而偶然性因素起次要作用，对水文现象的发展过程起着促进和延缓作用，使发展的确定趋势出现这样或那样的振荡、偏离。经过人们对水文现象的长期观察、观测、分析和研究，发现水文现象具有以下三种基本特点。

1. 水文现象的确定性

水文现象既然表现为必然性和偶然性两个方面，就可以从不同的侧面去分析研究。在水文学中通常按数学的习惯称必然性为确定性，偶然性为随机性。地球的自转和公转、昼夜、四季、海陆分布，以及一定的大气环境、季风区域等，使水文现象在时程变化上形成一定的周期性。如一年四季中的降水有多雨季和少雨季的周期变化，河流中的水量则相应呈现汛期和非汛期的交替变化。另外，降雨是形成河流洪水的主要原因，如果在一条河流流域上降一场暴雨，则这条河流就会出现一次洪水。若暴雨雨量大、历时长、笼罩面积大，形成的洪水就大。显然，暴雨与洪水之间存在着因果关系。这就说明，水文现象都有其发生的客观原因和具体形成的条件，它是服从确定性规律的。

2. 水文现象的随机性

自然界中的水文现象受众多因素的综合影响，而这些因素本身在时间上和空间上也在不断变化，并且相互影响，所以受其影响的水文现象也处于不断的变化之中，它们在时程上和数量上的变化过程表现出明显的不确定性，即具有随机性。如任一河流，年内汛、枯期起迄时间每年不同，各断面每年汛期出现的最大洪峰流量、枯季的最小流量及全年的来水量也会不一样。

3. 水文现象的地区性

由于气候因素和地理因素具有地区性特点，因此受其影响的河流水文现象在一定程度上也具有地区性特点。若气候因素和自然地理因素相似，则其水文现象在时空上的变化规律具有相似性。若气候因素和自然地理因素不相似，则其水文现象也具有比较明显的差异性。如我国南方湿润地区的河流，普遍水量丰沛，年内各月水量分配比较均匀，而北方干旱地区的大多数河流，水量不足，年内分配不均匀。

模块 2　水文学的基本研究方法

根据水文现象的基本特性，按不同的条件和要求，水文学的研究方法相应地可分为以下三类。

1. 成因分析法

由于水文现象与其影响因素之间存在着比较确定的因果关系，因此可以物理学原理为基础，通过对实测资料或实验资料的分析和检验，建立某一水文要素与其主要影响因素之间的定量关系或确定性模型，从而由当前的影响因素状况预测未来的水文情势。这种方法在水文预报上应用较多，但是，水文现象的影响因素非常复杂，使其在应用上受到一定的限制，目前并不能完全满足实际的需要。

2. 数理统计法

根据水文现象的随机性特点，运用概率论和数理统计的方法，分析实测资料系列水文特征值的统计规律，或者对主要水文现象与其影响因素进行相关分析，求出其经验关系。该方法对未来的水文情势作出概率预估，为工程的规划设计和施工提供基本依据。数理统计法是目前水文分析计算的主要方法。不过这种方法只注重水文现象的随机性特点，所得出的统计规律并不能揭示水文现象的本质和内在联系，因此，在实际应用中必须与成因分析法相结合。

3. 地区综合法

根据水文现象的地区性特点，气候和地理因素相似的地区，水文要素的分布也有一定的地区分布规律。可以依据本地区已有的水文资料进行分析计算，找出其地区分布规律，以等值线图或地区经验公式等形式表示，用于对缺乏实测资料的工程进行水文分析计算。

以上三种方法相辅相成，互为补充。在实际运用中应结合工程所在地的地区特点及水文资料情况，遵循“多种方法、综合分析、合理选用”的原则，为工程规划设计提供可靠的水文依据。

任务3 研究内容及其在水资源开发利用工程中的应用

水资源是一种特殊而宝贵的自然资源。对它的综合开发利用是国民经济建设中的一项重要任务，通常开发利用水资源的措施有工程措施（如修建蓄水、引水、提水、调水等水利工程）和非工程措施（如洪水预报，制定、颁布水资源开发利用、保护、管理及防洪等法规等）。无论采用何种措施，都需要研究掌握水资源的变化规律（如来水多少、用水要求等）。每一项工程的实施过程一般可以分为规划设计、施工和管理运用三个阶段。每一阶段的任务是不同的。本课程主要是研究水利水电工程建设各个阶段的水文问题，属于应用水文学的范畴，内容主要包括工程水文学和水利水电规划两大部分。

工程水文学是将水文学知识应用于水利水电工程建设的一门学科。它主要研究与水利水电工程建设有关的水文问题，即为水利水电等工程的规划、设计、施工和管理运用提供有关暴雨、洪水、年径流、泥沙等方面的分析计算和预报的水文依据。

水利水电规划则是根据国民经济的实际需要，以及水资源的客观情况，研究如何经济合理地开发利用水资源、治理河流，确定水利水电工程的开发方式、规模和效益，以及拟订水利水电工程的合理管理运用方式，等等。

（1）规划、设计阶段，其主要任务是方案论证，确定工程规模和效益。规模过大，造成工程投资上的浪费；过小，水资源不能充分利用，效益低。因此需研究河流水情的变化规律，对河流未来的水量、泥沙和洪水等水文情势作出合理的预估，经分析计算确定工程的各种参数，然后再经过不同方案（即不同的参数组合）的经济技术和环境评价、论证，从而确定最后的设计方案。

（2）施工阶段，其主要任务是为规划设计的工程顺利付诸实施提供预测服务。有的水利工程施工期较长（几季甚至几年），必须研究整个工程施工期的水文问题，如施工期的设计洪水或预报洪水大小、施工导流问题、水库蓄水计划等，从而确定临时建筑物（如围堰、导流隧洞等）的规模尺寸，以及编制工程初期蓄水方案等。

（3）管理运用阶段，其主要任务是在确保安全的前提下使建成的工程充分发挥效益。因此需根据未来一定时期的水文情势，确定最经济合理的调度运用方案。例如，为了控制有防洪任务的水库，需要进行洪水预报，以便提前腾空库容和及时拦蓄洪水。在工程建成以后，还要不断复核和修改设计阶段的水文计算成果，对工程进行改造。

总之，在开发利用水资源的过程中，为了建好、管好和用好各种水利工程，必须应用工程水文学与水利水电规划的基本知识和原理、方法。因此，本学科涉及的研究范围很广，内容丰富，并且还在不断发展之中，有些问题还需进一步探索。

复习思考题

1. 水文学和水资源的含义是什么？
2. 简要分析我国水资源的特点。
3. 试举例分析水文现象的基本特点及研究方法。
4. 水资源的基本特性是什么？
5. 本课程的主要内容有哪些？
6. 简要说明我国水能资源的特点。

项目 2　河川径流形成的基本知识

【任务目标】

熟悉水分循环的含义及产生的原因；了解河流与流域的基本概念及特征，了解降水的成因及分类，了解蒸发和下渗基本概念；正确理解径流的形成过程及水量平衡原理。

【技能目标】

会计算径流特征值；能正确表示降水特性并计算流域平均雨量；会使用水量平衡方程进行相关计算。

任务 1　自然界的水循环

地球表面的各种水体在太阳的辐射作用下，从海洋和陆地表面蒸发上升到空中，并随空气流动，在一定的条件下，冷却凝结形成降水又回到地面。降落在地面的雨水在重力的作用下，一部分经地面、地下形成径流并通过江河流回海洋，一部分又重新蒸发到空中，重复上述过程。水分的这种往复循环、不断转移交替的运动现象称为水分循环。由于它是通过降水、蒸发、径流等水文要素实现的，所以又称水文循环，简称水循环。

水循环可分为大循环和小循环。从海洋表面蒸发的水汽被气流输送到大陆上空，冷凝成降水后落到陆面，除其中一部分重新蒸发又回到空中外，大部分从地面和地下汇入河流重返大海，这种海洋与陆地之间的水分交换过程称为大循环。海洋表面蒸发的水分其中一部分在海洋上空冷凝，直接降落到海洋上，或者陆地上的部分水蒸发成水汽，冷凝后又降落到地面，这种局部的水循环称为小循环。

在水循环中，天空、地面、地下的水通过降水、蒸发、下渗及径流等形式产生运动和变化。海洋和陆地之间永不停息地进行水分交换，海洋从空中向陆地输送水汽，而陆地则源源不断地向海洋注入径流。海洋和陆地之间在空中的水汽输送并非是单一方向的，而是双向的，有时陆地上蒸发的水汽也会随气流输送到海洋上空，只是海洋流向陆地的水汽大于反向的。水汽从海洋向内陆输送的过程中，在陆地上空一部分冷凝降落，形成径流，向海洋流动，同时也有一部分再蒸发成水汽继续向更远的内陆输送，愈向内陆，水汽愈少，循环逐渐减弱，直到不再形成降水为止。这种陆地局部的水循环也称内陆水循环。可见大循环是包含许多小循环或内陆水循环的复杂过程。水循环如图 2-1 所示。

形成水循环的原因分为内因和外因两个方面。内因是水的物理性质，即常态下固、液、气三种状态在一定条件下相互转换。外因是太阳的辐射作用和地心引力。太阳辐射为水分蒸发提供热量，促使液、固态的水变成水汽，并引起空气流动。地心引力使空中的水汽又以降水方式回到地面，并且促使地面、地下水汇归入海。另外，陆地的地形、地质、土壤、植被等条件对水循环也有一定的影响。

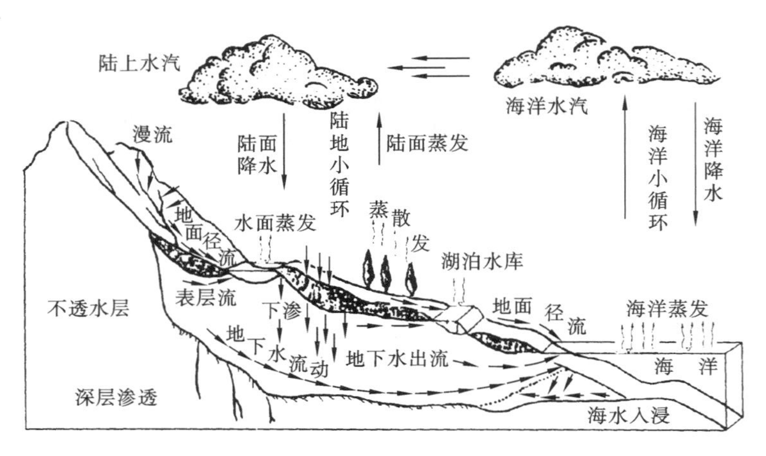

图 2-1　水循环示意图

水循环是地球上最重要、最活跃的物质循环之一，它对地球环境的形成、演化和人类生存都有着重大的作用和影响。水循环使得人类生产和生活不可缺少的水资源具有再生性。水循环的途径及循环的强弱决定了水资源的地区分布及时程变化。人类也可以通过农林措施与水利措施对水循环产生影响。

任务 2　河流与流域

模块 1　河流及其特征

1. 河流概述

河流是接纳和汇集一定区域地面和地下径流的天然泄水道。由流动的水体和容纳水流的河槽两个要素构成。两山之间地形低洼可以排泄水流的地方称为河谷；被水流所占据的河谷底部称为河槽或河床；当仅指其平面位置时，称为河道。枯水期水流所占河床称为基本河床或主槽；汛期洪水泛滥所及部位称为洪水河床或滩地。虽然在地球上的各种水体中，河流的水面面积和水量都最小，但它与人类的关系最为密切。因此，河流是水文学研究的主要对象。

1）河流分段及水文特征

一条河流按其流经区域的自然地理特点和水文特点可划分为河源、上游、中游、下游及河口五段。河源是河流的发源地，可以是泉水、溪涧、湖泊、沼泽或冰川。多数河流发源于山地或高原，也有发源于平原的。上游直接连接河源，一般落差大，水流急，水流的下切能力强，多为急流、险滩和瀑布。中游坡降变缓，下切力减弱，旁蚀力加强，河道有弯曲，河床较为稳定，并有滩地出现。下游一般进入平原，坡降更为平缓，水流缓慢，泥沙淤积，常有浅滩出现，河流多汊。河口是河流的终点，是河流注入海洋、湖泊或其他河流的地段。因这一河段流速骤减，泥沙大量淤积，往往形成三角洲。注入海洋的河流称为外流河（如长江、黄河等）；流入内陆湖泊或消失于沙漠中的河流称为内流河或内陆河（如新疆的塔里木河和青海的格尔木河等）。例如，长江发源于唐古拉山主峰各拉丹东雪山西南侧，源头为沱沱河；河源到湖北宜昌为上游；宜昌到江西九江湖口为中游；湖口至入海处为下游；河口处有崇明岛，江水最后流入东海。

2）水系

地表水与地下水可通过地面与地下途径，由高处流向低处，汇入小沟、小溪，最后汇成支流、干流，构成脉络相通的泄水系统称为水系、河系或河网。一般将长度最长或水量最大的称为干流，汇入干流的支流称为一级支流，汇入一级支流的称为二级支流，其余依此类推。

根据干支流的分布状况，水系的平面形态可分为以下几种。

（1）扇形水系，如图 2-2(a)所示。河流的干支流排列和分布形如手指状，呈扇形分布，如海河水系。这类水系当发生全流域暴雨时，由于汇流时间短、集流快，易产生陡涨陡落的洪水过程。

（2）羽形水系，如图 2-2(b)所示。河流的干流由上而下沿途左右汇入多条支流，好比羽毛形状，如红水河水系。这种水系因汇流时间较长，其暴雨洪水过程平缓。

（3）平行水系，如图 2-2(c)所示。河流的干流在某一河岸平行接纳几条支流，如淮河。

（4）混合水系。一般大的江河多由以上 2～3 种水系组成，混合排列。

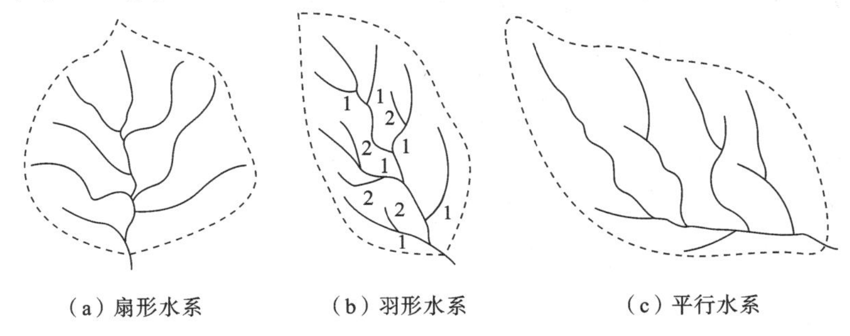

（a）扇形水系　（b）羽形水系　（c）平行水系

图 2-2　水系形状示意图

2. 河流的特征

1）河流的纵横断面

河段某处垂直于水流方向的断面称为横断面，又称过水断面。当水流涨落变化时，横断面的形状和面积也随之变化。河槽横断面有单式横断面和复式横断面两种基本形状，如图2-3所示。

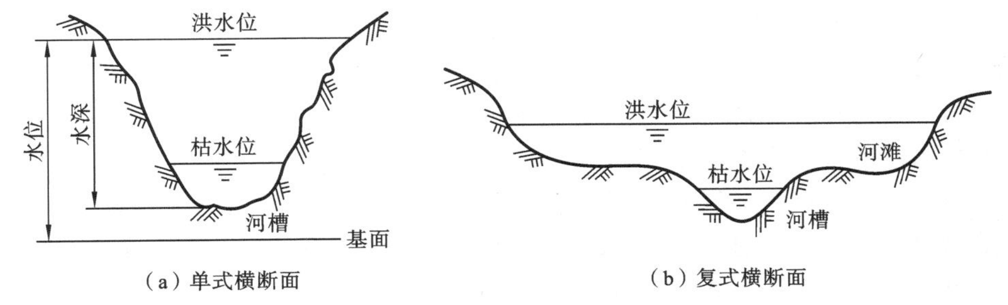

（a）单式横断面　（b）复式横断面

图 2-3　河槽横断面

河流各个横断面最深点的连线称为河流中泓线或溪线。假想将河流从河口到河源沿中泓线切开并投影到平面上所得的剖面称为河槽纵断面。实际工作中常以河槽底部转折点的高程为纵坐标，以河流水平投影长度为横坐标，绘出河槽纵断面图，如图 2-4 所示。

2）河流长度及河网密度

一条河流，自河口到河源沿中泓线量计的平面曲线长度称为河长。一般在大比例尺(如 1：10000或 1：50000 等)地形图上用分规或曲线仪量计。世界上最长的三条河流为尼罗河

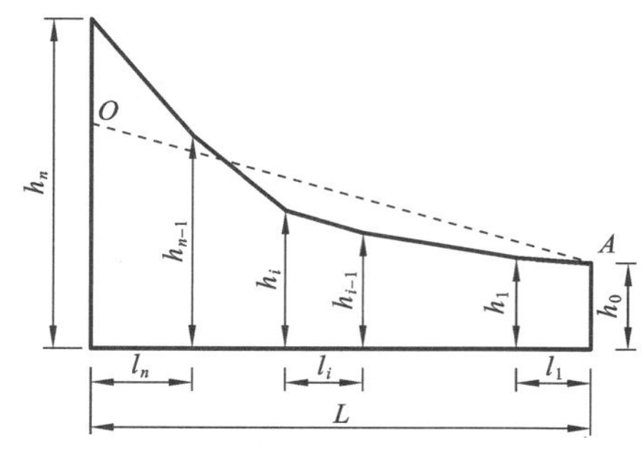

图 2-4　河道纵断面示意图

(6670 km)、亚马孙河(6437 km)、长江(6380 km)。

流域平均单位面积上的河流总长度称为河网密度(D),单位为 km/km²。河网密度大,则排泄水流能力强,洪水涨落快。河网密度用下式计算:

$$D=\frac{\sum L}{F} \tag{2-1}$$

式中:$\sum L$ 为流域内各干支流(包括小水沟)长度的总和,km;F 为流域面积,km²。

3)河道纵比降

河段两端的河底高程差 Δh 称为落差。河源与河口的河底高程之差为河床总落差。单位河长的落差称为河道的纵比降。纵比降常用小数或千分数表示。当河道纵断面近似于直线时,河道纵比降(J)可用下式计算:

$$J=\frac{h_1-h_2}{l}=\frac{\Delta h}{l} \tag{2-2}$$

式中:h_1、h_2 分别为河道两端的河底高程,m;l 为河道长,m。

当河道纵断面呈折线时,可在纵断面图(见图 2-4)上,通过下游断面河底处作一斜线 AO,使此斜线以下的面积与原河底线以下的面积相等,此斜线的坡度即为河道的平均纵比降。计算公式如下:

$$J=\frac{(h_0+h_1)l_1+(h_1+h_2)l_2+\cdots+(h_{n-1}+h_n)l_n-2h_0L}{L^2} \tag{2-3}$$

式中:$h_0,h_1,\cdots,h_n$ 分别为自下游到上游沿程各点的河底高程,m;$l_1,l_2,\cdots,l_n$ 分别为相邻两点间的距离,m;L 为河道全长,$L=\sum l$,m。

模块 2　流域

1. 流域、分水线的含义

流域是针对河流而言的,它是这样的一个区域,在该区域内,水从地面、地下流入该河的干支流。可见流域就是河流的集水区域。它包括地面集水区和地下集水区,因而有地面流域和地下流域之分,两者合称为流域。

对于一条河流,若指明某流域是河流某断面的集水区域,则称为河流在该断面以上的流域,否则流域是对河口而言的。流域的边界称为分水线,通常是流域四周最高点的连线(山脊线)。有山岭的地方很容易区分,如秦岭是黄河和长江的分水线,秦岭以北由降水产生的径流流入黄河,秦岭以南由降水产生的径流流入长江。但是在平坦的地区,分水线不一定是山岭,也可能是湖泊或沼泽,如黄河和淮河的分水线是以黄河两岸大堤为界线划定的。

一个流域在地面有分水线作为隔水的界线,在水流进入地下以后,地下也有隔水的界线。从地质构造看,在表层土的下面存在有不透水层,它在地下具有一定的分布,将不透水层以上的潜水面的最高点连接起来,便是地下分水线。地面分水线与地下分水线完全一致时,这样的流域称为闭合流域,否则称为非闭合流域,如图 2-5 所示。自然界很少有真正闭合的流域,但除了石灰岩溶洞等特殊的地质情况外,对于一般的河流,特别是大、中河流,由于地面分水线与地下分水线不一致所引起的水量误差相对不大,可按闭合流域考虑。

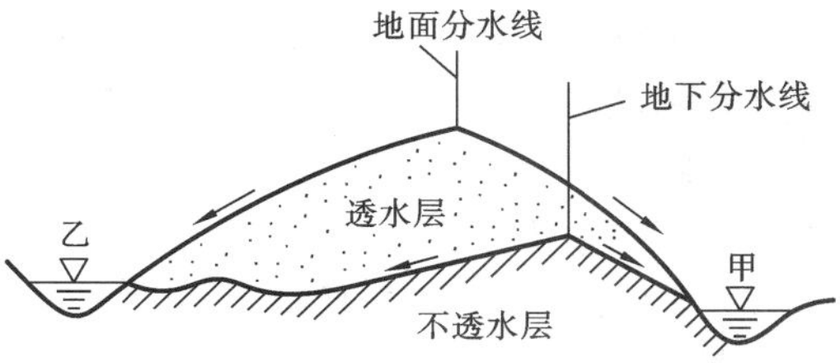

2. 流域特征

流域是河流的供水源地,因此河川径流的情势取决于流域特征。流域特征包括几何特征和自然地理特征。

图 2-5　地面分水线与地下分水线示意图

1）流域的几何特征

(1) 流域面积(F),是指河流某一横断面以上,由地面分水线所包围不规则图形的面积,单位为 km^2。流域面积的确定一般可在五万分之一的地形图上勾绘出分水线所包围的面积(见图 2-6),然后用求积仪或数方格的办法量出。流域面积是衡量河流大小的重要指标。在其他条件相同的情况下,流域面积的大小决定河川径流的多少,所以一般河流总是从河源到河口越往下游,水量就越丰富。

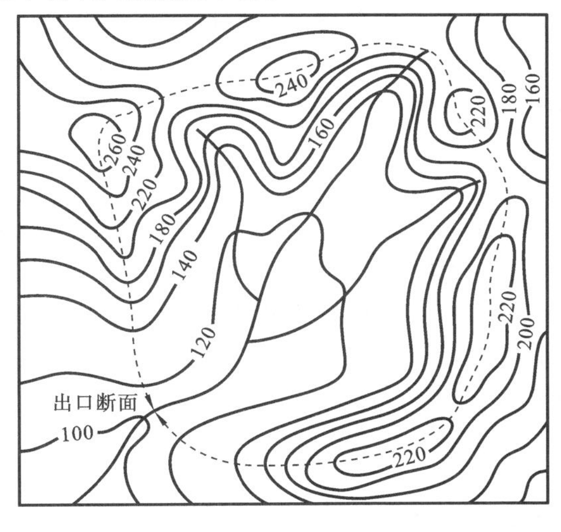

图 2-6　流域分水线图

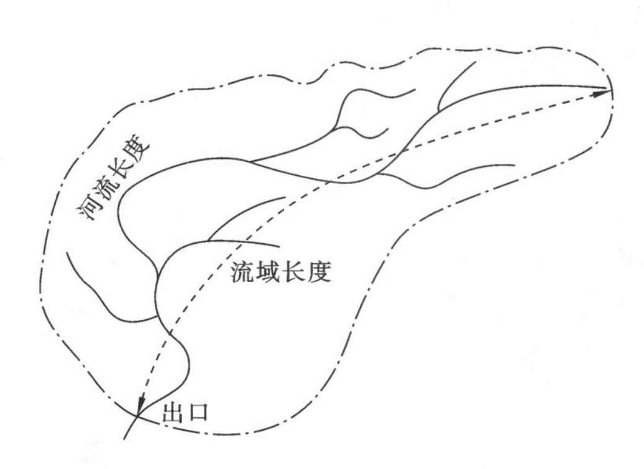

图 2-7　河长与流域长度示意图

(2) 流域长度(L),一般是指流域几何中心轴线长度,单位为 km。从河口到河源画若干条大致垂直于干流的直线与分水线相割,量出各割线的中点连线长度就得到流域长度(见图2-7)。

(3) 流域平均宽度(B),是流域面积 F 与流域长度 L 的比值,即 $B=\frac{F}{L}$,单位为 km。集水面积近似相等的两个流域,L 愈长则 B 愈小,属窄长型流域;L 愈短则 B 愈大,属宽广型流域。前者径流难以集中,后者则易于集中。

(4) 流域形状系数(K),是流域平均宽度与流域长度的比值,即 $K=\frac{B}{L}$。K 是一个无单位的系数。当 $K\approx1$ 时,流域形状近似为正方形;$K<1$ 时,流域为狭长形;$K>1$ 时,流域为扁形。流域形状不同,对降雨径流的影响也不同。

2）流域的自然地理特征

流域的自然地理特征包括流域的地理位置、气候条件、地形特征、地质构造、土壤性质,以及植被、湖泊、沼泽情况等。

（1）地理位置，主要指流域边界线和中心点所处的经纬度及距离海洋的远近，同时也应包括它与相邻流域、山脉的相对位置。一般来说，低纬度地区和近海地区降水多，高纬度地区和内陆地区降水少。如我国的东南沿海一带降水就多，而华北、西北地区降水就少，尤其是新疆的沙漠地区降水更少。

（2）气候条件，主要包括降水、蒸发、气温、湿度、气压、风速等。其中对径流作用最大的是降水和蒸发。

（3）地形特征。流域的地形可分为高山、高原、丘陵、盆地和平原等，其特征可用流域平均高度和流域平均坡度来反映。同一地理区，不同的地形特征对降雨径流产生不同的影响。

（4）地质与土壤特性。流域地质构造、岩石和土壤的类型及水理性质等都将对降水形成的河川径流产生影响，同时也影响到流域的水土流失和河流泥沙。

（5）植被覆盖。流域内植被可以增大地面糙率，延长地面径流的汇流时间，同时加大下渗量，从而使地下径流增多、洪水过程变得平缓。另外，植被还能减少水土流失，降低河流泥沙含量，涵养水源；大面积的植被还可以调节流域小气候，改善生态环境等。植被的覆盖程度一般用植被面积与流域面积之比（植被率）表示。

（6）湖泊、沼泽、塘库。流域内的大面积水体对河川径流起调节作用，使其在时间上的变化趋于均匀；还能增大水面蒸发量，增强局部小循环，改善流域小气候。通常用湖沼塘库的水面面积与流域面积之比（湖沼率）表示。

以上流域的各种特征因素，除气候因素外，都反映了流域的物理性质。它们承受降水并形成径流，直接影响河川径流的数量和变化，所以水文上习惯称为流域下垫面因素。当然，人类活动对流域的下垫面影响也愈来愈大，如人类在改造自然的活动中修建了不少水库、塘堰、梯田，以及进行植树造林、城市化等，这些明显地改变了流域的下垫面条件，使河川径流发生变化，影响到水量与水质。在人类活动的影响中也有不利的一面，如造成水土流失、水质污染及河流断流等。

任务3　降　　水

降水是指由空中降落到地面上的雨、雪、雹、霜等液态水和固态水的总称。它是水文循环和水量平衡的基本要素之一，是形成河川径流的先决条件。河流的水量来源于降水，其中主要来源于降雨和降雪。在我国的大部分地区影响径流变化的是降雨。

模块1　降雨的成因和类型

1. 降雨的成因

在水平方向上物理性质（温度、湿度等）比较均匀的大块空气称为气团。空中产生降雨的现象需要两个基本条件：一是空气中要有大量的水汽；二是空气上升运动的动力。当带有水汽的气团受某外力作用作上升运动时，气压减小，上升的空气体积膨胀，消耗内能，气温降低，使原来未饱和的空气不仅达到饱和状态，而且造成水汽凝结。当凝结物的体积越来越大，空气托浮不住时，便降落到地面而形成降雨。

2. 降雨的类型

按空气向上抬升的原因不同，降雨可分为锋面雨、地形雨、对流雨和台风雨四种类型。

1）锋面雨

当冷气团与暖气团相遇时，因两者的性质不同（冷气团的温度低、湿度小；暖气团的温度高、湿度大），在它们接触处所形成的不连续面称为锋面。锋面与地面的相交地带称为锋。当冷气团势力强大，主动向暖气团推进时，因冷空气较重而楔进暖气团下方，于是暖气团被迫作上升运动而形成的降雨称为冷锋雨，如图 2-8(a)所示。冷锋雨一般强度大，历时短，雨区面积较小。当暖气团势力强大，主动向冷气团推进时，暖气团将沿界面爬升于冷气团之上而形成降雨，这种降雨称为暖锋雨，如图 2-8(b)所示。暖锋雨的特点为：雨强较小，雨区范围大，历时长。

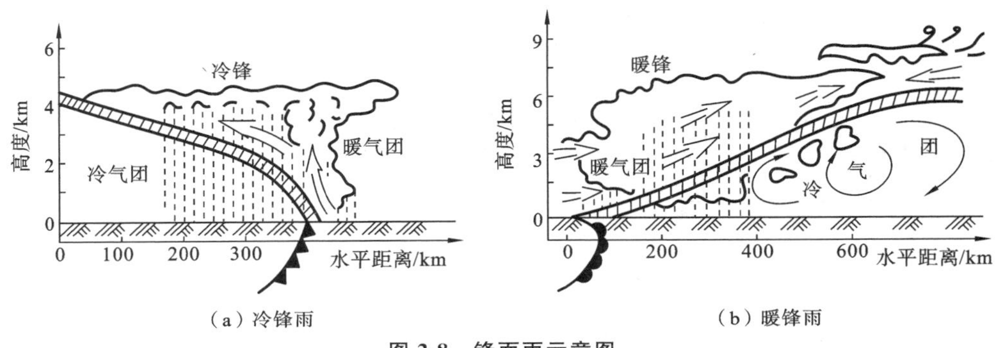

（a）冷锋雨　（b）暖锋雨

图 2-8　锋面雨示意图

2）地形雨

气团运行遇到山脉高原的阻挡，被迫沿山坡作上升运动，由于动力冷却而成云致雨，这种降雨称为地形雨，如图 2-9 所示。地形雨一般随地形高程的增加而加大，其特点为：降雨主要发生在迎风坡上，其降水历时较短，雨区范围也不大。

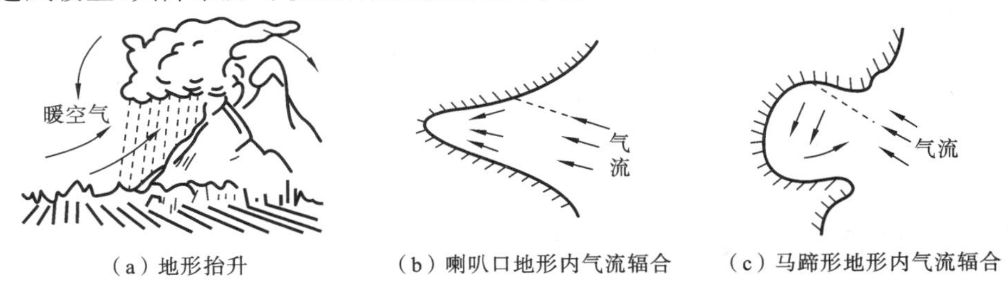

（a）地形抬升　（b）喇叭口地形内气流辐合　（c）马蹄形地形内气流辐合

图 2-9　地形对气流的影响示意图

3）对流雨

在盛夏季节，局部地区被暖湿空气笼罩，产生强烈增温，影响大气稳定性，发生热力对流作用。四周地面空气向增湿中心辐合，暖湿空气向上抬升而冷却致雨，如图 2-10 所示。对流雨常出现在夏季的午后，其特点是：雨强大，雨区范围小，历时短。

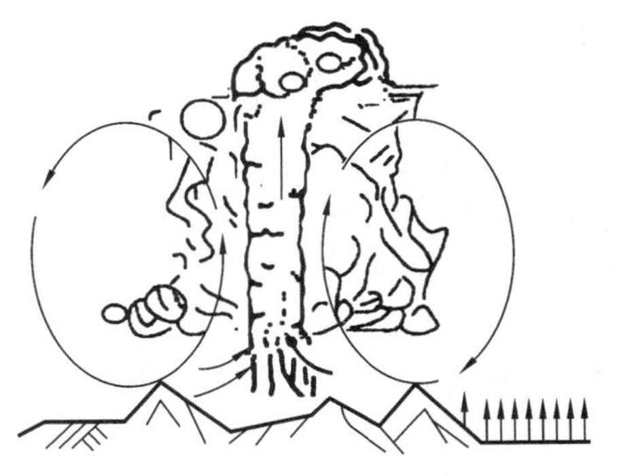

图 2-10　对流雨形成示意图

4）台风雨

台风为热带海洋的低气压涡旋，多发源于菲律宾群岛附近的海面上，发生在我国东南沿海地区。台风雨是热带海洋面上的一团高温、高湿空气作强烈的辐合上升运动形成动力冷却而产生的降雨。一场发展成熟的台风，其低空风场的水平结构可分为台风外围区、台风中心区和台风眼区三个区域，如图 2-11 所示。在台风经过之处，狂风暴雨随之而来，是一种极易成灾的降雨。如 1975 年 8 月发生在河南省淮河上游林庄一带的一场特大暴雨就是台风雨，暴雨中心 3 d 降雨量达1631.1 mm，造成我国历史上罕见的水灾。

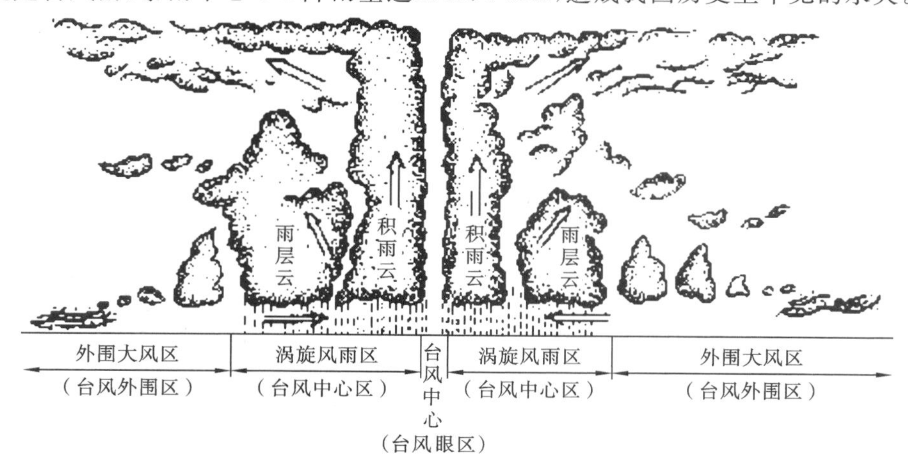

图 2-11　台风天气模式

在以上四种类型中，锋面雨和台风雨对我国河流洪水影响较大。其中锋面雨对大部分地区影响显著，各地全年锋面雨占全年总雨量的 60%以上，华中地区和华北地区的超过 80%，是我国大多数河流洪水的主要来源。台风雨在东南沿海诸省，如广东、海南、福建、台湾、浙江等省发生机会较多，由台风造成的雨量占全年总雨量的 20%～30%，且极易造成洪水灾害。

我国气象部门将降雨量按 1 d 降雨量大小分为七级，如表 2-1 所示。

表 2-1　降雨量等级表

1 d 降雨量/mm	<0.1	0.1～10	10～25	25～50	50～100	100～200	>200
等级	微雨	小雨	中雨	大雨	暴雨	大暴雨	特大暴雨

模块 2　降雨的基本要素和表示方法

1. 降雨的基本要素

降雨量、降雨历时、降雨时段、降雨强度、降雨面积、降雨中心及降雨走向等总称为降雨的基本要素。降雨量为一定时段内降落在某一测点或某一流域面积上的降水深度，以 mm 表示。降雨历时是指降雨自始至终所持续的实际时间。降雨时段是根据需要人为划定的时段，如 1 h、3 h、6 h、12 h、24 h、1 d、3 d、5 d 等，用于计算各时段内的降雨量，而在各时段内并不要求连续不断地降雨。降雨强度是指单位时间内的降雨量，以 mm/min 或 mm/h 计，简称雨强。降雨面积是指降雨笼罩的水平面积，以 km^2 计。降雨中心又称暴雨中心，是指降雨量最大的局部地区。降雨走向通常是指暴雨中心移动的方向，如由上游移往下游。以上几种降雨的基本要素对形成洪水的大小、历时等，都有着密切的影响。

2. 降雨的表示方法

为了反映一次降雨在时间上的变化及空间上的分布，常用以下表示方法。

1）降雨过程线

降雨过程线是表示降雨随时间变化而变化的过程线。常以时段雨量为纵坐标，时段时序为横坐标，采用柱状图形表示，如图2-12所示。降雨过程又可用累积降雨量曲线表示，此曲线横坐标为时间，纵坐标为降雨开始到各时刻的累积降雨量。累积曲线上某段的坡度，即为该时段的平均降雨强度。曲线坡度陡，降雨强度大；反之则小。若坡度等于零，则说明该时段内没有降雨。

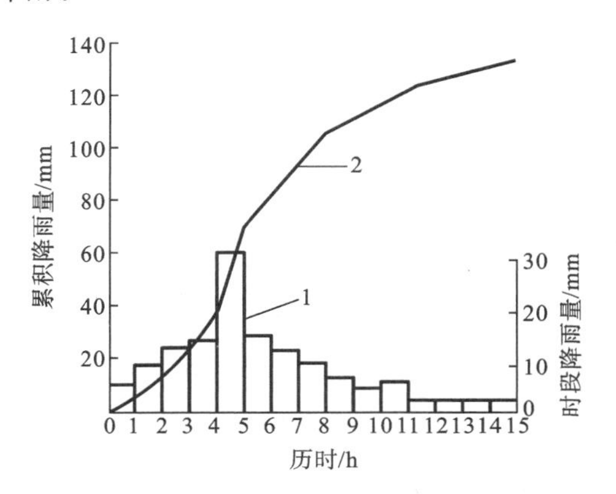

图2-12　某站一次降雨量过程线及累积降雨量曲线

1—降雨过程直方图；2—累积降雨量曲线图

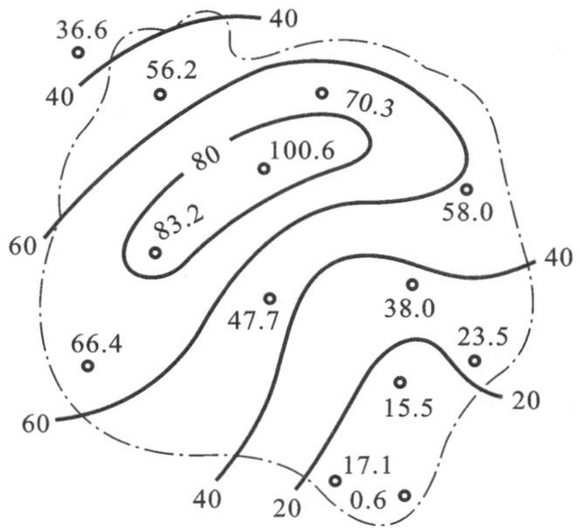

图2-13　降雨量等值线图

2）降雨量等值线图

降雨量等值线图表示某一地区的次暴雨或一定时段的降雨量在空间的分布状况。降雨量等值线图的制作与地形等高线的绘制相似。将各雨量站同一历时内的雨量点绘在各测站的所在位置，并参考地形、气候特性等因素描绘出降雨量等值线图，如图2-13所示。从降雨量等值线图上可确定降雨中心位置和笼罩的面积大小。

模块3　流域平均降雨量的计算

由雨量站观测到的降雨量，只代表该站所在处或附近较小范围的降雨情况，称为点雨量。在实际工作中，往往需要全流域平均雨量值(称为面雨量)。因此，经常要由各站点降雨量推求流域平均降雨量(面雨量)。

计算流域平均降雨量常用的方法有以下三种。

1. 算术平均法

当流域内雨量站分布较均匀、地形起伏变化不大时，可取流域内各站雨量的算术平均值作为流域平均降雨量。计算公式如下：

$$\overline{P}=\frac{P_1+P_2+\cdots+P_n}{n}=\frac{1}{n}\sum_{i=1}^{n}P_i \tag{2-4}$$

式中：$\overline{P}$ 为流域平均降雨量，mm；$P_1,P_2,\cdots,P_n$ 分别为各雨量站同时段内的降雨量，mm；n 为雨量站个数。

2. 泰森多边形法

当流域内雨量站分布不太均匀时，用泰森多边形法求流域平均降雨量。具体做法为：将流域内各相邻雨量站用直线连接组成若干个三角形(尽量是锐角)，然后作出每个三角形各边的

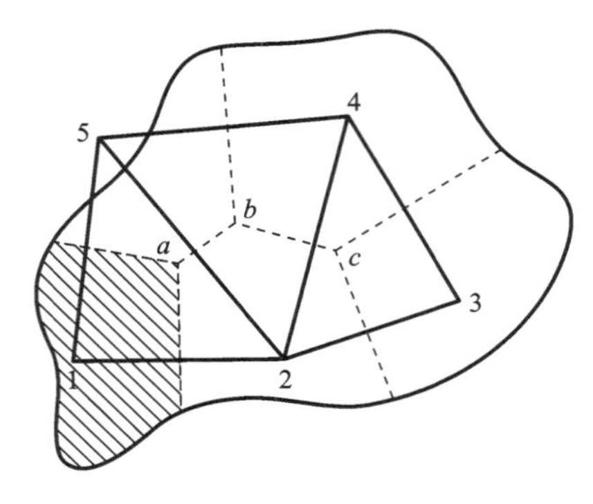

图 2-14 泰森多边形图

中垂线。这些中垂线和流域边界线将流域分成若干个多边形，一般称为泰森多边形(见图 2-14)。每个多边形内均有一个雨量站，假定该雨量站的雨量就代表所在多边形内的降雨量，则流域平均降雨量用下列公式计算：

$$\overline{P} = \frac{P_1 f_1 + P_2 f_2 + \cdots + P_n f_n}{F} = \frac{1}{F}\sum_{i=1}^{n} P_i f_i = \sum_{i=1}^{n} \frac{f_i}{F} P_i \tag{2-5}$$

式中：f_i 为第 i 雨量站所控制的多边形面积($i=1,2,\cdots,n$)，km^2；F 为流域总面积，即 $F=\sum_{i=1}^{n} f_i$，km^2；$\frac{f_i}{F}$ 为第 i 雨量站所控制的多边形面积权重。

3. 降雨量等值线法

如果降雨在流域上分布很不均匀，地形起伏较大，则宜采用等雨量线法计算流域平均降雨量。具体做法为：先根据流域上各雨量站的雨量资料绘制出符合实际的降雨量等值线图，如图 2-13 所示。并量计出相邻两条降雨量等值线间的面积 f_i，用下式计算流域平均降雨量：

$$\overline{P} = \frac{1}{F}\sum_{i=1}^{n} \frac{1}{2}(P_i + P_{i+1}) f_i = \frac{1}{F}\sum_{i=1}^{n} \overline{P}_i f_i \tag{2-6}$$

式中：f_i 为相邻两条降雨量等值线间的面积，km^2；F 为流域总面积，即 $F=\sum_{i=1}^{n} f_i$，km^2；$\overline{P}_i$ 为相邻两条降雨量等值线间的平均降雨量，mm；n 为降雨量等值线数目。

任务 4　蒸发与下渗

模块 1　蒸发

蒸发是指水由液态或固态转化为气态的物理变化过程，是水循环的重要环节之一，也是水量平衡的基本要素和降雨径流的一种损失。水文上研究的蒸发为自然界的流域蒸发，包括水面蒸发、土壤蒸发和植物散发。

1. 水面蒸发

流域上的各种水体如江河、水库、湖泊、沼泽等，由于太阳的辐射作用，其水分子在不断地运动着，当某些水分子所具有的动能大于水分子之间的内聚力时，水分子便从水面逸出，变成水汽进入空中，进而向四周及上空扩散；与此同时，另一部分水汽分子又从空中返回到水面。因此，蒸发量(或蒸发率)是指水分子从水体中逸出和返回的差量，通常以 mm/d、mm/月或 mm/a 计。

水面蒸发是在充分供水条件下的蒸发，其蒸发量常用蒸发器或蒸发池进行观测。常用的蒸发器有直径为 20 cm 的蒸发皿、口径为 80 cm 的带套盆的蒸发器和 E-601 型蒸发器，还有面积为 20 m^2 和 100 m^2 的大型蒸发池。由于蒸发器和蒸发池观测到的蒸发量与天然水体水面蒸发量有差别，因此，用上述设备观测的蒸发量数据应乘以折算系数，才能作为天然水体水面蒸发量的估计值。以采用蒸发器为例，其计算公式为

$$E = KE_{器} \tag{2-7}$$

式中：E 为水面蒸发量，mm；$E_{器}$ 为蒸发器实测水面蒸发量，mm；K 为折算系数，一般与蒸发器直径大小、形式、地理位置、季节变化、天气变化等因素有关，通过与大型蒸发池（如面积为 100 m^2 的蒸发池）的对比观测资料确定，在实际工作中，应根据当地的资料分析采用。

影响水面蒸发的因素主要有气温、湿度、风速、水质及水面大小等。

2. 土壤蒸发

土壤蒸发是指水分从土壤中逸出的物理过程，也是土壤失水干化的过程。土壤是一种有孔介质，它不仅有吸水和持水能力，而且具有输送水分的能力。因此，土壤蒸发与水面蒸发不同，除了受气象因素影响外，还受土壤中水分运动的影响。另外，土壤含水量、土壤结构、土壤色泽等也对土壤蒸发有一定的影响。

土壤蒸发过程一般可分为三个阶段。第一阶段，表层土壤的水分蒸发后，能得到下层土壤水分的补充。这时土壤蒸发主要发生在表层，蒸发速度稳定，接近相同气象条件下的水面蒸发。当土壤含水量降至田间持水量以下时，土壤表面开始干化，进入第二阶段。这时蒸发速度随着由毛管水供给地表蒸发的范围缩小而降低，大致与表层土壤含水量成正比。当毛管水完全不能到达地表时，进入第三阶段。这时土壤蒸发主要发生在土壤内部，蒸发的水汽由于分子扩散作用通过表面干涸层逸入大气，蒸发速度极其缓慢。因土壤蒸发观测比较困难，而且精度较低，故一般观测站均不进行土壤蒸发观测。

3. 植物散发

植物根系从土壤中吸取水分，通过其自身组织输送到叶面，再由叶面散发到空气中的过程称为植物散发或蒸腾。它既是水分的蒸发过程，也是植物的生理过程。由于植物散发是在土壤、植物、大气之间发生的现象，因此植物散发受气象因素、土壤水分状况和植物生理条件的影响。不同植物的散发量不同，同一种植物在不同的生长阶段散发量也不同。目前，我国植物散发的观测资料很少，散发量难以估算。

4. 流域蒸发

水文上的流域蒸发为水面蒸发、土壤蒸发和植物散发之和，即流域总蒸发量。在现有的技术条件下，很难直接精确求出三个量。在实际工作中通常是把流域当成一个整体进行研究，用水量平衡法或经验公式法间接计算。我国已绘制出全国多年平均蒸发量等值线图，可供查用。

模块 2 下渗

下渗是指降落到地面的雨水从土壤表面进入土壤内的运动过程，以垂向运动为主要特征。它不仅直接决定了地下径流的大小，同时也影响土壤水分的增长，以及表层径流和地下径流的形成，是降雨径流损失的主要部分。

1. 下渗的物理过程

在雨水落在干燥土壤表面后，初期渗入土壤的水分受土粒分子力作用吸附于土粒表面的，称为吸着水。在土粒剩余分子力作用下，吸着水外面仍能吸持水分，并形成一层薄膜的，称为薄膜水。在薄膜水满足后，分子力减小，继续渗入的水分在土粒空隙间所形成的毛细管中运动，这种水分受毛管力作用的，称为毛细管水，因毛管力没有一定方向，若向上的毛管力大于向下的毛管力，其合力（向上与向下之差）能支持一部分水悬吊于孔隙之中，称分悬着毛管水。吸着水、薄膜水和悬着毛管水是土壤能够保持而不在重力作用下流走的水分。土壤能保持这些水分的最大量称为田间持水量。当土壤含水量达到田间持水量时，多余部分不能为土壤所保持，在毛管力与重力作用下，沿空隙继续向下运动。当毛管力消失，只有重力水通过孔隙下渗时，土层渐渐饱和，下渗趋向稳定。综上所述，渗入土中的水分在分子力、毛管力和重力的作用下产生的运动过程较为复杂，按水分所受的力和运动特征可概述为渗润、渗漏和渗透三个阶段。

1）渗润阶段

下渗初期，水分主要受分子力作用，被土壤颗粒吸附成薄膜水。若土壤十分干燥，则这一阶段非常明显。当土壤含水量达到最大分子持水量时，分子力不再起作用，这一阶段结束。

2）渗漏阶段

下渗水分主要在毛管力和重力作用下沿土壤孔隙向下作不稳定运动，并逐步充填土壤孔隙直至饱和，此时毛管力消失。

3）渗透阶段

当土壤孔隙充满水达到饱和时，水分在重力作用下呈稳定流运动。

一般可将一、二两阶段合并统称为渗漏阶段。此阶段属于非饱和水流运动阶段，而渗透阶段则属于饱和水流的稳定运动阶段。在实际下渗过程中，各阶段并无明显分界，它们是相互交错进行的。

2. 下渗率曲线

下渗量的大小可用下渗总量 F(mm)或下渗率表示。单位时间内渗入单位面积土壤中的水量称为下渗率或下渗强度，记为 f，以 mm/min 或 mm/h 计。充分供水条件下的下渗率称为下渗能力。下渗率的变化过程可用实验方法求得。图 2-15 所示的是在土壤十分干燥、充分供水的实验条件下所得到的下渗过程，称为下渗曲线。从图 2-15 可看出，初始含水量很小时，下渗开始时的下渗率很大，以后随历时的增加而递减，并趋近于一个稳定值 f_c。上述下渗的变化规律常用一些经验公式来描述，如霍顿公式，即

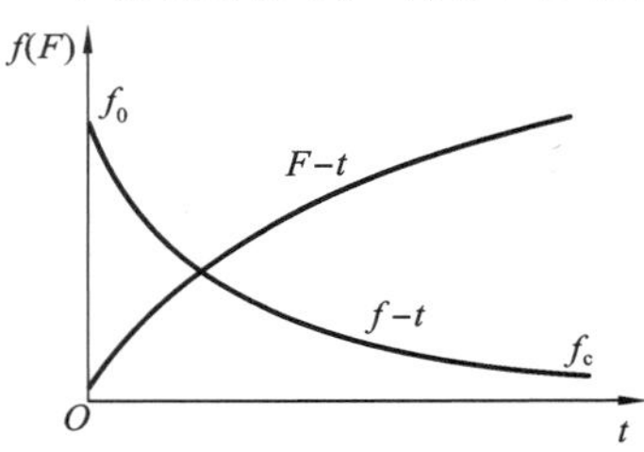

图 2-15　下渗曲线和下渗累积曲线

$$f_t=(f_0-f_c)e^{-\beta t}+f_c \tag{2-8}$$

式中：f_0、f_t、f_c 分别为初始下渗率、t 时刻下渗率和稳定下渗率，mm/h，f_c 为反映土壤特性的参数；β 为反映土壤特性的递减指数；e 为自然对数的底(e≈2.7183)。

式(2-8)表明，f_t 的变化符合指数递减规律，f_0、f_c 和 β 求出后，f_t 就确定了。而这些参数都是根据实验资料推求的。

用实验的方法，往往只能得出某一点或试验小区在充分供水条件下的下渗过程。在流域上选若干地点进行实验，最后可以得出流域平均下渗曲线。

3. 影响下渗的因素

天然情况下的下渗，其影响因素极其复杂，一般可归为四类：

(1) 土壤的物理机械性质及水分物理性质；

(2) 降雨特性；

(3) 流域地面情况，包括地形、植被等；

(4) 人类活动。

任务 5　河川径流的形成过程

模块 1　径流形成过程

径流是指降落到流域表面上的降水，经过流域的蓄渗等过程分别从地面、地下汇入河网，并沿河槽流出出口断面的水流。从降水到径流流出出口断面的整个物理过程，称为径流形成过程。它是一个复杂的综合过程，为了研究方便，人们通常将其概括为产流和汇流两个过程。

1. 产流过程

降落到流域面上的雨水除了很少一部分降落在河流水面直接形成径流外，其他大部分则降落到流域坡面上的各种植物枝叶上，称为植物截留（I_s），最终消耗于蒸发。部分雨水落在凹穴、洼陷地（包括水库、塘堰），称为填洼（V_d）。超过植物截留能力的雨水仍落于地面，并与另一部分直接降落在地面的雨水一样，通过土壤孔隙渗入地下，称为下渗（f）。下渗的雨水使含气层（地面以下、地下水面以上的土层称为含气层）土壤含水量增大，随着表层土壤含水量的增加，土壤的下渗能力逐渐减小，当降雨强度超过土壤的下渗能力时，地面就开始积水，并沿着流域坡面向低处流动。以坡面漫流的形式流入河槽形成径流，称为地面径流（R_1）。下渗到土壤中的雨水继续按照下渗规律由上往下不断深入。如遇到下层结构紧密、下渗能力弱的相对不透水层，便在此相对不透水层的表层土壤孔隙中形成一定的水流，沿孔隙流动，最后注入河槽，这部分径流称为壤中流（或表层流 R_2）。壤中流在流动过程中是极不稳定的，往往和地面径流穿叉流动，难以划分开来，故在实际水文分析中常把它归入地面径流。若降雨延续时间较长，则继续下渗的雨水经过整个含气带土层，渗透到地下水库当中，经过地下水库的调蓄缓缓渗入河槽，形成浅层地下径流（R_3）。另外，在流出流域出口断面的径流当中，还有与本次降雨关系不大、来源于流域深层地下水的径流，它比浅层地下径流更小、更稳定，通常称为基流（R_4）。径流形成过程如图 2-16 所示。

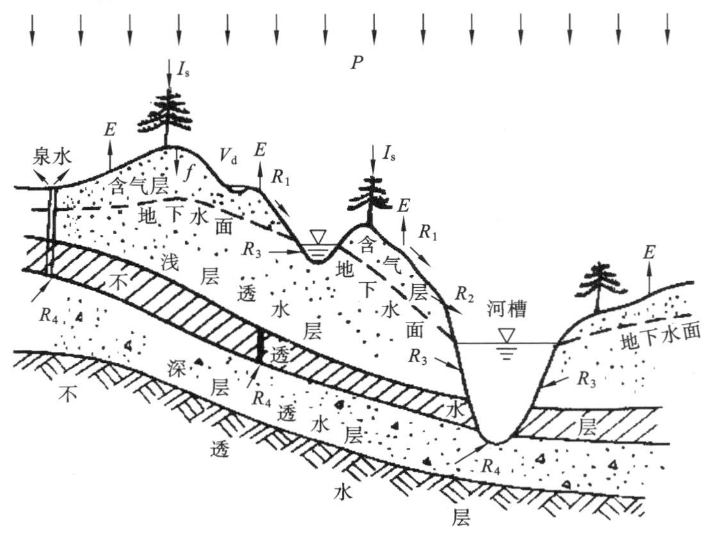

图 2-16　径流形成过程示意图

综上所述，当降雨强度超过了土壤下渗能力时，产生超渗雨。超渗雨开始形成地面积水，然后向坡面低处流动，称为坡面漫流。扣除土壤入渗、植物截留、洼地填蓄的水量，余者注入河槽，称为地面径流。由超渗雨形成的径流包括地面径流、表层流和浅层地下径流三部分，是本次降雨产生的径流，总称为径流量，也称产流量或净雨。降雨量与径流量的差值即为损失量，它包括下渗量、植物截留量、填洼量及雨期蒸发量等。可见，流域的产流过程就是降雨扣除各种损失的过程。

2. 汇流过程

降雨产生的径流由流域坡面汇入河网，又通过河网由支流到干流，从上游到下游，最后全部流出流域出口断面，这一过程称为流域的汇流过程。前者称为坡面汇流，后者称为河网汇流。坡面汇流是指降雨产生的各种径流由坡地表面、饱和土壤孔隙及地下水库分别注入河网，引起河槽中水量增大、水位上涨的过程。当然这几种径流由于所流经的路径不同，各自的汇流速度也就不同。一般地面径流速度最快，壤中流次之，地下径流则最慢。所以地面径流的汇入是河流涨水的主要原因。汇入河网的水流沿着河槽继续下泻，便是河网汇流过程。在这个过程中，坡面水流都汇入河网，会使河槽水量增加，若流入河槽的水量大于流出的水量，则部分水量暂时储蓄在河槽中，使水位上升，这就是河流的涨水过程。当坡面汇流停止时，河网蓄水往往达到最大，此后则逐渐消退，直至恢复到降雨前河水的基流上。这样就形成了流域出口断面的一次洪水过程。降雨过程与流量过程对比如图 2-17 所示。

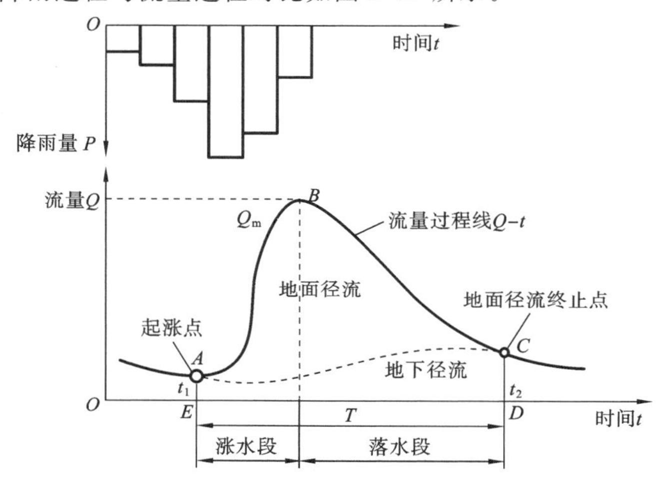

图 2-17　降雨过程与流量过程对比示意图

一次降雨过程经扣除植物截留、填洼、下渗和蒸发损失后，进入河网的水量比降雨总量小，而且经过坡面漫流和河网汇流的作用后，出口断面的径流过程比降雨过程变化缓慢，时间滞后，历时增长。产流和汇流两个过程不是相互独立的，实际上几乎是同时进行的，即一边有产流，一边也有汇流，不可能截然分开，整个过程非常复杂。出口断面的洪水过程是全流域综合影响和相互作用的结果。

模块 2　河流水量补给形式

河流的水量补给是指河流水量的来源。它的基本来源是大气降水。降落在流域表面的雨水除了部分因植物截留、填洼、入渗等停蓄在流域中外，其余部分形成地面径流，并经坡地、沟、谷、溪等复杂的途径汇入河网，补给河流。流域地面的积雪或冰川在温暖时期融化成水，经过与降水相似的过程和途径汇入河网，补给河流。沿地面流动的径流在一定条件下会形成湖泊和沼泽。这些湖泊和沼泽常成为河源或汇集上游许多小河来水又转而补给下游。无论是雨水、融雪水或冰川融水，其中都将有一部分渗入地下，形成和补充表层径流、浅层地下水和深层地下水，这部分水量将在不同时间和不同地点汇入河槽补给河流。

河流水量补给按水流进入河槽的途径不同，可分为地表水补给、地下水补给和人工补给。按它们形成河流水情的不同特点，地表水补给又可分为雨水补给、融雪水补给、永久积雪或冰川融水补给、湖泊沼泽水补给等四种形式。地下水补给则可分为浅层地下水补给和深层地下水补给等两种形式。人工补给主要是指跨流域调水，如我国规划实施的南水北调工程，就是准备将长江流域的水分别从东线、中线和西线调到黄河流域及京津地区，以缓解北方地区的缺水危机。

天然河流都包含两种以上形式的补给，称为混合补给，即既有地表水补给又有地下水补给，等等。我国大多数河流在夏、秋季主要是地表水补给，且以雨水补给为主，而在冬季则主要是地下水补给。

模块3　径流的表示方法及度量单位

1. 流量(Q)

单位时间内通过某一过水断面的水量称为流量，单位为 m^3/s。根据某一断面各个时刻 t 测得的流量可以绘出流量随时间变化的变化过程，称为流量过程线 Q-t，如图2-17所示。图中的流量是各时刻的瞬时流量。此外，尚有时段平均流量 $\bar{Q}$，如日平均流量、月平均流量、年平均流量、多年平均流量。

2. 径流总量(W)

某一时段(1年、1月、1 d或一次洪水所经历的时间)内通过断面的水的总体积称径流总量，单位为 m^3、万立方米或亿立方米等。有时也可用时段平均流量与时段的乘积为单位，如 $m^3/s\cdot d$、$m^3/s\cdot m$ 等。径流总量可从流量过程线上求得。方法是先将流量过程分成许多个小时段(时段长为 Δt)，用梯形法求各小时段内的径流量，然后累加而得全过程的径流量，即

$$W=\sum_{i=1}^{n}\frac{Q_i+Q_{i+1}}{2}\cdot\Delta t_i=\bar{Q}T \tag{2-9}$$

3. 径流深度(R)

径流深度简称径流深。它是把时段内的径流总量平铺在流域面积上所得的水层深度，单位为mm。计算式为

$$R=\frac{\bar{Q}T}{F\times(10^6)^2}\times(10^3)^3=\frac{W}{F\times10^3} \tag{2-10}$$

式中：T 为计算总历时，s；$\bar{Q}$ 为历时 T 内的平均流量，m^3/s；F 为流域面积，km^2。

4. 径流模数(M)

单位面积上所产生的流量称为径流模数，常用单位为 $L/(s\cdot km^2)$(升/(秒·千米²))，计算式为

$$M=\frac{Q}{F}\times10^3 \tag{2-11}$$

式中：Q 为洪峰流量时，M 为洪峰径流模数；Q 为年平均流量时，M 为年径流模数。径流模数反映流域的产水能力。

5. 径流系数(α)

径流系数是一定时段(如 1 年、一次洪水所经历的时间等)内径流深 R 与形成这一径流深的流域平均降水量 P 的比值，即

$$\alpha=\frac{R}{P} \tag{2-12}$$

α 表示一定时期内降水转化为径流的系数，小于 1.0，用小数或百分数表示。

【例 2-1】 某水文站流域面积 $F=54500\ \text{km}^2$，多年平均降雨量 $\bar{P}=1650\ \text{mm}$，多年平均流量 $\bar{Q}=1680\ \text{m}^3/\text{s}$。计算多年平均径流总量、多年平均径流深、多年平均径流模数和多年平均径流系数。

解 (1) 多年平均径流总量 $W=\bar{Q}\cdot T=1680\times365\times86400\ \text{m}^3=530\times10^8\ \text{m}^3$

(2) 多年平均径流深 $R=\frac{W}{F\times10^3}=\frac{530\times10^8}{54500\times10^3}\ \text{mm}=972\ \text{mm}$

(3) 多年平均径流模数 $M=\frac{\bar{Q}}{F}\times10^3=\frac{1680}{54500}\times1000\ \text{L/(s}\cdot\text{km}^2)=30.8\ \text{L/(s}\cdot\text{km}^2)$

(4) 多年平均径流系数 $\alpha=\frac{R}{P}=\frac{972}{1650}=0.59$

任务 6 流域水量平衡

模块 1 水量平衡原理

根据自然界的水循环，地球水圈的不同水体在周而复始地循环运动着，从而产生一系列的水文现象。在这些复杂的水文过程中，水分运动遵循质量守恒定律，即水量平衡原理。具体而言，就是对任一区域在给定时段内，输入区域各种水量的总和与输出区域各种水量的总和的差值，应等于区域内时段蓄水量的变化量。据此原理，可列出一般的水量平衡方程为

$$I-O=W_2-W_1=\Delta W \tag{2-13}$$

式中：I 为时段内输入区域的各种水量之和；O 为时段内输出区域的各种水量之和；W_1 为时段初区域内的蓄水量；W_2 为时段末区域内的蓄水量；ΔW 为时段内区域蓄水量的变化量，$\Delta W>0$，表示时段内区域蓄水量增加，相反 $\Delta W<0$，表示时段内区域蓄水量减少。

模块 2 地球的水量平衡

以大陆为研究对象，某时段内的输入量为降水量 $P_{陆}$，输出量有径流量 R 和蒸发量 $E_{陆}$；以海洋为研究对象，某时段内的输入量为降水 $P_{海}$ 和径流量 R，输出量为蒸发量 $E_{海}$。在多年期间，水量并无明显的增减，所以对于长期平均情况而言，陆地和海洋两个区域蓄水量的变化都接近于零($\Delta W\rightarrow0$)，可以不考虑。按式(2-13)，可列出陆地和海洋多年平均水量平衡方程式如下：

对于陆地，有
$$\bar{P}_{陆}=\bar{R}+\bar{E}_{陆} \tag{2-14}$$

对于海洋，有
$$\bar{P}_{海}+\bar{R}=\bar{E}_{海} \tag{2-15}$$

式中：$\bar{P}_{陆}$、$\bar{P}_{海}$ 分别为陆地、海洋上多年平均降水量；$\bar{E}_{陆}$、$\bar{E}_{海}$ 分别为陆地、海洋上多年平均蒸发量；$\bar{R}$ 为地球多年平均径流量。

将陆地和海洋两水量平衡方程式相加即可求得地球多年平均水量平衡方程式为

$$\bar{P}_{陆}+\bar{R}+\bar{P}_{海}=\bar{R}+\bar{E}_{陆}+\bar{E}_{海} \tag{2-16}$$

或

$$\bar{P}_{陆}+\bar{P}_{海}=\bar{E}_{陆}+\bar{E}_{海} \tag{2-17}$$

即

$$\bar{P}_{地球}=\bar{E}_{地球} \tag{2-18}$$

式中：$\bar{P}_{地球}$ 为地球多年平均降水量；$\bar{E}_{地球}$ 为地球多年平均蒸发量。

式(2-18)说明，就长期而言，地球上的总降水量等于总蒸发量，这符合物质不灭和质量守恒定律。

模块3　流域水量平衡方程

1. 通用的水量平衡方程式

在流域内任取一小区域，一定时段内输入该区域的水量包括时段内降水量 P、时段内区域水汽凝结量 E_1、地面径流流入量 R_{s1}、地下径流流入量 R_{g1}。从区域输出的水量包括时段内区域总蒸散发量 E_2、地面径流流出量 R_{s2}、地下径流流出量 R_{g2}、区域内用水量 q。时段初、末区域内蓄水量分别为 W_1、W_2。代入水量平衡方程式(2-13)得

$$(P+E_1+R_{s1}+R_{g1})-(E_2+R_{s2}+R_{g2}+q)=W_2-W_1 \tag{2-19}$$

2. 流域水量平衡方程式

对闭合流域在无跨流域引水时，没有地面、地下流入量，即 $R_{s1}=0$，$R_{g1}=0$。同时某时段内流域上产生的地面、地下径流量都从流域出口断面流出，故令 $R=R_{s2}+R_{g2}$，称径流量。令 $E=E_2-E_1$，称为流域净蒸散发量。若不计流域内用水量，代入通用的水量平衡方程式(2-19)可得到闭合流域的水量平衡方程为

$$P-(E+R)=W_2-W_1=\Delta W \tag{2-20}$$

对于多年平均情况，同样因为 ΔW 有正有负，$\frac{1}{n}\sum_{i=1}^{n}\Delta W_i \to 0$。因此，闭合流域多年平均水量平衡方程为

$$\bar{P}=\bar{E}+\bar{R} \tag{2-21}$$

式中：$\bar{P}$、$\bar{E}$、$\bar{R}$ 分别为闭合流域多年平均降水量、蒸发量和径流量。

复习思考题

1. 什么是水循环？产生水循环的原因是什么？
2. 河流自上而下可分为哪几段？各段有什么特点？
3. 水量平衡的原理是什么？试写出某一区域、某一时段的水量平衡方程式，并标明各符号的物理意义。
4. 为什么对于较大的流域，在降雨和坡面漫流终止后，洪水过程还会延续很长的时间？
5. 试比较流域面平均雨量三种计算方法的特点。
6. 充分湿润下的土壤，其干化过程可分为哪几个阶段？各阶段的土壤蒸发有何特点？
7. 对于闭合流域来说，为什么径流系数必然小于1？

8. 形成降水的充分必要条件是什么？

9. 某雨量站测得7月8日2时至7月9日2时一次降雨过程各时段雨量如表2-2所示，试绘出该降雨过程线(柱状图)和累积雨量过程线，并计算和绘制该次降雨的时段平均降雨强度过程线。

表 2-2　某站一次降雨实测的各时段雨量

时段/时	2—8	8—12	12—14	14—16	16—20	20—24	0—2
雨量/mm	18.0	36.2	48.6	54.0	30.0	6.8	4

10. 某流域面积为120 km^2，从该地区的水文手册中查得多年平均径流模数 $\overline{M}=26.5$ $L/(s\cdot km^2)$，试求该流域的多年平均流量和多年平均径流深各为多少？

11. 某流域面积为500 km^2，流域多年平均降雨量为1000 mm，多年平均径流量为6 m^3/s，问该流域多年平均蒸发量为多少？若修建一水库，水库水面面积为10 km^2，当地实测蒸发器读取的多年平均值为950 mm，蒸发器折算系数为0.8，问建库后该流域的径流量是增加还是减少？建库后的多年平均径流量是多少？

项目3　水文资料的收集与整理

【任务目标】

掌握水文测站与站网、水位、流量、含沙量、输沙率等概念；了解降水、蒸发、水位、流量等水文要素的常用观测仪器及方法；了解水位-流量关系曲线、单断沙关系曲线，初步了解水文年鉴与水文手册。

【技能目标】

会用面积包围法计算日平均水位；能正确计算流量；会用所给资料点绘水位-流量关系曲线。

水文资料的收集与整理包括：水文测站的设立和水文站网的布设；水位、流量、泥沙、水质、水生态等各种水文信息要素的观测和相应的计算整理；水文调查方法；水文年鉴和水文手册的查阅。水文资料的收集与整理是水文分析计算的基础工作和基本依据，是水文学的重要组成部分，是以后学习水文统计、流域产汇流计算等内容的基础。

任务1　水文测站与站网

模块1　水文测站

1. 水文测站的任务及分类

为收集水文数据而在河流、渠道、湖泊、水库或流域内设立的各种水文观测场所总称为水文测站。水文测站观测的项目有水位、流量、泥沙、降水、蒸发、水温、冰凌、水质、地下水位及水生态环境等，同时还必须进行水文调查、水文预报、水文分析与计算、水文研究等工作。只观测上述项目中的一项或少数几项的测站按其主要观测项目而分别称为流量站、水位站、雨量站、水面蒸发站、泥沙站等。

根据测站的性质，河流水文测站又可分为：① 基本站，是为公用目的，经统一规划设立，能获取基本水文要素值多年变化资料的水文测站。它应进行较长期的连续观测，资料长期存储。② 辅助站，是为补充基本站网不足而设立的一个或一组水文测站。计算站网密度时，辅助站不参加统计。③ 专用站，是为科学研究、工程建设、管理运用等特定目的而设立的水文测站。这种测站不具备或不完全具备基本站的特点。其观测项目和年限依设站目的而定。④ 实验站，是为某种水文现象的演变规律或对某些水体作专门深入研究而设的，也可兼做基本站。

2. 水文测站的设立

1）选择测验河段

测验河段首先要在水文站网规划规定的河段范围内选择，其次要尽可能使所选择的河段水位-流量关系稳定。测站水位-流量关系受断面和河段的水力因素所控制。这种控制发生在断面上，称断面控制，如测站下游有突起的石梁、急滩、弯道、卡口、人工堰坝等，这些都是构成断面控制的地形条件。这种控制若由河段的水力条件，如测验河段的底坡、糙率、断面形状等水力因素所决定，就称河槽控制。断面控制、河槽控制总称测站控制。测验河段应尽量选择河段顺直、稳定、水流集中、无回流串沟、无分流和严重漫滩影响、地质组成坚固的河段。顺直河段长度一般不小于洪水时主河槽宽度的3～5倍。应避开有碍测验的地物、地貌，以及冰期易发生冰塞、冰坝的地点。

2）布设断面

各种水文要素的观测都是在测验河段内的各个断面上进行的，这种断面称为测验断面。按照不同的角度，测验断面可分为基本水尺断面、流速仪测流断面、浮标测流断面和比降断面等。

在基本水尺断面上设立基本水尺，用于观测水位，因此该断面应设置在水位-流量关系较好的断面上。流速仪测流断面设在测流条件较好的断面上，一般与基本水尺断面重合。如果条件限制流速仪测流断面与基本水尺断面不能重合，则两者相距不宜太远，两断面上的水位应有稳定的关系。测流断面应垂直于河流平均流向，偏角不得超过10°。浮标中断面一般与流速仪测流断面、基本水尺断面重合。浮标上、下断面必须平行于浮标中断面并等距。浮标测流断面设在浮标上断面上游一定距离上。该断面架设浮标投放器，以便测流时投放浮标。在上、下比降断面上设置上、下比降水尺，用来观测河流水面比降，从而推算河床糙率。上、下比降断面之间，河底和水面比降不应有明显转折，其间距应以测得比降误差不大于±15%为宜。各断面位置如图3-1所示。

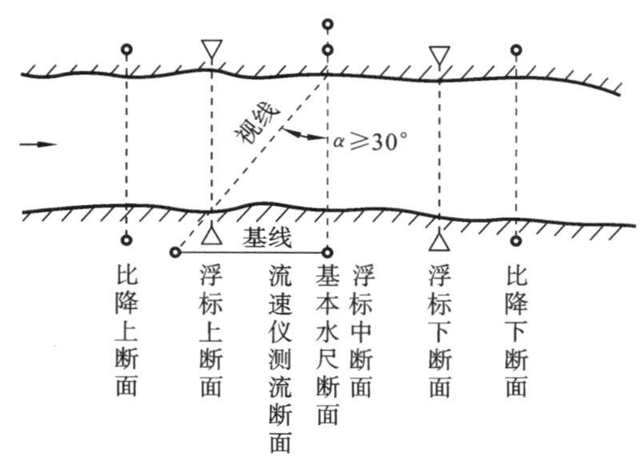

图3-1 水文测站各种横断面布置图

3）布设基线

基线一般与断面垂直，起点在测流断面上，长度应满足测流时断面最远点的交会角α（视线与断面的夹角）不小于30°的要求。基线起点与测流断面上测点间的水平距离为起点距。

模块2 水文站网

水文测站在地理上的分布网称为水文站网。一个水文测站所测的水文资料仅代表一定范围的水文情况，在特定流域内选择合适位置按一定原则布设一定数量的水文测站，组成相联系的网络。根据站网资料进行综合分析，就能内插流域内任何地点的水文特征值。

任务2　降水与蒸发的观测

降水是地表水和地下水的来源，它与人民生产、生活、建设关系极为密切。蒸发是江河湖库水量损失的一部分，水利工程的水利计算、湖库的水量平衡研究等需要蒸发资料，特别是水资源合理开发和利用要研究蒸发的时空变化。因此应通过降水、蒸发观测积累资料。

模块1　降水观测

1. 器测法

器测法是观测降水量最常用的方法，观测仪器通常有雨量器和自记雨量计。

1）雨量器

雨量器是直接观测降水量的器具，由承雨器、漏斗、储水筒、储水瓶和雨量杯组成，如图3-2所示。承雨器口径为20 cm，安装时器口一般距地面70 cm，筒口保持水平。雨量器下部放储水瓶收集雨水。观测时将雨量器里的储水瓶迅速取出，换上空的储水瓶，然后用特制的雨量杯测定储水瓶中收集的雨水，分辨率为0.1 mm。当降雪时，仅用外筒作为承雪器具，待雪融化后计算降水量。

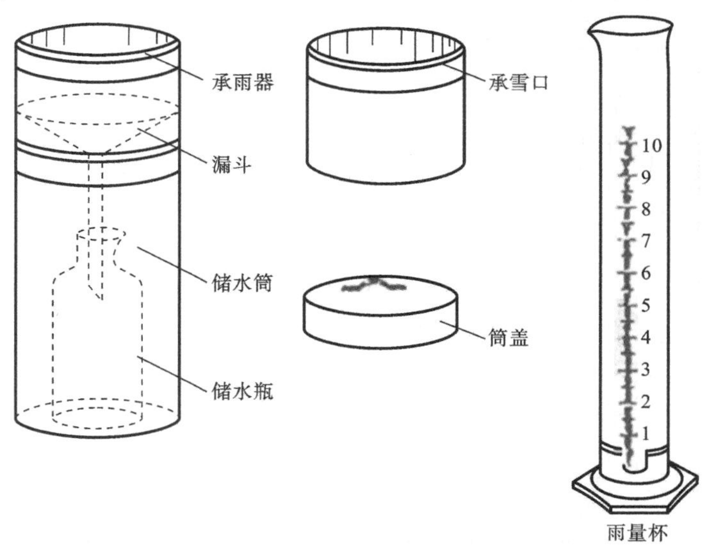

图3-2　雨量器示意图

用雨量器观测降水量的方法一般采用分段定时观测，即把一天分成几个等长度的时段，如分成4段（每段6小时）或分成8段（每段3小时）等，分段数目根据需要和可能而定。一般采用2段制进行观测，即每日8时及20时各观测一次，雨季增加观测段次，雨量大时还需加测。日雨量以每日上午8时作为分界，将本日8时至次日8时的降水量作为本日的降水量。

2）自记雨量计

自记雨量计是观测降雨过程的自记仪器。常用的自记雨量计有三种类型：称重式、虹吸式（浮子式）和翻斗式。称重式能够测量各种类型的降水，其余两种基本上只限于观测降雨。自记雨量计按记录周期分，有日记、周记、月记和年记几种形式。在传递方式上，已研制出有线远传和无线远传(遥测)的雨量计。

(1) 称重式:这种仪器可以连续记录接雨杯上的及储积在其内的降水的质量。记录方式是,用机械发条装置或平衡锤系统,将降水时全部降水量的质量如数记录下来。这种仪器的优点在于能够记录雪、冰雹及雨雪混合降水。

(2) 虹吸式:日记型虹吸式自记雨量计的构造如图 3-3 所示。承雨器将承接的雨量导入浮子室,浮子随着注入雨水的增加而上升,并带动自记笔在附有时钟的转筒上的记录纸上画出曲线。记录纸上纵坐标记录雨量,横坐标由自记钟驱动,表示时间。当雨量达到 10 mm 时,浮子室内水面上升到与浮子室连通的虹吸管顶端即自行虹吸,将浮子室内的雨水排入储水瓶,同时自记笔在记录纸上垂直下跌至零线位置,以后随雨水的增加而上升,如此往返持续记录降雨过程,记录纸上记录下来的曲线是累积曲线,既表示雨量的大小,又表示降雨过程的变化情况,曲线的坡度表示降雨强度。因此从自记雨量计的记录纸上,可以确定降雨的起止时间、雨量大小、降雨量累积曲线、降雨强度变化过程等。虹吸式自记雨量计分辨率为 0.1 mm,降雨强度适应范围为 0.01～4.0 mm/min。

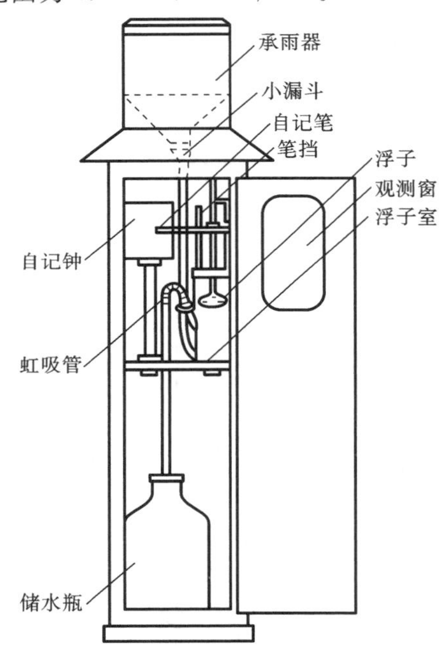

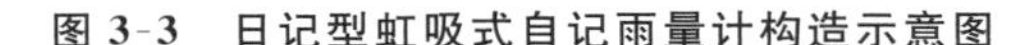
图 3-3　日记型虹吸式自记雨量计构造示意图

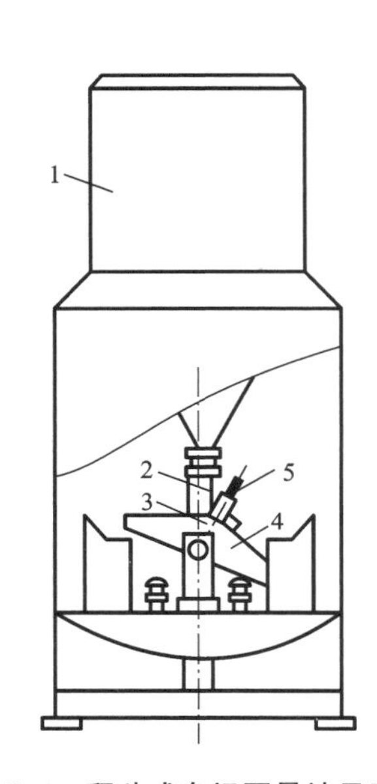

图 3-4　翻斗式自记雨量计示意图

1—承雨器;2—浮球;3—小钩;4—翻斗;5—舌簧管

(3) 翻斗式:这类雨量计由感应器及信号记录器组成,如图 3-4 所示。其工作原理为:雨水经承雨器进入对称的翻斗的一侧,当接满 0.1 mm 雨量时,翻斗倾于一侧,另一侧翻斗则处于进水状态。每一次翻斗倾倒,都使开关接通电路,向记录器输送一个脉冲信号,记录器控制自记笔将雨量记录下来,如此往复即可将降雨过程测量下来。记录 100 次后,将自动从上到下落到自记纸的零线位置,再重新开始记录。翻斗式自记雨量计分辨率为 0.1 mm,降雨强度适用范围在 4.0 mm/mim 以内。

称重式、虹吸式和翻斗式自记雨量计的记录系统可以将机械记录装置的运动变换成电信号,用导线或无线电信号传到控制中心的接收器,实现有线远传或无线遥测。

2. 雷达探测

气象雷达是利用云、雨、雪等对无线电波的反射现象来发现目标的。用于水文方面的雷达有效范围一般是40～200 km。雷达的回波可在雷达显示器上显示出来，不同形状的回波反映不同性质的天气系统、云和降水等。根据雷达探测到的降水回波位置、移动方向、移动速度和变化趋势等资料，即可预报出探测范围内的降水、强度及开始和终止时刻。

3. 气象卫星云图

气象卫星按其运行轨道分为变轨卫星和地球静止卫星两类。目前地球静止卫星发回的高分辨率数字云图资料有两种：一种是可见光云图，另一种是红外云图。可见光云图的亮度反映云的反照率。反照率强的云在云图上的亮度大，颜色较白；反照率弱的云在云图上的亮度小，色调灰暗。红外云图能反映云顶的温度和高度。云层的温度越高，云层的高度越低，发出的红外辐射越强。在卫星云图上，一些天气系统也可以根据特征云型分辨出来。

用卫星资料估计降水的方法很多，目前投入水文业务应用的是，利用地球静止卫星短时间间隔云图图像资料，再用某种模型估算。这种方法可引入人机交互系统，自动进行数据采集、云图识别、降雨量计算、雨区移动预测等项工作。

模块2　蒸发观测

水分子逸出水面进入空中，这种现象称为蒸发现象。水分蒸发现象发生在水面的称为水面蒸发；发生在土壤中的称为土壤蒸发；发生在广大的流域内的称为陆面蒸发。流域蒸发包括水面蒸发、土壤蒸发和植物散发，其中后两项之和称为陆面蒸发。由于三者错综复杂，实际上常常将它们综合在一起进行计算。常用的方法有水量平衡法、流域蒸发模型法。

1. 水面蒸发观测

水面蒸发是水面的水分由液态转化为气态向大气扩散、运移的过程。单位时间蒸发的水深称为蒸发率或蒸发强度，以mm/d计。水面蒸发观测资料较多，比较可靠，常是其他蒸发计算的基础。

1）场地

蒸发观测场与降水量观测场合二为一，设有气象辅助项目的场地应不小于16 m（东西向）×20 m（南北向）；没有气象辅助项目的场地应不小于12 m×12 m，四周必须空旷平坦，以保证气流畅通。观测场附近障碍物所造成的遮挡率应小于10％。

2）仪器设备及安装

常用的有Φ-20型、Φ-80套盆式和E-601型蒸发器。E-601型蒸发器性能稳定、可靠，器测值很接近实际的大水体蒸发量，是水文部门普遍采用的设备，仪器结构如图3-5所示。一般每日8时观测一次，得每天观测的日蒸发量。这些资料整编后，刊载在每年发布的水文年鉴中。

E-601型蒸发器主要由蒸发桶、水圈、溢流桶、测针等四部分组成。蒸发桶桶口面积为3000 cm^2。为使仪器内水体和仪器外土壤之间热交换接近天然水体的情况，蒸发桶应埋入地下。为减轻溅水及鸟兽喝水对蒸发的影响，在桶外设水圈。溢流桶用来承接因暴雨而由蒸发桶溢出的水量。

3）观测

每日8时观测一次。以本日8时到次日8时的蒸发量作为本日蒸发量。

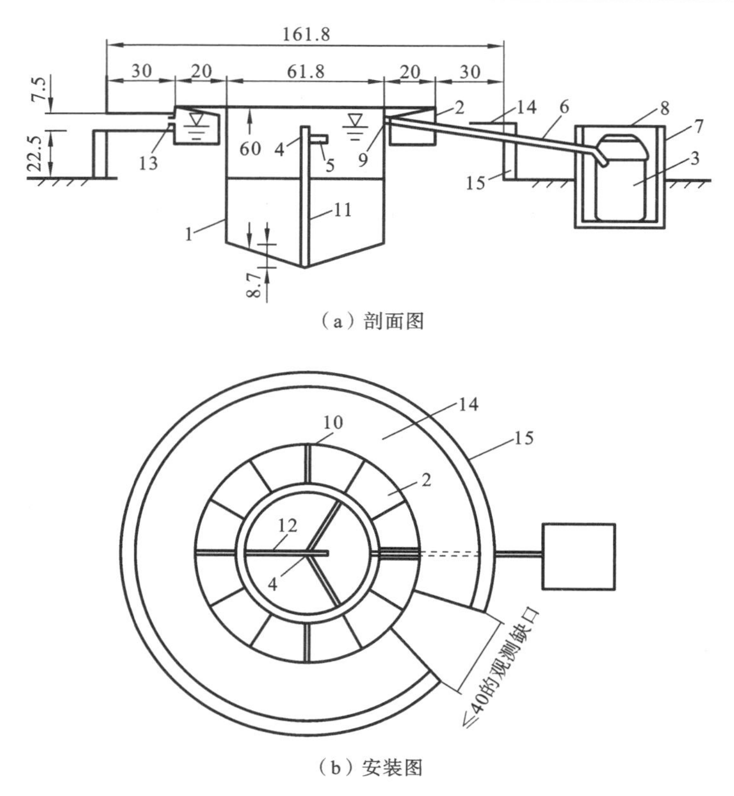

图 3-5　E-601 型蒸发器结构、安装图(单位:cm)

1—蒸发桶;2—水圈;3—溢流桶;4—测针座;5—期内水面指示针;6—溢流用胶管;7—溢流桶箱;8—箱盖;9—溢流嘴;10—水圈上缘撑档;11—直管;12—直管支撑;13—水圈排水孔;14—土圈;15—防坍设施

用 E-601 型蒸发器观测时,用测针测量蒸发桶内的水面高度,精确至 0.1 mm。在测记水面高度后,应目测针尖或水面标志线。当指示针的针尖露出水面(或没入水面 1 cm)时,应向桶内加水(或吸水),使水面与针尖齐平,并用测针测出加(吸)水后的水面高度,记入有关记载表的相应栏内,作为次日观测器内水面高度的起算值。在观测时应注意观测溢流桶的水深。

4) 蒸发量的计算

不使用溢流桶时,蒸发量按下式计算:

$$E=P+(h_1-h_2) \tag{3-1}$$

当使用溢流桶时,计算公式如下:

$$E=P+(h_1-h_2)-Ch_3 \tag{3-2}$$

式中:E 为日蒸发量,mm;P 为日降水量,mm;h_1、h_2 分别为上次与本次测得蒸发器的水面高度,mm;h_3 为溢流桶内水深读数,mm;C 为溢流桶与蒸发器面积之比。

使用蒸发器观测的蒸发资料必须通过折算才能得出自然水体的实际蒸发量,即

$$E_W=KE'_W \tag{3-3}$$

式中:E_W 为自然水面蒸发量,mm;E'_W 为上述蒸发器实测水面蒸发量,mm;K 为蒸发折算系数,由蒸发站实验取得。

使用水文年鉴中的蒸发资料时,应注意蒸发器类型和口径的不同,以便折算。

蒸发量计算中会出现负值,这可能是由空气水汽凝结量大于水面蒸发量造成的,也可能是

由其他原因造成的，应查明原因。出现这种情况一律作“0”处理，并在记载表中说明。

2. 土壤蒸发观测

土壤蒸发比水面蒸发复杂，除受水面蒸发因素影响外，还与土壤含水量、土质组成有关。常用的观测仪器有称重式土壤蒸发器、水力蒸发器。这里介绍称重式土壤蒸发器。将整段土柱放入底部有较密金属网的铁筒中，将金属铁筒放回挖土柱的孔中，这样使得铁筒中的土壤在同一环境条件下。经过 24 h 后，称取土柱质量。根据土柱质量变化，并考虑降水和渗漏水量，计算土壤蒸发量。铁桶的存在破坏了土柱与周围土壤的正常热交换，同时在挖土时难免破坏土壤原来结构，因此所测结果有一定误差。

3. 植物散发测定与分析

1）植物散发测定

植物散发是植物根系从土壤等吸收的水分，通过叶面、枝干蒸发到大气中的一种生理过程，其观测往往局限在一个生长植物的很小的容积内进行，通过测定各个时段仅由散发消耗的水量来计算各时段的散发量。

2）植物散发过程分析

植物散发强度与土壤湿度、温度、光照等密切相关，尤其是与土壤含水量密切相关。天然情况下，温度、光照基本适宜，植物散发过程与土壤的蒸发过程很相似，因此，常常与土壤的蒸发一起计算。

任务3 水位观测与资料整理

水位是指河流、湖泊、水库及海洋等水体的自由水面的高程，以 m 计。水位观测的作用是直接为水利、水运、防洪、防涝提供具有单独使用价值的资料，如堤防、坝高，以及桥梁及涵洞、公路路面标高的确定；也可为推求其他水文数据提供间接运用资料，如水资源计算，水文预报中的上、下游水位等。水位的测定要有一个基面作为起点，水文测验中采用的基面有绝对基面、假定基面、测站基面和冻结基面。全河上下游或相邻测站应尽可能采用一致的固定基面。使用水位资料时一定要查清其基面。

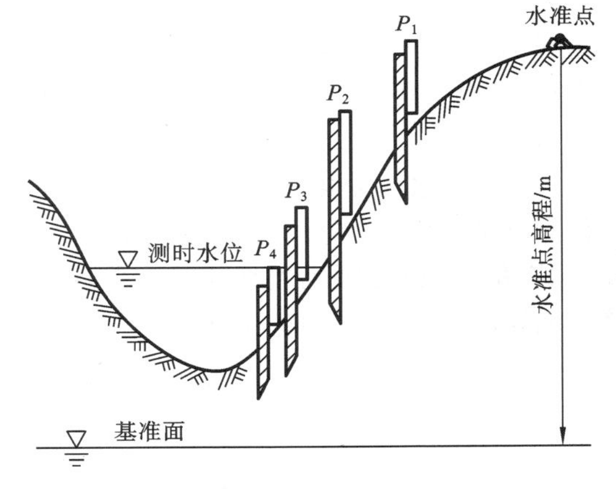

图3-6 直立式水尺布置图

常用的水位观测设备有水尺、自记水位计（浮子式水位计、气泡式水位计、压力式水位计、超声波水位计等）。水尺按其结构形式可分为直立式、倾斜式、矮桩式和铅锤式。直立式水尺在岸边的布置如图 3-6 所示。

模块1 水位观测

1. 水尺水位观测

水位观测时，读取自由水面与水尺相截的淹没数值，加上该尺的零点高程则得水位，即水位等于水尺读数加水尺零点高程。水位包括基本水尺水位和比降水尺水位。基本水尺精度读至 0.01 m，比降水尺精度读至 0.005 m。基本水尺水位的观测段次以能反映水位变化过程为原则。水位平稳时，每日 8 时观测一次；水位变化缓慢时，每日 8 时、20 时各观测两次；枯水期每日 20 时观测确有困难的站，可提前至其他时间观测；冰封期且无冰塞现象比较平稳时，可数日观测一次；洪水期或水位变化急剧时期，可每 1～6 h 观测一次，暴涨暴落时，应根据需要增为每半小时或若干分钟观测一次，应测得各次峰、谷和完整的水位变化过程；比降水尺水位观测根据计算水面比降、糙率的需要，具体规定观测测次。观测潮水位时，在高、低潮前后，应每隔 5～15 min 观测一次，应能测到高、低潮水位及其出现时间。

2. 自记水位计设置与观测

自记水位计能自动记录水位连续变化过程，不遗漏任何突然的变化和转折，有的还能将所观测的数据以数字或图像的形式存储或远传，实现水位自动采集、传输。国产的自记水位计有 WFH-2 型全量机械编码水位计、HW-1000 型非接触超声波水位计、WYD10 型压力式遥测水位计、FW390-1 型长期自记水位计等。自记水位计应设置在近河边（或海岸、库岸边）特设的自记井台上，自记井台应牢固，进水管应有防浪和防淤措施。

自记水位计的观测，每日 8 时用设置的校核水尺进行校测和检查一次；水位变化剧烈时应适当增加校测次数；每日换纸一次（换纸时操作方法按说明书执行），当水位变化较平缓时，一纸可用多日。只要把校测水位及时间记在起始线即可，自记纸换下后，必要时（水位记录与校核水位相差 2 cm 以上、时差在 5 min 以上时）进行时差和水位订正。在订正基础上，进行水位摘录，摘录点次以能反映水位变化的完整过程、满足日平均水位计算和推算流量的需要为原则。

模块 2　水位资料整理

观测所得的原始水位记录需要通过整理分析及计算，整编成系统的资料，即全年的逐日平均水位表、逐日平均水位过程线图及洪水水位摘录表等，然后刊入水文年鉴，以供使用。

1. 日平均水位计算

当 1 d 内水位变化缓慢，或者水位变化虽较大，但等时距观测或摘录时，可采用算术平均法计算日平均水位；当 1 d 内水位变化较大，又不等时距观测或摘录时，或者 1 d 内有峰、谷变化时，则用面积包围法计算日平均水位，即将每日 0 时至 24 时的水位过程线与时间坐标所包围的面积除以 24 h 即得日平均水位。如图 3-7 所示，计算式如下：

$$\overline{Z}=\frac{1}{48}[Z_0\Delta t_1+Z_1(\Delta t_1+\Delta t_2)+Z_2(\Delta t_2+\Delta t_3)+\cdots+Z_{n-1}(\Delta t_{n-1}+\Delta t_n)+Z_n\Delta t_n] \tag{3-4}$$

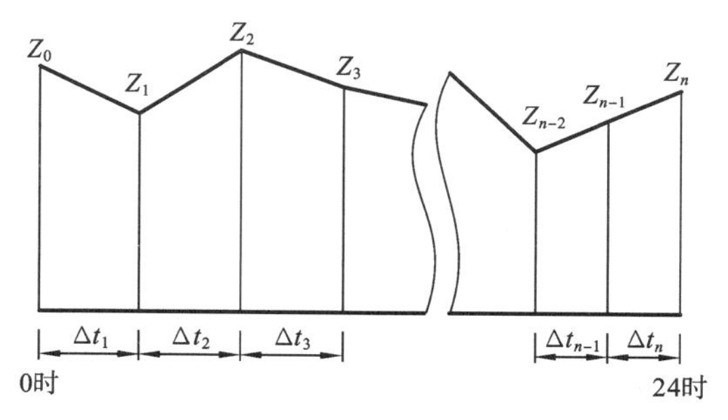

图 3-7　面积包围法示意图

式中：$Z_0, Z_1, \cdots, Z_n$ 为各次观测的水位，m；$\Delta t_1, \Delta t_2, \cdots, \Delta t_{n-1}, \Delta t_n$ 为相邻两次水位间的时距，h。

计算日平均水位后，记入各站逐日平均水位表中，并统计有关特征水位于表的附栏内。汛期典型洪水过程线记入汛期水文要素摘录表内。

2. 水面比降计算

计算式如下：

$$i=\frac{\Delta Z}{L}\times 1000‰ \tag{3-5}$$

式中：i 为水面比降，‰；ΔZ 为上、下比降水尺水位差，m；L 为上、下比降水尺断面间距，m。

任务4　流量测验与资料整编

模块1　概述

流量是单位时间内通过河流某一过水断面的水体体积，以 m^3/s 计。测量流量的方法很多，常用的方法为流速面积法，其中包括流速仪测流法、浮标测流法、比降面积法等。这是我国目前使用的基本方法。此外还有水力学法、化学法、物理法、直接法等。

天然河道的水流受断面形态、河床糙率、坡降、流态影响，其流速的大小在河道的纵向、横向和竖向的分布不同，即断面各点流速 v 随水平及垂直方向位置不同而变化，即

$$v=f(b,h) \tag{3-6}$$

通过全断面的流量 Q 为

$$Q=\iint_D v\mathrm{d}A=\int_0^B\int_0^{h(b)} f(b,h)\,\mathrm{d}b\mathrm{d}h \tag{3-7}$$

式中：$\mathrm{d}A$ 为过水断面内单元面积，其宽为 $\mathrm{d}b$，高为 $\mathrm{d}h$；v 为垂直于 $\mathrm{d}A$ 的流速，m/s；D 为断面区域面积；b 为断面内任一点到水边的水平距离，m；$h(b)$为 b 处的水深函数；B 为水面宽度，m。

$f(b,h)$关系复杂，实际测验中流量 Q 是根据实测断面面积和实测流速来计算的。把过水断面分为若干部分，测量和计算各部分面积。在各部分面积中，可以通过垂线测点测得点流速，再推算部分平均流速，两者乘积为部分流量，部分流量总和即为断面流量。

模块2　流量测验

1. 断面测量

断面测量分水道断面测量和大断面测量两种。水道断面测量时，在测流断面上布设一定数量测深垂线，分别测得各垂线对应的起点距和水深。测得水位减各垂线的水深即得河底高程。

垂线的布设数量和位置以能反映河底断面天然几何形状为原则，一般主河道密集一些，滩地稀疏一些。起点距是指垂线距基线桩的水平距离。测量方法大都用经纬仪交会法，测得视线与基线的交角，如图3-8、图3-9所示。用三角函数关系计算，可求得起点距。各垂线水深用测深杆或下挂铅鱼的悬索测得。水库、海洋或水深大的江河，其水深可用回声测深仪测得。

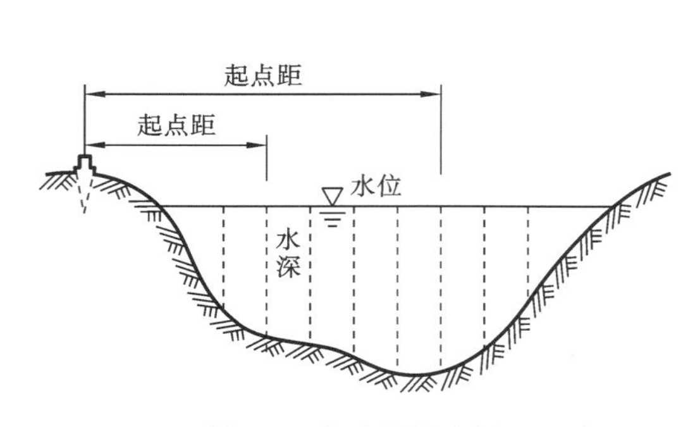

图 3-8　起点距示意图

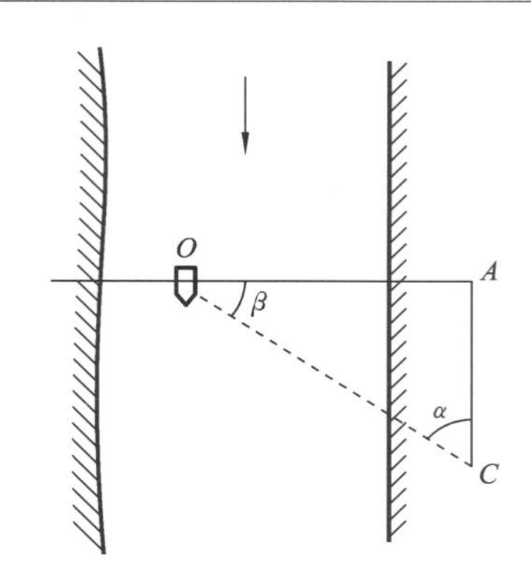

图 3-9　经纬仪交会法求起点距示意图

大断面测量除过水断面外，还应测至历年最高洪水位以上 0.5～1.0 m。水面以上的岸上转折点高程应采用四等水准测量。大断面测量次数视其稳定性而定，测流断面河床稳定的站（水位与面积关系点偏离关系曲线不超过±3%），可在每年汛前或汛后施测一次；河床不稳定的站，应在每年汛前或汛后施测一次大断面，并在当次洪水后及时施测过水断面部分。

2. 流速测量

天然河道一般用流速仪测水流速度。目前采用的流速仪有旋桨式和旋杯式两种，如图 3-10、图 3-11 所示。前者适用于水流条件复杂的河流，后者适用于少沙河流。

1）流速仪的结构和工作原理

流速仪主要由头部、身架和尾翼三部分组成。工作原理是，水流冲击头部的转动部分，旋转一定次数后，在接触机构的作用下，经电子路转换为电信号。流速越快，旋转越快，单位时间转数与水流速度存在线性关系，即

$$v=kn+c \tag{3-8}$$

式中：v 为测点流速，m/s；k、c 为仪器鉴定常数；n 为每秒转数，$n=R/T$，其中，T 为总历时，s，R 为转数。

2）测速历时的要求

以船克服流速脉动影响为原则，测速历时一般采用 100 s。当流速变化率较大或垂线上测点较多时，测速历时可采用 30～60 s。流速仪的 k、c 由专门鉴定实验求得，流速仪出厂时需鉴定出 k、c 值，使用一段时间后，应重新鉴定。

3）流速测量

首先根据河槽特征和水情，在测流断面上布设测速垂线。测速垂线的布设宜均匀，并应能控制断面地形和流速沿河宽分布的主要转折点，主槽垂线应较河滩的密。每条测速垂线上布设的测点数由水深确定。水深较小，用一点法（水面以下相对水深 0.6 或 0.5）；水深较大，可采用多点法，如二点法（相对水深 0.2 和 0.8）、三点法（相对水深 0.2、0.6、0.8）、五点法（相对水深 0.0、0.2、0.6、0.8、1.0）。垂线测点布设后，可进行流速测量，即把流速仪安装在悬吊设备上，并运送到垂线测点位置，待流速仪稳定后，可开动秒表计时测速，在规定的测速历时 T 内止动秒表，求得总转数 R，按 $v=kn+c=k\dfrac{R}{T}+c$ 计算点流速 v_i（m/s）。

垂线平均流速按下列各式计算：

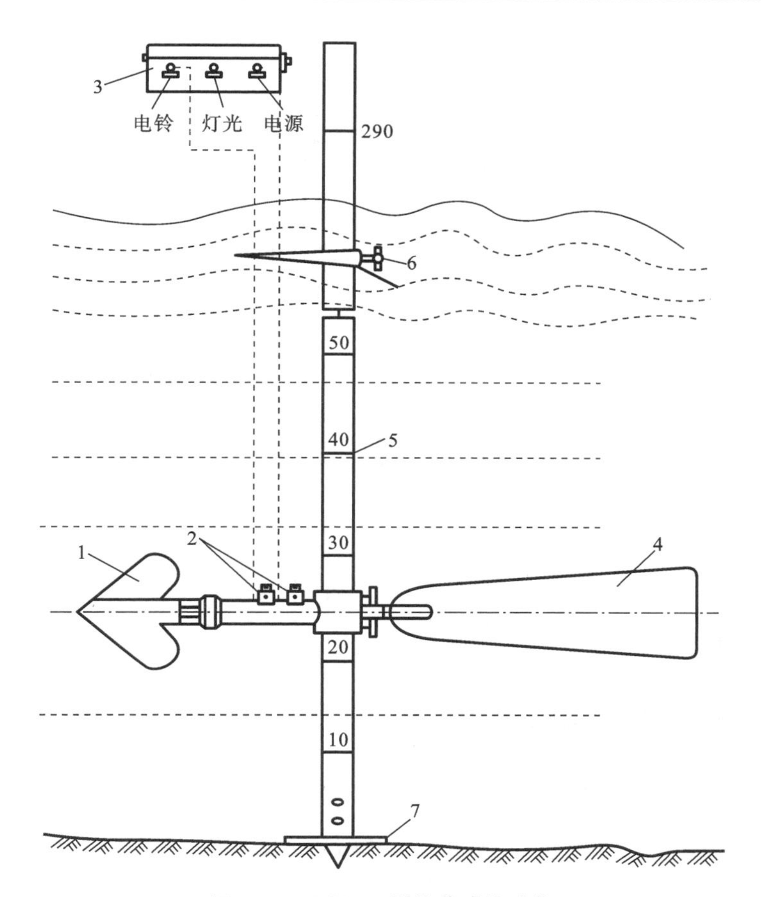

图 3-10　LS25-1 型旋桨式流速仪

1—旋桨；2—接线桩；3—电铃计数器；4—尾翼；5—测杆；6—定向指针；7—底盘

$$
\left.\begin{aligned}
&\text{一点法} \quad v_m = k_1 v_{0.0}, v_m = k_2 v_{0.2} \\
&\qquad v_m = v_{0.6}, v_m = (0.90\sim0.95) v_{0.5} \\
&\text{两点法} \quad v_m = \frac{1}{2}(v_{0.2} + v_{0.8}) \\
&\text{三点法} \quad v_m = \frac{1}{3}(v_{0.2} + v_{0.6} + v_{0.8}) \\
&\text{五点法} \quad v_m = \frac{1}{10}(v_{0.0} + 3v_{0.2} + 3v_{0.6} + 2v_{0.8} + v_{1.0})
\end{aligned}\right\} \tag{3-9}
$$

式中：v_m 为垂线平均流速，m/s；$v_{0.0}$、$v_{0.2}$、$v_{0.5}$、$v_{0.6}$、$v_{0.8}$、$v_{1.0}$ 分别为相对水深 0.0、0.2、0.5、0.6、0.8、1.0 处的流速；k_1、k_2 分别为相对水深 0.0、0.2 处的流速系数。

3. 实测流量计算

1）部分面积计算

测速垂线间面积如图 3-8 所示，按梯形面积法计算，岸边用三角形面积计算。计算时先求两垂线起点距之差为间距 b_i，再求两垂线平均水深，即 $\frac{1}{2}(h_i + h_{i-1})$，则部分面积 $A_i = \frac{1}{2}(h_i + h_{i-1})b_i$，详见表 3-2 所示各栏。

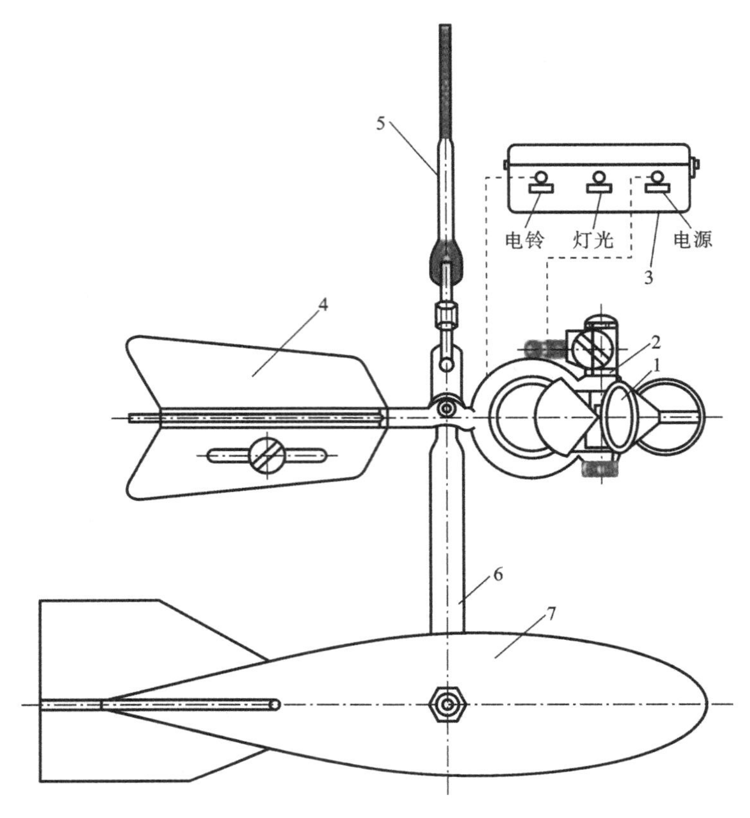

图 3-11　LS68-2 型旋杯式流速仪

1—旋杯；2—传讯盒；3—电铃计数器；4—尾翼；5—钢丝绳；6—悬杆；7—铅鱼

2）部分平均流速计算

岸边部分平均流速按式(3-10)计算：

$$v=\alpha_{岸}\ v_{m岸} \tag{3-10}$$

式中：v 为岸边部分平均流速，m/s；$v_{m岸}$ 为岸边垂线平均流速，m/s；$\alpha_{岸}$ 为岸边流速系数，参照表 3-1 选用。

表 3-1　岸边流速系数 α 值表

岸边情况		α 值
斜坡岸边(水深均匀地变浅至零的岸边部分)		0.67～0.75，可取 0.70
陡岸边	不平整陡岸边用	0.8
	光滑陡岸边用	0.9
死水边(死水与流水交界处)		0.6

其余相邻两测速垂线间部分面积平均流速可将垂线平均流速算术平均求得，即

$$v_i=\frac{1}{2}(v_{m,i-1}+v_{m,i}) \tag{3-11}$$

3）部分流量计算

部分平均流量 q_i 等于部分面积 A_i 与相应部分平均流速 v_i 的乘积，即

$$q_i = A_i v_i \tag{3-12}$$

4）断面流量计算

断面上所有部分流量总和，即

$$Q = \sum_{i=1}^{n} q_i \tag{3-13}$$

断面面积按断面各部分面积总和求得，即

$$A = \sum_{i=1}^{n} A_i \tag{3-14}$$

断面平均流速可由断面流量 Q 除以断面面积求得，即

$$\bar{v} = \frac{Q}{A} \tag{3-15}$$

【例 3-1】 某河水文站某年某月某日一次测流记录资料如表 3-2 所示，试计算断面流量（岸边系数为 0.75）。

解 （1）计算断面各部分面积，记入表 3-2 相应栏中。

（2）计算各测点流速和垂线平均流速，记入表 3-2 相应栏中。

（3）计算部分流量，求各部分流量之和，得断面流量

$$Q = \sum_{i=1}^{n} q_i = 73.03\ \mathrm{m^3/s}$$

断面面积、断面平均流速、断面水面宽和断面平均水深均按上述公式计算，填入表 3-2 内。

表 3-2　某河水文站流速仪法流量测验计算表

施测时间 20××年×月××日 8 时 00 分至 9 时 20 分								流速仪牌号及公式：LS251 型，$v=0.702N/T+0.015$							
垂线号数		起点距/m	水深/m	仪器位置		测速记录		流速/(m/s)			测深垂线间/m		断面面积/m²		部分流量/(m³/s)
测深	测速			相对水深	测点水深/m	总历时/s	总转数	测点	垂线平均	部分平均	平均水深	间距	测深垂线间	部分	
左水边		30	0												
										0.69	1.0	10	10	10	6.9
1	1	40	2	0.2	4	145	200	0.98	0.92						
			0.4	0.8	1.6	135	160	0.85							
										0.95	2.5	13	32.5	32.5	30.8
2	2	53	3	0.2	0.6	105	160	1.08	0.98						
				0.6	1.8	110	150	0.97							
				0.8	2.4	115	140	0.87							
										0.94	2.25	15	33.75	33.75	31.7
3	3	68	1.5	0.6	0.9	120	150	0.89	0.89						
										0.67	0.75	7	5.25	5.25	3.52
右水边		75	0												
断面流量 73.03 m³/s				断面面积 81.5 m²				平均流速 0.90 m/s			水面宽 45 m			平均水深 1.81 m	

4. 冰期实测流量计算

封冰期测流断面示意图如图 3-12 所示，冰期测流计算基本与畅流期的相同。

（1）垂线平均流速可按下式计算：

$$\left.\begin{aligned}
&\text{一点法} && v_m = k' v_{0.5} \\
&\text{两点法} && v_m = \frac{1}{2}(v_{0.2} + v_{0.8}) \\
&\text{三点法} && v_m = \frac{1}{3}(v_{0.15} + v_{0.5} + v_{0.85}) \\
&\text{六点法} && v_m = \frac{1}{10}(v_{0.0} + 2v_{0.2} + 2v_{0.4} + 2v_{0.6} + 2v_{0.8} + v_{1.0})
\end{aligned}\right\} \tag{3-16}$$

式中：$v_{0.15}$、$v_{0.5}$、$v_{0.85}$分别为相对水深0.15、0.5、0.85（有效水深）处的流速，m/s；k'为冰期半深处流速系数，应采用六点法或三点法测速资料分析确定。

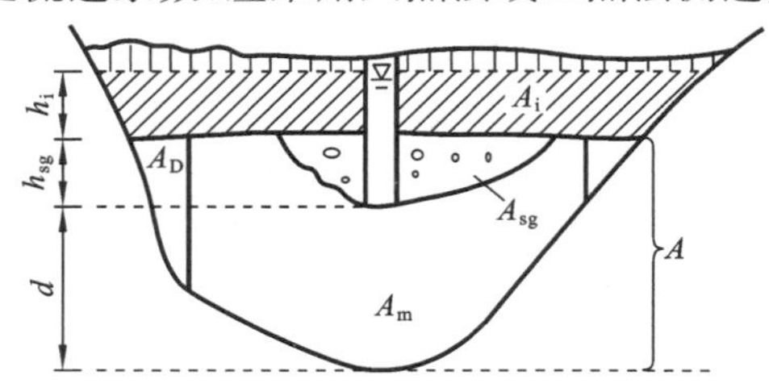

图 3-12　封冰期测流断面示意图

A—水道断面面积；A_m——流水断面面积；A_D—死水面积；A_i—水浸面积；A_{sg}—冰花面积；h_i—水浸冰厚；h_{sg}—冰花厚；d—有效水深

有效水深是指自冰底或冰花底至河底的垂直距离，流速脚标表示相对水深。

（2）部分面积和部分平均流速与畅流期的相同。水深采用有效水深。在有岸冰或清沟存在时，盖面冰与畅流区交界处同一垂线上的水深用两种数值：当计算盖面冰以下的那部分面积时，用有效水深；当计算畅流区部分面积时，用实际水深（自水面算起）。但如果交界处垂线上的水浸冰厚小于有效水深的2%，则计算相邻两部分面积时，可采用实际水深（自水面算起）。

（3）冰期流量计算。计算冰期流量时，应将断面总面积、水浸冰面积、冰花面积与水道断面面积一并算出。在有岸冰和清沟时，可分区计算。这些面积经分区后按梯形公式计算其部分面积，再求各部分面积总和，计算公式参阅测验手册。各部分面积与各部分平均流速乘积得部分流量，各部分流量总和为冰期断面流量。

在冰期，有时为了了解河流中流动的冰花、冰块的数量及其流速，还应进行冰流量测验和计算。冰流量测验主要有两个方面的主要工作，包括实测冰流量和经常观测冰流量的主要要素。两者结合起来，才能推出逐日冰流量。

实测冰流量的内容有：测量敞露河面宽，测量流冰或流冰花的疏密度，测量冰块或冰花团的流速和厚度、冰花的密度，同时观测水位与河段的冰情。

经常观测的冰流量要素，一般为疏密度。冰流量测验可分为简测法和精测法两种。

5. 浮标测流

浮标测流法是一种简单的测流方法。在洪水较大或水面漂浮物较多，特别是在使用流速仪测流有困难的情况下，浮标测流法是一种切实可行的办法。浮标测流法的主要工作是观测浮标漂移速度，测量水道横断面，以此来推估断面流量。浮标按照入水深度不同，可分为水面浮标、浮杆和深水浮标等，其中以水面浮标应用最为广泛。

1）浮标测流法的原理

浮标浮在水面受水流冲击而随水流前进，浮标在水面的漂移速度与水流速度存在密切关系，也受风向、风力和浮标类型的影响。如用浮标测得的流速为v_f，水道断面面积为A，浮标测流法测得流量为Q_f，则

$$Q_f = A v_f \tag{3-17}$$

断面的实际流量Q与Q_f的关系为

$$Q=k_f Q_f \tag{3-18}$$

式中：k_f 为浮标折算系数，由实验确定。

2）浮标测流法的分类

按浮标通过断面位置和个数不同，浮标测流法可分为均匀浮标法和中泓浮标法。

均匀浮标法是在全断面均匀投放浮标测流的方法。其有效浮标的控制部位宜与测流方案中所确定的部位一致。在各个已确定的控制部位附近和靠近岸边的部分均应有1～2个浮标。将下系小石、上插小旗（色彩明显，夜间或雾天可用电珠照明设备）的浮标悬挂在浮标投放器上，由左岸到右岸均匀投放。当每个浮标通过浮标上、中、下断面时，各断面监视人员及司仪员应密切配合，准确测得浮标上、下断面运行的总历时和浮标在中断面的位置（经纬仪交会法），浮标运行历时内的风向、风力，以及浮标通过中断面时的水位等有关数据。这样浮标在上、下断面间的漂移速度可用下式计算：

$$v_{fi}=\frac{L}{t_i} \tag{3-19}$$

式中：v_{fi} 为每个浮标在上、下断面间的运行速度，m/s；L 为浮标上、下断面间距，m；t_i 为每个浮标在 L 间距内的漂移历时，s。

每个浮标在中断面的起点距由设在基线一端的经纬仪观测的交会角进行三角计算得出。根据每个浮标的水面流速和对应起点距点绘虚流速横向分布图，如图3-13所示。通过点群中心绘制光滑分布曲线，曲线的起点和终点与岸边点或死水边界点连接。

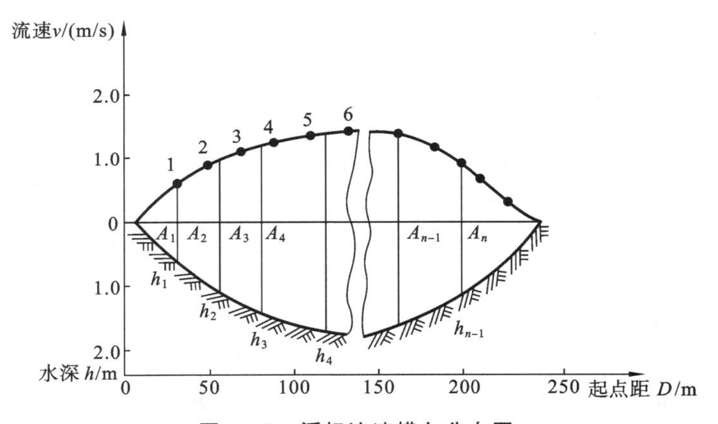

图3-13　浮标流速横向分布图

在各流速仪测速垂线位置，从浮标流速横向分布曲线上读出该处的虚流速；再按流速仪法测流的计算方法算出部分平均流速和部分虚流量 q_{fi}，则得断面虚流量 Q_f 为

$$Q_f=\sum_{i=1}^{n} q_{fi} \tag{3-20}$$

浮标系数的确定方法有实验比测法、经验公式法和水位-流量关系曲线法。在未取得浮标系数实验数据前，可根据下列范围选用：一般湿润区可取0.85～0.90；小河取0.75～0.85；干旱地区大、中河流可取0.80～0.85，小河取0.70～0.80。

6. 声学多普勒流速剖面仪测流

1）概述

声学多普勒流速剖面仪（acoustic doppler current profilers，简称ADCP）利用声学多普勒

效应原理进行测验，用声波换能器做传感器，只需将探头置于水面下一定深度处，通过4个传感器向水中发射超声波，实现在测船行进过程中的连续测量，并将不同层面测出的单元流速和流向改正后累加，得出一份完整的实测流量，即可测得垂线流速分布。ADCP具有不扰动流场、测验历时短、测速范围大、测验数据呈线性等优点。当仪器安装于测船，用走航法施测流量时，由于仪器具有底部跟踪功能，可测定全航程范围内的流量，因而可取代多船组法，节约大量的人力、物力、财力，且其测速原理具有优越性，可以方便地进行水流流场结构调查。

2）ADCP流速测定原理

1842年，Christian Doppler发现：当频率为f_0的振源与观察者之间相对运动时，观察者接收到的来自该振源的辐射波频率将是f_1。这种由于振源和观察者之间的相对运动而产生的接收信号相对于振源频率的频移现象称为多普勒效应。测出此频移就能测出物体的运动速度。在测量时，测量仪器发出辐射波，再接收被测物体的反射波，测出频移，算出速度。

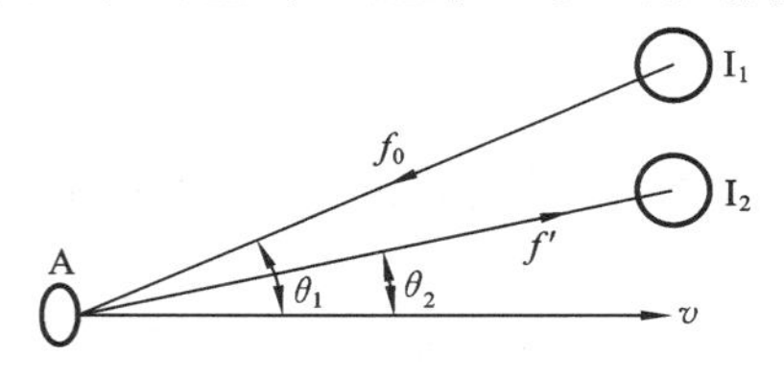

图3-14　反射式多普勒测速原理图

图3-14中，A为被测体，A以速度v运动，I_1代表振源，I_2为接收器。I_1、I_2是固定的换能器，I_1发射的频率为f_0的辐射波经A反射后被I_2接收。由于A相对于I_1、I_2运动，因此由I_1发射的频率为f_0的辐射波经两次多普勒频移后被I_2所接收。I_2接收到的反射波的频率为f_1，则多普勒频移f'为

$$f'=f_1-f_0=f_0v(\cos\theta_1+\cos\theta_2)/c \tag{3-21}$$

式中：c为辐射波的传播速度；θ_1，θ_2分别为v和I_1A、I_2A连接线的夹角。

仪器固定后，c、θ_1、θ_2、f_0均为常数，于是可得

$$v=c/f_0(\cos\theta_1+\cos\theta_2)f'=Kf' \tag{3-22}$$

由此可知，流速v与f'呈线性关系。这是反射式多普勒测速的基本公式。在实际使用时，往往将水中的悬浮物作为反射体，测得其运动速度，也就认为测得了流速。

ADCP的一组收发换能器只能测量一个点的水流速度。它由换能器、发射/接收器、控制及数据处理部分组成。它的探头可以很小，便于放入浅水中。测量可以自动进行，也可以人工控制进行，测得的数据可供显示和传输。其测量速度很快，也不干扰水体，能长期运行、自动测量和自动存储数据，这是其突出优点。它利用声学多普勒测速原理，在水面或河底，向下或向上发射超声波（频率可高达1000 kHz以上），接收不同水深处返回的声波，根据各自的多普勒频率，采用矢量合成方法，测得一根测速垂线上各点的流速。将仪器装在船上，采用GPS定位，测船驶过整个断面，在各个垂线处测量，就测得了整个断面上的流速分布。每根垂线上的流速点间的距离可以根据需要设定，最小距离可以是0.2 m。ADCP是最先进的流速、流量测验仪器，所有的测量过程全部自动化，还可以进行水温、盐度的修正。测得的数据经过计算机自动处理，可得出流速三维分布，并可计算出流量。

3）ADCP三维流速测验

ADCP是通过按一定规则排列的4个声波换能器探头（见图3-15）向水体中发射声脉冲波，然后接收来自水体所挟载的浮游小生物、泥沙小颗粒等反射体的反散射信号，依据反散射信号的多普勒频移计算出流速的。由于ADCP测流原理

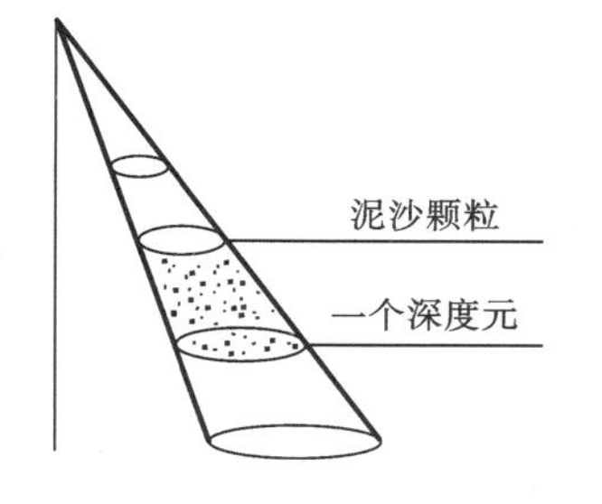

图3-15　ADCP三维流速测验图

的优越性，它可以测定三维方向的水流速度。

ADCP 在实际测验时，通过时间控制将水深分为 N 个等深单元，分别测定各等深单元的流速，每个等深单元称为一个测验单元。

模块3　流量测验资料整理

实测流量资料是一种不连续的原始水文资料，一般不能满足国民经济各部门对流量资料的要求。流量资料整理就是对原始流量资料按科学方法和统一的技术标准与格式进行整理分析、统计、审查、汇编和刊印的全部工作，以便得到具有足够精度的、系统的、连续的流量资料。

流量数据处理的方法很多，归纳起来大致可分两类：基本方法和辅助方法。基本方法以水位-流量（Z-Q）关系曲线法应用最广，它通过实测资料建立水位与流量之间的关系曲线，用水位变化过程来推求流量变化过程。辅助方法是指当难以建立 Z-Q 关系曲线时，通过其他途径来间接推求流量的方法，如流量过程线法、上下游测站水文要素相关法、降雨径流相关法等。一般来说，处理方法的选择与测验河段的水力特性、测站控制条件及测验条件有关，在满足控制精度的前提下应力求简单、合理，全年可视情况分期选用不同的处理方法。

流量数据处理主要包括定线和推流两个环节。定线是指建立流量与某种或两种以上实测水文要素间关系的工作；推流则是根据已建立的水位或其他水位或其他水文要素与流量的关系来推求流量的工作。

1. 流量数据处理内容

河道流量数据处理工作的主要内容是：编制实测流量成果表和实测大断面成果表；绘制水位流量、水位面积、水位流速关系曲线；Z-Q 关系曲线分析和检验；数据整理；整编逐日平均流量表及洪水水文要素摘录表；绘制逐时或逐日平均流量过程线；单站合理性检查；编制河道流量资料整编说明书。

1）Z-Q 关系曲线的绘制

（1）稳定的 Z-Q 关系曲线的确定。之前已经简单介绍过测站控制对 Z-Q 关系曲线的影响。当河床稳定、控制良好时，其 Z-Q 关系就较稳定，其关系曲线一般为单一线，绘制则较简单。在方格纸上，以水位为纵坐标，流量为横坐标，点绘 Z-Q 关系点。对突出的偏离点，在排除错误后，应分析其原因，如图 3-16 所示。

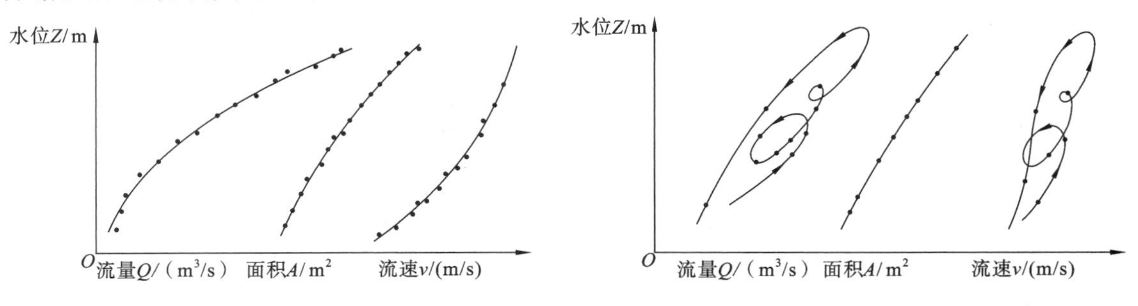

图 3-16　稳定的 Z-Q 关系曲线图　　**图 3-17　受洪水涨落影响的 Z-Q 关系曲线图**

（2）不稳定的 Z-Q 关系曲线的确定。不稳定的 Z-Q 关系是指，在同一水位工作情况下，通过断面的流量不是定值，反映在点绘的 Z-Q 关系曲线不是单一曲线。

根据水力学的曼宁公式，天然河道的流量可用下式表示：

$$Q=n^{-1}AR^{\frac{2}{3}}s^{\frac{1}{2}} \tag{3-23}$$

式中：Q 为流量，m^3/s；A 为过水断面面积，m^2；R 为水力半径，m；n 为糙率；s 为水面比降。

式(3-23)表明，水位不变，A、R、n、s 任何一项发生变化，Q 将发生变化。天然河道发生洪水涨落、断面冲淤、变动回水、结冰或盛夏水草丛生等均会使 A、R、n、s 改变，从而影响水位-流量关系的稳定，如图 3-17、图 3-18、图 3-19 所示。

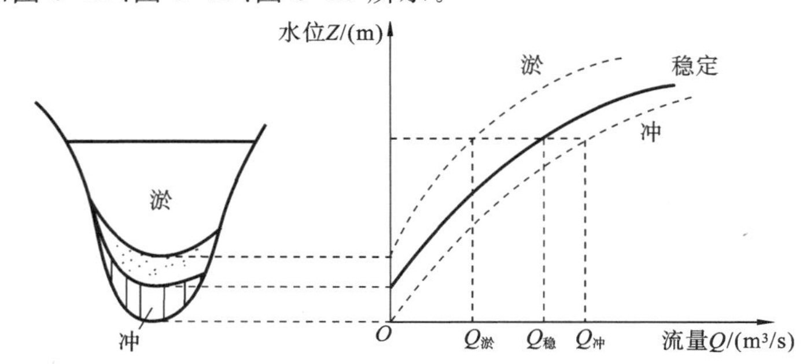

图 3-18　受冲淤影响的 Z-Q 关系曲线

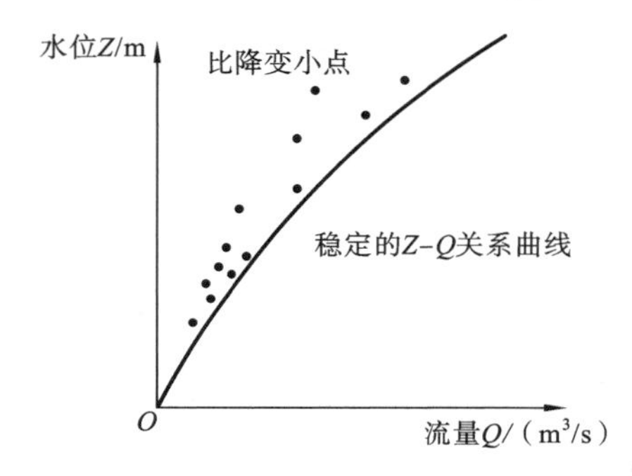

图 3-19　受回水影响的 Z-Q 关系曲线

Z-Q 关系不稳定时，应进行必要的技术处理。可视影响因素的复杂性而采用相应的技术处理。如断面冲淤变化为主时，断面冲淤后，断面依然稳定，故可分别确定冲淤前的 Z-Q 关系曲线和冲淤后的 Z-Q 关系曲线。冲刷或淤积的过渡时间里的 Z-Q 关系曲线用自然过渡、连时序过渡、内插曲线过渡等方法处理。这种方法称为临时曲线法，如图 3-20 所示。如受多种因素影响时，实测流量次数较多，可采用连时序法。连时序法是按实测流量点的时间顺序来连接 Z-Q 关系曲线的。具体连线时，应参照水位变化过程及 Z-Q 关系曲线变化情况进行。连时序的线型往往是绳套型，绳套顶部应与洪峰水位相切。绳套底部应与水位过程线低谷相切，如图 3-21 所示。

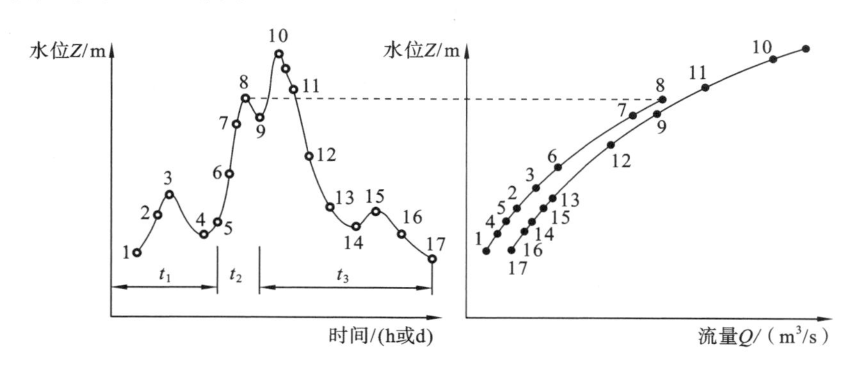

图 3-20　各临时曲线间的过渡示意图

受洪水涨落影响为主的，其整编方法有校正因素法、绳套曲线法、抵偿河长法；受变动回水影响的，其整编方法有定落差法、落差方根法、连实测流量过程线法；以水生植物或结冰影响为主的，其整编方法有临时曲线法、改正水位法、改正系数法等。可参考有关书籍。

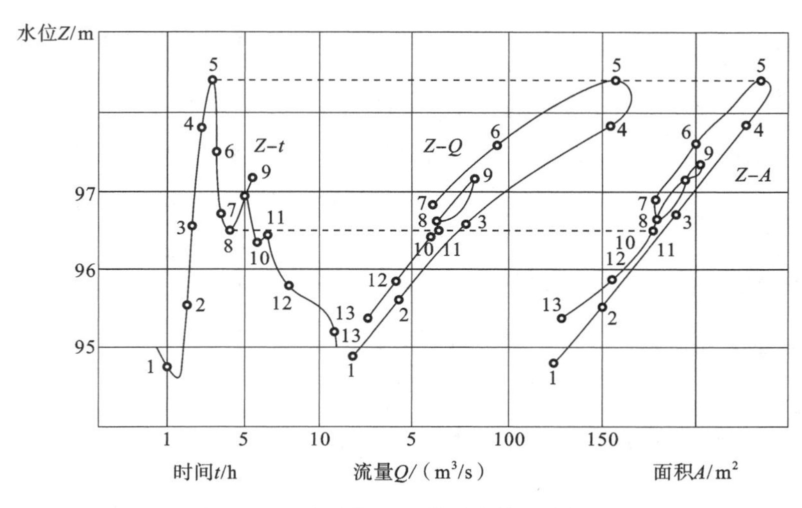

图 3-21　连时序 Z-Q 关系曲线示意图

在天然河道断面无实测资料时，为了水工建筑物设计的需要，可按水力学公式和过水断面资料计算流量，建立 Z-Q 关系曲线。如附近有实测的 Z-Q 关系曲线，可用明渠非均匀流的水面曲线法推求 Z-Q 关系曲线。在厂坝建成后，可由实测下泄流量，观测下游水位来确定 Z-Q 关系曲线。

2）Z-Q 关系曲线的延长

水文站测流受其测验条件限制，难以测到整个水位变幅的流量资料，洪水时和枯水时均如此。所以需要将 Z-Q 关系曲线延长。高水延长成果直接影响汛期的流量和洪峰流量；枯水流量虽小，但延长成果影响历时长，相对误差大。因此两种情况下的延长均要慎重。高水延长幅度不应超过当年实测流量相应水位变幅的 30%；低水延长幅度不应超过 10%。延长的方法如下：

（1）根据水位面积、水位流速关系曲线延长。

河床比较稳定，相应的 Z-A、Z-v 关系也比较稳定。Z-A 关系可由大断面资料而得；Z-v 关系在高水时具有直线变化趋势，可按趋势延长，将延长部分的各级水位的对应面积和流速相乘即为所求的流量，从而延长 Z-Q 关系曲线。这种方法在延长幅度内，断面不能有突变，如漫滩等，因这时的 Z-v 关系不呈直线趋势。

（2）用水力学公式延长。

用水力学公式延长主要包括采用曼宁公式法和史蒂文森法。

① 曼宁公式法。有比降资料的站，可由 Q、A、s 求出各测次的糙率 n 值，点绘 Z-n 关系并延长，确定高水的 n 值，再根据高水 s 值和大断面资料，可用曼宁公式求断面流量，从而也可用曼宁公式求断面流速，即

$$v = n^{-1} R^{\frac{2}{3}} s^{\frac{1}{2}} \tag{3-24}$$

若无 s 和 n 资料，则可将式(3-24)变换为

$$n^{-1} s^{\frac{1}{2}} = \frac{v}{R^{\frac{2}{3}}} \approx \frac{v}{\bar{h}^{\frac{2}{3}}} \tag{3-25}$$

式中：$\bar{h}$ 为断面平均水深，m；其他符号含义同前。

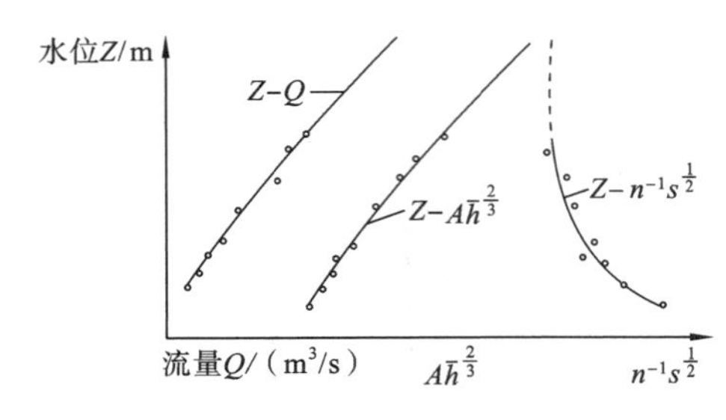

图 3-22　曼宁公式延长水位流量关系

据实测的 Q、A 可算出各测次的 $\frac{v}{\bar{h}^{\frac{2}{3}}}$ 值，即 $n^{-1}s^{\frac{1}{2}}$ 值，点绘 Z-$n^{-1}s^{\frac{1}{2}}$ 关系曲线。如测站河段顺直，断面形状规则，底坡平缓，则高水糙率增大，比降也会增大，$n^{-1}s^{\frac{1}{2}}$ 近似为常数，这样，高水延长 Z-$n^{-1}s^{\frac{1}{2}}$ 曲线可沿平行纵轴的趋势外延。据断面 $A\bar{h}^{\frac{2}{3}}$，则 $Q=n^{-1}A\bar{h}^{\frac{2}{3}}s^{\frac{1}{2}}$ 可求，如图 3-22 所示。

② 史蒂文森法，即 Q-$A\sqrt{\bar{h}}$ 延长法。由谢才公式知

$$Q=AC\sqrt{Rs}=A\sqrt{R}C\sqrt{s}$$

宽浅河流可用平均水深 $\bar{h}$ 近似代替 R，且高水部分 $C\sqrt{s}$ 近似为常数，用 K 表示，则有

$$Q=KA\sqrt{\bar{h}} \tag{3-26}$$

式中：$\bar{h}$ 为过水断面平均水深，m；其余符号含义同前。

由式(3-26)可知，高水部分 Q-$A\sqrt{\bar{h}}$ 关系近似为直线关系。具体做法是，据实测的 Q、Z、A 资料，计算 $A\sqrt{\bar{h}}$ 值；绘制 Z-$A\sqrt{\bar{h}}$ 曲线，再绘制相应的 Q-$A\sqrt{\bar{h}}$ 关系曲线，直线延长 Q-$A\sqrt{\bar{h}}$。由 Z 在 Z-$A\sqrt{\bar{h}}$ 曲线上查得 $A\sqrt{\bar{h}}$，再由 $A\sqrt{\bar{h}}$ 查 Q-$A\sqrt{\bar{h}}$ 曲线得 Q，将 Q 点绘在 Z-Q 关系曲线图上，这样即把 Z-Q 曲线延长到高水位，如图 3-23 所示。

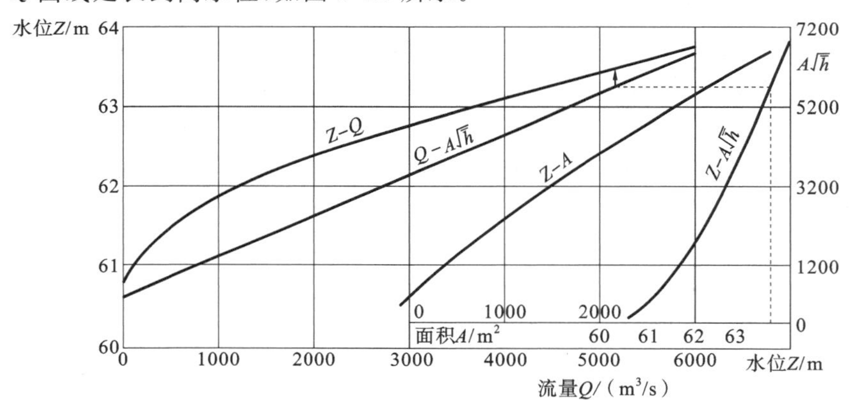

图 3-23　用 Q-$A\sqrt{\bar{h}}$ 曲线法延长 Z-Q 关系

(3) 低水延长。

低水延长一般用水位面积、水位流速关系延长，并以断流水位为控制。断流水位是流量为零的水位。确定断流水位的方法是，如测站下游有浅滩或石梁，可以它的顶部高程为断流水位，但下游必须有控制断面资料才可。如无控制断面资料，但下游河底平坦段较长，则可取基本水尺断面河底最低点高程作为断流水位，此断流水位较可靠。

无条件用上述方法确定断流水位时，可用分析法求得。如断面形状规整，在延长部分的水位变幅内河宽无太大变化，又无浅滩和分流，则可假定当时 Z-Q 关系曲线为单一抛物线型，则符合 $Q=kh^r$ 关系，或用

$$Q=k(Z-Z_0)^r \tag{3-27}$$

式中：Z_0 为断流水位，m；r、k 分别为固定指数和系数。

在 Z-Q 关系曲线的低水弯曲部分，依顺序取 a、b、c 三点。对应的水位和流量分别为 Z_a、Q_a、Z_b、Q_b、Z_c、Q_c。如三点的流量满足 $Q_b^2=Q_aQ_c$，则可得

$$Q_a=k(Z_a-Z_0)^r,\quad Q_b=k(Z_b-Z_0)^r,\quad Q_c=k(Z_c-Z_0)^r$$

所以

$$k^2(Z_b-Z_0)^{2r}=k^2(Z_a-Z_0)^r(Z_c-Z_0)^r$$

解得

$$Z_0=\frac{Z_aZ_c-Z_b^2}{Z_a+Z_c-2Z_b} \tag{3-28}$$

式(3-28)为断流水位计算公式。具体选点时，可在 Z-Q 关系曲线低水部分选 a、c 两点，用 $Q_b=\sqrt{Q_aQ_c}$ 求 b 点的流量 Q_b，再由 Q_b 在 Z-Q 关系曲线上查 Z_b，然后代入式(3-28)获得断流水位 Z_0。如算得 $Z_0=0$，或其他不合理现象，则应另选 a、b、c 三点流量重新计算。一般需试算2～3次，方可得合理的断流水位 Z_0。断流水位求出后，则可以 Z_0 为控制，延长至当年最低水位。

3）水位流量关系的移用

规划设计时，设计断面常无 Z-Q 关系曲线资料，因此无法确定坝下游和电站尾水处的水位。这时需要将邻近水文站的 Z-Q 关系曲线移用到设计断面。

移用方法：如水文站离断面不远，两者区间面积不大，河段无明显入流和分流，则可以移用水文站的 Z-Q 关系曲线。在设计断面设立水尺与水文站进行同步观测水位，然后建立同步设计断面与水文站基本水尺断面水位相关关系。如果关系良好，则可用同步观测水位查水文站 Z-Q 关系曲线得出 Q，以 Q 和设计断面同步水位点绘 Z-Q 关系曲线作为设计断面的 Z-Q 关系曲线。

当设计断面与水文站在同一流域但相距较远时，可考虑移用相应水位，区间面积增大，难免有入流，相应流量确定有困难，这时可用推算水面曲线法来解决。可参考有关书籍。

如果设计断面与水文站不在一个流域，可考虑水文比拟法，即选择自然地理、水文气象、流域特征与设计流域相似的水文站，直接移用或用水力学公式推求设计断面的 Z-Q 关系曲线，待工程竣工后，再用下泄流量与下游水位关系进行率定。

4）流量资料整编

Z-Q 关系曲线确定后，则可用完整的水位过程线查得完整的流量过程，并进行有关的特征值统计。

整编内容有逐日平均流量表的编制。当流量日内变化平稳时，可用日平均水位查 Z-Q 关系曲线得日平均流量；当日内流量变化较大或出现洪峰流量、最小流量时，可用逐时(或以 6 min 倍数)观测的水位查 Z-Q 关系曲线得相应时段流量，再用算术平均法或面积包围法求得日平均流量。据此可得月、年平均流量。

单站流量整编成果要进行合理性检查，以提高成果可靠性。利用水量平衡原理，对上下游干支流的水文站流量成果与本站整编成果进行对照、检查，经分析、确定无误后，才提供使用或刊布。

特征值统计包括：月、年平均流量；年最大值、最小值及其发生日期；汛期各主要洪水要素摘录；实测流量成果表等。

任务5　泥沙测验与资料整理

泥沙资料是水工建筑物设计中的一项重要水文资料，是研究流域水土变化、河床演变的重要依据，河流泥沙按其运动状态可分为悬移质泥沙、推移质泥沙和河床质泥沙三类。悬移质泥沙是悬浮于水中，随水流而运动的泥沙；推移质泥沙是在水流冲击下沿河底移动或滚动的泥沙；河床质泥沙是相对静止而停留在河床上的泥沙。这三种泥沙状态随水流条件的变化会相互转化。这里主要介绍悬移质泥沙测验与资料整理。

模块1　悬移质泥沙测验

河流中悬移质泥沙常用两个定量指标表示，即含沙量和输沙率。

单位体积的浑水中所含干沙的质量称为含沙量，用 C_s 表示，单位为 kg/m^3，用下式计算：

$$C_s = W_s / V \tag{3-29}$$

式中：W_s 为水样干沙重，kg；V 为水样体积，m^3；C_s 为水样含沙量，kg/m^3。

单位时间内通过河道某一过水断面的干沙质量称为输沙率。用 Q_s 表示，单位为 t/s，用下式计算：

$$Q_s = QC_s / 1000 \tag{3-30}$$

式中：Q_s 为输沙率，t/s；其余符号含义同前。

所以，只需确定断面输沙率随时间变化的变化过程，即可求出任意时段通过断面的泥沙重量。

断面输沙率可通过断面含沙量测验配合流量测验来推求。即通过取样垂线测点含沙量的测验，推求垂线平均含沙量；由垂线平均含沙量推求部分面积平均含沙量；将部分面积平均含沙量与同时测得的部分流量相乘得部分输沙率；各部分输沙率之和为断面输沙率；断面输沙率除以断面流量即得断面含沙量。

1. 含沙量测验

含沙量测验是利用采样器在预先分析选定的代表性取样垂线的位置上取得一定体积的水样，经量积、静贮沉淀、过滤、烘干、称重，得到一定体积浑水中的干沙重，按式(3-29)计算含沙量的测验。

1）采样器

我国目前测站常见的悬移质采样器有横式和瓶式两种。横式采样器构造如图3-24所示，由一个容积为0.5～5.0 L的金属圆筒构成，两端有筒盖。筒盖启闭由开关撑爪控制。当筒盖打开时，由其上的活扣顶住撑爪；关闭时，控制悬吊在钢索上的重锤落下，敲击小弹簧，使得筒盖闭合。横式采样器可装在悬杆或铅鱼悬索上。

2）取样

把打开筒盖的采样器放置在预定的取样垂线位置上，待水流平稳时，拉动水上开关索的挂钩，使重锤落下，敲击筒盖上的活扣升降盒，使撑爪脱开，则弹簧拉力使筒盖紧闭筒口，取得水样。这种水样只是测点的瞬时水样，无法克服泥沙脉动的影响，这是使用这种采样器的最大缺点。取得水样后应当场量积，并倒入水样瓶编号，待沉淀后进行水样处理，然后计算。

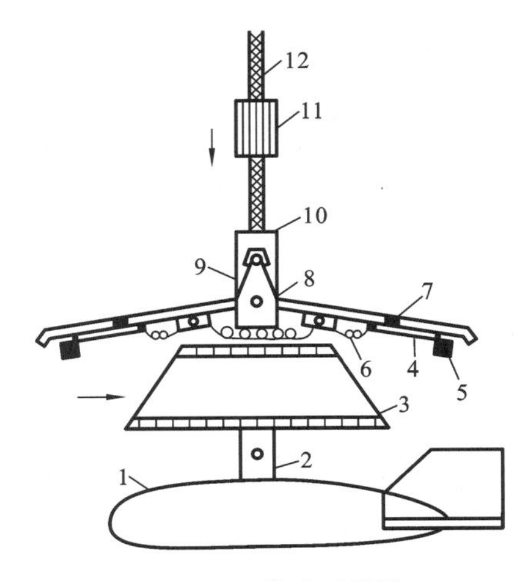

图 3-24　横式采样器

1—铅鱼；2—吊杆；3—斜口取样桶；4—筒盖；5—橡皮垫圈；6—弹簧；7—杠杆；8—撑爪；9—升降盒；10—小弹簧；11—重锤；12—钢丝索

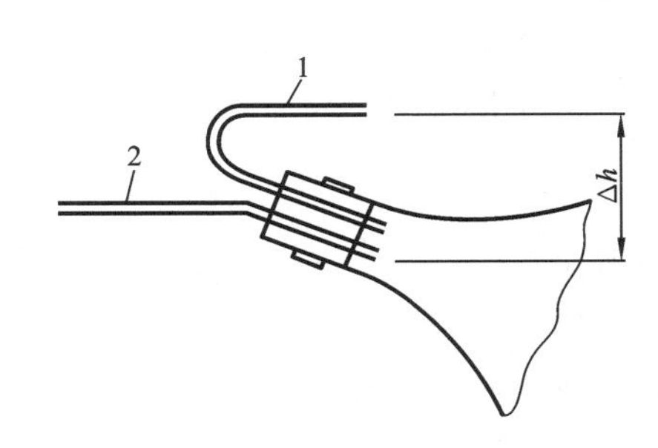

图 3-25　瓶式采样器

1—排气管；2—进水管

3）瓶式采样器

其容积一般为 1～2 L，瓶口上装有进水管和排气管前橡皮塞，如图 3-25 所示。两管出口的高差为静水头 Δh，通过调节管径和 Δh 可调节进口流速。取样过程同上。取样方法目前有选点法、积深法、垂线混合法、全断面混合法。

黄河水利委员会在 20 世纪 70 年代研制了同位素含沙计，在多沙河流中使用。这种仪器由铅鱼、探头、晶体管、计数器等部分组成，并附有电源操作箱和充电机。应用时只要将仪器探头装入铅鱼腹中，放到测点上，接通电源，即可由计数器显示的数字在工作曲线上查得所在位置的含沙量。它具有准确、及时、不取水样的优点，但其工作曲线应经常校正。2003 年，黄河水利委员会又研制成功振动式测沙仪。

2. 输沙率测验

首先在断面上布设一定数量的取样垂线(必须同时是测速垂线)，测沙垂线布设方法和测沙垂线数目应由试验分析确定。未经试验分析前，可采用单宽输沙率转折点布设法。测沙垂线数目，一类站不应少于 10 条，二类站不应少于 7 条，三类站不应少于 3 条。垂线上测点的分布视水深和精度要求而定，通常有一点法、二点法、三点法和五点法。具体按规范规定执行。

配合测流进行取样，按规定进行水样处理，算得垂线平均含沙量 C_{sm}。

1）部分输沙率计算

部分流量与部分平均含沙量的乘积为部分输沙率。两岸边部分输沙率为

$$q_{\mathrm{s1}}=C_{\mathrm{sm1}}q_0,\quad q_{\mathrm{s}n}=C_{\mathrm{sm}n}q_n$$

断面输沙率按下式计算：

$$\begin{aligned}Q_{\mathrm{s}}&=q_{\mathrm{s1}}+q_{\mathrm{s2}}+\cdots+q_{\mathrm{s}(n-1)}+q_{\mathrm{s}n}\\&=C_{\mathrm{sm1}}q_0+\frac{C_{\mathrm{sm1}}+C_{\mathrm{sm2}}}{2}q_1+\cdots+\frac{C_{\mathrm{sm}(n-1)}+C_{\mathrm{sm}n}}{2}q_{n-1}+C_{\mathrm{sm}n}q_n\end{aligned}\tag{3-31}$$

式中：Q_{s} 为断面输沙率，kg/s；C_{sm1}，C_{sm2}，…，$C_{\mathrm{sm}n}$ 分别为各垂线平均含沙量，$\mathrm{kg/m^3}$；q_0，q_1，…，q_n 分别为取样垂线为分界的部分流量，$\mathrm{m^3/s}$。

当测输沙率时，流速用浮标法施测。这时应在浮标流速横向分布曲线图上，绘制垂线平均

含沙量横向分布曲线，然后在部分虚流量分界处，读取垂线平均含沙量，再按式(3-31)计算断面虚输沙率，最后乘以浮标系数得断面输沙率。

用选点法取样的站，垂线平均含沙量需用各测点流速加权平均计算，可参照有关公式进行。

2）断面平均含沙量计算

其计算按式(3-32)进行：

$$\overline{C}_s = \frac{Q_s}{Q} \tag{3-32}$$

式中：$\overline{C}_s$ 为断面平均含沙量，kg/m³；其他符号含义同前。

用全断面混合法取样时，混合水样的泥沙质量即为断面平均含沙量，断面输沙率即为该沙量与断面流量的乘积，即

$$Q_s = \overline{C}_s Q \tag{3-33}$$

式中各项符号含义同前，Q 为全断面混合取样时同步实测的流量，若非同步，Q 则需为推算值。

3. 单位含沙量与单断沙关系

为满足工程上的需要，必须推算一定时段内输沙总量和输沙过程。这种过程要用实测来达到是有困难的，而由实践得知，如断面稳定，主流摆动不大，则断面平均含沙量与其中某一垂线平均含沙量之间存在一定关系。经多次资料分析，建立这种稳定关系，只要在有代表性的垂线上取得垂线平均含沙量(即单样含沙量)，在关系线上就可推得断面平均含沙量。这样可简化泥沙测验工作。单样含沙量简称单沙，断面平均含沙量简称断沙。

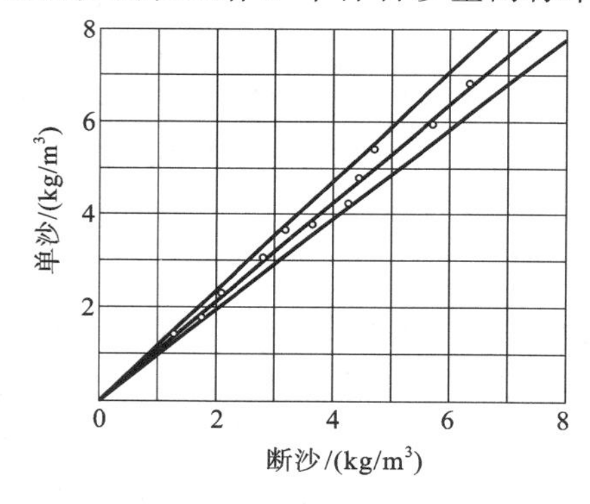

图 3-26　单断沙关系曲线图

据 1 年所测的断沙和相应单沙成果即可以单沙为纵坐标、以断沙为横坐标点绘单断沙关系并确定单断沙关系线，如图 3-26 所示。如有较大的漫滩，主流有明显摆动，或冲淤变化剧烈，附近支流有大量来沙，则都会出现单断沙关系偏离。如有随时间系统偏离的，经分析可确定其关系；如无系统偏离，则只要在平均线的±10%以内，均可视为关系良好。有突出点的，应分析其原因，给予适当处理。

单沙测次，枯水期河水清澈见底，可 5～10 d 目测一次，目测期间，含沙量以零处理；洪水期，测次不少于 7 次；水峰与沙峰不一致时，沙量变化急剧，测次要适当增多，洪峰、沙峰附近应加密测次；洪水落平，可每日 8 时测一次。

4. 泥沙颗粒分析及级配曲线

泥沙颗粒分析(简称颗分)是水文测验的一项重要内容。研究水库淤积、河道整治与防洪、船闸航道设计、港湾整治、引洪淤灌、水力机械磨损等均需用到颗分资料。颗分的目的是取得泥沙级配的断面分布和变化过程资料，为开发水资源、水利工程设计服务。

颗分的内容是，将有代表性的沙样按颗粒大小分级，分别求出小于各级粒径泥沙重量占总沙重的百分数，在对数几率格纸或半对数纸上点绘纵坐标为粒径、横坐标为百分数的关系曲线，即为泥沙的级配曲线。不论是悬移质、推移质或河床质，泥沙颗分时，粒径需按下列范围分级：200 mm 以下、100 mm 以下、50 mm、20 mm、10 mm、5.0 mm、2.0 mm、1.0 mm、0.500

mm、0.250 mm、0.100 mm、0.050 mm、0.025 mm、0.010 mm、0.005(或 0.007)mm 以上。

颗分方法有筛分法、粒径计法、比重计法、移液管法，这些方法均可单独使用，也可配合使用。

筛分法适用于粒径大于 0.1 mm 的泥沙。选适量泥沙烘干称重。据粒径大小，准备数只粗细孔筛，按大孔在上、小孔在下的顺序叠好。把称重过的沙样从最上层倒入，加盖振摇。然后自下而上逐层依次称其累积沙重，再计算小于其粒径的沙重百分数 P(%)。

$$P=W_s/w_s\times 100\% \tag{3-34}$$

式中：P 为沙重百分数，%；W_s 为小于某粒径的沙重，g；w_s 为总沙量，g。

其余三种方法为水分析法。由于粒径大小与泥沙在净水中的沉降速度(沉速，ω)有关，故其关系可用数学式描述。当粒径 $D\leqslant 0.1$ mm 时，沉速 ω 可用斯托克斯公式计算：

$$\omega=\frac{r_s-r_w}{1800\mu}D^2 \tag{3-35}$$

当粒径 $D>1.5$ mm 时

$$\omega=33.1\sqrt{\frac{r_s-r_w}{10r_w}D} \tag{3-36}$$

当粒径 D 为 0.15～1.5 mm 时

$$\omega=6.77\,\frac{r_s-r_w}{r_w}D+\frac{r_s-r_w}{1.92r_w}\left(\frac{T}{26}-1\right) \tag{3-37}$$

式中：ω 为某粒径泥沙沉速，cm/s；D 为颗粒直径，mm；μ 为水的动力黏滞系数，g · s/m；r_s 为泥沙容重，g/cm³；r_w 为水的容重，g/cm³；T 为温度，℃。

当 $0.1\text{ mm}<D<0.15\text{ mm}$ 时，可由粒径与沉速关系曲线直接查用，如图 3-27 所示。

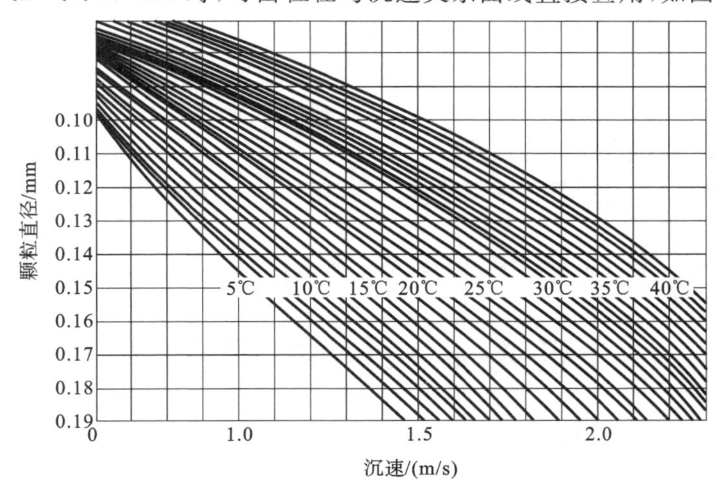

图 3-27　不同粒径沉速公式的连接曲线图

粒径计法适用于 $0.01\text{ mm}<D<0.5\text{ mm}$，干沙重 0.3～5.0 g 的泥沙颗分工作。使用仪器为一支长 103 cm 的玻璃粒径计管。将管垂直安放在专用架上，顶端用加沙器加入沙样，直接观测不同历时通过粒径计管下沉的泥沙重。在已知下沉管距的情况下，只要测出下沉历时，就可推出相应沉速，再通过沉速与粒径的公式即可计算出粒径，从而可求粒径级配。

比重计法和移液管法，请参阅相关水文资料。

断面平均粒径的计算可根据级配曲线分组，用沙重百分数加权求得。其计算式如下：

$$\bar{D}=\sum_{i=1}^{n}\Delta P_i D_i/100 \tag{3-38}$$

$$D_i=\frac{D_上+D_下+\sqrt{D_上 D_下}}{3} \tag{3-39}$$

式中：$\bar{D}$ 为断面平均粒径，mm；ΔP_i 为某组沙重百分数，%；D_i 为某组平均粒径，mm；$D_上$、$D_下$ 分别为某组上限、下限粒径，mm。

悬移质断面平均沉速按下式计算：

$$\bar{\omega}=\sum_{i=1}^{n}\Delta P_i \omega_i/100 \tag{3-40}$$

$$\omega_i=\frac{\omega_上+\omega_下+\sqrt{\omega_上 \omega_下}}{3} \tag{3-41}$$

式中：$\bar{\omega}$ 为断面平均沉速，cm/s；ω_i 为某组平均沉速，cm/s；$\omega_上$、$\omega_下$ 分别为某组上限、下限沉速，cm/s；其余符号含义同前。

模块 2　悬移质泥沙输沙率资料整理

首先分析输沙率实测成果，消除错误因素，分析和处理突出点（结合单断沙关系图）。据以确定单断沙关系。如日内含沙量变化不大，过程线平缓，则用实测单沙算术平均得日平均含沙量；如变化较大，则应以面积包围法计算日平均含沙量；由日平均含沙量乘以日平均流量得日平均输沙率；洪水期，日内流量、含沙量变化大，应由各次单沙推算断沙，再乘以各次流量得各次输沙率，由日内输沙率过程推求日输沙率，再除以日秒数，得日平均输沙率。填制逐日输沙率表。

其次进行特征值统计。全年日平均输沙率总和除以全年日数得年平均输沙率；年平均输沙率乘年秒数得年输沙量，单位为 t。

再次刊布泥沙资料，包括逐日平均输沙率表，逐日平均含沙量表，月、年平均值、最大值、最小值及粒径级配资料。

推移质、河床质泥沙测验可参考水文测验手册进行。

任务 6　水 文 调 查

水文调查是收集水文资料的一种方法，可用于补充水文测站定位观测之不足，更好地满足水文分析和计算、水利水电规划和设计及其他国民经济各部门建设的需要。调查内容有自然地理、流域特征、水文气象、人类活动、暴雨、洪水、枯水及灾害情况等。

模块 1　洪水调查

明确调查任务、调查目的、已有资料和地理条件、工作内容与方法。做好调查准备工作，组织一支有一定业务水平的调查队伍；收集调查流域的有关资料、历史文献及旱涝灾害情况等。

1. 实地调查与勘测

深入群众，向知情者、古稀老人调查访问，共忆洪旱情景、指认洪痕位置，并从上游向下游按顺序编号，有条件可作永久性标志，注明洪水发生的年、月、日，尽可能调查洪水起涨、洪峰、落平的时间，以利于洪水过程的估算。注意调查时河段的演变。勘测洪痕高程并测出相应纵、横断面。据调查资料，绘制调查河段简易平面图、纵横断面图，描述河段组成。各项调查图表均按规范规定绘制。

2. 洪峰流量和洪水总量计算

当调查河段洪痕与水文站紧邻(上下游)时，可用水文站历史洪水延长该站 Z-Q 关系曲线以求得调查河段洪峰流量。当调查河段较顺直、断面变化不大、水流条件近似明渠均匀流时，可用曼宁公式计算洪峰流量。应用的糙率可据调查河段特征查糙率表而得，由实测大断面、水力半径(可用平均水深代入)，比降可用上下断面高差和两断面间距求得。如有漫滩，主河槽和滩地糙率不同，公式中的 $n^{-1}R^{\frac{2}{3}}A$ 应滩、槽分开计算，再相加，然后与 $i^{\frac{1}{2}}$ 相乘得洪峰流量。但天然河道洪水期很难满足均匀流的水力条件，另外洪痕误差也较大。为减少误差对比降 i 的影响，可用非均匀流的水面曲线法推算洪峰流量，该法详见“水力学”相关教材。

模块2　暴雨调查

历史久远的暴雨难以调查确切，只能靠群众回忆或与近期暴雨比较得出定性结论；也可通过群众对当时坑矿积水量、露天水缸或其他接水容积折算。

近期暴雨调查只在暴雨区资料不足时才进行，因为人们记忆犹新、可调查到较确切的定性和定量结论，也可参照附近雨量站记录分析估算而得。

模块3　枯水调查

枯水调查可分为历史枯水调查和近期或当年的枯水调查。历史枯水可由有关枯水记载、石刻而得到。一般只能据当地较大旱情、无雨日数、溪河是否干涸来推算最小流量、最低水位和出现时间。当年枯水调查可结合抗旱灌水量调查，如河道断流应调查开始时间、延续天数。有水流时可按简易法估算最小流量。

模块4　其他调查

流域、水系调查的主要内容包括：地形、土壤、植被和水系等自然地理条件；水位、流量、含沙量和水质等水文条件；水利设施、土地利用、工农业用水、通航和社会经济等人类活动。洪泛区调查要查明不同重现期洪水的淹没范围、水深及其容量，测定沿河厂矿、居民点、道路和田块等的位置和高程，在平面图上标出洪水能淹没的范围，为防洪调度和防护、转移工程措施的运用提供参考依据。

水资源调查主要查明水量和水质的时间变化和地区分布，为水资源评价提供依据。调查范围大小视需要而定。

水量调查主要查明水文站定位观测受蓄水、引水、排水和分洪等人类活动影响的水量，为水文数据的还原计算、水文规律的分析提供依据。这种调查一般是在测站以上的流域内和河段上进行的。

此外，还有为抗旱需要而进行的水源调查、为查明水体污染的水质调查、水网地区一定区域内进出水量和河网水量调查、灌溉用水调查、凌汛调查和河源调查等。

模块 5　水文遥感

遥感技术，特别是航天遥感技术的发展，使人们能从宇宙空间中，大范围、快速、周期性地探测地球上的各种现象及其变化。遥感技术在水文科学领域的应用称为水文遥感。水文遥感具有以下特点：动态遥感，从定性描述发展到定量分析，综合应用遥感、遥测、遥控，遥感与地理信息系统相结合。

近年来，遥感技术在水文水资源领域得到了一定程度的应用，并已成为收集水文信息的一种手段，尤其在水资源水文调查的应用方面更为显著，概括起来，包括以下几方面：

(1) 流域调查。根据卫片可以准确查清流域范围、流域面积、流域覆盖类型、河长、河网密度、河流弯曲度等。

(2) 水资源调查。使用不同波段、不同类型的遥感资料，容易判读各类地表水，如河流、湖泊、水库、沼泽、冰川、冻土和积雪的分布；还可分析饱和土壤面积、含水层分布以估算地下水储量。

(3) 水质监测。利用遥感资料进行水质监测可包括：分析识别热水污染、油污染、工业废水及生活污水污染、农药化肥污染，以及悬移质泥沙、藻类繁殖等情况。

(4) 洪涝灾害的监测。其主要内容包括：洪水淹没范围的确定，决口、滞洪、积涝的情况，泥石流及滑坡的情况。

(5) 河口、湖泊、水库的泥沙淤积及河床演变，古河道的变迁等。

(6) 降水量的测定及水情预报。通过气象卫星传播器获取的高温和湿度间接推求降水量或根据卫片的灰度定量估算降水量。根据卫星云图与天气图配合预报洪水及旱情监测。此外，还可利用遥感资料分析、处理、测定某些水文要素，如水深、悬移质含沙量等。利用卫星传输地面自动遥测水文站资料，具有维护量少、使用方便的优点，且在恶劣天气下安全可靠，不易中断，对大面积人烟稀少地区更加适合。

任务 7　水文年鉴与水文手册

模块 1　水文年鉴

水文资料主要是由国家水文站网按全国统一规定对观测的数据进行处理后的资料，即由主管单位分流域、干支流及上、下游，每年刊布一次的水文年鉴。将数量庞大、各水文测站的水文观测原始数据进行记录、分析、整理，编制成简明的图表，汇集刊印成册，供给用户使用，是水文数据存储和传送的一种方式。中国在 20 世纪 50 年代初全面整编刊印了历史上积存的水文资料，此后将水文资料逐年加以整理刊布，从 1958 年起，将其统一命名为“中华人民共和国水文年鉴”，并按流域、水系统一编排卷册，1964 年对此做过一次调整。调整后，全国水文年鉴分为 10 卷，共 74 册，如长江流域属第 6 卷，共 20 册。

水文年鉴刊有测站分布图、水文测站说明表和位置图，以及各站的水位、流量、泥沙、水温、冰凌、水化学、地下水、降水量、蒸发量等资料，从1986年起，陆续实行计算机存储、检索，以供水文预报方案的制定、水文水利计算、水资源评价、科学研究和有关国民经济部门应用。水文年鉴中不刊布专用站和实验站的观测数据及处理分析成果，需要时可向有关部门收集。当上述水文年鉴所载资料不能满足要求时，可向其他单位收集。例如，有关水质方面更详细的资料可向环境监测部门收集，有关水文气象方面的资料可向气象台站收集。

中华人民共和国成立以来刊印的水文年鉴已积累了较多的水文资料系列，已经成为国民经济建设各有关部门用于规划、设计和管理的重要基础资料，是一座浩瀚的水文数据宝库。随着计算机在水文资料整编、存储方面的广泛应用和水文数据库的快速发展，水文年鉴和水文数据库相辅相成、逐步完善，水文部门服务社会的方式进入了一个新时代。

模块2　水文手册和水文图集

水文手册是供中小型水利、水电工程中的水文计算用的一种工具书。其内容一般包括降水、径流、蒸发、暴雨、洪水、泥沙、水质等水文要素的计算公式和相应的水文参数查算图表，并有简要的应用说明和有关的水文特征数据。中小河流的水文特性主要取决于当地的气候、地形、地质、土壤和植被等自然条件，其中气候起主要作用。因此，根据水文测站的观测数据，结合流域自然条件，建立各种水文要素的计算公式，给出相应的气候、水文地理参数图表，便可供无实测数据的中小河流的水利、水电工程设计计算参考。中国的水文手册从1959年开始编制。由原水利电力部水利水电科学研究院水文研究所提出统一的编制提纲和编制方法，由各省、市、区水文水资源勘测、规划及设计部门根据历年水文、气象资料综合分析，分省市、区编印出版。随着水文、气象数据的积累，计算方法的完善，水文手册间隔一定的年限要加以修订。由于所包含的内容不同，有的手册称为径流计算手册，有的称为暴雨洪水查算图表。

水文图集是根据水文观测数据和科研成果数据综合研制汇编而成的，也是一种工具书，一般包括降水、蒸发、地表径流、地下水、水质、暴雨、泥沙和冰情等水文要素图，也包括河流、水系和水文测站分布图等。水文要素图系统地反映出水文特征的地区变化规律，是编制水利、农业、城市建设、工矿和交通等各类规划的重要参考资料，也可供水文、气象和地理等科学研究和教学应用。从1955年起，中国科学院、原水利电力部水利水电科学研究院水文研究所，在各省(区)水利部门的配合下，编制了中国年雨量和年径流图表、中国暴雨参数图表。从1958年起，水利水电科学研究院开始主编全国和各省(区)的水文图集，于1963年正式出版了《中国水文图集》。这一图集共有各种水文要素图70幅，第一次比较系统全面地反映了中国各地降水、径流、蒸发、暴雨、洪水、泥沙、水质和冰情等水文特征的地区变化规律，水文测站分布和增长情况。20世纪70年代以后，各省(区)新的水文图集陆续出版，除水资源开发利用外，还有水污染、水质、水源保护及水利旅游等图幅，比早期出版的图集内容更加丰富，具有较大的参考价值。

模块3　水文数据库

在应用计算机以前，水文数据以记录手稿或刊印年鉴形式进行保存和交流。随着数据种类的增加和数量的积累，这种形式不能满足数据管理和使用的需要。从20世纪50年代起，美国开始应用计算机处理水文观测数据。随着计算机技术的发展，这项技术也在不断变化。20世纪60年代至70年代，世界上一些国家先后建立起了水文数据库和其他有关的数据库（如数据范围更广泛的水资源数据库和环境数据库等）。使用的设备与软件、数据的种类与数量及检索使用的方式等都在不断发展。中国从1980年开始筹建全国水文资料中心。按照国家水文数据库建库标准化、规范化，水文数据准确性、连续性的要求，在现代信息技术支持下，依托水文计算机网络，30多年来，逐步建立和开发了全国分布式水文数据库及其各类相应的信息服务子系统，改变了我国水文资料在存储、传送、检索、分析方面的落后局面，极大地缩短了数据检索的时间，更好地满足了全国各方面对水文数据的需求。

采用计算机存储与检索水文数据，涉及数据管理的全过程。这要求观测仪器具有便于计算机处理的记录方式，记录内容可直接在观测现场输入计算机，或通过无线电和通信线路远传进入计算机。利用水文数据库可以实现水文资料整编、校验、存储、处理的自动化，形成以Internet传输、查询、浏览为主的全国水文信息服务系统。水文数据库的逐步建设和开发应用必将促进水文工作的全面发展，产生巨大的社会效益与经济效益。

复习思考题

1. 有哪些原因使得雨量器所观测的雨量值有误差？
2. 由蒸发器测得的蒸发资料推求水面蒸发时，为什么要使用折算系数？
3. 水文信息的采集可分为几种情况？
4. 什么是水文测站？其观测的项目有哪些？
5. 什么是水文站网？水文站网布设测站的原则是什么？
6. 收集水文信息的基本途径有哪些？指出其优缺点。
7. 什么是水位？观测水位有什么意义？
8. 观测水位的常用设备有哪些？
9. 日平均水位是如何通过观测数据计算的？
10. 什么是流量？测量流量的方法有哪些？
11. 河道断面的测量是如何进行的？
12. 流速仪测量流速的原理是什么？
13. 如何利用流速仪测流的资料计算当时的流量？
14. 浮标测流的原理是什么？
15. Z-Q 关系不稳定的原因是什么？
16. Z-Q 关系曲线的高低水延长有哪些方法？
17. 如何利用测点含沙量和测点流速及断面面积资料推求断沙？
18. 什么是单沙？它有什么实用意义？
19. 洪水调查、枯水调查和暴雨调查可以获得哪些资料？
20. 水文年鉴和水文手册有什么不同？其内容分别是什么？
21. 某河水文测站1983年7月14日的实测水位记录如表3-3所示，试用面积包围法计算14日的平均水位。

表 3-3　水位记载表

时间					水位/m
年	月	日	时	分	
1983	7	14	0	0	70.49
			8	0	55
			12	0	41
			12	30	49
			15	0	55
			15	30	55
		15	0	0	40

22. 表 3-4 所示的为某水文测站实测流量成果表，要求绘制 $Z\text{-}Q$、$Z\text{-}A$、$Z\text{-}v$ 关系曲线，并求出水位为 30.00 m 时的相应流量。

23. 某水文测站观测水位的记录如图 3-28 所示，试用面积包围法计算该日的日平均水位，并与算术平均法比较。

24. 某河某站横断面如图 3-29 所示。试根据图中所给资料计算该站流量和断面平均流速。图中测线水深 $h_1=1.5$ m，$h_2=0.5$ m，$v_{0.2}$、$v_{0.6}$、$v_{0.8}$ 分别表示测线在 $0.2h$、$0.6h$、$0.8h$ 处的测点流速，$\alpha_{左}$、$\alpha_{右}$ 分别表示左、右岸的岸边系数。

表 3-4　某水文测站实测流量成果表

相应水位 Z/m	流量 Q /(m^3/s)	断面面积 A/m^2	平均流速 v /(m/s)	相应水位 Z/m	流量 Q /(m^3/s)	断面面积 A/m^2	平均流速 v /(m/s)	相应水位 Z/m	流量 Q /(m^3/s)	断面面积 A/m^2	平均流速 v /(m/s)
22.09	51.5	53.7	0.96	24.07	397	224	1.77	25.23	681	328	2.08
22.36	80.0	62.9	1.27	28.35	1820	674	2.70	25.98	892	417	2.14
23.37	238	143	1.66	26.48	1090	459	2.37	30.0		910	
22.69	114	90.0	1.27	27.70	1510	591	2.56				

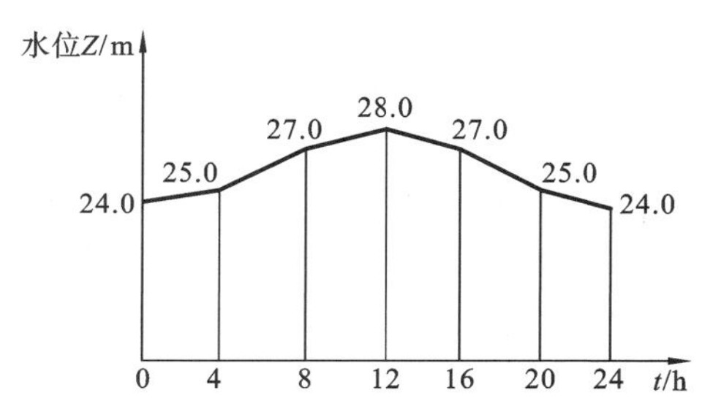

图 3-28　某水文测站观测的水位记录

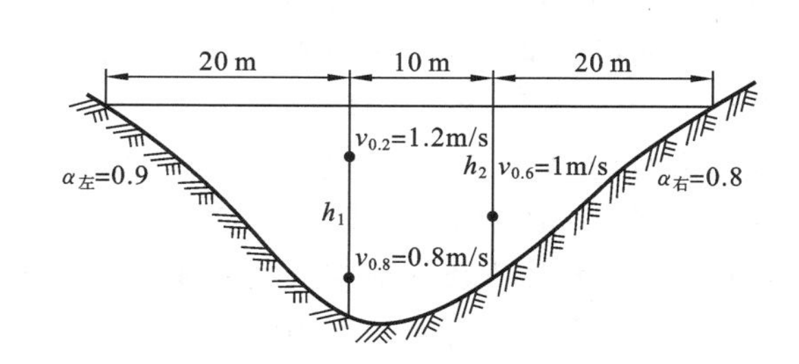

图 3-29　某河某站横断面及观测资料

项目4　水文频率计算和相关分析

【任务目标】

了解概率、频率与重现期、随机变量、概率分布、样本和总体、统计参数等概念；正确理解经验频率曲线和理论频率曲线；掌握适线法和相关分析法。

【技能目标】

会计算样本统计参数并绘制P-Ⅲ型频率曲线；能计算相关方程并绘图。

任务1　概率、频率与重现期

模块1　水文现象变化的统计规律

在自然界和人类社会中存在着两类现象：第一类是指在一定条件下，事物在发展、变化中某种现象必定会发生或必定不会发生，这类现象称为确定性现象，即必然现象。例如，依据流域上降落的雨量和流域前期湿润情况，通过对暴雨洪水的分析，便可作出对洪水过程的预估。水文学中称水文现象的这种必然性为确定性。第二类是指在一定条件下，事物在发展、变化中某种现象可能发生也可能不发生，这类现象称为随机现象，即偶然现象。例如，抛掷一枚硬币，有时正面朝上，有时反面朝上。对随机现象，在基本相同的条件下，重复进行试验或观察，可能出现各种不同的结果；试验共有哪些结果事前是知道的或是不知道的，每次试验出现哪一种结果是无法预见的，这种试验称为随机试验。每次试验不能预测其结果，这反映随机试验结果的出现具有偶然性；但如果进行大量重复试验，所出现的结果又具有某种规律性。例如，抛掷硬币时出现正面朝上或反面朝上，从表面上看杂乱无章，没有规律，但如果抛的次数逐渐增加到足够多，正面朝上与反面朝上出现的次数会趋于相同。这种通过对某一随机现象做大量的观测或试验，揭示出来的规律称为统计规律。

水文现象是一种自然现象，它具有必然性的一面，也具有偶然性的一面。如汛期流域降雨量增加，河道水位就会上涨；枯季降雨量减少，河道水位就会下降。某地区的年降雨量的取值是随机的，事先无法确定，但某地区的多年平均降雨量是一个较稳定的数值，显示了年降雨量的统计规律。数学中研究随机现象统计规律的学科称为概率论，而由随机现象的一部分试验资料去研究总体现象的数字特征和规律的学科称为数理统计学。把概率论与数理统计的方法应用到水文分析与计算上称为水文统计。

工程水文中使用水文统计方法，不仅是合理的，而且也是必需的。例如，河流水资源的开发利用需要考虑未来时期河流水量的多少；设计拦河坝、堤防需要知道未来时期河中洪水的大小，这些都要求对未来长期的径流情势作出预估。如果所建工程计划使用100年，就应该对未来100年中的径流情势作出估计。但是，由于影响径流的因素众多，在目前的科学技术水平下，还不能对径流作出长期的定量预报，甚至在定性预报上的可靠性也不大，因而只能基于统计规律，运用数理统计方法对径流情势作出概率预估，以满足工程的需要。

模块 2　概率的基本概念

1. 事件

事件是概率论中最基本的概念，是指发生的某一现象或随机试验的结果，在水文统计中表现为水文现象。事件一般用大写英文字母 A、B、C 等表示。事件可以分为必然事件、不可能事件和随机事件三种。如果在一定试验条件下，可以断定某一事件在试验中必然发生，则称此事件为必然事件，例如，水到 0 ℃会结冰；一年有四个季节；天然河流中，洪水到来时水位一定上涨。而在一定试验条件下，可以断定试验中不会发生的事件称为不可能事件，例如，洪水来临时，天然河流中的水位下降，这显然是不可能事件。必然事件或不可能事件虽然不同，但又具有共性，即在因果关系上都具有确定性。

在客观世界中还有另外一类事件，这类事件发生的条件和事件的发生与否之间没有确定的因果关系，在试验结果中可以发生也可以不发生，这样的事件就称为随机事件。例如，某地区夏季可能发生特大暴雨，也可能不发生特大暴雨；年降雨量可能大于某一个数值，也可能小于该数值。这些事件事先是不能确定的，即属于随机事件。在长期的实践中人们发现，虽然对随机事件进行一两次或少数几次观察，随机事件的发生与否没有什么规律，但如果进行大量的观察或试验，又可以发现随机事件具有一定的规律性。例如，一条河流某一个断面的年径流量在各个年份是不相同的，但进行长期观测，如观测 30 年、50 年、80 年，就会发现年径流量的多年平均值是一个稳定数值。随机事件所具有的这种规律称为统计规律。具有统计规律的随机事件的范围是很广泛的。随机事件可以是具有属性性质的，比如，投掷硬币落地的时候哪一面朝上，出生的婴儿是男孩还是女孩，天气是晴、是阴，有没有雨、雪，商业上股票买卖的盈亏，城市里交通事故的发生等。随机事件也可以是具有数量性质的，比如，射手打靶的环数、建筑结构试件破坏的强度、某条河流发生洪水的洪峰流量等。

2. 概率

概率是表示统计规律的一种方式。随机事件在试验结果中可能出现也可能不出现，但其出现（或不出现）可能性的大小则有所不同。用概率可以表示和度量在一定条件下随机事件出现或发生的可能性。

按照数理统计的观点，事物和现象都可以看做是试验的结果。如果某试验可能发生的结果总数是有限的，并且所有结果出现的可能性是相等的，又是相互排斥的，则称其为古典概型事件。按照古典概型的定义，随机事件的概率计算公式如下：

$$P(A)=\frac{m}{n} \tag{4-1}$$

式中：$P(A)$为在一定的条件组合下出现随机事件 A 的概率；m 为在试验中出现随机事件 A 的结果数；n 为在试验中所有可能出现的结果数。

例如，掷骰子的情况就符合以上公式的条件。因掷骰子可能产生的结果是有限的（1 点到 6 点），试验可能产生结果的总数是 6；同时骰子是一个均匀的六面体，掷骰子掷成 1 点到 6 点的可能性都是相同的，又是相互排斥的（一次掷一个骰子不可能同时出现两种点数）。

如果定义 Z 为随机事件“掷骰子的点数大于 2”，则符合 Z 的结果为 3 点、4 点、5 点、6 点等四种情况，即事件 Z 可能发生的结果数是 4。按照上述公式，发生 Z 的概率 $P(Z)=4/6$。显然，必然事件的概率等于 1，不可能事件的概率等于 0，随机事件的概率介于 0 与 1 之间。式(4-1)只适用于古典概型的事件。

在客观世界中，随机事件并不都是等可能性的。如射手打靶打中的环数是随机事件，但打中 0 到 10 环各环的可能性并不相同，优秀的射手打中 9 环、10 环的可能性大，而新手打中 1 环、2 环的可能性就较大。水文事件一般不能归结为古典概型的事件。例如，某地区年降雨量可能取值的总数是无限的，该地区年降雨量大于 100 mm 的可能性与年降雨量大于 1000 mm 的可能性显然也不相等；一条河流出现大洪水的可能性和出现一般洪水的可能性显然也是不同的。为了计算一般情况下随机事件的概率，下面提出随机事件的频率的概念。

3. 频率

水文事件不属古典概型事件，只能通过试验来估算概率。设随机事件 A 在重复 N 次试验中出现了 M 次，则称

$$W(A)=\frac{M}{N} \tag{4-2}$$

为事件 A 在 N 次试验中出现的频率。任何事件的频率都是介于 0 与 1 之间的一个数。

当试验次数 N 不大时，事件的频率很不稳定，具有明显的随机性。但在试验次数足够大的情况下，事件的频率和概率是十分接近的。频率和概率之间的这种有机联系给解决实际问题带来了很大的方便，当事件不能归结为古典概型时，就可以通过多次试验，将事件的频率作为事件概率的近似值。一般数学上将这样估计而得的概率称为统计概率或经验概率。例如，对于水文现象，一般以推求事件的频率作为概率的近似值。

例如，掷一枚硬币，可能出现正面，也可能出现反面。记 $A=\{出现正面\}$，当硬币均匀时，在大量试验中出现正面的频率应接近 50%。历史上有不少数学家做过试验，结果如表 4-1 所示。自然地，认为对均匀硬币来说，$W(A)=1/2$。

表 4-1　抛掷硬币试验

实　验　者	掷硬币次数	出现正面次数	频　　率
蒲丰	4040	2048	0.5069
皮尔逊	12000	6019	0.5016
皮尔逊	24000	12012	0.5005

虽然并不能由概率的统计定义确切地定出一个事件的概率，但是它提供了一种估计概率的方法。频率与概率的关系就像物体长度的测量值与该长度之间的关系：物体的长度是客观存在的，是物体的固有属性，测量值是它的某种程度的近似值。同样，随机事件发生的可能性大小——概率是随机事件的客观属性，多次随机试验所得的频率则是它的某种程度的近似，随着试验次数的增多，渐趋稳定。此时便可将频率当做某事件出现的概率。

概率的统计定义既适用于事件出现机会相等的情况，又适用于事件出现机会不相等的一般情况。但必须注意，应用概率的统计定义，各次试验是在基本相同的条件下独立进行的，而且次数要足够多。类似地，进行水文统计时，水文现象的各种有关因素也应当是不变的。如果流域的自然地理条件已经发生了比较大的变化，还把不同条件下的水文资料放在一起进行统计就不合理了。发生这种情况的时候，应当将实测水文资料进行必要的还原和修正以后，再进

行统计计算。

4. 概率加法定理和乘法定理

1）概率加法定理

事件 $A+B$ 表示事件 A 与事件 B 的和事件，指事件 A 发生或事件 B 发生，则

$$P(A+B)=P(A)+P(B)-P(AB) \tag{4-3}$$

式中：$P(A+B)$为事件 A 或事件 B 发生的概率，即和的概率；$P(A)$为事件 A 发生的概率；$P(B)$为事件 B 发生的概率；$P(AB)$为事件 A 与 B 同时发生的概率。

在多个事件中，同时只能出现一个事件，而其他事件均不能发生者称为互斥事件。两个互斥事件 A、B 出现的概率等于这两个事件的概率的和，即

$$P(A+B)=P(A)+P(B) \tag{4-4}$$

2）概率乘法定理

事件 AB 表示事件 A 与 B 的积事件，指事件 A 与事件 B 同时发生。两事件积的概率等于其中一事件的概率乘以另一事件在已知前一事件发生的条件下的条件概率，即

$$P(AB)=P(A)P(B|A)=P(B)P(A|B) \tag{4-5}$$

式中：$P(AB)$为事件 A 与事件 B 同时发生的概率，即积的概率；$P(B|A)$为在事件 A 发生的前提下，事件 B 发生的概率；$P(A|B)$为在事件 B 发生的前提下，事件 A 发生的概率。

如果事件 A 是否发生与事件 B 是否发生相互没有影响，则称事件 A 与事件 B 为独立事件。若两个事件是相互独立的，则它们共同出现的概率等于事件 A 的概率乘以事件 B 的概率，即

$$P(AB)=P(A)P(B) \tag{4-6}$$

【例 4-1】 某城市在不同河流上建有独立运行的两个泵站。甲泵站受到洪水淹没破坏的概率为 2%，乙泵站受到洪水淹没破坏的概率为 5%，求洪水期两个泵站同时遭到破坏的概率？

解 由于两个泵站从不同河流中取水，且独立运行，则两个泵站同时遭到破坏的概率可直接用式(4-6)求出：

$$P(AB)=P(A)P(B)=2\%\times5\%=0.1\%$$

5. 重现期

一定范围内，水文特征值出现的总可能性为累积频率。累积频率可以预测多个水文特征值未来发生的概率。在实际工程中，为了更明确、直观地反映水文特征值在未来出现的可能性，常用“重现期”来代替“频率”。“重现期”或者“多少年一遇”都是工程和生产上用来表示随机变量统计规律的概念。所谓重现期是指，在长时间内，随机事件发生的平均周期，即在很长的一段时间内，随机变量的取值平均多少年发生一次，又称多少年一遇。

水文随机变量是连续型随机变量，水文变量的频率是水文变量大于或等于某个数值的概率。对应于频率，水文变量的重现期是指水文变量在某一个范围内取值的周期。如某条河流百年一遇的洪水洪峰流量是 1000 m^3/s，是指这条河流洪峰流量大于或等于 1000 m^3/s 的洪水的重现期是 100 年，而不是指洪峰流量恰恰等于 1000 m^3/s 的洪水的重现期是 100 年。重现期和概率一样，都表明随机事件或随机变量的统计规律。根据研究问题的性质不同，频率 P 与重现期 T 的关系有两种表示方法。

(1) 当为了防洪，研究暴雨洪水问题时，一般设计频率 $P<50\%$，此时重现期是指水文随机变量大于或等于某一数值时，这一随机事件发生的平均周期。按照频率和周期互为倒数的

关系，可知洪水、多水时，重现期计算公式为

$$T=\frac{1}{P} \tag{4-7}$$

式中：T 为重现期，年；P 为年频率，%。

例如，某水库大坝设计洪水的频率 $P=1\%$，则重现期 $T=100$ 年，称百年一遇，即出现大于或等于此频率的洪水，在长时期内平均 100 年遇到一次。若遇到该洪水，则不能确保工程的安全。

(2) 当考虑水库兴利调节研究枯水问题时，一般设计频率 $P>50\%$，此时重现期是指水文随机变量小于或等于某一数值的平均周期。按照概率论理论，随机变量“小于或等于某一数值”是“大于或等于某一数值”的对立事件，“小于或等于某一数值”的概率等于 $1-P$，故此时重现期的计算公式为

$$T=\frac{1}{1-P} \tag{4-8}$$

例如，某河流断面灌溉设计保证率 $P=80\%$，则重现期 $T=5$ 年，表示该河流断面小于这样的年来水量在长时期内平均 5 年发生一次，即 5 年中有 1 年供水不足，其余 4 年用水可以得到保证。因此，灌溉、发电、供水规划设计时，常把所依据的径流频率称为设计保证率，即兴利用水得到保证的概率。

【例 4-2】 已知某水厂取水口流量 $Q=800\ m^3/s$ 的年频率为 96%，求 $Q<800\ m^3/s$ 设计枯水流量的重现期。

解 由 $P(Q\geqslant 800)=96\%$ 得

$$P(Q<800)=1-96\%=4\%$$

由重现期的定义，得

$$T(Q<800)=\frac{1}{P(Q<800)}=\frac{1}{4\%}年=25\ 年$$

即重现期为 25 年一遇。

重现期 T 是指水文现象在长时期内平均 T 年出现一次，而不是每隔 T 年必然发生一次，它是对类似于洪水这样的随机事件发生的可能性的一种定量描述。例如百年一遇的洪水，是指大于或等于这样的洪水在长时期内平均 100 年发生一次，而不能理解为百年一遇的洪水每隔 100 年一定出现一次。实际上，百年一遇洪水可能间隔 100 年以上时间发生，也可能连续 2 年接连发生。

任务 2　随机变量及其概率分布

模块 1　随机变量

要进行水资源管理工作及对水资源进行配置、节约和保护，必须了解和掌握水资源的规律，预测未来水资源的情势。但因影响水资源的因素十分众多和复杂，目前还难以通过成因分析对水资源进行准确的长期预报。实际工作中采用的基本方法是对水文实测资料进行分析、计算，研究和掌握水文现象的统计规律，然后按照统计规律对未来的水资源情势进行估计。而这样做，需要对随机事件进行定量化表示，为此需引入随机变量的概念。

按照概率论理论，随机变量对应于试验结果，表示试验结果的数量。如在工地上检验一批钢筋，可以随机抽取几组试件进行检验，每一组试件检验不合格的根数就是随机变量。又如，某条河流，其历年的最大洪峰流量、最高水位、洪水持续时间等都可看做是随机变量。

若随机事件的试验结果可用一个数 X 来表示，X 随试验结果的不同而取不同的数值，它是带有随机性的，则将这种随机试验结果 X 称为随机变量。例如，某射手向目标射击 4 次，用变量 X 表示命中的次数，则 X 的一切可能取值为 1、2、3、4。X 取不同的值时，就代表不同的事件发生。究竟发生哪种结果，只有在 4 次射击之后才能确定。还有一些随机试验，其结果并不具有数量的性质。但是可以把这类随机现象的各种可能结果与数值联系起来。例如，抛掷一枚硬币，有“正面向上”和“反面向上”两种可能结果。这两种结果并不表现为数量。但是可以规定用 0 和 1 两个数与“正面向上”“反面向上”对应起来。随机变量按照可能取值的情况分为两类，即离散型随机变量和连续型随机变量。

1. 离散型随机变量

若随机变量可能取的值为有限个或可列个，则称为离散型随机变量。离散型随机变量的一切可能取值为有限个或可列个，这些数值可以逐个写出来，并且相邻两值之间不存在中间值。上述两例即属于这种类型的随机变量。其他，如投掷骰子出现的点数、某地在 1 年内降雨的天数、某流量站汛期涨洪的次数等皆属于离散型随机变量。

2. 连续型随机变量

若随机变量可取某个有限或无限区间中的一切值，则称为连续型随机变量。连续型随机变量可能取的数值不能一一列举出来，而是充满某一区间的值。例如，某站流量可以在 0 和极限值之间变化，因此它可以是 0 和极限流量之间的任何数值。连续型随机变量是普遍存在的，如降雨量、降雨时间、蒸发量、河流的流量、水量、水位等都是连续型随机变量。

模块 2　随机变量的概率分布

要掌握随机变量的变化，不仅要关心随机变量可取哪些值，更为重要的是要了解各种取值出现的可能性有多大，也就是明确随机变量各种取值的概率，掌握它的统计规律。随机变量可以取所有可能值中的任何一个值，但是取某一可能值的机会是不同的，有的机会大，有的机会小，随机变量的取值与其概率有一定的对应关系。一般将这种对应关系称为概率分布。离散型随机变量的概率分布一般以分布列和分布函数表示；连续型随机变量的概率分布用分布密度和分布函数来表示。

1. 离散型随机变量的概率分布

设离散型随机变量用大写字母 X 表示，它的种种可能取值用相应的小写字母 x 表示。若取 n 个，则 $X=x_1, X=x_2, \cdots, X=x_n$。一般将 $x_1, x_2, \cdots, x_n$ 称为系列，而 X 的可能取值 x_i 出现的概率用 p_i 表示，即

$$P(X=x_i)=p_i \tag{4-9}$$

将 X 的可能取值与其相应的概率列成表，称为随机变量 X 的分布列（见表 4-2）。由概率的性质可知，任一分布列应满足：

$$p_i \geqslant 0 \quad (i=1,2,\cdots,n)$$

$$\sum_{i=1}^{n} p_i = 1$$

表 4-2　离散型随机变量分布列

X	x_1	x_2	…	x_i	…
$P(X=x_i)$	p_1	p_2	…	p_i	…

2. 连续型随机变量的概率分布

对连续型随机变量来说，分布列不存在，随机变量可取的值为一连续区间的一切值，无法一一罗列这些值及其概率。比如，前面提到的某站流量可以在 0 和极限值之间变化，对于这个区间的任意值，其概率等于无穷大分之一，即近似等于 0。从这个例子可以看出，列举连续型随机变量各个值的概率不仅做不到，而且实际上也是没有意义的。

由于连续型随机变量所有可能取值有无限多个，而取任何个别值的概率为零，所以只能研究某个区间取值的概率，或者研究事件 $X \geqslant x$ 的概率及事件 $X \leqslant x$ 的概率，二者可以相互转换，在水文分析计算上，通常研究某一水文变量大于或等于某一数值的概率。

对于一个随机变量，大于或等于不同数值的概率是不同的。当随机变量取为不同数值时，随机变量大于或等于此值的概率也随之而变，即概率是随机变量取值的函数。这一函数称为随机变量的概率分布函数，其公式为

$$F(x)=P(X \geqslant x) \tag{4-10}$$

式中：$P(X \geqslant x)$为随机变量 X 取值大于或等于 x 的概率；$F(x)$为随机变量 X 的分布函数。

随机变量的分布函数可用曲线的形式表示。其几何图形如图 4-1(a)所示，图中纵坐标表示变量 x，横坐标表示概率分布函数值 $F(x)$，在数学上称此曲线为随机变量的概率分布曲线。如前所述，在工程水文里，习惯于将水文变量取值大于或等于某一数值的概率称为该变量的频率，同时将表示水文变量分布函数的曲线称为频率曲线。

当研究事件 $X<x$ 的概率时，数理统计学中常用分布函数 $G(x)$

$$G(x)=P(X<x) \tag{4-11}$$

表示，称为不及制累积概率形式，相应的水文统计用的分布函数 $F(x)$称为超过制累积概率形式，两者之间有如下关系：

$$F(x)=1-G(x) \tag{4-12}$$

对于连续型随机变量，还有另一种表示概率分布的形式——概率密度函数。随机变量概率分布函数的导数的负值，称为概率密度函数，记为 $f(x)$，即

$$f(x)=-F'(x)=-\frac{\mathrm{d}F(x)}{\mathrm{d}x} \tag{4-13}$$

概率密度函数的几何曲线称为概率密度曲线。水文中习惯以纵坐标表示变量 x，横坐标表示概率密度函数值 $f(x)$，如图 4-1(b)所示。

实际上，概率分布函数与概率密度函数是微分与积分的关系。概率密度函数是概率分布函数的导数。概率密度函数在某一个区间的积分值表示随机变量在这个区间取值的概率。在工程水文中，频率是水文变量取值大于或等于某一数值的概率，因此，水文变量的频率就是概率密度函数从变量取值到正无穷大区间的积分值。用公式表示，水文变量频率和概率密度函数之间的关系可以写为

$$F(x)=P(X \geqslant x)=\int_x^{\infty} f(x)\mathrm{d}x \tag{4-14}$$

式(4-14)中，$F(x)$是随机变量 X 的概率分布函数值，也就是水文变量 X 取值为 x 时的频率，而 $f(x)$是概率密度函数。其对应关系可从图 4-1 中看出来，图中两边的纵坐标均表示随机变量的取值，图 4-1(b)的横坐标表示概率密度函数值，图 4-1(a)的横坐标表示频率。图4-1(b)中随机变量取值的概率密度函数值越大，随机变量在这个值附近区间取值的概率越大。因频率 $F(x_P)$是概率密度函数从 x_P 到正无穷大这个区间的积分，所以，图 4-1(a)中的 $F(x_P)$等于图 4-1(b)中 x_P 以上的阴影面积。从图中可以看到，x_P 取值越小，阴影面积越大，频率 $F(x_P)$取值也越大。这显然是合理的，因为随机变量取值越小，大于或等于这个取值的可能性越大。

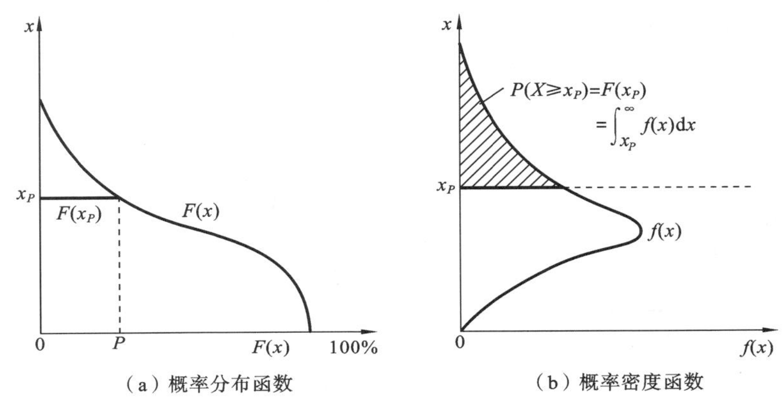

(a) 概率分布函数　　(b) 概率密度函数

图 4-1　随机变量的概率分布曲线和概率密度曲线

【例 4-3】　某水文测站有 62 年实测年降雨量资料(略)，现按下列步骤进行统计分析。

解　(1) 将年降雨量分组，并统计各组出现次数和累积次数。分组距离 $\Delta x=200$ mm，统计结果列于表 4-3 中的①、②、③、④栏。第④栏为累积次数，表示年降雨量大于或等于该组下限值 x 的出现次数。

表 4-3　某站年降雨量分组频率计算表

序号	年降雨量/mm (Δx=200 mm)	出现次数/次		频率/(%)		组内平均频率密度
		组内	累积	组内频率 ΔP	累积频率 P	$\Delta P/\Delta x$($\times 10^{-4}$/mm)
①	②	③	④	⑤	⑥	⑦
1	2300～2100	1	1	1.6	1.6	0.80
2	2100～1900	2	3	3.2	4.8	1.60
3	1900～1700	3	6	4.8	9.7	2.40
4	1700～1500	7	13	11.3	21.0	5.65
5	1500～1300	13	26	21.0	41.9	10.50
6	1300～1100	18	44	29.0	71.0	14.50
7	1100～900	15	59	24.2	95.2	12.10
8	900～700	2	61	3.2	98.4	1.60
9	700～500	1	62	1.6	100.0	0.80

(2) 计算各组出现的频率、累积频率及组内平均频率密度。将表 4-3 中的第③、④栏数值除以总次数 62，即得⑤、⑥栏中的相应频率；将第⑤栏中的组内频率 ΔP 除以分组距离 Δx 得第⑦栏中数值，它表示频率沿 x 轴上各组所分布的密集程度。

(3) 绘图。以各组平均频率密度 $\Delta P/\Delta x$ 为横坐标，以年降雨量 x 为纵坐标，由表 4-3 中的第②、⑦栏数值，按组绘成直方图，如图 4-2(a)实线所示。各个长方形面积表示各组的频率，所有长方形面积之和等于 1。这种频率密度随随机变量取值 x 变化而变化的图形，称为密度图。

频率密度值的分布情况，一般是沿纵轴 x 数值的中间区段大，而上下两端逐渐减小。如果资料年数无限增多，分组组距无限缩小，频率密度直方图就会变成光滑的连续曲线，频率趋于概率，则称为随机变量的概率密度曲线，如图 4-2(a)中虚线所示。

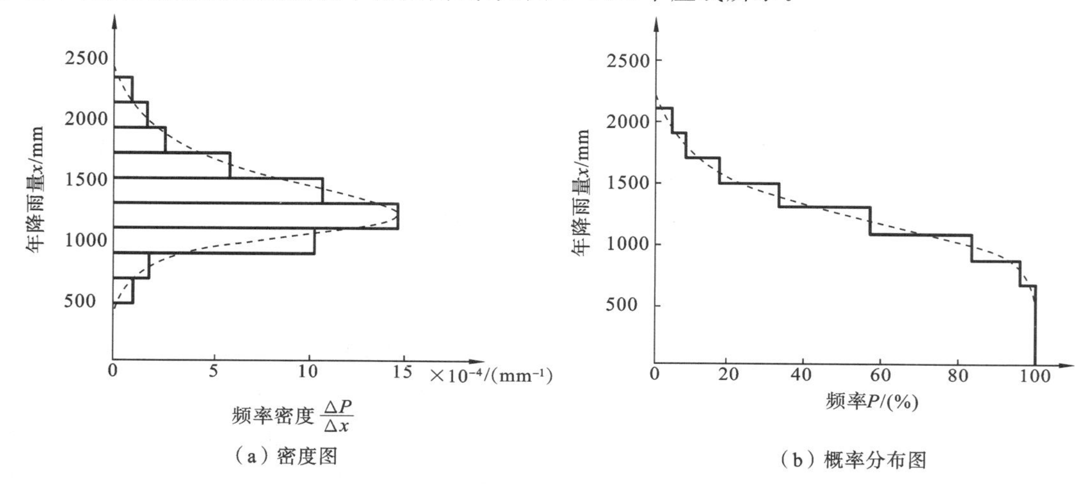

图 4-2　随机变量的密度图和概率分布图

以累积 P 为横坐标，以年降雨量 x 为纵坐标，由表 4-3 中的第②、⑥栏数值，按组绘成如图 4-2(b)所示的阶梯形实折线。这种表示大于或等于 x 的累积频率随随机变量取值 x 变化而变化的图形，称为频率分布图。同样，如果资料年数无限增多，分组组距无限缩小，实折线就会变成 S 形的光滑连续曲线，频率趋于概率，则称为随机变量的概率分布曲线，如图 4-2(b)中虚线所示。

概率密度曲线和概率分布曲线从不同的角度描述了水文变量的概率分布规律。从年降雨量的分布规律可知，特别大或特别小的年降雨量出现的机会较少，而中等大小的年降雨量出现的机会较多。其他水文要素，如年径流量等，也都具有这种特性。在水文计算中，一般不绘制水文变量的概率密度曲线，而绘制其概率分布曲线。水文统计上习惯把概率分布曲线称为频率曲线。

模块 3　随机变量的统计参数

从统计数学的观点来看，随机变量的概率分布曲线或分布函数较完整地描述了随机现象，知道了随机变量的概率分布函数或者概率密度函数，就掌握了随机变量在各个取值区间的概率，也就掌握了随机变量的统计规律。然而，在许多实际问题中，随机变量的分布函数或者概率密度函数往往不易确定，或有时不一定都需要用完整的形式来说明随机变量，而只要知道概率分布某些具有特征意义的数值，可以简明地表示随机变量的统计规律和特性就够了。在概率论里，这些数字称为随机变量的数字特征；在工程水文中，习惯于将这些数字称为统计参数。例如，某地的年降水量是一个随机变量，各年的降水量不同，具有一定的概率分布曲线，若要了解该地年降水量的概括情况，就可以用多年平均年降水量这个数量指标来反映。这种能说明随机变量统计规律的数字特征，称为随机变量的统计参数。水文现象的统计参数反映其基本的统计规律，能概括水文现象的基本特征和分布特点，也是频率曲线估计的基础。

统计参数有总体统计参数与样本统计参数之分。所谓总体是指某随机变量所有取值的全体，总体中的每一个基本单位称为个体。如一条河流，当研究年径流量的时候，河流有史以来各年年径流量的全体就是总体，每年的年径流量就是个体。如果所研究的随机事物对应着实数，则总体就是一个随机变量（可以记为 X），而个体就是随机变量的一个取值（可以记为 x_i）。一般情况下，总体是未知的。或者，因为不能对总体进行普查研究，故总体实际上无法得到。比如，无法掌握一条河流在其形成以来漫长时期内所有年份的年径流量。也不能对工地上所有的钢筋都进行破坏性试验来检验钢筋的强度。为了了解和掌握总体的统计规律，通常是从总体中抽取一部分个体，对这部分个体进行观察和研究，并且由这部分个体对总体进行推断，从而掌握总体的性质和规律。从总体中任意抽取的部分个体称为样本，样本中所包括的项数则称为样本容量。水文现象的总体通常是无限的，它是指自古迄今以至未来所有的水文系列，现有的水文观测资料可以认为是水文变量总体的随机样本。显然，水文随机变量的总体是不知道的，只能靠有限的样本观测资料去估计总体的统计参数或总体的分布规律，即由样本统计参数来估计总体统计参数。水文计算中常用的样本统计参数有均值、均方差、变差系数和偏态系数等。

1. 均值

均值又称期望，它表示随机变量平均数的概念。设某水文变量的观测系列（样本）为 x_1，x_2，…，x_n，则其均值为

$$\bar{x} = \frac{x_1 + x_2 + \cdots + x_n}{n} = \frac{1}{n}\sum_{i=1}^{n} x_i \tag{4-15}$$

均值表示系列中变量的平均情况，可以说明这一系列总水平的高低。例如，甲河多年平均流量为 2460 m^3/s，乙河多年平均流量为 260 m^3/s，说明甲河流域的水资源比乙河流域的丰富。均值不仅是频率曲线方程中的一个重要参数，而且是水文现象的一个重要特征值。

令 $K_i = \frac{x_i}{\bar{x}}$，则

$$\bar{K} = \frac{1}{n}\sum_{i=1}^{n} K_i = 1 \tag{4-16}$$

式中：K_i 为模比系数。模比系数组成的系列，其均值等于 1。这是水文统计中的一个重要特征。对于以模比系数表示的随机变量，在其频率曲线方程中可以减少一个均值参数。

2. 均方差

均值能反映系列中各变量的平均情况，但不能反映系列中各变量的集中或离散程度。例如，有两个系列：第一系列为 49，50，51；第二系列为 1，50，99。这两个系列的均值相同，都等于 50，但二者的离散程度很不相同。直观地看，第一系列只变化于 49～51，而第二系列的变化范围则增大到 1～99。

研究系列中各变量集中或离散的程度，是以均值为中心来考查的。离散特征参数可用相对于分布中心的离差 $x_i-\bar{x}$ 来计算。但离差有正有负，其平均值为零。为了使离差的正值和负值不致相互抵消，一般以 $(x_i-\bar{x})^2$ 的平均值的开方表示离散程度的大小，称为均方差，即

$$\sigma=\sqrt{\frac{\sum_{i=1}^{n}(x_i-\bar{x})^2}{n}} \tag{4-17}$$

如果系列的均值相等，则 σ 越大表示系列分布越离散，σ 越小表示系列分布越集中。按式(4-17)计算上述两个系列的均方差，分别为 $\sigma_1=0.82$，$\sigma_2=40.0$。显然，第一系列的离散程度小，第二系列的离散程度大。

3. 变差系数

均方差虽然能说明系列的离散程度，但对于均值不同的两个系列，则不能用均方差直接比较系列的离散程度。例如，有两个系列：第一系列为 5，10，15，$\bar{x}=10$；第二系列为 995，1000，1005，$\bar{x}=1000$。

按式(4-17)计算上述两个系列的均方差都等于 4.08，这说明这两个系列的绝对离散程度是相同的，但它们对均值的相对离散程度是不相同的。可以看出，第一系列中的最大值和最小值与均值之差都是 5，这相当于均值的 5/10＝1/2；而第二系列中的最大值和最小值与均值之差虽然也都是 5，但只相当于均值的 5/1000＝1/200，在近似计算中，这种差距甚至可以忽略不计。

为了克服以均方差衡量系列离散程度的这种缺点，水文计算中用均方差与均值之比作为衡量系列的相对离散程度的一个参数，称为变差系数，或称离差系数、离势系数，用 C_V 表示。变差系数为一无因次的小数，C_V 也可以理解为变量 x 换算成模比系数 K 以后的均方差。其计算式为

$$C_V=\frac{\sigma}{\bar{x}}=\sqrt{\frac{\sum_{i=1}^{n}(K_i-1)^2}{n}} \tag{4-18}$$

均方差和变差系数都表示随机变量的离散情况，但均方差与随机变量取值的大小有关，而变差系数是一个无因次的量，排除了随机变量自身大小的影响。

变差系数 C_V 越大，系列的离散程度越大；C_V 越小，系列的离散程度则越小。按式(4-18)计算上述两个系列的变差系数 $C_{V1}=0.408$，$C_{V2}=0.00408$，可见第一系列的离散程度明显大于第二系列的。

C_V 是水文统计中常用的一个重要参数，用来说明水文特征值的变化情况。我国年降雨量和年径流量的 C_V 值存在明显的地理分布规律，即南方的大于北方的，内陆的大于沿海的，山区的大于平原的。此外，C_V 还与流域的大小和流域形状有关，一般是大流域的 C_V 值比小流域的要小，狭长流域的 C_V 值比枝状流域的要大。现有的 C_V 等值线图可供水文工作者查用。

4. 偏态系数(偏差系数)

变差系数只能反映系列的离散程度，而不能反映系列在均值两边的对称程度。在水文统计中采用偏态系数 C_S 作为衡量系列在均值两边对称程度的参数。其计算式为

$$C_S = \frac{\frac{\sum_{i=1}^{n}(x_i - \bar{x})^3}{n}}{\sigma^3} = \frac{\sum_{i=1}^{n}(x_i - \bar{x})^3}{n\sigma^3} \tag{4-19}$$

将式(4-19)右端的分子、分母同除以 $\bar{x}^3$，则得

$$C_S = \frac{\sum_{i=1}^{n}(K_i - 1)^3}{nC_V^3} \tag{4-20}$$

C_S 值的大小可以反映频率分布的不对称程度，是一个无因次量。通常 C_S 的绝对值越大，频率分布曲线越不对称；相反，C_S 的绝对值越小，频率分布曲线就越接近于对称。当系列对于 $\bar{x}$ 对称时，$C_S=0$，称为对称分布(或正态分布)；当系列对于 $\bar{x}$ 不对称时，$C_S \neq 0$，当正离差的立方占优势时，$C_S>0$，称为正偏分布；当负离差的立方占优势时，$C_S<0$，称为负偏分布。C_S 对密度曲线的影响如图 4-3 所示。

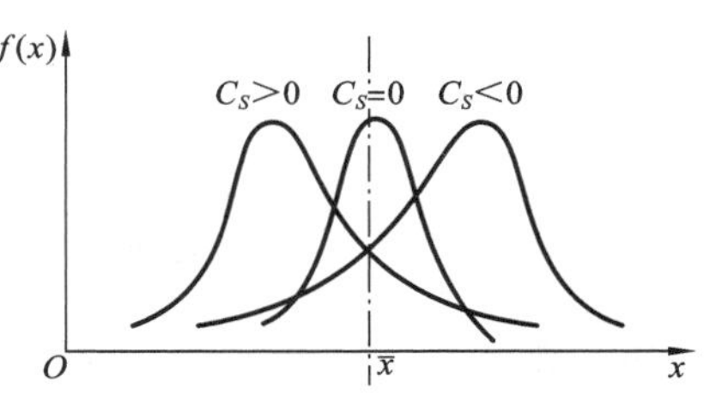

图 4-3　C_S 对密度曲线的影响

水文现象大多属于正偏分布，即水文变量取值大于均值的机会比取值小于均值的机会小。当资料的项数不多时，计算出来的 C_S 值误差很大。一般认为，资料在 100 项以下时，C_S 是不能用公式计算的。因为缺乏系列资料，离均差有误差，其立方后误差更大，尤其是极端项影响更大。在实际工作中一般采用经验性的方法，比如，取 C_S 等于若干倍的 C_V。如年降雨量或年径流量的计算，常用 $C_S=2C_V$ 的关系，对于年最大流量与年最大降雨量通常取 C_S 等于 3～4 倍的 C_V。

5. 矩

矩的概念及其计算在工程水文计算中经常遇到。矩在统计学中常用来描述随机变量的分布特征，均值等统计参数，有些可以用矩来表示。矩可分为原点矩和中心矩两种。

(1) 原点矩。随机变量 X 所能取的一切可能值以其相应的概率(或概率密度)为权的加权平均数，称为随机变量 X 的数学期望，记为 $E(X)$。随机变量 X 对原点离差的 r 次幂的数学期望 $E(X^r)$，称为随机变量 X 的 r 阶原点矩，以符号 m_r 表示，即

$$m_r = E(X^r) \quad (r=1,2,3,\cdots,n) \tag{4-21}$$

对离散型随机变量，r 阶原点矩为

$$m_r = E(X^r) = \sum_{i=1}^{n} x_i^r p_i \tag{4-22}$$

对连续型随机变量，r 阶原点矩为

$$m_r = E(X^r) = \int_{-\infty}^{+\infty} x^r f(x)\mathrm{d}x \tag{4-23}$$

当 $r=1$ 时，$m_1=E(X^1)=\bar{x}$，即一阶原点矩就是数学期望，也就是算术平均数(均值)。

(2) 中心矩。随机变量 X 对分布中心 $E(X)$ 离差的 r 次幂的数学期望 $E\{[X-E(X)]^r\}$，称为随机变量 X 的 r 阶中心矩，以符号 μ_r 表示，即

$$\mu_r = E\{[X-E(X)]^r\} \quad (r=0,1,2,\cdots,n) \tag{4-24}$$

对离散型随机变量，r 阶中心矩为

$$\mu_r = E\{[X-E(X)]^r\} = \sum_{i=1}^{n}[x_i - E(X)]^r p_i \tag{4-25}$$

对连续型随机变量，r 阶中心矩为

$$\mu_r = E\{[X-E(X)]^r\} = \int_{-\infty}^{+\infty}[X-E(X)]^r f(x)\mathrm{d}x \tag{4-26}$$

当 $r=2$ 时，$\mu_2=E\{[X-E(X)]^2\}=\sigma^2$，由式(4-17)可知，随机变量的二阶中心矩就是标准差的平方(称为方差)。

当 $r=3$ 时，$\mu_3=E\{[X-E(X)]^3\}$，由式(4-19)可知，$C_S=\mu^3/\sigma^3$。

综上所述，均值、变差系数和偏态系数都可以用各种矩表示。

任务3　水文频率曲线线型

水文频率计算以水文变量的样本为依据，探求其总体的统计规律，对未来的水文情势作出概率预估，以满足水利水电工程规划、设计、施工和运行管理的需要。水文分析计算中使用的概率分布曲线俗称水文频率曲线。习惯上把由实测资料(样本)绘制的频率曲线称为经验频率曲线。由实测水文变量系列求得的经验频率曲线是对水文变量总体概率分布的推断和描述，是水文频率计算的基础，具有一定的实用性。而把由数学方程式得到的频率曲线称为理论频率曲线。

模块1　经验频率曲线

1. 经验频率计算公式

设某水文系列共有 n 项，按由大到小的次序排列为：$x_1, x_2, \cdots, x_m, \cdots, x_n$，则系列中大于或等于 x_m 的经验频率可按下式计算：

$$P=\frac{m}{n}\times 100\% \tag{4-27}$$

若掌握资料的数量很多，即样本容量充分大，相当于掌握了总体，按式(4-27)确定频率并无不合理之处，但样本容量有限时就有问题了。例如，对于系列中的最末项 $m=n$，按上式计算得到其经验频率为100%，它说明等于或大于样本末项的频率为1.0，为必然事件，也就是说，样本末项 x_n 就是总体中的最小值，显然这样计算经验频率是不符合事实的，因为比样本最小值更小的数值今后仍可能出现。所以必须探求一种合理的估算经验频率的方法。

经验频率的估算在于对样本序列中的每一项取值，估算其对应的频率。目前我国水文计算上广泛采用的是经修正后的频率计算公式，最常用的数学期望公式为

$$P=\frac{m}{n+1}\times 100\% \tag{4-28}$$

式中：P 为大于或等于 x_m 的经验频率，%；m 为 x_m 的序号，即大于或等于 x_m 的项数；n 为系列的总项数。

2. 经验频率曲线的绘制

根据实测水文资料，按从大到小的顺序排列，然后用式(4-28)计算系列中各项的经验频率。以水文变量 x 为纵坐标，以经验频率 P 为横坐标，在频率格纸上点绘经验频率点群，根据

点群趋势绘出一条平滑的曲线，即为该水文变量的经验频率曲线。

【例 4-4】 选用某站有代表性的实测年降雨量资料 24 年，如表 4-4 中第①、②栏，试绘制该样本系列的经验频率曲线。

解 （1）将系列由大到小重新排列，列入表 4-4 中第③、④栏。

（2）由式(4-28)计算各项的经验频率，列入表 4-4 中第⑨栏。

表 4-4　站年降雨量的频率计算表

年份	年降雨量 x_i /mm	序号 m	由大到小排列 x_i/mm	模比系数 K_i	K_i-1	$(K_i-1)^2$	$(K_i-1)^3$	$P=\frac{m}{n+1}\times100\%/(\%)$
①	②	③	④	⑤	⑥	⑦	⑧	⑨
1957	745	1	841	1.47	0.47	0.2209	0.1038	4
1958	841	2	784	1.37	0.37	0.1369	0.0507	8
1959	386	3	745	1.31	0.31	0.0961	0.0298	12
1960	565	4	672	1.18	0.18	0.0324	0.0058	16
1961	623	5	663	1.16	0.16	0.0256	0.0041	20
1962	558	6	629	1.10	0.10	0.0100	0.0010	24
1963	585	7	627	1.10	0.10	0.0100	0.0010	28
1964	784	8	623	1.09	0.09	0.0081	0.0007	32
1965	561	9	585	1.02	0.02	0.0004	0	36
1966	488	10	565	0.99	−0.01	0.0001	0	40
1967	543	11	561	0.98	−0.02	0.0004	0	44
1968	629	12	558	0.98	−0.02	0.0004	0	48
1969	410	13	556	0.97	−0.03	0.0009	0	52
1970	663	14	548	0.96	−0.04	0.0016	−0.0001	56
1971	556	15	543	0.95	−0.05	0.0025	−0.0001	60
1972	526	16	530	0.93	−0.07	0.0049	−0.0003	64
1973	548	17	526	0.92	−0.08	0.0064	−0.0005	68
1974	627	18	514	0.90	−0.10	0.0100	−0.0010	72
1975	672	19	512	0.90	−0.10	0.0100	−0.0010	76
1976	514	20	491	0.86	−0.14	0.0196	−0.0027	80
1977	346	21	488	0.85	−0.15	0.0225	−0.0034	84
1978	530	22	410	0.72	−0.28	0.0784	−0.0220	88
1979	491	23	386	0.68	−0.32	0.1024	−0.0328	92
1980	512	24	346	0.61	−0.38	0.1521	−0.0593	96
$\sum$	13703		13703	24.00	0.01	0.9526	0.0737	

（3）由表 4-4 中第④栏和第⑨栏相对应的数值，在频率格纸上点绘经验频率点群。

（4）分析点群分布趋势，目估过点群中心，绘制一条光滑的曲线，即为该站年降雨量的经验频率曲线，如图 4-4 中①线所示。

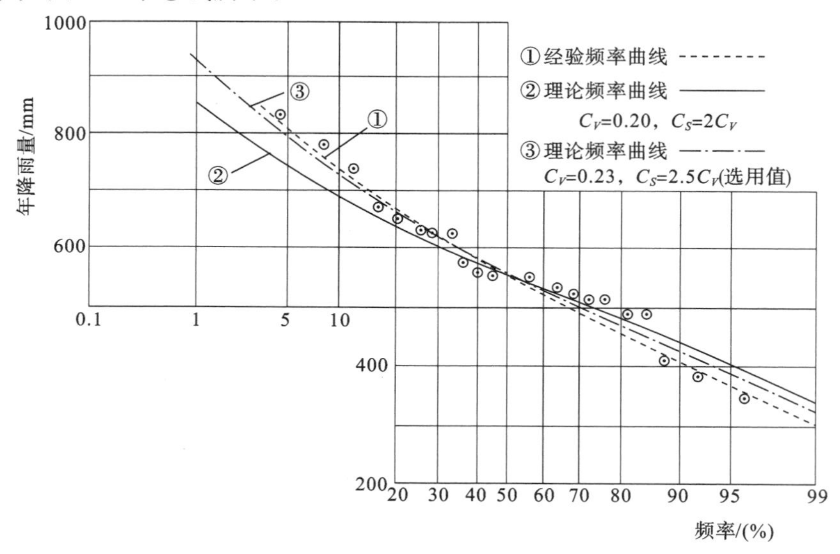

图 4-4　某站年降雨量频率曲线图

3. 经验频率曲线存在的问题

经验频率曲线是由实测资料绘制而成的，计算工作量小，绘制简单，查用方便。它是水文频率计算的基础，具有一定的实用性。但如果直接把经验频率曲线用于解决工程实际问题，还存在一定的局限性。因为我国目前的水文实测资料一般不超过几十年，算出的经验频率至多相当于几十年一遇，加上实测系列（如流量）在特大洪水期间或枯水期间受各种因素的影响，往往缺少实测资料，无法绘出高水与低水部分的经验累积频率曲线。当水文变量的设计频率较大或较小时，可能无法从经验频率曲线上直接查得相应的设计水文数据，而在工程规划设计里面，常需要确定更为稀遇的水文变量值，这些稀遇值无法从经验频率曲线直接查出，但又是计算设计洪水或设计枯水的重要因素。因此必须要对经验累积频率曲线下端或上端进行外延。外延的方法可以选用一种频率格纸，在频率格纸中，纵坐标为普通的等分坐标，累积频率 P 的横坐标为不等分分格，中间密、两端疏。正态分布累积频率曲线在概率格纸中呈直线，P-Ⅲ（皮尔逊Ⅲ）型频率曲线在概率格纸中的两端较在普通坐标纸中要平缓得多。因而，可以通过目估直接进行累积频率曲线的外延。

然而，目估延长法受主观因素影响较大，因为上端和下端没有实测点据控制，外延具有相当大的主观任意性，也无法检验外延部分的正确性。另外，水文要素的统计规律具有一定的地区性，但是这种地区性规律很难直接用经验频率曲线综合出来。为解决累积频率曲线外延的问题，以及为了便于统一标准，进行综合对比，使设计成果更为合理，可利用数学方法，寻求一种适合的数学模型，即具有一定数学方程式的频率分布曲线，一般称之为理论累积频率曲线。由于水文资料观测的年代有限，目前还不能完全由水文现象的实测资料建立一个完善的理论累积频率曲线公式，而只能选择与水文现象变化规律类似的线型，作为水文现象总体的频率曲线，进行频率计算。依据实测系列，找出一条理论累积频率曲线（即数学模型），以此来解决经验累积频率曲线外延的任意性和求解一定设计频率标准下的设计值。

模块2　理论频率曲线

客观世界中的随机变量具有不同的概率分布规律。经过研究和分析，可以对某些概率分布给出数学表达式，并得到相应的频率曲线。具有数学表达式的频率曲线称为理论频率曲线。因为水文变量的总体是未知的，而且又无法通过人工实验或理论分析等途径取得，所以分布函数的确切形式也是未知的，人们只能从数理统计的一些已知线型中，选择与水文现象配合好的线型，借用于水文实践中。所谓理论频率曲线只是一些具有数学表达式的频率曲线，把理论频率曲线用于水文分析计算，并不是已经从理论上严格证明了水文现象的概率分布应当服从某种理论频率曲线，用某种理论频率曲线描述水文变量概率分布仅仅根据经验得到。我国水文工作中广泛采用的水文频率曲线是P-Ⅲ型频率曲线。

1. P-Ⅲ型频率曲线

19世纪末期，英国生物学家皮尔逊对大量的物理、生物及经济等方面的实验资料进行整理、统计，提出了13种随机变量的分布曲线线型。被引入水文计算中的就是其中的第Ⅲ种分布线型，根据经验，P-Ⅲ型频率曲线是与水文资料配合较好的线型，这种曲线在我国水文工作中被广泛采用。P-Ⅲ型分布的概率密度曲线是一条一端有限、另一端无限的不对称单峰、正偏曲线，数学上常称伽玛分布，其概率密度函数为

$$f(x)=\frac{\beta^{\alpha}}{\Gamma(\alpha)}(x-a_0)^{\alpha-1}\mathrm{e}^{-\beta(x-a_0)} \tag{4-29}$$

式中：$\Gamma(\alpha)$为α的伽玛函数；α、β、a_0分别为P-Ⅲ型分布的形状、尺度和位置参数，$\alpha>0$，$\beta>0$。

显然，3个参数确定以后，该概率密度函数随之可以确定。可以推论，这3个参数与总体3个参数$\bar{x}$、C_V、C_S具有如下关系：

$$\left.\begin{aligned}\alpha&=\frac{4}{C_S^2}\\ \beta&=\frac{2}{\bar{x}C_VC_S}\\ a_0&=\bar{x}\left(1-\frac{2C_V}{C_S}\right)\end{aligned}\right\} \tag{4-30}$$

为了实际应用P-Ⅲ型分布，必须对它的概率密度函数进行积分，这样才能得到随机变量在某个区间取值的概率。在工程水文里，要计算水文变量的频率，即水文变量从某一个取值到正无穷大的概率，需要求出指定频率P所相应的随机变量取值x_P，通过对密度曲线进行从随机变量的各个取值到无穷大的积分，即

$$P=P(x\geqslant x_P)=\frac{\beta^{\alpha}}{\Gamma(\alpha)}\int_{x_P}^{+\infty}(x-a_0)^{\alpha-1}\mathrm{e}^{-\beta(x-a_0)}\mathrm{d}x \tag{4-31}$$

从而求出等于或大于x_P的累积频率P值。

因P-Ⅲ型分布的概率密度函数十分复杂，水文计算中，直接由式(4-31)计算P值进行积分相当困难。为了能够在实际工作中运用P-Ⅲ型分布，可以通过变量转换，根据拟定的值进行积分，并将成果制成专用表格，从而使计算工作大大简化。

令

$$\Phi=\frac{x-\bar{x}}{\sigma}=\frac{x-\bar{x}}{\bar{x}C_V} \tag{4-32}$$

则有

$$x=\bar{x}(1+C_V\Phi) \tag{4-33}$$

$$dx=\bar{x}C_V d\Phi \tag{4-34}$$

Φ 是标准化变量，称为离均系数。Φ 的均值为 0，标准差为 1。这样经过标准化变换后，将式(4-33)、式(4-34)代入式(4-31)，简化整理得

$$P(\Phi \geqslant \Phi_P)=\int_{\Phi_P}^{\infty} f(\Phi, C_S)d\Phi \tag{4-35}$$

式(4-35)中被积函数只含有 1 个待定参数 C_S，其他 2 个参数 $\bar{x}$、C_V 都包含在 Φ 中。因此，只需要假定一个 C_S 值，便可从式(4-35)通过积分求出 P 与 Φ 之间的关系。对于若干个给定的 C_S 值，Φ_P 和 P 的对应数值表已先后由美国的福斯特和苏联的雷布京制作出来。

在频率计算时，由已知的 C_S 值，查离均系数 Φ 值表得出对应于不同的频率 P 的 Φ_P 值，然后利用已知的 $\bar{x}$、C_V，通过式(4-33)即可求出与各种 P 相应的 x_P 值，从而可绘制出水文变量的 P-Ⅲ型频率曲线。

为了更方便地进行频率分析计算，当 C_S 等于 C_V 的一定倍数时，有人根据 P-Ⅲ型分布的离均系数表制作了模比系数 $\left(K_P=\frac{x_P}{\bar{x}}\right)$ 表。频率计算时，由已知的 C_S 和 C_V 可以查表得出与各种频率 P 相对应的 K_P 值，然后即可算出与各频率对应的 $x_P=K_P\bar{x}$。有了 P 和 x_P 的一些对应值，即可绘制出 P-Ⅲ型频率曲线。

【例 4-5】 根据某地区年降雨量资料，求得统计参数为 $\bar{x}=1000$ mm，$C_V=0.5$，$C_S=2C_V$，若该地区的年降雨量服从 P-Ⅲ型分布，试求 $P=1\%$的年降雨量。

解 由 $C_S=1.0$，$P=1\%$，查表得 $\Phi_P=3.02$，由式(4-33)得

$$x_P=\bar{x}(1+C_V\Phi_P)=1000\times(1+0.5\times3.02)\ \text{mm}=2510\ \text{mm}$$

或由 $C_V=0.5$，$C_S=2C_V$，$P=1\%$，查表得 $K_P=2.51$(见附录 B)，算得

$$x_P=K_P\bar{x}=2.51\times1000\ \text{mm}=2510\ \text{mm}$$

2. 频率曲线参数估计

在概率分布函数中都包含一些表示分布特征的参数，例如，P-Ⅲ型频率曲线中就包含有 $\bar{x}$、C_V、C_S 这 3 个参数。水文频率曲线线型选定之后，为了具体确定出概率分布函数，就得估计出这些参数。由于水文现象的总体是无限的，无法直接获得，故需要用有限的观测资料去估计总体分布线型中的参数，这称为参数估计。

目前，由样本估计总体参数的方法主要有矩法、三点法、权函数法、概率权重矩法及适线法等。这些方法各有特点，均可独立使用。我国工程水文计算中，通常采用适线法，用其他方法估计的参数，一般作为适线法的初估值。

1）矩法

矩法是用样本矩估计总体矩，并通过矩和参数之间的关系，来估计频率曲线参数的一种方法。该法计算简便，事先不用选定频率曲线线型，因此，是频率分析计算中广泛使用的一种方法。

设随机变量 x 的分布函数为 $F(x)$，则 x 的 r 阶原点矩和中心矩分别为

$$m_r = \int_{-\infty}^{+\infty} x^r f(x) \mathrm{d}x \tag{4-36}$$

和

$$\mu_r = \int_{\Phi_P}^{+\infty} [X - E(x)]^r f(x) \mathrm{d}x \tag{4-37}$$

式中：$E(x)$为随机变量 x 的数学期望；$f(x)$为随机变量 x 的概率密度函数。

由于各阶原点矩和中心矩都与统计参数之间有一定关系，因此，可以用矩来表示参数。

对于样本，r 阶样本原点矩 $\hat{m}_r$ 和 r 阶样本中心矩 $\hat{\mu}_r$ 分别为

$$\hat{m}_r = \frac{1}{n}\sum_{i=1}^{n} x_i^r \tag{4-38}$$

和

$$\hat{\mu}_r = \frac{1}{n}\sum_{i=1}^{n} (x_i - \bar{x})^r \tag{4-39}$$

式中：n 为样本容量。

前面介绍过由前三阶样本矩表示的样本统计参数，均值 $\bar{x}$ 的计算式为一阶原点矩，均方差 σ 的计算式为二阶中心矩开方，偏态系数 C_S 计算式中的分子则为三阶中心矩。由此，得到计算统计参数的式(4-40)、式(4-41)、式(4-42)和式(4-43)。根据有限样本，由这些公式计算出的参数与相应的总体参数不一定相等。但是，希望由样本系列计算出来的统计参数尽可能准确地估计出相应的总体参数。因此需将上述公式加以修正。

样本特征值的数学期望与总体同一特征值比较接近，当 n 足够大时，其差别更微小。经过证明，样本原点矩 $\hat{m}_r$ 的数学期望正好是总体原点矩 m_r，但样本中心矩 $\hat{\mu}_r$ 的数学期望不恰是总体的中心矩 μ_r，要把 $\hat{\mu}_r$ 经过修正后，再求其数学期望，则可得到 μ_r。这个修正的数值称为该参数的无偏估计量，然后应用它作为参数估计值。于是得到修正后的参数计算式为

$$\bar{x} = \frac{1}{n}\sum_{i=1}^{n} x_i \tag{4-40}$$

$$\sigma = \sqrt{\frac{\sum_{i=1}^{n}(x_i - \bar{x})^2}{n-1}} \tag{4-41}$$

$$C_V = \sqrt{\frac{\sum_{i=1}^{n}(K_i - 1)^2}{n-1}} \tag{4-42}$$

$$C_S \approx \frac{\sum_{i=1}^{n}(K_i - 1)^3}{(n-3)C_V^3} \tag{4-43}$$

水文计算上习惯称上述公式为无偏估值公式，并用它们估算总体参数，作为适线法的参考数值。

必须指出，用上述无偏估值公式算出来的参数作为总体参数的估计时，只能说有很多个同容量的样本资料，用上述公式计算出来的统计参数的均值可望等于相应总体参数。而样本只是总体的一部分，对某一个具体样本，计算出的参数可能大于总体参数，也可能小于总体参数，两者存在误差。因此，用有限的样本资料算出来的统计参数，去估计总体的统计参数总会出现

一定的误差。这种误差是由于从总体中随机抽取的样本与总体有差异而引起的，与计算误差不同，称为抽样误差。为叙述方便，下面以样本平均数为例说明抽样误差的概念和估算方法。

样本平均数 $\bar{x}$ 是一种随机变量。既然它是一种随机变量，就具有一定的概率分布，称此分布为样本平均数的抽样分布。抽样分布愈分散，抽样误差愈大，反之亦然。对某个特定样本的平均数而言，它对总体平均数 $\bar{x}_{总}$ 的离差便是该样本平均数的抽样误差。对于容量相同的各个样本，其平均值的抽样误差当然是不同的。由于 $\bar{x}_{总}$ 是未知的，故对某一特定的样本，其样本平均值的抽样误差无法准确求得，只能在概率意义下作出某种估计。样本平均值的抽样误差与其抽样分布密切相关，其大小可以用表征抽样分布离散程度的均方差 $\sigma_{\bar{x}}$ 这个指标来度量。为了着重说明度量的是误差，一般将 $\sigma_{\bar{x}}$ 改称样本平均值的均方误。据中心极限定理，当样本容量较大时，样本平均数的抽样分布趋近于正态分布。这样，便有下列关系：

$$P(\bar{x}-\sigma_{\bar{x}}\leqslant\bar{x}_{总}\leqslant\bar{x}+\sigma_{\bar{x}})=68.3\%$$

$$P(\bar{x}-3\sigma_{\bar{x}}\leqslant\bar{x}_{总}\leqslant\bar{x}+3\sigma_{\bar{x}})=99.7\%$$

也就是说，如果随机抽取一个样本，以此样本的均值作为总体均值的估计值，则有 68.3% 的可能性其误差不超过 $\sigma_{\bar{x}}$，有 99.7% 的可能性其误差不超过 $3\sigma_{\bar{x}}$。

以上对样本平均数抽样误差的讨论，其基本原则完全适用于其他样本参数。抽样误差大小由均方误来衡量，根据数理统计理论，可推导出各参数均方误的公式。计算均方误的公式与总体分布有关，对于 P-Ⅲ型分布且用矩法估算参数时，用 $\sigma_{\bar{x}}$、σ_{σ}、σ_{C_V}、σ_{C_S} 分别代表 $\bar{x}$、σ、C_V 和 C_S 样本参数的均方误，则它们的计算公式为

$$\left.\begin{aligned}
\sigma_{\bar{x}}&=\frac{\sigma}{\sqrt{n}}\\
\sigma_{\sigma}&=\frac{\sigma}{\sqrt{2n}}\sqrt{1+\frac{3}{4}C_S^2}\\
\sigma_{C_V}&=\frac{C_V}{\sqrt{2n}}\sqrt{1+2C_V^2+\frac{3}{4}C_S^2-2C_VC_S}\\
\sigma_{C_S}&=\sqrt{\frac{6}{n}\left(1+\frac{3}{2}C_S^2+\frac{5}{16}C_S^2\right)}
\end{aligned}\right\}\tag{4-44}$$

由式(4-44)可见，样本统计参数的抽样误差随样本均方差 σ、变差系数 C_V 及偏态系数 C_S 的增大而增大，随样本容量 n 的增大而减小。因此一般来讲，样本系列愈长，抽样误差愈小，样本对总体的代表性就愈好；样本系列愈短，抽样误差愈大，样本对总体的代表性也就愈差。这就是在水文计算中总是想方设法取得较长水文系列的原因。需要指出，式(4-44)只是表示许多容量相同的样本误差的平均情况，它是不能用来计算某一具体样本的抽样误差的。至于某个具体样本的误差，可能大于这些误差，也可能小于这些误差，实际误差的大小要由样本对总体的代表性高低确定。

通过计算验证可知，$\bar{x}$ 及 C_V 的误差较小，而 C_S 的误差太大，难以应用于实际工作中。经验表明，矩法估算参数，除了有抽样误差外，还具有系统误差(一般小于总体的统计参数值)。因此，在水文分析计算中，通常不直接使用矩法估算参数，而是以矩法公式计算的参数作为初选参数值，然后经过适线法来确定。

2）三点法

P-Ⅲ型频率曲线具有 3 个待定的统计参数 $\bar{x}$、C_V 和 C_S。从数学的角度来说，一条曲线的

3个未知参数可用任何可能选取的3个条件来建立3个联立方程式，然后解出它们的数值。

将经验频率点据绘在频率格纸上，通过点群中心目估一条光滑的经验频率曲线，假定它近似代表P-Ⅲ型频率曲线。在该曲线上任取3点，其坐标分别为(P_1, x_{P_1})、(P_2, x_{P_2})和(P_3, x_{P_3})。对于P-Ⅲ型频率曲线，由式(4-33)则得

$$x_P = \bar{x}(1 + C_V \Phi) = \bar{x} + \sigma\Phi$$

式中：Φ为P及C_S的函数，即$\Phi = \Phi(P, C_S)$。

把所取3点代入上式，得联立方程组：

$$\left.\begin{aligned} x_{P_1} &= \bar{x} + \sigma\Phi(P_1, C_S) \\ x_{P_2} &= \bar{x} + \sigma\Phi(P_2, C_S) \\ x_{P_3} &= \bar{x} + \sigma\Phi(P_3, C_S) \end{aligned}\right\} \tag{4-45}$$

解联立方程组(式(4-45))，消去均方差σ，可得

$$\frac{x_{P_1} + x_{P_3} - 2x_{P_2}}{x_{P_1} - x_{P_3}} = \frac{\Phi(P_1, C_S) + \Phi(P_3, C_S) - 2\Phi(P_2, C_S)}{\Phi(P_1, C_S) - \Phi(P_3, C_S)} \tag{4-46}$$

令

$$S = \frac{x_{P_1} + x_{P_3} - 2x_{P_2}}{x_{P_1} - x_{P_3}} \tag{4-47}$$

称S为偏度系数，当P_1、P_2、P_3已取定时，偏度系数S仅是C_S的函数。S与C_S的关系已根据离均系数Φ值预先制成，见附录C。当用式(4-47)计算出S后，就可从附录C中查出相应的C_S值。统计参数就可用下面的公式计算：

$$\sigma = \frac{x_{P_1} - x_{P_3}}{\Phi(P_1, C_S) - \Phi(P_3, C_S)} \tag{4-48}$$

及

$$\bar{x} = x_{P_2} - \sigma\Phi(P_2, C_S) \tag{4-49}$$

其中，离均系数$\Phi(P_1, C_S) - \Phi(P_3, C_S)$和$\Phi(P_2, C_S)$，可由已知的$C_S$查附录D得到，由式(4-48)和式(4-49)可求得σ、$\bar{x}$，进一步可计算出$C_V = \sigma/\bar{x}$。

式(4-47)、式(4-48)和式(4-49)就是应用三点法计算参数的基本公式。在实际工作中选取曲线上3个点时，P_2一般都取50%；P_1和P_3则取对称值，即符合$P_1 + P_3 = 100\%$，例如：取$P_1 = 5\%$，$P_3 = 95\%$；$P_1 = 3\%$，$P_3 = 97\%$；$P_1 = 10\%$，$P_3 = 90\%$等。附录C和附录D中列出了四种P_1及P_3(P_2固定为50%)的值。如果系列项数$n \approx 10$，可取$P_1 = 10\%$，$P_2 = 50\%$，$P_3 = 90\%$；如果$n \approx 20$，可取$P_1 = 5\%$，$P_2 = 50\%$，$P_3 = 95\%$；如果n约为30及100，可分别取$P_1 = 3\%$，$P_2 = 50\%$，$P_3 = 97\%$及$P_1 = 1\%$，$P_2 = 50\%$，$P_3 = 99\%$。

【例4-6】　资料同例4-4，选用某站有代表性的实测年降雨量资料24年，如表4-4中第①、②栏，试用矩法和三点法计算该样本系列的统计参数。

解　1. 用矩法计算

(1) 将系列由大到小重新排列，列入表4-4中第③、④栏。

(2) 采用式(4-40)计算系列的多年平均降雨量：

$$\bar{x} = \frac{1}{n}\sum_{i=1}^{n} x_i = \frac{1}{24} \times 13703\ \text{mm} = 571\ \text{mm}$$

(3) 计算各项的模比系数 $K_i=\frac{x_i}{\overline{x}}$，列入表 4-4 中第⑤栏，其总和应等于 n。

(4) 计算各项的(K_i-1)，列入表 4-4 中第⑥栏，其总和应等于 0。

(5) 计算各项的$(K_i-1)^2$，列入表 4-4 中第⑦栏，利用式(4-42)可求得变差系数：

$$C_V=\sqrt{\frac{\sum_{i=1}^{n}(K_i-1)^2}{n-1}}=\sqrt{\frac{0.956}{24-1}}=0.20$$

(6) 计算各项的$(K_i-1)^3$，列入表 4-4 中第⑧栏，利用式(4-43)可求得偏态系数：

$$C_S\approx\frac{\sum_{i=1}^{n}(K_i-1)^3}{(n-3)C_V^3}=\frac{0.0737}{(24-3)\times 0.20^3}=0.44$$

2. 用三点法计算

(1) 按照例 4-4 的方法绘制该站年降雨量的经验频率曲线，如图 4-4 中虚线所示。从经验频率曲线上读取 3 点，$x_{5\%}=813$ mm、$x_{50\%}=549$ mm、$x_{95\%}=368$ mm，按式(4-47)计算偏度系数 S：

$$S=\frac{x_{P_1}+x_{P_3}-2x_{P_2}}{x_{P_1}-x_{P_3}}=\frac{813+368-2\times 549}{813-368}=0.1865$$

(2) 查附录 C，当 $P_1=5\%$，$P_2=50\%$，$P_3=95\%$ 及 $S=0.1865$ 时，有

$$C_S=0.68$$

(3) 由 $C_S=0.68$ 查附录 D 得 $\Phi_{50\%}=-0.113$，$\Phi_{5\%}-\Phi_{95\%}=3.249$，利用式(4-48)和式(4-49)，可得

$$\sigma=\frac{x_{P_1}-x_{P_3}}{\Phi(P_1,C_S)-\Phi(P_3,C_S)}=\frac{813-368}{3.249}\text{ mm}=137\text{ mm}$$

$$\overline{x}=x_{P_2}-\sigma\Phi(P_2,C_S)=[549-137\times(-0.113)]\text{ mm}=564.5\text{ mm}$$

$$C_V=\sigma/\overline{x}=137/564.5=0.24$$

$$C_S=0.68=2.8C_V$$

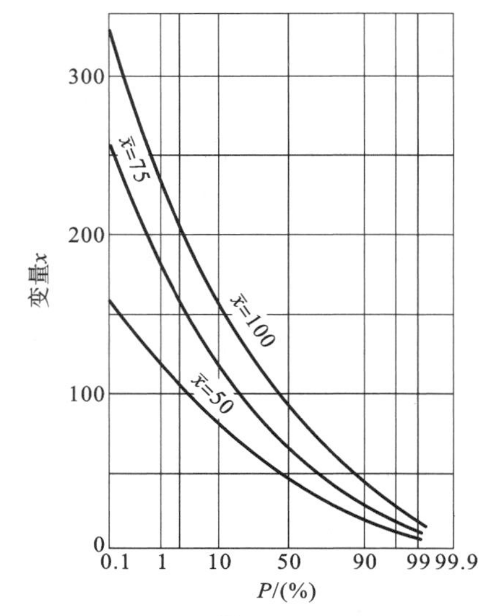

图 4-5　均值 $\overline{x}$ 对频率曲线的影响

3. 统计参数对频率曲线的影响

为了避免适线时调整参数的盲目性，必须了解统计参数对频率曲线的影响。假设水文变量总体服从 P-Ⅲ型分布，现在讨论 $\overline{x}$、C_V 和 C_S 对频率曲线的影响。

(1) 均值 $\overline{x}$ 对频率曲线的影响。当 P-Ⅲ型频率曲线的 2 个参数 C_V 和 C_S 不变时，由于均值 $\overline{x}$ 的不同，故频率曲线发生很大的变化，如图 4-5 所示。由图 4-5 可见，C_V 和 C_S 相同时，均值不同，频率曲线的位置也就不同，均值大的频率曲线位于均值小的频率曲线之上；均值大的频率曲线比均值小的频率曲线陡。

(2) 变差系数 C_V 对频率曲线的影响。为了消除均值的影响，以模比系数 K 为变量绘制频率曲线，如图4-6所示(图中 $C_S=1.0$)。$C_V=0$ 时，随机变量的取值都等

于均值，此时频率曲线即为 $K=1$ 的一条水平线。C_V 越大，随机变量相对于均值越离散，因而频率曲线将越偏离 $K=1$ 的水平线。随着 C_V 的增大，频率曲线的偏离程度也随之增大，曲线显得越来越陡。

(3) 偏态系数 C_S 对频率曲线的影响。偏态系数 C_S 主要影响频率曲线的弯曲程度。图4-7所示的为 $C_V=0.1$ 时种种不同的 C_S 对频率曲线的影响情况。从图4-7中可以看出，正偏情况下，C_S 愈大，均值(即图中 $K=1$)对应的频率愈小，频率曲线的中部愈向左偏，且上段愈陡，下段愈平缓，曲线变弯，即两端部上翘，中间下凹。$C_S=0$ 时，曲线变成一条直线。

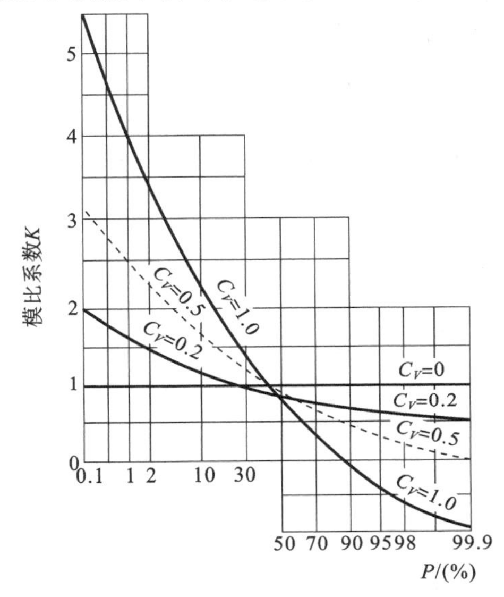

图4-6　变差系数 C_V 对频率曲线的影响

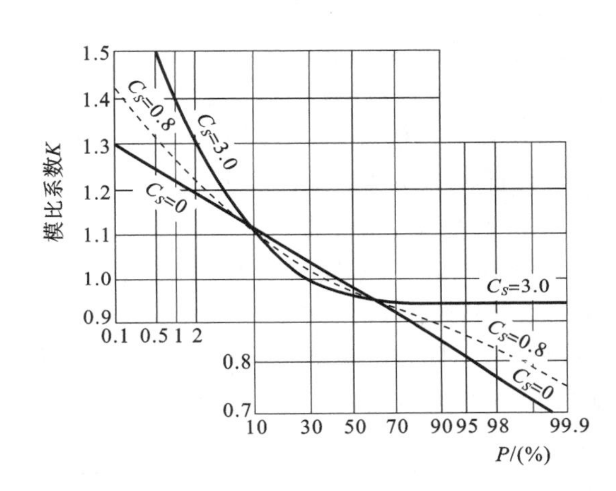

图4-7　偏态系数 C_S 对频率曲线的影响

任务4　频 率 计 算

适线法(或称配线法)是以经验频率点据为基础，在一定的适线准则下，求解与经验点据拟合最优的频率曲线参数的方法。为了借助于理论频率曲线对经验频率曲线进行延长，求得稀遇洪水或枯水水文特征值的频率分布，需要找到一条和水文变量经验频率点据拟合比较好的理论频率曲线，即该曲线在实测资料范围内表示出的统计规律和实测资料是一致的，且认为该理论频率曲线能够表示水文变量总体的统计规律，这就是适线法的基本思路。适线法是我国估计水文频率曲线统计参数的主要方法，包括两大类，即目估适线法和优化适线法。

1. 目估适线法

目估适线法是以经验频率点据为基础，给它们选配一条拟合较好的理论频率曲线，并以此来估计水文要素总体的统计规律的方法。具体步骤如下：

(1) 将实测资料由大到小排列，计算各项的经验频率，在频率格纸上点绘经验点据(纵坐标为变量的取值，横坐标为对应的经验频率)。

(2) 选定水文频率分布线型(一般选用P-Ⅲ型分布)。

(3) 先采用矩法或三点法估计出频率曲线参数的初估值 $\overline{x}$、C_V，而 C_S 凭经验初选为 C_V 的倍数。

(4) 根据拟定的 $\bar{x}$、C_V 和 C_S，查附录 A 或附录 B，计算 x_P 值。以 x_P 为纵坐标，P 为横坐标，即可得到频率曲线。将此线画在绘有经验点据的图上，查看与经验点据配合的情况。若不理想，则可通过调整参数(主要调整 C_V 和 C_S)，再次进行计算，重新适线。

(5) 根据频率曲线与经验点据的配合情况，从中选出一条与经验点据配合较好的曲线作为采用曲线，相应于该曲线的参数便看做是总体参数的估值。

(6) 求指定频率的水文变量设计值。

【例 4-7】 资料同例 4-4 和例 4-6，选用某站有代表性的实测年降雨量资料 24 年，如表 4-4 中第①、②栏，试用目估适线法求该站年降雨量的理论频率曲线，并推求十年一遇的设计年降雨量。

解 (1) 点绘经验频率点据。将系列由大到小重新排列，列入表 4-4 中第③、④栏。由式(4-28)计算各项的经验频率，列入表 4-4 中第⑨栏，并将第④栏和第⑨栏相对应的数值(经验频率点据)点绘在频率格纸上(见图 4-4)。

(2) 按无偏估值公式计算统计参数。利用例 4-6 矩法计算的结果，得到 $\bar{x}=571$ mm。$C_V=0.20$，以此作为初选的统计参数。

(3) 选配理论频率曲线。选定 $\bar{x}=571$ mm，$C_V=0.20$，并假定 $C_S=2C_V$，利用附录 B 查 K_P 值，得出相应于不同频率 P 的 K_P 值，列入表 4-5 中第②栏，K_P 乘以 $\bar{x}$ 得出相应的 x_P 值，列入表 4-5 中第③栏。将表 4-5 中第①、③两栏的对应数值点绘在频率格纸上，如图 4-4 中的②线所示，发现理论频率曲线的中段与经验频率点据配合较好，但头部明显偏离于经验频率点据之下，尾部明显偏离于经验频率点据之上，主要原因是 C_V 偏小。

表 4-5　理论频率曲线选配计算表

频率	第一次适线		第二次适线		第三次适线	
	$\bar{x}=571$ mm，$C_V=0.20$，$C_S=2C_V$		$\bar{x}=571$ mm，$C_V=0.23$，$C_S=2C_V$		$\bar{x}=571$ mm，$C_V=0.23$，$C_S=2.5C_V$	
	K_P	x_P/mm	K_P	x_P/mm	K_P	x_P/mm
①	②	③	④	⑤	⑥	⑦
1	1.52	868	1.61	919	1.63	931
2	1.45	828	1.53	874	1.54	879
5	1.35	771	1.41	805	1.41	805
10	1.26	719	1.30	742	1.31	748
20	1.16	662	1.19	679	1.18	674
50	0.99	565	0.98	560	0.98	560
75	0.86	491	0.84	480	0.84	480
90	0.75	428	0.72	411	0.73	417
95	0.70	400	0.66	377	0.66	377

改变参数，重新适线。均值保持不变，将 C_V 稍微调大一些。选定 $C_V=0.23$，$C_S=2C_V$，再查附录 B 求出各 K_P 值，计算出各 x_P 值，将 K_P、x_P 列入表 4-5 中第④、⑤栏。根据第①、⑤栏中的对应数值再次点绘理论频率曲线，发现与经验频率点据配合仍不理想。

再次改变参数，进行第三次适线。均值保持不变，选定 $C_V=0.23$，$C_S=2.5C_V$，再查 K_P 值表，计算 x_P 值，将 K_P、x_P 列入表 4-5 中第⑥、⑦栏。根据第①、⑦栏中的对应数值绘出理论频率曲线，如图 4-4 中的③线所示，可见该线与经验频率点据配合较好，即可作为最后采用的理论频率曲线。

(4) 推求十年一遇的设计年降雨量。由图 4-4 或表 4-5 查得 $P=10\%$对应的设计年降雨量为 748 mm。

适线法得到的结果仍具有抽样误差，而这种误差目前还难以精确估算。因此对于工程上最终采用的频率曲线及其相应的统计参数，不仅要从水文统计方面进行分析，还要密切结合水文现象的物理成因及地区分布规律进行综合分析。

目估适线法简单灵活，并能反映设计人员的经验，常可照顾到主要实测点和精度较高的点。但该法缺乏客观标准，适线成果在一定程度上受到人为因素的影响，任意性较大，常常因人而异，试凑统计参数也比较麻烦。

2. 优化适线法

优化适线法是在一定的适线准则(即目标函数)下，求解与经验点据拟合最优的频率曲线及相应统计参数的方法。随着计算机的推广普及，采用一定准则的优化适线法已被许多设计单位所使用。适线准则分为三种：离差平方和准则(也称最小二乘估计法)、离差绝对值和准则、相对离差平方和准则。关于这方面的详细内容可参阅有关文献。

任务 5　相 关 分 析

模块 1　相关关系的概念

1. 相关的意义与应用

自然界中有许多现象并不是各自独立的，而是相互之间有着一定联系的，不过这种联系有的很密切，有的不太密切。例如，气温与蒸发、降雨与径流、水位与流量都是有联系的。又如，数条支流汇合后的流量是与各个支流的流量有联系的。

实际上，自然界中的各种现象(变量)，其出现过程要受到许多因素的影响。例如，径流的形成与降雨量大小、降雨强度、降雨分布、蒸发、渗漏、植被覆盖和地形等许多因素有关，而这些有关因素往往无法一一辨明清楚。不过，从多次实践中可以发现径流主要受降雨的影响。因此抓住其中最重要的或权重很大的因素研究，而把次要的或权重较小的因素略去，这样就容易求出主要变量之间的关系。按数理统计法建立上述两个或多个随机变量之间的联系，称为近似关系或相关关系。将对这种关系的分析和建立称为相关分析。

水文分析计算中，当两个水文变量系列存在着一定的物理联系，同时又有一段时间的同期观测资料时，可分析两个水文变量之间的相关关系，并借助相关关系由较长的水文系列插补和展延较短的水文系列。例如，某雨量站建站 50 年以来短缺 6 年资料，而相邻站有完整的资料记录，通过相关分析可以用相邻站的雨量资料把本站短缺 6 年的雨量资料插补出来。又如，某河仅有短期的径流量记录，但流域的降雨记录较长，因此可以对降雨与径流进行相关分析，把缺测期的径流量补算出来。展延、插补水文变量系列是相关分析在水文分析计算中的主要用途。但是在进行相关分析时，必须先分析各变量之间是否确有联系。不能把毫无关系的变量仅凭其数字上的偶然巧合，而硬凑出它们的关系，这是没有意义的。

2. 相关的种类

根据变量之间相互关系的密切程度，变量之间的关系有以下三种情况。

(1) 完全相关(函数关系)。两变量 x 与 y 之间，如果每给定一个 x 值，就有一个完全确定的 y 值与之对应，则这两个变量之间的关系就是完全相关(或称函数相关)的。完全相关的形式有直线关系和曲线关系两种，如图 4-8 所示，相关点完全落在直线或曲线上。

(2) 零相关(没有关系)。两变量之间毫无联系，或某一现象(变量)的变化不影响另一现象(变量)的变化，这种关系则称为零相关或没有关系，如图 4-9 所示。

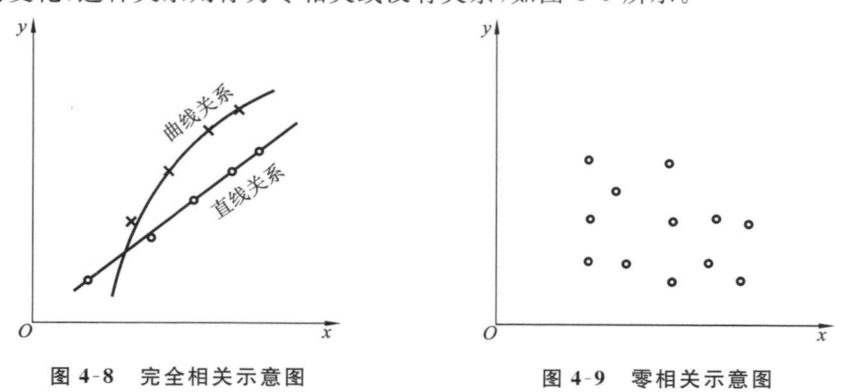

图 4-8　完全相关示意图　　图 4-9　零相关示意图

(3) 相关关系。若两个变量之间的关系界于完全相关和零相关之间，则称为相关关系或统计相关。如果把对应数值点绘在方格纸上，则能发现这些点有某种明显的趋势，通过点群中心可以配出直线或曲线来，如图 4-10 所示。

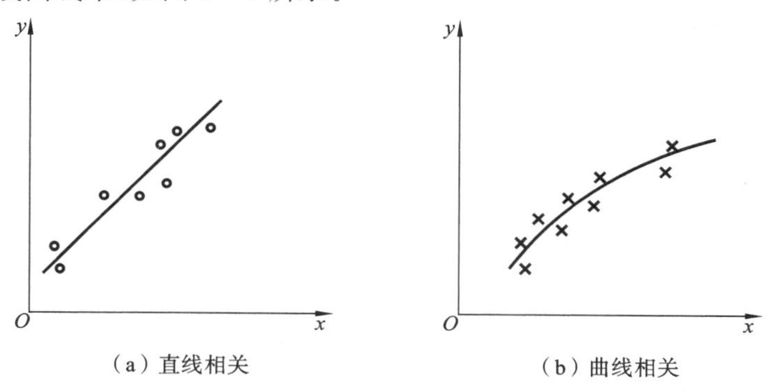

(a) 直线相关　　(b) 曲线相关

图 4-10　相关关系示意图

当只研究两个变量的相关关系时，称为简相关；当研究三个或三个以上变量的相关关系时，则称为复相关。在相关的形式上，相关关系又可分为直线相关和非直线相关。

3. 相关分析的内容

由于水文现象中相关变量之间不存在确定性的关系，因此可以用数理统计方法，对于大量的物理成因方面确实有联系的观测数据，分析它们之间的相关关系，从而有助于进一步了解它们内部之间联系的规律性。相关分析的内容一般包括三个方面。

(1) 判定变量间是否存在相关关系，若存在，就建立它们之间的相关关系的方程式并计算其相关系数，以判断相关的密切程度。

(2) 根据自变量的值，预报或延长、插补倚变量的值，并对该估值进行误差分析。

(3) 进行因素分析。在共同影响一个变量的许多因素中,确定哪些是主要因素,哪些是次要因素,并找出这些因素间的关系。

模块2　简单直线相关

设 x_i、y_i 代表两同步系列的观测值,共有 n 对,以自变量 x_i 为横坐标值,以倚变量 y_i 为纵坐标值,把它们的对应值点绘于方格纸上,得到很多相关点。如果相关点的平均趋势近似直线,则判定为简单直线相关,如图4-11所示,可以用图解法或计算法求出两个变量的直线方程式:

$$y=a+bx \tag{4-50}$$

式中:x 为自变量;y 为倚变量;a、b 为待定常数,a 表示直线在纵轴上的截距,b 表示直线的斜率。

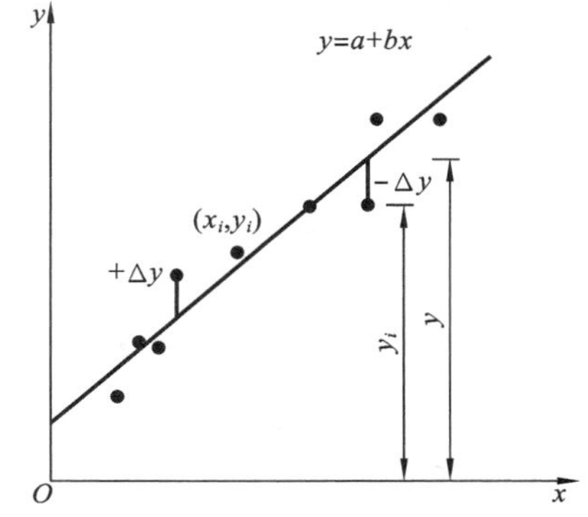

图4-11　简单直线相关示意图

1. 相关图解法

先目估,通过点群中心,以($\bar{x}$,$\bar{y}$)为控制,绘出相关直线,然后在图上量出直线的斜率 b,直线在纵轴上的截距 a,则直线方程式 $y=a+bx$ 即为所求的相关方程。该法简单实用,一般情况下精度尚可,但目估定线有一定的任意性,且缺乏一个定量的指标来判断两个变量间的密切程度。

【例4-8】 某设计雨量站有13年(1970—1982年)实测年降雨量资料,同地区有一邻近雨量站(称参证站)实测年降雨量资料系列较长(1950—1982年)。两站同步观测资料系列1970—1982年降雨量资料分别列入表4-6中第①、②、③栏。试用相关图解法建立相关直线方程,并将设计站年降雨量资料系列延长。

表4-6　某设计站和参证站年降雨量相关计算表

年份	参证站 x/mm	设计站 y/mm	K_{x_i}	K_{y_i}	$K_{x_i}-1$	$K_{y_i}-1$	$(K_{x_i}-1)^2$	$(K_{y_i}-1)^2$	$(K_{x_i}-1)(K_{y_i}-1)$
①	②	③	④	⑤	⑥	⑦	⑧	⑨	⑩
1970	663	728	1.19	1.17	0.19	0.17	0.036	0.029	0.032
1971	556	596	1.00	0.96	0.00	−0.04	0.000	0.002	0.000
1972	526	599	0.94	0.97	−0.06	−0.03	0.004	0.001	0.002
1973	548	610	0.98	0.98	−0.02	−0.02	0.000	0.000	0.000
1974	627	773	1.12	1.24	0.12	0.24	0.014	0.058	0.029
1975	672	847	1.20	1.36	0.20	0.36	0.040	0.130	0.072
1976	514	496	0.92	0.80	−0.08	−0.20	0.006	0.040	0.016
1977	346	412	0.62	0.66	−0.38	−0.34	0.144	0.116	0.129
1978	530	652	0.95	1.05	−0.05	0.05	0.003	0.003	−0.003
1979	491	560	0.88	0.90	−0.12	−0.10	0.014	0.010	0.012
1980	512	535	0.92	0.86	−0.08	−0.14	0.006	0.020	0.011
1981	726	717	1.30	1.15	0.30	0.15	0.090	0.023	0.045
1982	545	560	0.98	0.90	−0.02	−0.10	0.000	0.010	0.002
$\sum$	7256	8085	13	13	0	0	0.357	0.442	0.347

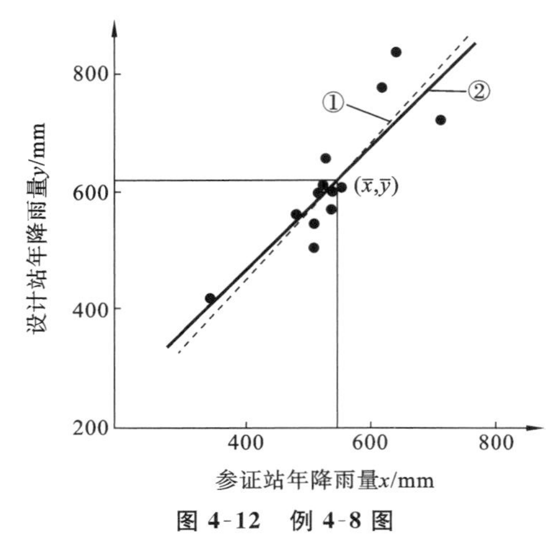

图 4-12 例 4-8 图

解 (1) 点绘相关图。将设计站年降雨量用 y 表示，参证站年降雨量用 x 表示。以 y 为纵坐标，x 为横坐标，将表 4-6 中第②、③栏同步系列对应的数值点绘在普通格纸上，如图 4-12 所示，共得到 13 个相关点。由表 4-6 中第②、③栏总和分别计算 x、y 系列的均值：

$$\bar{x}=\frac{1}{n}\sum_{i=1}^{n}x_i=\frac{1}{13}\times 7256\ \text{mm}=558\ \text{mm}$$

$$\bar{y}=\frac{1}{n}\sum_{i=1}^{n}y_i=\frac{1}{13}\times 8085\ \text{mm}=622\ \text{mm}$$

(2) 绘制相关直线。根据相关点的分布趋势，过点群中心并以均值点(558,622)为控制定出一条直线，如图 4-12 中线①所示。

(3) 建立直线方程。根据所绘直线，在图 4-12 上查算出参数 $a=8$，$b=1.10$，则直线方程式为

$$y=1.10x+8$$

(4) 延长设计站年降雨量资料系列。将参证站 1950—1969 年的年降雨量值 x_i 分别代入直线方程，可求出相应的设计站年降雨量 y_i，如表 4-7 所示。

表 4-7 设计站年降雨量展延成果表 单位：mm

年 份	参证站 x_i	设计站 y_i	年 份	参证站 x_i	设计站 y_i
1950	632	703	1960	492	549
1951	570	635	1961	544	606
1952	578	644	1962	583	649
1953	621	691	1963	555	619
1954	526	587	1964	627	698
1955	683	759	1965	636	708
1956	540	602	1966	702	780
1957	475	531	1967	693	770
1958	666	741	1968	568	633
1959	598	666	1969	609	678

2. 相关计算法

为避免相关图解法在定线上的任意性，常采用相关计算法来确定相关线的方程，待定常数由观测点与直线拟合最佳，通过最小二乘法进行估计。

由图 4-11 可以看出，要使所定直线与实测点最佳拟合，需满足各点距直线纵向离差的平方和最小，即使得

$$\sum_{i=1}^{n}(\Delta y_i)^2=\sum_{i=1}^{n}(y_i-\hat{y}_i)^2=\sum_{i=1}^{n}(y_i-a-bx_i)^2 \tag{4-51}$$

取极小值。

为了使式(4-51)取得极小值，可分别对 a 和 b 求一阶偏导数，并令其等于零，即

$$\left.\begin{aligned}\frac{\partial\sum_{i=1}^{n}(y_i-a-bx_i)^2}{\partial a}=0\\ \frac{\partial\sum_{i=1}^{n}(y_i-a-bx_i)^2}{\partial b}=0\end{aligned}\right\}\tag{4-52}$$

联立求解以上两个方程式，最后得到如下形式的相关直线方程：

$$y-\bar{y}=r\frac{\sigma_y}{\sigma_x}(x-\bar{x})\tag{4-53}$$

式中：σ_x、σ_y 分别为 x、y 系列的均方差；$\bar{x}$、$\bar{y}$ 分别为 x、y 系列的均值；r 为相关系数，表示 x、y 两系列间的密切程度，其计算式为

$$r=\frac{\sum_{i=1}^{n}(x_i-\bar{x})(y_i-\bar{y})}{\sqrt{\sum_{i=1}^{n}(x_i-\bar{x})^2\sum_{i=1}^{n}(y_i-\bar{y})^2}}=\frac{\sum_{i=1}^{n}(K_{x_i}-1)(K_{y_i}-1)}{\sqrt{\sum_{i=1}^{n}(K_{x_i}-1)^2\sum_{i=1}^{n}(K_{y_i}-1)^2}}\tag{4-54}$$

在水文统计中相关直线也称为回归线，所以式(4-53)又称为 y 倚 x 的回归方程，通过此方程式可以由自变量 x 来估计 y。直线斜率 $r\frac{\sigma_y}{\sigma_x}$ 称为 y 倚 x 的回归系数，记为 $R_{y/x}$。若以 y 求 x，则要应用 x 倚 y 的回归方程。同样，可以求得 x 倚 y 的回归方程式为

$$x-\bar{x}=r\frac{\sigma_x}{\sigma_y}(y-\bar{y})\tag{4-55}$$

式中：$r\frac{\sigma_x}{\sigma_y}$ 称为 x 倚 y 的回归系数，记为 $R_{x/y}$。

一般 y 倚 x 与 x 倚 y 的两回归线并不重合，但有一个公共交点($\bar{x}$,$\bar{y}$)。

3. 相关分析的误差

(1) 回归线的误差。回归线仅是观测点据的最佳配合线，通常观测点据并不完全落在回归线上，而是散布在回归线的两旁。因此，回归线只反映两个变量间的平均关系。按此关系推求的估计值和实际值之间存在着误差，误差大小一般采用均方误来表示。如用 S_y 表示 y 倚 x 回归线的均方误，y_i 为观测值，$\hat{y}_i$ 为回归线上的对应值，n 为系列项数，则

$$S_y=\sqrt{\frac{\sum_{i=1}^{n}(y_i-\hat{y}_i)^2}{n-2}}\tag{4-56}$$

同样，x 倚 y 回归线的均方误 S_x 为

$$S_x=\sqrt{\frac{\sum_{i=1}^{n}(x_i-\hat{x}_i)^2}{n-2}}\tag{4-57}$$

回归线的均方误 S_y 与变量的均方差 σ_y 从性质上讲是不同的。前者是由观测点与回归线的离差求得的，后者则是由观测值与它的均值之间的离差求得的。根据统计学原理，可以证明

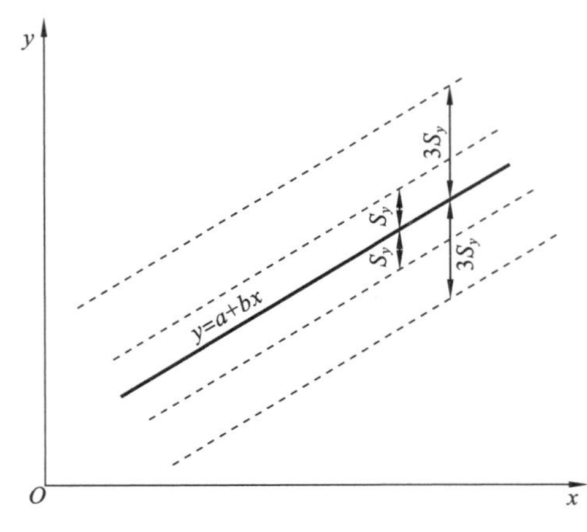

图 4-13　y 倚 x 的回归线的误差范围

两者具有下列关系：

$$S_y=\sigma_y\sqrt{1-r^2} \tag{4-58}$$

$$S_x=\sigma_x\sqrt{1-r^2} \tag{4-59}$$

由回归方程式算出的 $\hat{y}_i$ 值，仅仅是许多 y_i 的一个最佳拟合或平均趋势值。按照误差原理，这些可能的取值 y_i 落在一个均方误范围内的概率为 68.3%，落在三个均方误范围内的概率为 99.7%，如图 4-13 所示。

必须指出，在讨论上述误差时，没有考虑样本的抽样误差。事实上，只要用样本资料估计回归方程中的参数，抽样误差就必然存在。可以证明，这种抽样误差在回归线的中段较小，而在上下段较大。

(2) 相关系数及其误差。相关系数是反映两个变量 r 之间关系密切程度的指标。式(4-58)和式(4-59)给出了 S 与 σ、r 的关系，由此可知 $r^2\leqslant 1$，且有：

① 若 $r^2=1$，说明所有观测点都落在回归线上，均方误 S_y 或 S_x 等于 0，两个变量间具有函数关系，即完全相关。

② 若 $r^2=0$，说明两个变量间不具有直线相关关系（零相关），则均方误达到最大值，$S_y=\sigma_y$ 或 $S_x=\sigma_x$。

③ 若 $0<r^2<1$，则介于上述两种情况之间，说明两个变量间为直线相关，其相关程度密切与否，视 r 的大小而定。$|r|$ 越大，相关程度越密切，均方误 S_y 或 S_x 的值越小。r 为正值表示正相关，r 为负值表示负相关。

相关系数 r 不是从物理成因推导出来的，而是从直线拟合点据的离差概念推导出来的。因此，$r=0$ 时，只表示两个变量间无直线相关关系，但可能存在曲线相关关系。

在相关分析中，相关系数是根据有限的实测资料（样本）计算出来的，必然会有抽样误差。一般通过相关系数的均方误 S_r 来判断样本相关系数的可靠性，按统计学原理，相关系数的均方误 σ_r 可以由下列公式计算：

$$\sigma_r=\frac{1-r^2}{\sqrt{n}} \tag{4-60}$$

而总体不相关（$r=0$）的两个变量，由于抽样原因，样本的相关系数不一定等于零。因此，在进行相关分析计算时，首先应分析论证相关变量在物理成因上有密切的内在联系，用来建立相关关系的数据不能太少，一般 n 应在 12 以上，同时要求 $|r|\geqslant 0.8$；回归线的均方误 S_y 小于 $\bar{y}$ 的 15%。在插补延长系列时，应注意回归线外延不应过长，还应避免辗转相关。

【例 4-9】　已知资料情况同例 4-8。某设计雨量站有 1970—1982 年共 13 年的实测年降雨量资料，同地区有一个邻近雨量站（称参证站）实测年降雨量资料系列为 1950—1982 年。试利用表 4-6 第②、③栏所示两站同步观测资料进行相关计算，并展延设计站年降雨量资料。

解　为了便于相关计算，按表 4-6 顺序依次计算④、⑤、⑥、⑦、⑧、⑨、⑩栏中数据，由表 4-6 的计算成果，可进一步算出以下各值。

(1) 均值：

$$\bar{x} = \frac{1}{n}\sum_{i=1}^{n} x_i = \frac{1}{13} \times 7256 \text{ mm} = 558 \text{ mm}$$

$$\bar{y} = \frac{1}{n}\sum_{i=1}^{n} y_i = \frac{1}{13} \times 8085 \text{ mm} = 622 \text{ mm}$$

（2）均方差：

$$\sigma_x = \bar{x}\sqrt{\frac{\sum_{i=1}^{n}(K_{x_i}-1)^2}{n-1}} = 558 \times \sqrt{\frac{0.357}{13-1}} \text{ mm} = 96 \text{ mm}$$

$$\sigma_y = \bar{y}\sqrt{\frac{\sum_{i=1}^{n}(K_{y_i}-1)^2}{n-1}} = 622 \times \sqrt{\frac{0.442}{13-1}} \text{ mm} = 119 \text{ mm}$$

（3）相关系数：

$$r = \frac{\sum_{i=1}^{n}(K_{x_i}-1)(K_{y_i}-1)}{\sqrt{\sum_{i=1}^{n}(K_{x_i}-1)^2\sum_{i=1}^{n}(K_{y_i}-1)^2}} = \frac{0.347}{\sqrt{0.357 \times 0.442}} = 0.87$$

（4）回归系数：

$$R_{y/x} = r\frac{\sigma_y}{\sigma_x} = 0.87 \times \frac{119}{96} = 1.078$$

（5）y 倚 x 的回归方程：

$$y = \bar{y} + R_{y/x}(x-\bar{x}) = 1.078x + 20$$

（6）回归直线的均方误：

$$S_y = \sigma_y\sqrt{1-r^2} = 119 \times \sqrt{1-0.87^2} \text{ mm} = 58.67 \text{ mm}$$

（7）相关系数的误差：

$$\sigma_r = \frac{1-r^2}{\sqrt{n}} = \frac{1-0.87^2}{\sqrt{13}} = 0.067$$

把参证站1950—1969年的年降雨量值 x_i 分别代入回归方程中，可以算出对应的设计站年降雨量 y_i，如表4-8所示，从而使设计站和参证站的年降雨量资料系列具有相同的长度。

表4-8　设计站年降雨量展延成果表　单位：mm

年　份	参证站 x_i	设计站 y_i	年　份	参证站 x_i	设计站 y_i
1950	632	701	1960	492	550
1951	570	634	1961	544	606
1952	578	643	1962	583	648
1953	621	689	1963	555	618
1954	526	587	1964	627	696
1955	683	756	1965	636	706
1956	540	602	1966	702	777
1957	475	532	1967	693	767
1958	666	738	1968	568	632
1959	598	665	1969	609	677

复习思考题

1. 何谓水文统计？它在工程水文中一般解决什么问题？

2. 两个事件之间存在什么关系？相应出现的概率为多少？

3. 概率和频率有什么区别和联系？

4. 重现期与频率有何关系？$P=90\%$的枯水年，其重现期为多少年？含义是什么？

5. 什么是总体？什么是样本？为什么能用样本的频率分布推估总体的概率分布？

6. 何谓抽样误差？如何减小抽样误差？

7. 何谓经验频率？经验频率曲线如何绘制？

8. 水文计算中常用的频率格纸的坐标是如何划分的？

9. 如何利用P-Ⅲ型频率曲线的离均系数Φ值绘制频率曲线？

10. 简述三点法的具体做法与步骤？

11. 试述统计参数$\overline{x}$、C_V、C_S的含义。其对频率曲线的影响如何？

12. 设有一水文系列：300、200、185、165、150，试用无偏估值公式计算系列的均值$\overline{x}$、均方差σ、变差系数C_V、偏态系数C_S。

13. 现行水文频率计算适线法的实质是什么？简述适线法的方法步骤。

14. 何谓相关分析？它在水文上解决哪些问题？

15. 什么是回归线的均方误？它与系列的均方差有何不同？

16. 某水文站有24年的实测年径流资料，如表4-9所示。试根据该资料用矩法初选统计参数，用适线法推求十年一遇的设计年径流量。

表4-9　某水文站实测年径流量资料

年份	1977	1978	1979	1980	1981	1982	1983	1984
年径流量/(m^3/s)	538.3	624.9	663.2	591.7	557.2	998.0	641.5	341.1
年份	1985	1986	1987	1988	1989	1990	1991	1992
年径流量/(m^3/s)	964.2	657.3	546.7	509.9	789.3	732.9	1064.5	769.2
年份	1993	1994	1995	1996	1997	1998	1999	2000
年径流量/(m^3/s)	615.5	417.1	606.7	586.7	567.4	587.6	709.0	883.5

17. 已知某流域年径流深R和年降雨量P同期系列呈直线相关，且$\overline{R}=760$ mm，$\overline{P}=1200$ mm，$\sigma_R=160$ mm，$\sigma_P=125$ mm，相关系数$r=0.90$。

(1) 试写出R倚P的相关方程。

(2) 某年年降雨量为1500 mm，求年径流深。

18. 已知某水文测站年降雨量与年径流量资料，如表4-10所示。试用图解法和分析法推求相关直线，并展延水文站年降雨量资料。

表 4-10　某水文测站年降雨量和年径流量资料

年　份	1974	1975	1976	1977	1978	1979	1980
年降雨量/mm	1100	990	870	1050	1430	1225	1200
年径流量/(m^3/s)							760
年　份	1981	1982	1983	1984	1985	1986	1987
年降雨量/mm	689	870	904	1139	725	997	853
年径流量/(m^3/s)	300	536	392	715	275	466	334
年　份	1988	1989	1990	1991	1992	1993	1994
年降雨量/mm	1311	900	707	1033	1201	1006	808
年径流量/(m^3/s)	788	541	289	688	868	534	405

项目 5　设计年径流和多年平均输沙量的分析计算

【任务目标】

了解年径流及其影响因素，枯水径流、多年平均输沙量及其影响因素；熟悉“三性”分析的内容和方法；掌握有实测资料时，设计年径流的分析计算；初步掌握缺乏实测径流资料时设计年径流量的分析计算方法。

【技能目标】

有长系列资料时，能计算设计年径流量及年内分配；会查水文手册和等值线图。

任务 1　设计年径流分析计算的目的和内容

模块 1　年径流

1. 年径流的概念

在一个年度内，通过河流某一断面的水量，称为该断面以上流域的年径流量。年径流可用年平均流量 $Q(\mathrm{m^3/s})$、年径流深 $R(\mathrm{mm})$、年径流总量 $W(\times 10^4\ \mathrm{m^3}$ 或 $\times 10^8\ \mathrm{m^3})$、年径流模数 $M(\mathrm{L/(s \cdot km^2)}$ 或 $\mathrm{m^3/(s \cdot km^2)})$ 和多年平均年径流量来表示。多年平均年径流量（年径流量的多年平均值）是一个较稳定的数值，表明某个断面以上流域地面径流的蕴藏量，它是重要的水文特征值，同时也是区域水资源的重要指标。

2. 年径流的年度表示

在年径流的统计、整编、分析与计算过程中，所涉及的年度主要有日历年（度）、水文年（度）和水利年（度）三种形式。

(1) 日历年：是一个完整的自然年度，即按阳历 1 月 1 日至 12 月 31 日。目前水文年鉴上刊印的年径流资料就是按日历年整编的。

(2) 水文年：指与水文情况相适应的一种专用年度。

水文年的开始日期有以下两种不同的划分方法：

① 选择供给河流水源自然转变的时候，即从专靠地下水源转变到地面水源增多的时候；

② 与地面水文气象相适应的时候，即选择降水量极少，地表径流接近停止的时候。

因此，每一水文年的开始日期是不同的，但为了便于整编计算起见，实际划分时仍以某一月的第一日作为年度开始日期；以某一月的最后一日作为结束日期。

目前，在实际应用时普遍采用的是以水文现象的循环周期作为 1 年，即从每年的汛期开始到第 2 年的枯水期结束为 1 个水文年度。

河流或地区水资源量的计算，常采用水文年度。

(3) 水利年：以水库的蓄泄循环周期作为 1 个年度，即从水库的蓄水开始到第 2 年水库供水结束为 1 年。

水利年的开始日期有两种划分方法：

① 以水库的蓄水期初作为水利年的开始；

② 以水库的供水期初作为水利年的开始。

每一水利年的开始日期也是不同的，实际划分时仍以某一月的第一日作为年度开始日期；以某一月的最后一日作为结束日期。

水利年在水库兴利调节计算、水能计算等水利计算中采用。

模块 2　年径流特性

通过对年径流的大量观测和研究后，可得出年径流的变化特性如下。

(1) 年径流大致具有以年为周期的汛期和非汛期（枯季）交替变化的规律。

一方面，年径流每年都会出现丰水期与枯水期或汛期与非汛期，具有周期性；另一方面，每年的枯水期与丰水期开始与结束的时间均不同，年水量有大有小，从不重复，具有随机性。年径流过程线如图 5-1(a)、图 5-1(b)、图 5-2(a)、图 5-2(b)所示。

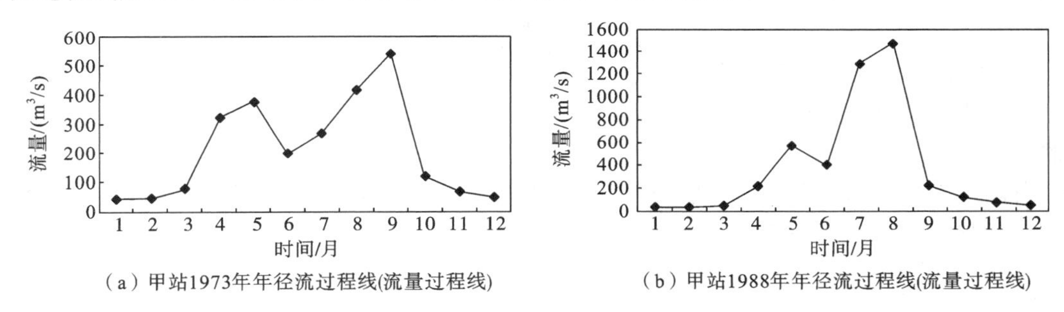

(a) 甲站1973年年径流过程线(流量过程线)　(b) 甲站1988年年径流过程线(流量过程线)

图 5-1　甲站年径流过程线

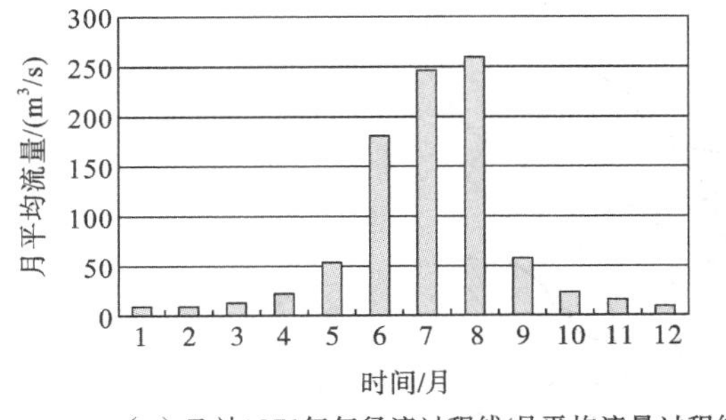

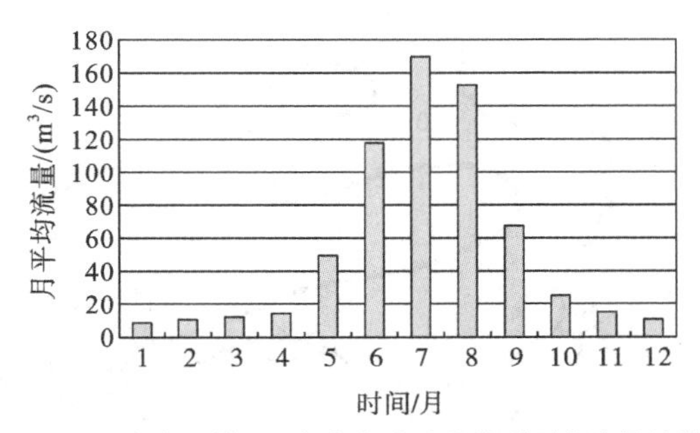

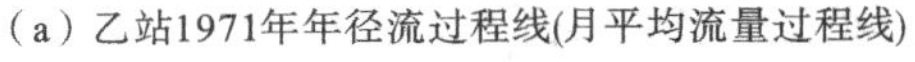

(a) 乙站1971年年径流过程线(月平均流量过程线)　(b) 乙站1995年年径流过程线(月平均流量过程线)

图 5-2　乙站年径流过程线

(2) 年径流量在年际间变化很大。

年径流在年际存在丰水年、平水年和枯水年现象，且年际变化随地区而异，北方河流年际变化大，南方河流年际变化小。

通常，把年平均流量较大的那些年份称为丰水年，年平均流量较小的那些年份称为枯水年，年平均流量接近于多年平均值的那些年份称为平水年。

年径流极值比 K（最大年径流量与最小年径流量之比）也可反映年径流年际变化幅度，长江以南河流一般 $K<5$，北方河流 K 可达 10 以上。

（3）年径流在年际间存在丰水年组、平水年组或枯水年组交替出现的现象，如图 5-3 所示。

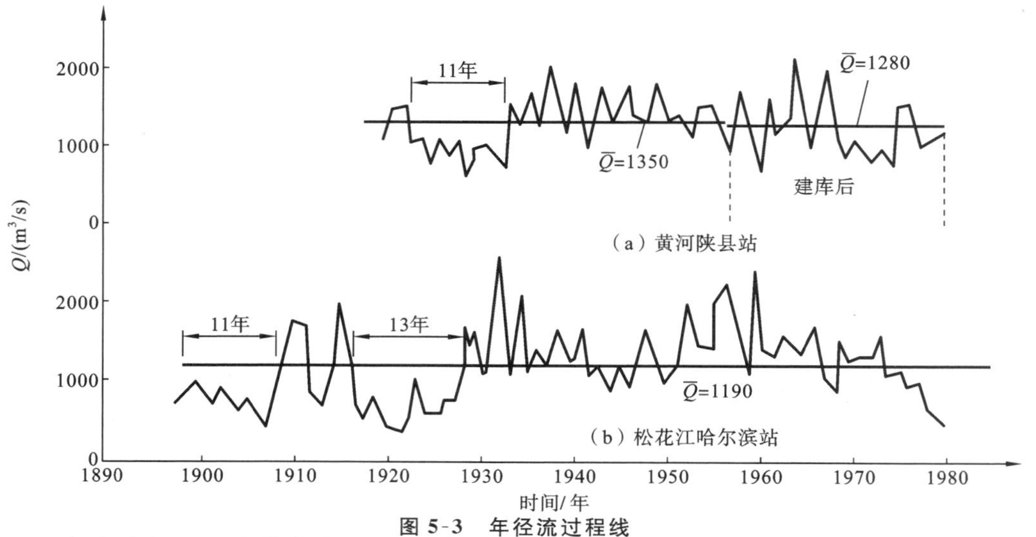

图 5-3　年径流过程线

（4）年径流的地区变化较大。

我国年径流量地区分布总趋势是，自东南向西北递减，近海的多于内陆的，山地的大于平原的。

我国绝大多数河流和地区，其年径流量主要取决于年降水量，根据我国多年平均年径流深图，全国划分 5 个带，如图 5-4 所示。

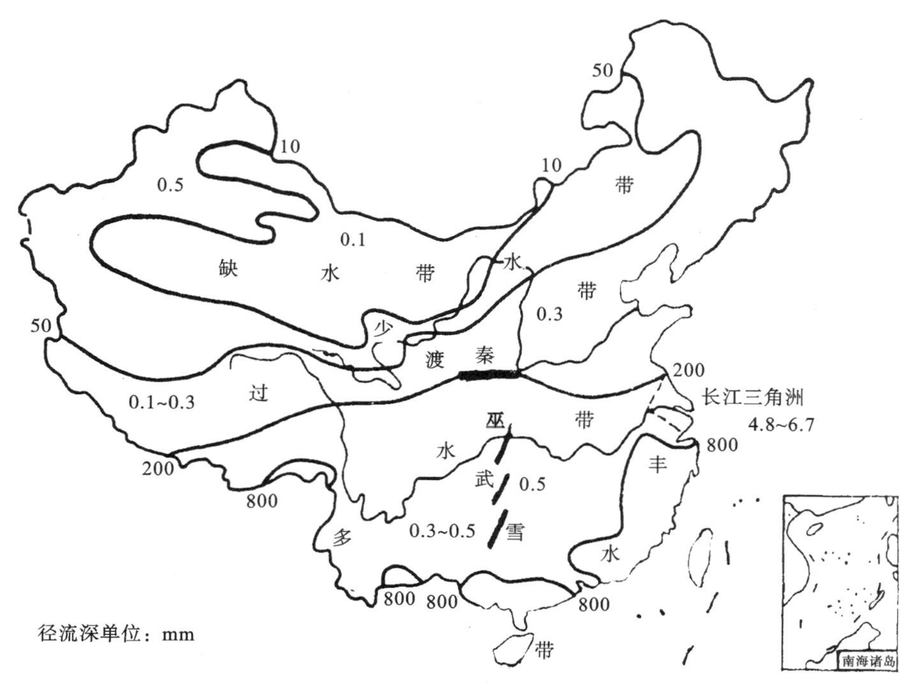

图 5-4　我国多年平均年径流深图

① 丰水带：年径流深在800 mm以上，主要分布于东南沿海以及西藏东部和云南西南部。

② 多水带：年径流深为200～800 mm，主要分布于东北东部山地，淮河至秦岭以南的长江中下游地区，云南、广西大部，西藏东部。

③ 过渡带：年径流深为50～200 mm，主要分布于松嫩平原，三江平原，辽河下游平原，华北平原，山西、陕西大部，青藏高原中部，祁连山区，新疆西部地区。

④ 少水带：年径流深为10～50 mm，主要分布于松嫩平原中部，辽河上游，内蒙古高原南缘，黄土高原大部，青藏高原北部、西部的部分低山丘陵区。

⑤ 干涸带：年径流小于10 mm，主要分布于内蒙古高原阿拉善高原、河西走廊、柴达木盆地、准噶尔盆地、塔里木盆地、吐鲁番盆地等。

模块3　影响年径流量及年内分配的因素

1. 影响年径流量的因素

在水文计算中，研究影响年径流量的因素具有重要的意义。通过对影响因素分析研究，一方面，可以从物理成因方面去深入探讨径流的变化规律。另一方面，当径流资料短缺时，可以利用径流与有关因素之间的关系来推算径流特征值，也可对计算成果进行分析论证。

由闭合流域水量平衡方程 $R=P-E\pm\Delta W$ 可知，年径流深 R 主要取决于年降水量 P、年蒸发量 E 及时段始末流域蓄水变化量 ΔW 等因素。前两项属于流域的气候因素，后一项属于流域下垫面因素和人类活动的影响。

1）气候因素

作为气候因素的年降水量和年蒸发量，对年径流量的影响程度随流域所处的地理位置的不同而不同。

在湿润地区，降水量较多，年径流系数较高，年降水量与年径流量之间具有较密切的关系，说明年降水量对年径流量起着决定性作用，而流域蒸发的作用就相对较小。

在干旱地区，降水量少，年径流系数很低，年降水量与年径流量的关系不很密切，降水和蒸发都对年径流量起着相当大的作用。

对于以冰雪补给为主的河流，年径流量主要取决于前一年的降雪量和当年的气温。

2）流域下垫面因素

流域下垫面因素主要包括地形、地质、土壤、植被、湖泊、沼泽和流域大小等。这些因素主要从以下两方面影响着年径流量：一方面，通过流域蓄水变化量影响年径流量的变化；另一方面，通过对气候因素的影响间接地对年径流量发生作用。

（1）地形。

地形主要是通过对气候因素——降水、蒸发、气温等的影响，而间接对年径流量发生作用。

地形对于降水的影响主要表现在山地对水汽的抬升和阻滞作用，使迎风坡降水量增大。增大的程度主要由水汽含量和抬升速度确定。例如，台湾省中央山脉高程每增加100 m，其年降水量平均增加105 mm；四川峨眉山高程每增加100 m，其年降水量平均增加42 mm。

地形对蒸发也有影响。一般气温随地面高程的增加而降低，因而蒸发量减小。

高程的增加对降水和蒸发的影响都导致年径流量增大，但增大到一定程度后，将不再增大。

（2）土壤与地质条件。

土壤与地质对年径流的影响主要通过蒸发和下渗表现。

土壤的结构和透水岩层的厚薄直接影响流域地下储水量的多少，因此影响年径流的年内分配过程。在含水层深厚的地区，易形成地下水库，使年径流得到调节——年径流量大而且年内分布较均匀。

在干旱地区，土壤蒸发大，使年径流大大减少。流域有无岩溶、地下潜流与地面水的关系等水文地质条件，也会影响年径流的变化。

(3) 植被。

植被对年径流的影响是复杂的。植被截留部分雨水，耗于蒸发；植物的根系可吸收大量的雨水，使植物的散发量增大、年径流量减少。植被的增加可以减少地面径流，增大下渗量，增大地下径流量，使整个径流过程变缓、年内分配趋于均匀。

(4) 湖泊和沼泽。

湖泊(包括水库)一方面通过蒸发的影响而间接影响年径流量的大小；另一方面通过对流域蓄水量的调节而影响年径流量年际的变化，一般会使年径流量的年际变化较小。

湖泊或沼泽增加了流域的水面面积，由于一般陆面蒸发小于水面蒸发，因此湖泊的存在增加了蒸发量，从而使年径流量减少；另外，较大的湖泊增大了流域的调节作用，起着减小径流年际变化的作用。

(5) 流域大小。

流域可看做是一个径流调节器，输入为降水，输出为径流。

流域面积大，流域的地面与地下蓄水能力强；同时，流域内各局部地区径流的不同期性也随着流域面积的加大愈加明显。因此，大流域的径流在年内、年际变化比小流域的要平缓些。

小流域的切割较浅，往往不能全部汇集本流域所产生的地下径流(属于流域不闭合河槽的情况)，其年径流深或年径流模数一般比同一气候区内较大流域的小。

3) 人类活动

人类活动对年径流的影响包括直接与间接两个方面。

直接影响，如跨流域引水，直接减少(或增加)本流域的年径流量。

间接影响，如修水库、塘堰等水利工程，旱地改水田，坡地改梯田，植树造林，种植牧草等措施，主要通过改变下垫面条件及性质而影响年径流量。一般来说，这些措施都将使蒸发增加，从而使年径流量减少。

2. 影响径流年内分配的因素

径流年内分配基本上取决于流域的各项气候因素以及天然和人工的调节因素。以雨水补给为主的河流，其径流年内分配在很大程度上与降水的年内分配有关。对于雨雪混合补给的河流，积雪融化成春汛，这一段时间内，径流量大小与气温变化大小、积雪量多少有关；到了雨季，由于雨量大增而形成雨洪。对冰川补给的河流，其径流年内分配则取决于气温的变化和雪线位置等因素。

气温因素决定了某一区域内径流年内分配的一段情势，而其他下垫面因素又可能使一般情势发生变化。例如，湖泊的调节作用可使径流的分配趋于均匀，即减少了洪水流量而加大了枯水流量。

森林使径流的历时增加，并使地面径流和地下径流重新分配。在闭合流域中，森林使径流年内分配趋于均匀；但在不能全面截获地下水的闭合流域中，森林会有相反的作用。

流域的土壤和水文地质条件对径流年内分配有很大的影响。含水土层较厚且土壤下渗能力较强的大流域，地下水库的调节作用较大；反之，则较小。岩溶对径流年内分配的影响有几个方面：对于不能汇集地下水的小河，岩溶使大量地面径流转入地下，流往邻近流域，从而加剧了径流年内分配的不均匀性；对于汇集地下水的不闭合流域，有邻近流域的水量通过溶洞进入本流域，因而使径流年内分配均匀化；对于闭合区域，地面径流通过溶洞转化为地下径流，相当于地下水库的调节，可使径流年内分配变得均匀一些。

模块 4　年径流分析计算的目的和内容

1. 年径流分析计算的目的

年径流分析计算是水资源利用工程中最重要的工作之一。设计年径流是衡量工程规模和确定水资源利用程度的重要指标。推求不同保证率的年径流量及其分配过程，就是设计年径流分析计算的主要目的。

库容大，用水保证率高，投资大；库容小，用水保证率低，投资小。在规划设计阶段，水利工程规模是由来水、用水矛盾的大小和希望解决的程度（即设计保证率）决定的，即分析工程规模、来水、用水、保证率四者之间的关系，经技术经济比较来确定工程规模。

水资源利用工程包括水库蓄水工程、供水工程、水力发电工程和航运工程等，其设计标准用设计保证率表示，反映对水资源利用的保证程度，即工程规划设计的既定目标不被破坏的年数占运用年数的百分比。例如，一项水资源利用工程，有 90% 的年份可以满足其规划设计确定的目标，则其保证率为 90%，依此类推。水资源利用程度，在分析枯水径流和时段最小流量时，还可用破坏率，即破坏年数占运用年数的百分比来表示，在概念上更为直观。事实上，保证率和破坏率是事物的两个侧面，互为补充，并可进行简单的换算。设计保证率为 p，破坏概率为 q，则 $p=1-q$。

2. 年径流分析计算的内容

年径流分析计算的内容如下。

（1）基本资料信息的搜集和审查。用于进行年径流分析的基本资料和信息包括：设计流域和参证流域的自然地理概况、流域河道特征、有明显人类活动影响的工程措施、水文气象资料，以及前人分析的有关成果。其中水文资料，特别是径流资料为搜集的重点。对搜集到的水文资料，应有重点地进行审查，着重从观测精度、设计代表站的水位流量关系及上下游的水量平衡等方面，对资料的可靠性作出评定。发现问题应找出原因，必要时应会同资料整编单位作进一步的审查和必要的修正。

（2）年径流量的频率分析计算。对年径流系列较长且较完整的资料，可直接据以进行频率分析，确定所需的设计年径流量。对短缺资料的流域，应尽量设法延长其径流系列，或用间接方法，经过合理的论证和修正，移用参证流域的设计成果。

（3）提供设计年径流的年内分配。在设计年径流量确定以后，参照本流域或参证流域代表年的径流分配过程，确定年径流在年内的分配过程。

（4）根据需要进行年际连续枯水段的分析、径流随机模拟和枯水流量分析计算。

（5）对分析成果进行合理性检查，采用包括检查分析计算的主要环节、与以往已有设计成果和地区性综合成果进行对比等手段，对设计成果的合理性作出论证。

任务2　具有实测径流资料时设计年径流的分析计算

模块1　具有长系列实测径流资料时设计年径流量及年内分配的分析计算

所谓长系列实测年径流系列是指设计代表站断面或参证流域断面有实测径流系列，其长度不小于规范规定的年数，即不应小于30年。

1. 年径流资料的审查

水文资料是水文分析计算的依据，直接影响工程设计的精度。因此，需要对使用的水文资料慎重地进行审查。年径流资料应从可靠性、一致性、代表性三方面进行审查。

1）资料的可靠性审查

目的：保证径流系列真实、可靠。

径流资料是通过测验和整编获得的，因此，可靠性分析应从审查测验方法、测验成果整编方法和整编成果着手，一般可从以下几个方面进行：

（1）检查原始水位资料有无不合理现象；

（2）检查 Z-Q 关系曲线的绘制、延长方法和历年的变化情况；

（3）检查上、下游站及区间径流量的水量平衡，通过水量平衡的检查可衡量径流资料的精度。

对实测水文资料的可靠程度的审查，主要是检查水文资料是否存在人为或天然原因造成的错误。

2）资料的一致性审查

目的：保证径流系列来自同一总体。

进行设计年径流计算时，需要的年径流系列必须是具有同一成因条件的统计系列，即要求统计系列具有一致性。一致性是建立在流域气候条件和下垫面条件的基本稳定性上的。一般来说，气候条件变化极为缓慢，可以认为是基本稳定的。人类活动引起流域下垫面的变化，有时很显著，为影响资料一致性的主要因素，需要重点进行审查。测量断面位置有时可能发生变动，当对径流量产生影响时，需要改正至同一断面的数值。影响径流的人类活动主要是蓄水、供水、水土保持及跨流域引水等工程的大量兴建。大坝蓄水工程主要用于对径流进行调节，将丰水期的部分水量存蓄起来，在枯水期有计划地下泄，满足下游用水的需要。一般情况下，水库对年径流量的影响较小，而对径流的年内分配影响很大。供水工程主要向农业、工业及城市用水提供水量，其中尤以灌溉用水占很大比重。但供水中的一部分水量仍流回原河流，称回归水，分析时应予注意。水土保持是根治水土流失的群众性工程，面广量大，20世纪70年代后发展很快。一些重点治理的流域，河川径流和泥沙已发生了显著变化，而且这种趋势还将长期持续下去。

为此，需要对实测资料进行一致性修正。一般是将人类活动后的系列修正到流域大规模治理以前的同一条件上，消除径流形成条件不一致的影响后，再进行分析计算。

3）资料的代表性审查

目的：保证样本的统计参数接近总体的统计参数。

资料系列的代表性是指实测年径流系列作为一个样本与总体之间离差的情况。离差愈小，两者愈接近，说明该样本代表性愈好；反之，代表性愈差。因此，资料代表性审查对衡量频率计算成果的精度具有重要意义。通常采用参证变量长短系列对比分析法进行资料代表性审查。

参证变量的选择原则如下：

（1）参证变量（年、月径流量或年、月降水量）与设计变量（年、月径流量）之间具有密切的物理成因关系，且两者时序变化具有同步性（即同枯水或同丰水）；

（2）参证变量与设计变量之间有足够长的同期资料；

（3）参证变量自身具有较好的代表性。

审查资料代表性时应注意如下几点。

（1）对比分析：应将短系列资料与邻近水文测站或同一气候区的水文测站资料进行比较，借以判断短系列的代表性。

（2）避免连续丰（枯）水年：资料系列要包括丰水年、平水年、枯水年，但应注意短系列是否处在丰（枯）水年份连续出现的时期，从而使频率计算成果显著偏大或偏小。

当设计站有 n 年实测年径流系列时，为检验其系列的代表性，可选择同一地区具有 N 年长系列的参考变量进行对比分析。计算其长短系列的统计参数为 $\overline{Q}_N$、C_{VN} 和 $\overline{Q}_n$、C_{Vn}。如两者统计参数相近，可推断设计站 n 年的年径流系列也具有代表性；如两者统计参数相差较大（一般相差值超过 5%），则认为设计站 n 年的年径流系列缺乏代表性，这时应尽量插补延长系列，以提高系列的代表性。

资料系列代表性分析的实质是分析设计站实测 n 年径流系列作为样本时能否用它来估计总体。代表性愈好，抽样误差就愈小。

2. 设计年径流的分析计算

1）设计时段径流量的计算

（1）计算时段的确定。

计算时段的选取需结合实际工程情况而定。设计灌溉工程时，一般取灌溉期作为计算时段；设计水电工程时，因为枯水期水量和年水量决定着发电效益，故一般采用枯水期或年作为计算时段。

（2）频率计算。

在计算时段确定后，即可根据历年逐月径流系列资料，统计时段径流量。例如，以年为计算时段，则以水文年统计年、月径流量。

假设某水利工程以 3 个月（或其他时段）为计算时段，则统计历年最枯 3 个月的水量，作为该时段的径流系列，经频率计算后，最后利用适线法确定设计时段径流量。

频率曲线线型一般是 P-Ⅲ型，经过论证也可采用其他线型。适线时应侧重考虑中、下部点据，适当照顾上部点据。一般取 $C_S=(2\sim3)C_V$。

（3）成果合理性分析。

成果分析主要是对各时段径流频率曲线、径流系列均值、变差系数及偏态系数进行合理性审查，可借助水量平衡原理和径流的地理分布规律进行。

① 设计值。

不同时段径流频率曲线在同一图上不得相交，即同一频率的设计径流值，长时段的大于短时段的。

② 均值。

根据流域上、中、下游测站径流之间的关系进行分析、检查和评价，一般 $\overline{W}_{上}<\overline{W}_{中}<\overline{W}_{下}$。

根据邻近测站建立的流域径流和面积之间的关系 $W=f(F)$ 进行分析、检查和评价，一般面积 F 越大，W 就越大。

利用水文手册中多年平均径流深分布图查得设计站处的径流深，如果计算值与查得值相差不大，则计算结果合理。

③ C_V。

根据流域上、中、下游测站关系进行评价，一般 $C_{V下}<C_{V中}<C_{V上}$。

根据邻近测站建立的 $C_V=f(F)$ 进行评价，面积 F 越大，C_V 越小。

利用水文手册中多年平均径流深的 C_V 等值线图查得设计站处的 C_V，如果计算值与查得值相差不大，则计算结果合理。

④ C_S。

无公认方法。可参考水文手册中的 C_S/C_V 分区图分析。

2）设计代表年内分配计算

方法：先从径流系列中，选择代表年（亦称典型年），经缩放代表年径流过程，从而推求设计代表年内分配过程。

（1）代表年的选择。

选择代表年原则：

① 年径流量相近原则：选择与设计年径流量大小相近的年份。

② 对工程不利原则：如对灌溉工程，选取灌溉需水季节径流较枯的年份；对水电工程，选取枯水期较长、径流又较枯的年份。

（2）径流年内分配计算。

① 同倍比法。

选定代表年后，即以同一倍比缩放代表年的径流过程，从而得到设计年内分配。

若以年径流控制，则缩放倍比为设计年径流量 $W_{年,P}$ 与代表年的年径流量 $W_{年,d}$ 之比值，即

$$K_{年}=\frac{W_{年,P}}{W_{年,d}} \tag{5-1}$$

或

$$K_{年}=\frac{Q_{年,P}}{Q_{年,d}} \tag{5-2}$$

若以某时段（枯水期或灌溉期）水量控制，则缩放倍比为设计时段径流量 $W_{T,P}$ 与代表年时段径流量 $W_{T,d}$ 之比值，即

$$K_{T}=\frac{W_{T,P}}{W_{T,d}} \tag{5-3}$$

或

$$K_{T}=\frac{Q_{T,P}}{Q_{T,d}} \tag{5-4}$$

式中：W 表示（时段或年）径流量，m^3；Q 表示（时段或年）流量（平均流量），m^3/s；下标 T 表示

时段值；P 表示设计年值；d 表示代表（典型）年值，以下公式同此。

【例 5-1】 某测站现有 18 年月平均流量资料（见表 5-1），经频率计算后，其成果如表 5-2 所示，结合此表格成果，试用同倍比法推求出 $P=90\%$ 设计枯水年年内分配（以月平均流量表示）。

表 5-1 某测站月平均流量 单位：m^3/s

年 份	3	4	5	6	7	8	9	10	11	12	1	2	年平均流量
1958—1959	16.50	22.00	43.00	17.70	4.63	2.46	4.02	4.84	1.98	2.47	1.87	21.60	11.92
1959—1960	7.25	8.69	16.30	26.10	7.15	7.50	6.81	1.86	2.67	2.73	4.20	2.03	7.77
1960—1961	8.21	19.50	26.40	24.60	7.35	9.62	3.20	2.07	1.98	1.90	2.35	13.20	10.03
1961—1962	14.70	17.70	19.80	30.40	5.20	4.87	9.10	3.46	3.42	2.92	2.48	1.62	9.64
1962—1963	12.90	15.70	41.60	50.70	19.40	10.40	7.48	2.97	5.30	2.67	1.79	1.80	14.39
1963—1964	3.20	4.98	7.15	16.20	5.55	2.28	2.13	1.27	2.18	1.54	6.45	3.87	4.73
1964—1965	9.91	12.50	12.90	34.60	6.90	5.55	2.00	3.27	1.62	1.17	0.99	3.06	7.87
1965—1966	3.90	26.60	15.20	13.60	6.12	13.40	4.27	10.50	8.21	9.03	8.35	8.48	10.64
1966—1967	9.52	29.00	13.50	25.40	25.40	3.58	2.67	2.23	1.93	2.76	1.41	5.30	10.23
1967—1968	13.00	17.90	33.20	43.00	10.50	3.58	1.67	1.57	1.82	1.42	1.21	2.36	10.94
1968—1969	9.45	15.60	15.50	37.80	42.70	6.55	3.52	2.54	1.84	2.68	4.25	9.00	12.62
1969—1970	12.20	11.50	33.90	25.00	12.70	7.30	3.65	4.96	3.18	2.35	3.88	3.57	10.35
1970—1971	16.30	24.80	41.00	30.70	24.20	8.30	6.50	8.75	4.52	7.96	4.10	3.80	15.08
1971—1972	5.08	6.10	24.30	22.80	3.40	3.45	4.92	2.79	1.76	1.30	2.23	8.76	7.24
1972—1973	3.28	11.70	37.10	16.40	10.20	19.20	5.75	4.41	4.53	5.59	8.47	8.89	11.29
1973—1974	15.40	38.50	41.60	57.40	31.70	5.68	6.56	4.55	2.59	1.63	1.76	5.21	17.72
1974—1975	3.28	5.48	11.80	17.10	14.40	14.30	3.84	3.69	4.67	5.16	6.26	11.10	8.42
1975—1976	22.40	37.10	58.00	23.90	10.60	12.40	6.26	8.51	7.30	7.54	3.12	5.56	16.89

表 5-2 某水库时段径流量频率计算成果 单位：m^3/s

时 段	均 值	C_V	C_S/C_V	$P=10\%$	$P=50\%$	$P=90\%$
12 个月	131(10.92×12)	0.32	2.0	188(15.67×12)	128(10.67×12)	81.8(6.82×12)
最小 5 个月	18.0	0.47	2.0			8.45
最小 3 个月	9.1	0.50	2.0			4.00

解 由表 5-2，查得 $P=90\%$ 设计枯水年的年径流总量为 81.8 (m^3/s)·月，月平均流量为 6.82 m^3/s。

(1) 设计代表年选取。

由于 1964—1965 年的枯水期是连续 6 个月，且水量小，而 1971—1972 年的枯水期不连续，且来水量较大。因此，选取 1964—1965 年为设计代表年。

（2）计算缩放倍比 K。

$$K=6.82/7.87=0.867$$

（3）代表年的月平均流量乘缩放系数得设计年的月平均流量(见表 5-3)。

表 5-3　某站同倍比法 $P=90\%$ 设计枯水年年内分配计算表　　单位：m^3/s

月		3	4	5	6	7	8	9	10	11	12	1	2	全年	
														总量	平均
代表年 $\bar{Q}_{月}$		9.91	12.50	12.90	34.60	6.90	5.55	2.00	3.27	1.62	1.17	0.99	3.06	94.47	7.87
同倍比法	缩放倍比	0.867	0.867	0.867	0.867	0.867	0.867	0.867	0.867	0.867	0.867	0.867	0.867		
	设计枯水年 $\bar{Q}_{月}$	8.59	10.84	11.18	30.00	5.98	4.81	1.73	2.84	1.40	1.01	0.86	2.65	81.90	6.82

注：代表年最小 3 个月流量为 3.78 m^3/s，最小 5 个月流量为 9.05 m^3/s，全年总量为 94.47 m^3/s。

② 同频率法。

用同倍比法所求得的设计年径流，只能保证年或某时段的径流量符合设计频率要求，难以保证年内所有时段都满足设计频率要求，为此引入同频率法。

同频率法的基本思路是：分时段按不同倍比缩放，使所求的设计年内分配的各个时段径流量(包括设计的时段径流量)都能符合设计频率。一般设计年径流年内分配的计算时段采用设计最小 1 个月、设计最小 3 个月、设计最小 5 个月、设计最小 7 个月及全年(12 个月)总量。

各时段的缩放倍比计算公式如下：

设计最小 1 个月的倍比为

$$K_1=\frac{W_{1,P}}{W_{1,d}} \tag{5-5}$$

或

$$K_1=\frac{Q_{1,P}}{Q_{1,d}} \tag{5-6}$$

设计最小 3 个月其余 2 个月的倍比为

$$K_{3-1}=\frac{W_{3,P}-W_{1,P}}{W_{3,d}-W_{1,d}} \tag{5-7}$$

或

$$K_{3-1}=\frac{Q_{3,P}-Q_{1,P}}{Q_{3,d}-Q_{1,d}} \tag{5-8}$$

设计最小 5 个月其余 2 个月的倍比为

$$K_{5-3}=\frac{W_{5,P}-W_{3,P}}{W_{5,d}-W_{3,d}} \tag{5-9}$$

或

$$K_{5-3}=\frac{Q_{5,P}-Q_{3,P}}{Q_{5,d}-Q_{3,d}} \tag{5-10}$$

设计最小 7 个月其余 2 个月的倍比为

$$K_{7-5}=\frac{W_{7,P}-W_{5,P}}{W_{7,d}-W_{5,d}} \tag{5-11}$$

或

$$K_{7-5}=\frac{Q_{7,P}-Q_{5,P}}{Q_{7,d}-Q_{5,d}} \tag{5-12}$$

全年剩余 5 个月的倍比为

$$K_{12-7}=\frac{W_{12,P}-W_{7,P}}{W_{12,d}-W_{7,d}} \tag{5-13}$$

或
$$K_{12-7}=\frac{Q_{12,P}-Q_{7,P}}{Q_{12,d}-Q_{7,d}} \tag{5-14}$$

【例 5-2】 同频率法求年内分配($P=90\%$设计枯水年)。资料:某水库 18 年的年、月径流资料(见表 5-1)。计算时段:采用全年总量、最小 3 个月、最小 5 个月。

解 (1) 根据表 5-2,查 $P=90\%$设计枯水年,得

最小 3 个月的设计时段径流量　$Q_{3,P}=4.00\ \mathrm{m^3/s}$

最小 5 个月的设计时段径流量　$Q_{5,P}=8.45\ \mathrm{m^3/s}$

时段为全年(12 个月)的设计径流量　$Q_{12,P}=81.8\ \mathrm{m^3/s}$

(2) 选择代表年(枯水年代表年)。

① 按主要控制时段的水量相近来选代表年。选 1964—1965 年、1971—1972 年作为枯水代表年。

② 求各时段缩放比 K。以 1964—1965 年作为代表年,查得

最小 3 个月的时段径流量　$Q_{3,d}=3.78\ \mathrm{m^3/s}$

最小 5 个月的时段径流量　$Q_{5,d}=9.05\ \mathrm{m^3/s}$

时段为全年(12 个月)的径流量　$Q_{12,d}=94.5\ \mathrm{m^3/s}$

③ 按同频率法缩放,缩放比如下:

$$K_3=\frac{Q_{3,P}}{Q_{3,d}}=\frac{4.00}{3.78}=1.06$$

$$K_{5-3}=\frac{Q_{5,P}-Q_{3,P}}{Q_{5,d}-Q_{3,d}}=\frac{8.45-4.00}{9.05-3.78}=0.844$$

$$K_{12-5}=\frac{Q_{12,P}-Q_{5,P}}{Q_{12,d}-Q_{5,d}}=\frac{81.8-8.45}{94.5-9.05}=0.858$$

④ 计算设计枯水年年内分配,用各自的缩放比乘对应的代表年的各月径流量,即可求得,如表 5-4 所示。

表 5-4　某站同频率法 $P=90\%$设计枯水年年内分配计算表　　单位:$\mathrm{m^3/s}$

月		3	4	5	6	7	8	9	10	11	12	1	2	全年	
														总量	平均
代表年 $\bar{Q}_{月}$		9.91	12.50	12.90	34.60	6.90	5.55	2.00	3.27	1.62	1.17	0.99	3.06	94.47	7.87
同频率法	缩放倍比	0.858	0.858	0.858	0.858	0.858	0.858	0.844	0.844	1.06	1.06	1.06	0.858		
	设计枯水年 $\bar{Q}_{月}$	8.50	10.73	11.07	29.69	5.92	4.76	1.69	2.76	1.72	1.24	1.05	2.63	81.76	6.81

注:代表年最小 3 个月流量为 $3.78\ \mathrm{m^3/s}$,最小 5 个月流量为 $9.05\ \mathrm{m^3/s}$,全年总量为 $94.47\ \mathrm{m^3/s}$。

模块 2　具有短期实测径流资料的年径流分析与计算

在规划设计中小型水利水电工程时,常常会遇到在坝址处仅有短期实测径流资料($n<20$ 年)的情况,此时,如直接根据这些资料进行计算,求得的成果可能具有很大的误差。为了提高计算精度,保证成果的可靠性,必须设法展延年(月)径流系列,使其系列长度满足规范要求。

在水文分析与计算中,常用相关分析法来展延系列,即选择参证变量,根据设计站年、月径流与参证变量的同期观测资料建立两者之间的相关关系,然后利用较长系列的参证资料通过相关关系来展延设计站的年、月径流资料。

选择参证变量的条件：

(1) 参证变量与设计站的年、月径流在成因上有密切联系，这样才能保证相关关系有足够的精度；

(2) 参证变量与设计站的年、月径流有一段相当长的平行观测期，以便建立可靠的相关关系；

(3) 参证变量必须具有足够长的实测系列，除用于建立相关关系的同期资料外，还要有用来展延设计站缺测年份的年、月径流资料。

1. 利用本站的水位资料延长年径流系列

有些测站开始只观测水位，后来增加了流量测验。如果测站的测验河段稳定，则可根据其 Z-Q 关系，将水位资料转化成径流资料。

2. 利用上下游站或邻近河流测站实测径流资料，展延设计站的年径流系列

当设计站实测年径流量资料不足时，常利用上下游、干支流或邻近流域测站的长系列实测年径流量资料来展延系列。其依据是：影响年径流量的主要因素是降雨和蒸发，它们在地区上具有同期性，因而各站年径流量之间也具有相同的变化趋势，可以建立相关关系。下面是一个实例。

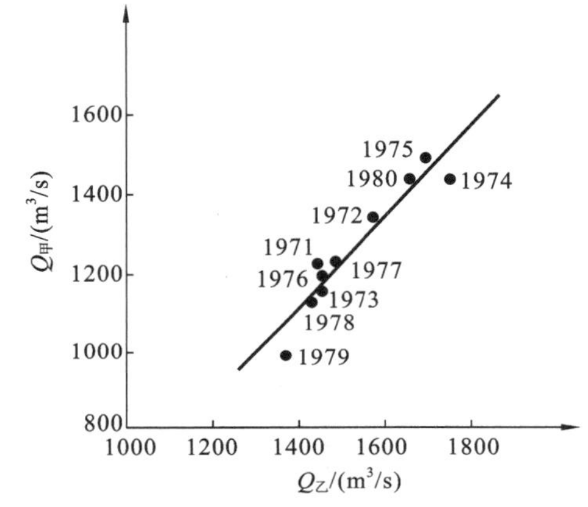

图 5-5　某河流甲、乙两站年径流相关图

注：点旁注字表示年份。

【例 5-3】　设有甲、乙两个水文站，设计断面位于甲站附近，但只有 1971—1980 年实测径流资料。其下游的乙站则有 1961—1980 年实测径流资料，如表 5-5 所示。将两者 10 年同步年径流观测资料对应点绘图，发现关系较好，如图 5-5 所示。根据两者的相关线，可将甲站 1961—1970 年缺测的年径流查出，从而延长年径流系列。

表 5-5　某河流甲、乙两站年径流资料　　单位：m^3/s

年份	1961	1962	1963	1964	1965	1966	1967	1968	1969	1970
乙站	1400	1050	1370	1360	1710	1440	1640	1520	1810	1410
甲站	(1120)	(800)	(1100)	(1080)	(1510)	(1180)	(1430)	(1230)	(1610)	(1150)
年份	1971	1972	1973	1974	1975	1976	1977	1978	1979	1980
乙站	1430	1560	1440	1730	1630	1440	1480	1420	1350	1630
甲站	1230	1350	1160	1450	1510	1200	1240	1150	1000	1450

注：括号内数字为插补值。

3. 利用降水资料展延系列

径流是降水的产物。流域的年径流量与流域的年降水量往往有良好的相关关系。又因降水观测系列在许多情况下较径流观测系列长，因此降水系列常被用来作为延长径流系列的参证变量。从理论上讲，这个参证变量应取流域降水的面平均值，有条件时应尽量这样做，但实际上，流域内往往只有少数甚至只有一处降水量观测点的系列较长，这时也可试用此少数点的

年降水量与设计断面的年径流建立相关关系，若关系较好，亦可据以延长年径流系列。在一些小流域内，有时流域内没有长系列降水量观测，而在流域以外不远处有长系列降水量观测，也可以试用上述办法。

4. 注意事项

利用参证变量延长设计断面的年径流系列时，应特别注意下列问题。

一是尽量避免远距离测验资料的辗转相关。如设计断面 $C_{设}$ 与一参证断面 $C_{参}$ 相距很远，它们的年径流之间虽有一定相关关系，但相关系数较小。如在它们之间还有两个（或几个）测流断面 C_1、C_2，其系列均较短，不符合参证站条件，但 C_2 与 $C_{参}$、C_1 与 C_2 及 $C_{设}$ 与 C_1 年径流的相关关系均较好，可通过辗转相关，把 $C_{参}$ 的信息传递到 $C_{设}$ 上来。表面看来，各相邻断面年径流的相关程度虽均较高，但随着每次相关误差的累积和传播，最终延长 $C_{设}$ 年径流系列的精度并不会因之提高，因此这种做法不宜提倡。

二是系列外延的幅度不宜过大，一般以控制在不超过实测系列的50%为宜。

任务3　缺乏实测径流资料时设计年径流量的分析计算

当缺乏实测径流资料时，设计年径流量及其年内分配只能通过间接途径来推求。目前常用的方法是用等值线图法和水文比拟法来估算设计年径流。

模块1　设计年径流量的估算

1. 等值线图法

缺乏实测径流资料时，可用多年平均径流深 R、年径流变差系数 C_V 的等值线图来推求设计年径流量。

1）多年平均径流深的估算

有些水文特征值（如年径流深、年降水量、时段降水量等）的等值线图是表示这些水文特征值的地理分布规律的。当影响这些水文特征值的因素为分区性因素（如气候因素）时，该特征值随地理坐标不同而发生连续均匀的变化，利用这种特性就可以在地图上作出它的等值线图。反之，有些水文特征值（如洪峰流量、特征水位等）的影响因素主要为非分区性因素（如下垫面因素——流域面积、河床下切深度等），特征值不随地理坐标而连续变化，也就无法作出其等值线图了。对于同时受分区性因素和非分区性因素两种因素影响的特征值，应当消除非分区性因素的影响，才能得出该特征值的地理分布规律。

影响闭合流域多年平均年径流量的因素主要是气候因素——降水与蒸发。由于降水量和蒸发量具有地理分布规律，因此多年平均年径流量也具有这一规律。绘制等值线图来估算缺乏资料地区的多年平均年径流量时，为了消除流域面积这一非分区性因素的影响，多年平均年径流量等值线图总是以径流深 R(mm)或径流模数 M($m^3/(s \cdot km^2)$)表示的。多年平均年径流深等值线图如图5-6所示。

绘制降水量、蒸发量等水文特征值的等值线图时，把各观测点的观测数值点注在地图上各对应的观测位置上，然后把相同数值的各点连接成等值线，即得该特征值的等值线图。但在绘

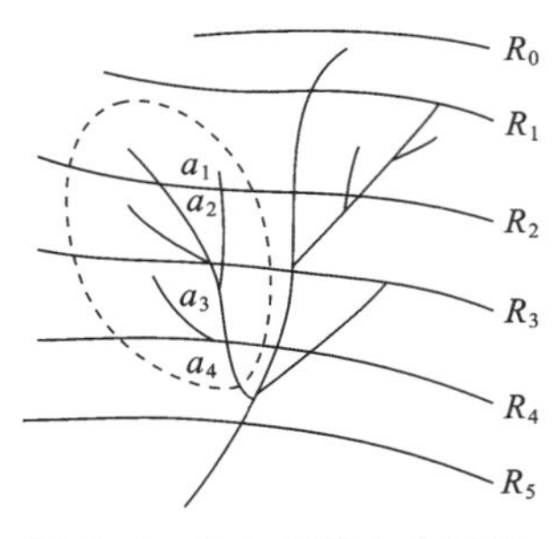

图 5-6　多年平均年径流深等值线图

制多年平均年径流量(以深度或模数计)等值线图时,由于任一测流断面的径流量是由断面以上流域面上各点的径流汇集而成的,是流域的平均值,所以应该将数值点注在最接近于流域平均值的位置上。当多年平均年径流量在地区上缓慢变化时,流域形心处的数值与流域平均值十分接近。但在山区流域,径流量有随高程增加而增加的趋势,则应把多年平均年径流量值点注在流域的平均高程处更为恰当。将一些有实测资料流域的多年平均径流深数值点注在各流域的形心(或平均高程)处,再考虑降水及地形特性勾绘等值线,最后用大、中流域的资料加以校核调整,并与多年平均降水量等值线图对照,消除不合理现象,构成具有适当比例尺的图形。

我国已绘制了全国和分省(区)的水文特征值等值线图和表,其中,年径流深等值线图及 C_V 等值线图可供中小流域设计年径流量估算时直接采用。在实际使用时应注意:

(1) 当流域面积较小,且等值线分布较均匀时,由通过流域形心的等值线值确定多年平均年径流深;

(2) 当流域面积较大,或等值线分布不均匀时,用加权平均法推求多年平均年径流深。加权平均法计算公式为

$$\overline{R}=\frac{0.5(R_1+R_2)f_1+0.5(R_2+R_3)f_2+\cdots+0.5(R_{n-1}+R_n)f_{n-1}}{F} \tag{5-15}$$

小流域不能全部截获地下水,它的多年平均径流量比同一地区中等流域的数值小。因此,小流域使用等值线图时,应适当修正。

2) 年径流变差系数 C_V 等值线图

影响年径流量变化的因素主要是气候因素。一般年径流量 C_V 具有地理分布规律,因此可以应用年径流量 C_V 等值线图来估算缺乏实测径流资料的流域的年径流量 C_V。年径流量 C_V 等值线图的绘制和使用方法与多年平均年径流深等值线图的绘制和使用方法相似。但应注意,年径流量 C_V 等值线图的精度一般较低,特别是用于小流域时,误差可能较大(一般 C_V 读数偏小),这是因为年径流量 C_V 等值线图大多是由中等流域资料计算的 C_V 值绘制的。相比小流域,中等流域有较大的调蓄补偿作用,故从等值线图上查得的小流域 C_V 值常常比实际的偏小。

3) 年径流偏态系数 C_S 值的估算

年径流偏态系数 C_S 一般采用 C_V 的倍比。按照规范规定,一般可采用 $C_S=2C_V$。

2. 水文比拟法

水文比拟法是将参证流域的水文资料移置到设计流域上来的一种方法。这种移置是以设计流域影响径流的各项因素与参证流域影响径流的各项因素相似为前提的。

1) 直接移置径流深

可直接把参证流域的实测年、月径流深移置到设计流域上来。直接移置的条件:

(1) 两个流域的气候条件要基本相似;

(2) 两个流域的下垫面条件(自然地理情况)相近;

(3) 两个流域面积相差不大。

若满足以上条件,即可将参证流域的径流特征值、参数和分析计算成果,按设计要求有选

择地直接移置到设计流域。

2）考虑面积修正

当设计流域与参证流域的自然地理情况相近，但面积情况有较大差别时，不能直接移置。可用面积比进行修正。

$$Y_{设}=\frac{F_{设}}{F_{参}}Y_{参} \tag{5-16}$$

式中：$Y_{设}$、$Y_{参}$ 分别为设计流域与参证流域的径流深；$F_{设}$、$F_{参}$ 分别为设计流域与参证流域的面积。

【例 5-4】 拟在某河流 B 断面处筑坝，该断面以上控制流域面积为 190 km^2，已知该河流 B 断面上游 10 km 处 A 断面可作为参证站。A 断面处控制面积为 176 km^2，多年平均流量为 4.4 m^3/s，$C_V=0.40$，$C_S=0.80$，枯水代表年的年内分配比如表 5-6 所示。试用水文比拟法推求 B 断面处 $P=90\%$ 的设计年径流量及其年内分配。

表 5-6　90%枯水代表年的年内分配比

月份年型	3	4	5	6	7	8	9	10	11	12	1	2	全年
枯水代表年的分配比（P=90%）	18.7	15.6	28.6	30.7	3.8	0.3	0.2	0.1	0.2	0.3	0.2	1.3	100

解　(1) 参证站多年平均径流深：

$$\overline{Y}_A=\frac{\overline{Q}T}{1000F_A}=\frac{4.4\times3600\times24\times365}{1000\times176}\ \text{mm}=788.4\ \text{mm}$$

参证站年径流深变差系数：

$$C_V=0.40$$

参证站年径流深偏态系数：

$$C_S=0.80$$

(2) 用水文比拟法求得

设计站多年平均径流深：

$$\overline{Y}_B=\frac{F_B}{F_A}\overline{Y}_A=\frac{190}{176}\times788.4\ \text{mm}=851.1\ \text{mm}$$

设计站多年平均径流量：

$$W_B=1000F_B\overline{Y}_B=1000\times190\times851.1\ \text{m}^3=1.617\times10^8\ \text{m}^3$$

查 P-Ⅲ型频率曲线的 K_P 表，$C_V=0.40$，$C_S=2C_V=0.80$，当 $P=90\%$时，查得 $K_P=0.53$，则

$$W_{P=90\%}=0.53\times1.617\times10^8\ \text{m}^3=8.57\times10^7\ \text{m}^3$$

根据枯水代表年的年内分配比求 B 断面处 $P=90\%$的设计年径流量年内分配，计算结果如表 5-7 所示。

表 5-7　$P=90\%$的设计年径流量年内分配

月份年型	3	4	5	6	7	8	9	10	11	12	1	2	全年
枯水代表年的分配比/(%)	18.7	15.6	28.6	30.7	3.8	0.3	0.2	0.1	0.2	0.3	0.2	1.3	100
设计枯水年径流量/(×10^6 m^3)	14.83	12.37	22.68	24.35	3.01	0.24	0.16	0.08	0.16	0.24	0.16	1.03	79.3

模块 2　设计年径流年内分配的计算

按例 5-4 的方法，求得 3 个统计参数后，根据指定的设计频率 P，查 P-Ⅲ型频率曲线模比系数 K 值表，确定 K_P，然后按公式 $Q_P=K_P\bar{Q}$，就可计算出设计年径流量；再根据枯水代表年的年内分配比，即可求得设计年径流量年内分配，如表 5-7 所示。

为配合参数等值线图的应用，各省（区）水文手册、水文图集或水资源分析成果都按气候及地理条件划分了水文分区，并给出各分区的丰水、平水、枯水各种年型的典型分配过程，可供无资料流域推求设计年径流年内分配查用。

任务 4　枯水径流分析计算

模块 1　概述

对一个水文年度，河流的枯水径流是指当地面径流减少时，河流的水源要靠地下水补给的河川径流。一旦当流域地下蓄水耗尽或地下水位降低到不能补给河道时，河道内会出现断流现象。这就会引起严重的干旱缺水。因此，枯水径流与工农业供水和城市生活供水等关系甚为密切，必须予以足够的重视。另外，由于枯水的研究困难较大，主要表现在枯水期流量测验资料和整编资料的精确度较低，受流域水文地质条件等下垫面因素影响和人类活动影响十分明显，长期以来，人们对枯水径流的研究，不论是从深度上还是从广度上都远不如对洪水的研究。但是，随着人口的增长、工农业生产的发展、人们生活水平的提高和环境的恶化、水资源危机的加剧，干旱缺水情况越来越严重。因此，近年来，世界各国已普遍开始重视对枯水径流的研究。

随着经济的快速发展，需水矛盾日益尖锐，对大量供水工程和环境保护工程的规划设计提出了更高的要求。为使规划设计的成果更加合理，必然要求对枯水径流作出科学的分析和计算。在大多数情况下，就年径流总量而言，水资源是丰富的，但汛期的洪水径流难以全部利用，工程规模、供水方式等主要受制于供水期或枯水期的河川径流。因此，在工程规划设计时，一般需要着重研究各种时段的最小流量。例如，对于调节性能较高的水库工程，需要重点研究水库供水期或枯水期的设计径流量；而对于没有调节能力的工程，例如，为满足工农业用水需要在天然河道修建的抽水机站，要确定取水口高程及保证流量、选择水泵的装机容量和型号等，都需要确定全年或指定供水期内取水口断面处设计最小瞬时流量或最小时段（旬、连续几日或日）平均流量。

对于枯水径流的分析，通常采用下面几种方式。

（1）年或供水期的最小流量频率计算；

（2）用等值线法或水文比拟法估算；

（3）绘制（日平均）流量历时曲线。

涉及枯水径流的几个概念和问题如下。

（1）当河流的绝大部分水源由地下水补给时，河道中的水流称为枯水径流。

（2）枯水经历的时间称为枯水期，当月平均水量占全年水量的比例小于 5%时，则该时段属于枯水期。

(3) 枯水一般发生在地面径流结束、河网中蓄积的水量全部排出以后。

(4) 由于我国冬季降雨远比其他季节的少,因而我国的河川径流在冬季主要依靠地下水补给,流量较小。我国大多数河流,枯水径流在一年内出现两次:一次是在10月至次年3、4月的冬季枯水,另一次是夏季的历时短暂的枯水。

枯水径流的大小及枯水径流的历时,对灌溉、航运、发电、供水等有很大影响。

模块2 具有实测径流资料时枯水流量的频率计算

枯水径流可以用枯水流量或枯水水位进行分析。在资料比较充分的情况下,枯水径流的频率计算与年径流的相似,用适线法进行计算,但在选择时,要注意一些比较特殊的问题。

1. 枯水径流的频率计算

1) 资料的选取和审查

有20年以上连续实测资料时,可建立最小流量系列,并对该系列进行频率分析计算,推求出各种设计频率的最小流量。一般因年最小瞬时流量容易受人为的影响,所以常取全年(或几个月)的最小连续几日平均流量作为分析对象,如年最小1日、5日或7日平均流量。枯水流量实测精度一般比较低,且受人类活动影响较大。因此,在分析计算时更应注重对原始资料的可靠性和一致性的审查。

2) 当 $C_S<2C_V$ 时,对频率曲线的处理

枯水流量频率计算时,经配线 C_S 常有可能出现小于 $2C_V$ 的情况,使得在设计频率较大(如 P 为98%、99.9%)时,所推求的设计枯水流量有可能会出现小于零的数值,显然这是不符合水文现象规律的,目前常用的处理方法都用零来代替。

3) 当 $C_S<0$ 时,对频率曲线的处理

一般情况下,水文特征值的频率曲线都呈凹下的形状,但枯水流量(或枯水位)的经验分布有时会呈现凸上的趋势。如果用矩法公式计算 C_S,则 $C_S<0$,因此必须用负偏频率曲线对经验点据进行配线。而现有的P-Ⅲ型频率曲线离均系数 Φ 值或 K_P 值表是按随机变量属于正偏情况绘制的,故不能直接应用于负偏分布的配线,需作一定的处理。可经数理统计学变换后计算得

$$\Phi(C_S,P)=-\Phi(C_S,1-P) \tag{5-17}$$

即 C_S 为负时频率 P 的 Φ 值与 C_S 值为正时频率 $1-P$ 的 Φ 值,其绝对值相等,符号相反。

必须指出,在进行枯水径流频率计算中,当遇到 $C_S<2C_V$ 或 $C_S<0$ 的情况时,应特别谨慎。此时,必须对样本作进一步的审查,注意曲线下部流量偏小的一些点据可能是由于受人为的抽水影响而造成的,并且必须对特枯年的流量(特小值)的重现期作仔细认真的考证,合理地确定其经验频率,然后再进行配线。总之,要避免因特枯年流量人为偏小,或其经验频率确定的不当,而错误地将频率曲线定为 $C_S<2C_V$ 或 $C_S<0$ 的情况。但如果资料经一再审查或对特小值进行处理后,频率分布确属 $C_S<2C_V$ 或 $C_S<0$ 的情况,即可按上述方法确定。

2. 枯水水位频率计算

有时生产实际需要推求设计枯水位。当设计断面附近有较长的水位观测资料时,可直接对历年枯水位进行频率计算。但只有河道变化不大,且不受水工建筑物影响的天然河道,其水位资料才具有一致性,才可以直接用来进行频率计算并推求设计水位;而在河道变化较大的地方,应先用流量资料推求设计流量,再通过 Z-Q 关系曲线转换成设计水位。

用枯水位进行频率计算时，必须注意以下基准面情况：

(1) 同一观测断面的水位资料系列，不同时期所取的基面可能不一致，如原先是用测站基准面，后来是用绝对基准面，则必须统一转换到同一个基准面上后再进行统计分析。

(2) 水位频率计算中，如果基准面不同，统计参数的均值 $\overline{Z}$ 和 C_V 也就不同，而 C_S 不变。在地势高的地区，往往水位数值很大，即相对来说水位基准面很低，因此均值太大，则 C_V 值变小，相对误差增大，不宜直接进行频率计算。在实际工作中常取最低水位(或断流水位)作为统计计算时的基准面，即将实际水位都减去一个常数 a 后再进行频率计算。但经适线法频率计算最后确定采用的统计参数都应还原到实际基准面情况下，才能用于推求设计枯水位。以 z 表示进行频率计算的水位系列，以 $Z=z+a$ 表示实际的水位系列。

当水位资料的一致性较差时，应先用流量资料推求设计流量，再通过 Z-Q 关系曲线转换成设计水位。

在进行频率计算时还应注意：

(1) 水位资料所选取的基准面是否一致。

(2) 对于不同基准面，其统计参数也不同。需要对统计参数进行转换。

$$\overline{Z}_{Z+a}=\overline{Z}+a \tag{5-18}$$

$$C_{V,Z+a}=\frac{\overline{Z}}{\overline{Z}+a}C_{V,Z} \tag{5-19}$$

$$C_{S,Z+a}=C_{S,Z} \tag{5-20}$$

(3) 有时需将同一河流上的不同测站统一到同一基准面上，这时可将各个测站原有水位资料各自加上一个常数 a(基准面降低则 a 为正，基准面升高则 a 为负)。如果各站系列的统计参数已经求得，则只需按以上各式转换，就能得到统一基准面后水位系列 $Z+a$ 的统计参数。

模块3　缺乏实测径流资料时设计枯水流量的估算

1. 设计枯水流量的推求

1) 等值线图法

工程拟建处断面缺乏实测径流资料时，通常采用等值线图法或水文比拟法估算枯水径流量。

由枯水径流量的影响因素分析可知，非分区性因素对枯水径流的影响是比较大的，但随着流域面积的增大，分区性因素对枯水径流的影响会逐渐显著，所以就可以绘制出大中流域的枯水径流模数等值线图、C_V 等值线图及 C_S 分区图。由此就可求得设计流域年最小流量的统计参数，从而近似估算出流量。

由于非分区性因素对枯水径流的影响较大，因此枯水径流量等值线图的精度远较年径流等值线图的低，特别是对较小河流，可能有很大的误差。使用时应仔细、认真地进行分析考证。

2) 水文比拟法

在枯水径流的分析中，要正确使用水文比拟法，必须具备水文地质的分区资料，以便选择水文地质条件相近的流域作为参证流域。选定参证流域后，即可将参证流域的枯水径流特征值移用于设计流域。同时，还需通过野外查勘，观测设计站的枯水流量，与参证站同时实测的枯水流量进行对比，以便合理确定设计站的设计最小流量。

当参证站与设计站同在一条河的上下游时，可以采用与年径流量一样的面积比方法修正枯水流量。

2. 设计枯水位的推求

当设计断面处缺乏历年实测水位系列时，设计断面枯水位常移用上下游参证站的设计枯水位，但必须按一定方法加以修正才可移用。

1）比降法

当参证站距设计断面较近，且河段顺直、断面形状变化不大、区间水面比降变化不大时，可用下式推算设计断面的设计枯水位：

$$Z_{设}=Z_{参}+L\cdot J_p \tag{5-21}$$

式中：$Z_{设}$、$Z_{参}$ 分别为设计断面与参证站的设计枯水位，m；L 为设计断面至参证站的距离，m；J_p 为设计断面至参证站的平均枯水水面比降。

2）水位相关法

当参证站距离设计断面较远时，可在设计断面设置临时水尺与参证站进行对比观测，最好连续观测一个水文年度以上。然后建立两站水位相关关系，用参证站设计水位推求设计断面的设计水位。

3）瞬时水位法

当设计断面的水位资料不多，难以与参证站建立相关关系时，可采用瞬时水位法，即选择枯水期水位稳定时，设计站与参证站若干次同时观测的瞬时水位资料（要求大致接近设计水位，并且涨落变化不超过 0.05 m），然后计算设计站与参证站各次瞬时水位差，并求出其平均值 $\Delta\bar{Z}$，则根据参证断面的设计枯水位 $Z_{参}$ 及瞬时平均差 $\Delta\bar{Z}$，按下式便可求得设计断面的设计枯水位 $Z_{设}$：

$$Z_{设}=Z_{参}\pm\Delta\bar{Z} \tag{5-22}$$

模块4　流量历时曲线

径流的分配过程除用流量过程线表示外，还可用流量历时曲线来表示。这种曲线是按其时段所出现的流量数值及其历时（或相对历时）绘成的，说明径流分配的一种特性曲线，只表示年内大于或小于某一流量出现的持续历时，它不反映各流量出现的具体时间。如不考虑各流量出现的时刻而只研究所出现流量数值的大小，就可以很方便地在曲线上求得在该时段内不小于某流量数值出现的历时。流量历时曲线在水力发电、航运和给水等工程设计的水利计算中有着重要的意义，因为这些工程的设计不仅取决于流量的时序更替，而且取决于流量的持续历时。日流量历时曲线如图5-7所示。

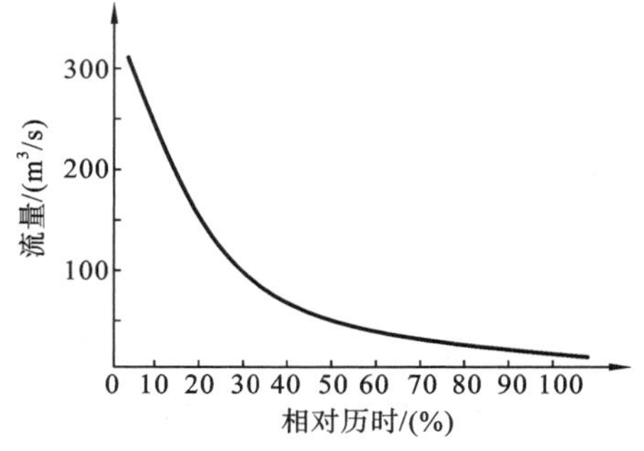

图5-7　日流量历时曲线

根据工程设计的不同要求，历时曲线可以用不同的方法绘制，并具有各种不同的时段，因而有各种不同的名称。常见的有日平均流量历时曲线、典型年日流量历时曲线和多年综合日流量历时曲线等，这里只介绍日平均流量历时曲线。

日平均流量历时曲线是以各年同历时的日平均流量的平均值为纵坐标，其相应历时为横坐标点绘的曲线。日平均流量历时曲线是一种虚拟的曲线。与综合历时曲线相比，它的上部较低而下部较高，中间则大致与综合历时曲线重合。利用平均历时曲线的这种性质，有人建议采用一种根据平均历时曲线来绘制综合历时曲线的简化方法，即在历时为10%～90%的范围内，用平均曲线的作图方法作图；在历时小于10%和历时大于90%的两端，则根据实测年份中绝对最大和最小日流量数值估定线。

在有实测径流资料时，日平均流量历时曲线的绘制是将日平均流量做样本进行频率计算得到的频率曲线。

当缺乏实测径流资料时，综合或代表年日流量历时曲线的绘制，可按水文比拟法来进行，即把参证流域以模比系数为纵坐标的日流量历时曲线直接移用过来，再以设计流域的多年平均流量（用间接方法求出）乘纵坐标的数值，就得出设计流域的日流量历时曲线。

在选择参证流域时，必须使决定历时曲线形状的气候条件和径流天然调节程度相似。

天然调节程度是由一些地方性因素，如流域面积大小、湖泊率、森林率、地质和水文条件来决定的。对于天然调节程度较大的流域，历时曲线比较平直。对于天然调节程度较小的流域，历时曲线则比较陡峻。

任务5　河流多年平均输沙量的分析计算简介

天然河流特别是在汛期，往往水流浑浊，挟带泥沙，而挟带泥沙的数量，则不同河流有显著差别。这里研究河流泥沙的目的，只是预估未来工程运用期内河流的来沙量，为水利工程规划设计提供有关河流泥沙数量的资料。

模块1　影响河流输沙量的因素

1. 流域自然地理特征的影响

河流中挟带泥沙的多少主要取决于地面径流对流域表面的冲刷作用及岩石的风化程度，因而流域表面的坡度、地质、土壤结构、植被等情况都是影响河流含沙量的因素。例如，黄河中上游覆盖大面积的黄土，结构疏松，富含碳酸钙，抗蚀力差，垂直节理发育，植被差。若暴雨集中，则容易崩坍和滑坍，层状侵蚀和沟蚀强烈，因而发源及流经该区的河流含沙量很大。

2. 流域降雨特性的影响

降雨强度和降雨量的大小对河流泥沙的影响很大，特别是在久晴不雨的时期，土壤干燥，黏力小，较易冲刷，再加上风化堆积物，暴雨时所产生的径流可以挟带大量的泥沙。反之，若地面原来比较坚实，或由于经常下雨，地面土壤经常黏湿，则不易被冲刷，南方河流泥沙淤积就有这一原因。降雨强度的大小还可以反映在洪峰涨落的急缓上，又因降雨强度大，对地面冲刷强烈，故猛涨猛落的洪峰含沙量较大，涨落平缓的洪峰含沙量小。

3. 河道外形的影响

河床坡度越陡，水流切割河床的能量也越大。河道下游断面扩大，坡度平缓，流速减小，泥沙逐渐沉积，因而上断面的含沙量一般比下游的大。此外，河段地形的变化也常引起河段泥沙的局部冲淤，使含沙量发生变化。

4. 人类活动的影响

人类在生产活动过程中，可能使坡面得到治理或改变。采用不合理的耕作方式、砍伐森林或陡坡开荒、开矿修路、河道整治及河流水工建筑物的修建运用，均可引起河流含沙量的增减及冲淤变化。

模块2　年输沙量与多年平均输沙量

河流中的泥沙按其运动形式可大致分为悬于水中并随之运动的悬移质、受水流冲击沿河底移动或滚动的推移质，以及相对静止而停留在河床上的河床质三种。由于水流条件随时间变化，三者之间的划分均以泥沙在水流中某一时刻所处的状态而定。随着水流条件的变化，它们可以相互转化。一般工程上，主要估计悬移质输沙量和推移质输沙量。

由泥沙测验可知，表示输沙特性的指标有含沙量 ρ、输沙率 Q_s 和输沙量 W_s 等。单位体积的浑水内所含泥沙的重量，称为含沙量 ρ。单位时间流过河流某断面的泥沙重量，称为输沙率 Q_s。输沙量 W_s 是指时段 T 内通过河流某断面的总沙量，时段 T 可以是几小时、1 日、1 旬、1 月、1 年、多年等。若时段 T 为 1 年，则该输沙量称为年输沙量，多年输沙总量的年平均值称为多年平均输沙量。

当某断面具有长期实测泥沙资料时，可以直接计算它的多年平均值；当某断面的泥沙资料短缺时，则需设法将短期资料加以延展；当资料缺乏时，则用间接方法进行估算。某断面的多年平均年输沙总量等于多年平均悬移质年输沙量与多年平均推移质年输沙量之和。

模块3　多年平均年输沙量计算

1. 悬移质多年平均输沙量的计算

1）具有长期资料的情况

当某断面具有长期实测流量及悬移质含沙量资料时，可直接用这些资料算出各年的悬移质年输沙量，然后用下式计算多年平均悬移质年输沙量：

$$\overline{W}_s = \frac{1}{n}\sum_{i=1}^{n} W_{si} \tag{5-23}$$

式中：$\overline{W}_s$ 为多年平均悬移质年输沙量，kg；W_{si} 为各年的悬移质年输沙量，kg；n 为年数。

悬移质输沙量的年际变化表现在各年输沙总量的差异上面，通常采用频率计算来确定悬移质输沙量年际变化的统计特征值：均值、变差系数、偏态系数。悬移质输沙量的年内分配可由各月输沙量占全年输沙量的相对百分比表示。

2）资料不足的情况

当某断面的悬移质输沙量资料不足时，可根据资料的具体情况采用不同的处理方法。与本站具有长期年或汛期径流量、与上游（或下游）测站悬移质年输沙量等相关因素建立相关图，插补延长悬移质年输沙量系列。

如果悬移质实测资料系列很短，只有两三年，不足以绘制相关线，则可粗略地假定悬移质年输沙量与年径流量的比值的平均值为常数，于是多年平均悬移质年输沙量 $\overline{W}_s$ 可由多年平均径流量推算，即

$$\overline{W}_s = \alpha_s \overline{Q} \tag{5-24}$$

式中：$\overline{Q}$ 为多年平均年径流量，m^3；α_s 为实测各年的悬移质年输沙量与年径流量之比值的平均值。

3）资料缺乏的情况

当缺乏实测悬移质资料时，其多年平均年输沙量只能采用下述粗略方法进行估算。

（1）侵蚀模数分区图。

输沙量不能完全反映流域地表被侵蚀的程度，更不能与其他流域的侵蚀程度相比较。为了比较不同流域表面侵蚀情况，判断流域被侵蚀的程度，必须研究流域单位面积的输沙量，这个数值称为侵蚀模数。多年平均悬移质侵蚀模数可由下式算得：

$$\overline{M}_s = \frac{\overline{W}_s}{F} \tag{5-25}$$

式中：$\overline{M}_s$ 为多年平均悬移质侵蚀模数，t/km²；F 为流域面积，km²；$\overline{W}_s$ 为多年平均悬移质年输沙量，t。

在我国各省的水文手册中，一般均有多年平均悬移质侵蚀模数分区图。设计流域的多年平均悬移质侵蚀模数可以从图中所在的分区查出，将查出的数值乘以设计断面以上的流域面积，即得到设计断面的多年平均悬移质年输沙量。

（2）沙量平衡法。

设 $\overline{W}_{s上}$ 和 $\overline{W}_{s下}$ 分别为某河干流上游站和下游站的多年平均年输沙量，$\overline{W}_{s支}$ 和 $\overline{W}_{s区}$ 分别为上、下游两站间较大支流断面和除去较大支流以外的区间多年平均年输沙量，ΔS 表示上、下游两站间河岸的冲刷量（为正值）或淤积量（为负值），则可写出沙量平衡方程式为

$$\overline{W}_{s下} = \overline{W}_{s上} + \overline{W}_{s支} + W_{s区} \pm \Delta S \tag{5-26}$$

当上、下游或支流中的任一测站为缺乏资料的设计站，而其他两站具有较长期的观测资料时，即可应用式(5-26)推求设计站的多年平均年输沙量。$\overline{W}_{s区}$ 和 ΔS 可由历年资料估计，如数量不大亦可忽略不计。

（3）经验公式法。

当完全没有实测资料，而且以上的方法都不能应用时，可由经验公式进行粗估，如

$$\bar{\rho} = 10^4 \alpha \sqrt{J} \tag{5-27}$$

式中：$\bar{\rho}$ 为多年平均含沙量，kg/m³；J 为河流平均比降；α 为侵蚀系数，它与流域的冲刷程度有关，拟定时可参考下列数值：冲刷程度剧烈的区域，$\alpha=6\sim8$；冲刷程度中等的区域，$\alpha=4\sim6$；冲刷程度轻微的区域，$\alpha=1\sim2$；冲刷程度极轻的区域，$\alpha=0.5\sim1$。

2. 多年平均推移质年输沙量的估算

由于推移质的采样和测验工作尚存在许多问题，它的实测资料比悬移质的更为缺乏。为此，推移质的估算不宜单以一种方法为准，应采用多种方法估算，经过分析比较，给出合理的数据。

具有多年推移质资料时，其算术平均值即为多年平均推移质年输沙量。当缺乏实测推移质资料时，目前采用的方法都不太成熟，其中一种方法称为系数法，可供参考。该法考虑推移质输沙量与悬移质输沙量之间具有一定的比例关系，此关系在一定的地区和河道水文地理条件下相当稳定，可用系数法公式计算：

$$\overline{W}_b = \beta \overline{W}_s \tag{5-28}$$

式中：$\overline{W}_b$ 为多年平均推移质年输沙量，t；$\overline{W}_s$ 为多年平均悬移质年输沙量，t；β 为推移质输沙量与悬移质输沙量的比值。

β 值根据相似河流已有短期的实测资料估计，在一般情况下可参考下列数值：平原地区河流，$\beta=0.01\sim0.05$；山区河流，$\beta=0.15\sim0.30$。

另一种方法是从已建水库淤积资料中，根据泥沙的颗粒级配，区分出推移质的数量。

一般的方法是把悬移质级配中大于97%的粒径作为推移质粒径下限，直接估算推移质输沙量。

复习思考题

1．何谓年径流？它的表示方法和度量单位是什么？

2．某流域下游有一条较大的湖泊与河流连通，后经人工围垦湖面缩小很多。试定性地分析围垦措施对正常年径流量、径流年际变化和年内变化有何影响？

3．人类活动对年径流有哪些方面的影响？其中间接影响，如修建水利工程等措施的实质是什么？如何影响年径流及其变化？

4．如何分析判断年径流系列代表性的好坏？怎样提高系列的代表性？

5．缺乏实测资料时，怎样推求设计年径流量？

6．简述具有长期实测资料的情况下，用设计代表年法推求年内分配的方法步骤。

7．时段枯水流量与时段径流在选样方法上有何不同？

8．简述影响河流输沙量的因素。

9．某流域的集水面积为600 km^2，其多年平均径流总量为5亿立方米，试问其多年平均流量、多年平均径流深、多年平均径流模数为多少？

10．某水库坝址处共有21年年平均流量 Q_i 的资料，已计算出 $\sum_{i=1}^{21} Q_i = 2898\ m^3/s$，$\sum_{i=1}^{21}(K_i-1)^2 = 0.80$。

(1) 求年径流量均值 $\bar{Q}$、变差系数 C_V、均方差 σ。

(2) 设 $C_S=2C_V$ 时P-Ⅲ型频率曲线与经验点配合良好，试按表5-8求设计保证率为90%时的设计年径流量。

表5-8　P-Ⅲ型频率曲线离均系数 Φ 值表($P=90\%$)

C_S	0.2	0.3	0.4	0.5	0.6
Φ	−1.26	−1.24	−1.23	−1.22	−1.20

11．某水库多年平均流量 $\bar{Q}=15\ m^3/s$，$C_V=0.25$，$C_S=2.0C_V$，年径流理论频率曲线为P-Ⅲ型。

(1) 按表5-9求该水库设计频率为90%的年径流量。

(2) 按表5-10求设计年径流的年内分配。

表5-9　P-Ⅲ型频率曲线模比系数 K_P 值表($C_S=2.0C_V$)

C_V \ P/(%)	20	50	75	90	95	99
0.20	1.16	0.99	0.86	0.75	0.70	0.89
0.25	1.20	0.98	0.82	0.70	0.63	0.52
0.30	1.24	0.97	0.78	0.64	0.56	0.44

表 5-10　枯水代表年年内分配典型

月份	1	2	3	4	5	6	7	8	9	10	11	12
年内分配/(%)	1.0	3.3	10.5	13.2	13.7	36.6	7.3	5.9	2.1	3.5	1.7	1.2

12. 某流域的集水面积 $F=100\ \mathrm{km}^2$，并由悬移质多年平均侵蚀模数($\overline{M}_s$)分区图查得该流域 $\overline{M}_s=2000\ \mathrm{t/(km^2 \cdot 年)}$，试求该流域的多年平均悬移质输沙量 $\overline{W}_s$。

13. 某流域出口处的多年平均流量 $Q_0=140\ \mathrm{m^3/s}$，各年悬移质年输沙量与年径流量之比的平均值 $\alpha_s=0.04$，试估算该流域的多年平均悬移质年输沙量。

项目 6　设计洪水的分析计算

【任务目标】

熟悉设计洪水、设计暴雨、可能最大洪水、单位线等概念；了解历史洪水特大值的处理方法；掌握由流量资料推求设计洪水的方法和经验单位线汇流计算；了解产流计算方法和小流域设计洪水计算。

【技能目标】

能熟练使用适线法配线；会用同频率法对典型洪水放大；能够求出两时段净雨单位线并推求地面洪水过程线。

任务 1　概　　述

模块 1　洪水与设计洪水

流域内发生暴雨、急促的融冰化雪或水库垮坝等引起江河水量迅速增加及水位急剧上涨的一种现象即为洪水。由暴雨形成的洪水称为雨洪，由融雪形成的洪水称为春汛或桃汛。我国大部分地区的洪水由暴雨形成，只在东北、新疆及西部高山区河流才有明显的春汛过程。

一次洪水持续时间的长短与暴雨特性及流域自然地理特性有关，一般由数十小时到数十天。流域上每发生一次洪水，洪水过程可由水文站实测水位及流量资料绘制，如图 6-1 所示。

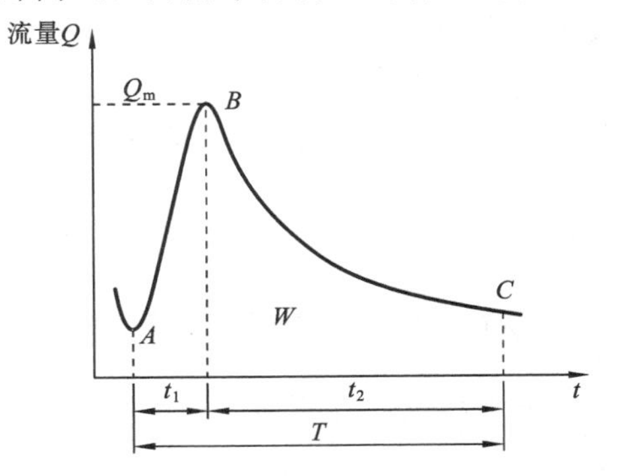

图 6-1　洪水过程线示意图

从图 6-1 所示的洪水过程线上可以看出：

(1) 起涨点 A。该点表示地面径流骤然增加，河流水位迅猛上升，流量开始增大，是一次洪水开始起涨的位置。

(2) 洪峰流量 Q_m。洪峰流量是一次洪水过程中的瞬时最大流量。中小流域的洪水过程具有陡涨陡落的特点，Q_m 与相应的最大日平均流量相差较大；大流域洪峰持续时间较长，Q_m 与最大日平均流量相差较小。

(3) 落平点 C。一次暴雨形成的地面径流基本消失，转为地下径流补给，因此 C 点可作为分割地面径流与地下径流的一个特征点。从 A 到 Q_m 出现的时间，称为涨洪历时 t_1。从 Q_m 到 C 出现的时间称为退水历时 t_2。从 A 到 C 出现的时间称为一次洪水的总历时 T，$T=t_1+t_2$，一般情况下 $t_1<t_2$。

(4) 洪水过程线 $Q(t)$。洪水过程线表示洪水流量随时间变化的过程。山溪性小河洪水陡涨陡落，流量过程线的线形多为单峰型，且峰形尖瘦，历时短；平原性河流及大流域因流域调蓄作用较大，汇流时间长，加上干支流洪水的组合，峰型迭起，过程线形状多呈复式峰型。

(5) 洪水总量 W。T 时段内通过断面的总水量称为洪水总量，数值上等于洪水过程线 $Q(t)$ 与横坐标轴 t 包围的面积。

洪峰流量 Q_m、洪水总量 W 和洪水过程线 $Q(t)$ 是表示洪水特性的三个基本水文变量，称为洪水三要素，简称"峰、量、型"。

河流在一年内常发生多次洪水。当洪水超过天然河道的正常泄洪能力时，如不加以防范就会泛滥成灾，造成人民生命财产和国民经济的损失。为了防止洪水灾害和减少其危害的程度，可采取多种防洪工程措施：如疏浚河道，增加行洪能力；修筑堤防，防止洪水漫溢；兴建水库，拦蓄洪水，削减洪峰，改变天然洪水在时间上的分配过程；开辟分洪区或滞洪区等。

目前，我国水利工程设计大多按照工程的规模、重要性及社会、经济等综合因素，指定不同频率作为设计标准，根据设计标准(设计频率)，则可推出符合设计标准的洪水，这种洪水称为"设计洪水"。

确定设计洪水的程序通常是先查规范确定工程的等级及建筑物的级别，再按设计洪水规范选用相应的设计标准(设计频率)，最后推求出设计洪水的三个控制性要素，即设计洪峰流量、设计洪水总量及设计洪水过程线。

设计洪峰流量是指设计洪水的最大流量。对于堤防、桥梁、涵洞及调节性能小的水库等，一般可只推求设计洪峰流量。例如，堤防的设计标准为百年一遇，只要求堤防能抵御百年一遇的洪峰流量，至于洪水总量多大、洪水过程线形状如何，均不重要，故也称为"以峰控制"。

设计洪水总量是指自洪水起涨至落平时的总径流量，相当于设计洪水过程线与时间坐标轴所包围的面积。设计洪水总量随时段的不同而不同。1 日、3 日、7 日等固定时段的连续最大洪量是指计算时段内水量的最大值，简称最大 1 日洪量、最大 3 日洪量、最大 7 日洪量等。大型水库调节性能高，洪峰流量的作用就不显著，而洪水总量则起着决定防洪库容大小的作用。当设计洪水主要由某一历时的洪量决定时，称为"以量控制"。在水利工程的规划设计阶段，一般应同时考虑洪峰和洪量的影响，要以峰和量同时控制。

设计洪水过程线包含了设计洪水的所有信息，是水库防洪规划设计计算时的重要入库洪水资料。

模块 2　洪水设计标准

洪水泛滥造成的洪灾是自然灾害中最重要的一种，它给城市、乡村、工矿企业、交通运输、水利水电工程、动力设施、通信设施、文物古迹及旅游设施等带来巨大的损失。为了保护上述对象不受洪水的侵害，减少洪灾损失，必须采取防洪措施，包括防洪的工程措施和非工程措施。防洪标准是指担任防洪任务的水工建筑物应具备的防御洪水能力的洪水标准，一般可用防御洪水相应的重现期或出现频率来表示，如 50 年一遇、百年一遇等。此外，有的部门将调查或实测的某次洪水适当放大作为防洪标准，但也往往与相应频率洪水对比。

值得注意的是，上面所说的 50 年一遇、百年一遇，决不能错误地理解为 50 年或 100 年以后才发生一次，或者错误地认为每 50 年或 100 年必定发生一次。实际上百年一遇是指在多年平均的情况下 100 年发生一次，即 100 年内可发生一次、两次或多次，甚至一次也不发生。所以，一定设计标准的水利工程每年都要承担一定的失事风险。为了说明工程的风险率，可作如下简单分析。

若某工程的设计频率为 $p(\%)$，该工程如果有效工作 L 年（L 为工作寿命），由概率论知识可知，工程建成后1年，其被破坏的可能性为 $p(\%)$，不遭破坏的可能性则为 $(1-p)$；第2年继续不遭破坏的可能性由概率乘法定理应为 $(1-p)(1-p)=(1-p)^2$。依此类推，在 L 年内不遭破坏的可能性为 $(1-p)^L$。那么，在 L 年内遭破坏的可能性，也就是该工程应承担的风险率为 $R=1-(1-p)^L$。如果有一座设计标准为 $p=1\%$ 的工程，则其使用100年和200年时，使用期内出现超标准洪水遭破坏的可能性分别为63.4%和86.6%。

为保证防护对象的防洪安全，需投入资金进行防洪工程建设和维持其正常运行。防洪标准高，工程规模及投资运行费用大，工程风险就小，防洪效益大；相反，防洪标准低，工程规模小，工程投资少，所承担的风险就大，防洪效益小。因此，选定防洪标准的原则在很大程度上是如何处理好防洪安全和经济的关系，应经过认真的分析论证，考虑安全和经济的统一。我国于1994年6月发布了由水利部会同有关部门共同制定的《防洪标准》(GB 50201—1994)，作为强制性国家标准。其中有关城市、水库工程水工建筑物、灌溉和治涝工程、供水工程的防洪标准如表6-1、表6-2、表6-3、表6-4所示。水利水电枢纽工程根据其工程规模、效益和在国民经济中的重要性分为五等，如表6-5所示。水利水电枢纽工程的水工建筑物根据其所属枢纽工程的等别、作用和重要性分为五级，如表6-6所示。《水利水电工程等级划分及洪水标准》(SL 252—2000)作为我国水利行业的洪水标准可确定水利枢纽的等别、建筑物的级别及相应的洪水标准。

表6-1　城市的等级和防洪标准

等　　级	重　要　性	非农业人口/万人	防洪标准:重现期/年
Ⅰ	特别重要的城市	≥150	≥200
Ⅱ	重要的城市	50～150	100～200
Ⅲ	中等城市	20～50	50～100
Ⅳ	一般城市	≤20	20～50

表6-2　水库工程水工建筑物的防洪标准

水工建筑物级别	防洪标准:重现期/年				
	山区、丘陵区			平原区、海滨区	
	设　计	校　核		设　计	校　核
		混凝土坝、浆砌石坝及其他水工建筑物	土坝、堆石坝		
1	500～1000	2000～5000	PMF或5000～10000	100～300	1000～2000
2	100～500	1000～2000	2000～5000	50～100	300～1000
3	50～100	500～1000	1000～2000	20～50	100～300
4	30～50	200～500	300～1000	10～20	50～100
5	20～30	100～200	200～300	10	20～50

表 6-3 灌溉和治涝工程主要建筑物的防洪标准

水工建筑物级别	防洪标准:重现期/年
1	50～100
2	30～50
3	20～30
4	10～20
5	10

表 6-4 供水工程主要建筑物的防洪标准

水工建筑物级别	防洪标准:重现期/年	
	设　计	校　核
1	50～100	200～300
2	30～50	100～200
3	20～30	50～100
4	10～20	30～50

表 6-5 水利水电枢纽工程等别

工程等级	水库		防洪		治涝	灌溉	供水	水电站
	工程规模	总库容/亿立方米	城镇及工矿企业的重要性	保护农田面积/万亩	治涝面积/万亩	灌溉面积/万亩	城镇及工矿企业的重要性	装机容量/万千瓦
Ⅰ	大(1)型	≥10	特别重要	≥500	≥200	≥150	特别重要	≥120
Ⅱ	大(2)型	1.0～10	重要	100～500	60～200	50～150	重要	30～120
Ⅲ	中型	0.1～1.0	中等	30～100	15～60	5～50	中等	5～30
Ⅳ	小(1)型	0.01～0.1	一般	5～30	3～15	0.5～5	一般	1～5
Ⅴ	小(2)型	0.001～0.01	—	≤5	≤3	≤0.5	—	≤1

表 6-6 水工建筑物的级别

工 程 等 别	永久性水工建筑物级别		临时性水工建筑物级别
	主要建筑物	次要建筑物	
Ⅰ	1	3	4
Ⅱ	2	3	4
Ⅲ	3	4	5
Ⅳ	4	5	5
Ⅴ	5	5	

我国各部门现行的防洪标准，有的规定为只有一级标准，有的规定设计和校核两级标准。水利水电工程采用设计、校核两级标准。设计标准是指当发生小于或等于该标准的洪水时，应保证防护对象的安全或防洪设施的正常运行。校核标准是指遇到该标准的洪水时，采取非常运用措施，在保障主要防洪对象和主要建筑物安全的前提下，允许次要建筑物局部或不同程度的损坏，允许次要防护对象受到一定的损失。

模块3 设计洪水计算的目的、内容和方法

设计洪水计算的目的是通过对暴雨、洪水等资料的分析，寻求它们的规律，从而对未来长时期内的洪水情势作出切实可靠的预估，推求出在设计地点将来可能出现的符合设计标准的洪水，为水利水电部门以及其他，如铁路、公路、桥涵、港口、城市等防洪措施的规划设计提供必要的水文依据。

设计洪水的计算内容一般包括设计洪峰流量、固定时段的设计洪量和设计洪水过程线三项。这里所指的设计洪水的计算实际上还包括校核洪水。目前，我国设计洪水的计算方法可分为有资料和无资料两种情况。

1. 有资料情况下推求设计洪水的方法

（1）由流量资料推求设计洪水。当设计断面有足够（一般要求30年以上）的实测流量资料时，可运用水文统计原理直接由流量资料推求设计洪水。这种方法与由径流资料推求设计年径流及其年内分配的方法大体相同，即通过频率计算求出设计洪峰流量和各时段的设计洪量，然后按典型洪水过程经同倍比或同频率放大的方法求得设计洪水过程线。区别在于，当进行频率计算时需加入特大洪水资料。

（2）由暴雨资料推求设计洪水。先由暴雨资料经过频率计算求得设计暴雨，再经过产流和汇流计算推求出设计洪水过程。

（3）由水文气象资料推求设计洪水。根据气象资料首先推求可能最大暴雨，再用可能最大暴雨推算出可能最大洪水。

2. 无资料情况下推求设计洪水的方法

（1）地区等值线插值法。对缺乏资料的地区，根据邻近地区的实测和调查资料，对洪峰流量模数、暴雨特征值、暴雨和径流的统计参数等进行地区综合，绘制相应的等值线图，供无资料的小流域设计使用。

（2）经验公式法。在地区综合分析的基础上，通过实验研究建立洪水、暴雨与流域特征值的经验公式，用于估算无资料地区的设计洪水。有关这类图、公式或一些经验数据，在各省区编印的暴雨洪水图集（或称暴雨洪水查算手册）中均有刊载。

任务2 由流量资料推求设计洪水

由流量资料推求设计洪水和由流量资料推求设计年径流的基本思路相同，即利用实测流量资源推求规定标准的、用于水库规划和水工建筑物设计的洪水过程线。计算程序包括：资料的“三性”审查；洪峰流量和时段洪量资料的选样；加入特大洪水资料系列的频率计算，推求符

合设计标准的设计洪峰流量和各种时段的设计洪量；按典型洪水过程进行放大，求得设计洪水过程线，进行成果的合理性检查。

$$资料\xrightarrow[频率计算]{审查、选样}\begin{cases}设计洪峰流量\\各时段设计洪量\end{cases}\xrightarrow[放大]{选择典型洪水过程}设计洪水过程线$$

模块1　洪水资料的选样与审查

在洪水频率计算中应将每年河流的洪水过程作为一次随机事件。实际上它包含若干次不同的洪水过程，根据频率计算的选择原则，从多场洪水过程中选出符合要求的洪水特征值。

对于洪峰流量，用年最大值法选样，即每年挑选一个最大的瞬时洪峰流量。若有 n 年资料（按《水利水电工程设计洪水计算规范》(SL 44—2006) n 至少为30年)，则可得到 n 个最大洪峰流量构成的样本系列：$Q_{m1},Q_{m2},\cdots,Q_{mn}$。

对于洪量，采用固定时段年最大值法独立选样。首先根据当地洪水特性和工程设计的要求确定统计时段(包括设计时段和控制时段)，然后在各年的洪水过程中，分别独立地选取不同时段的年最大洪量，组成不同时段的洪量样本系列。所谓独立选样，是指同一年中最大洪峰流量及各时段年最大洪量的选取互不相干，各自都取全年最大值即可。几个特征值有可能在同一场洪水中，也有可能不在同一场洪水中。如图6-2所示，最大1日洪量 W_1 与最大3日洪量 W_3 分别在两场洪水中，而最大7日洪量 W_7 又包含最大3日洪量 W_3。如果有 n 年资料，即可得到几组不同时段的年最大系列：

$$W_{11},W_{12},\cdots,W_{1n}$$
$$W_{31},W_{32},\cdots,W_{3n}$$
$$W_{71},W_{72},\cdots,W_{7n}$$

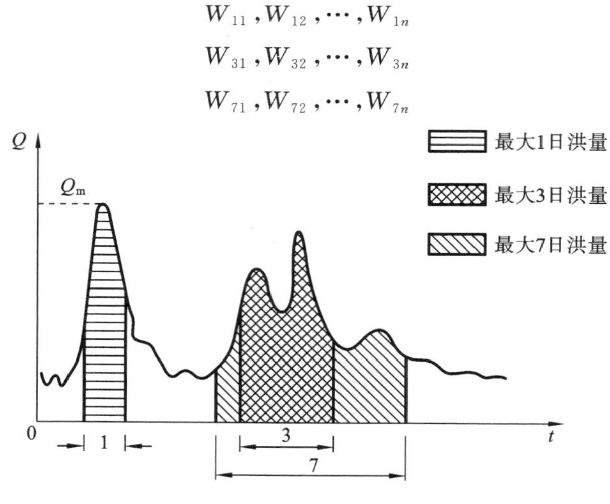

图6-2　洪量独立选样示意图

年最大瞬时洪峰流量值和各种时段的年最大洪量值，可由水文年鉴上逐日平均流量表或水文要素记录表统计求得，或者直接从水文特征值统计资料上查得。

洪水资料的审查，主要是审查它的可靠性、一致性和代表性，审查的方法和内容可参照前文样本审查相关部分。

如果审查发现洪水资料的代表性不高，可以通过相关分析进行插补展延。例如，可以利用上、下游站洪水资料进行相关分析延长洪峰及洪量资料，也可以利用本站的峰量关系进行插补延长，或者利用暴雨径流关系来插补延长。其中，加入调查历史特大洪水资料是延长样本系列、提高系列代表性的最重要的方法。

模块2 设计洪峰流量和洪量的频率计算

洪水资料经审查和插补延长后，用频率计算推求设计洪峰流量和各时段的设计洪量，其方法步骤与设计年径流频率计算的基本相同，只是洪水资料系列由于含有洪水特大值而使其经验频率和统计参数的计算及适线侧重点与设计年径流的不同。设计洪量的频率计算方法与设计洪峰流量频率的计算方法类似，只是设计洪峰流量采用的是 n 个最大洪峰流量组成的样本，经过适线法计算得到设计标准的洪峰值，而设计洪量采用的是几组不同时段组成的样本，要采用同样的方法，每组样本计算得到一个时段的设计洪量。下面只对洪峰流量资料加入特大洪水的频率计算作简单介绍。

1. 加入洪水特大值的作用

所谓特大洪水，目前还没有一个非常明确的定量标准，通常是指比实测系列中的一般洪水大得多的稀遇洪水，例如，模比系数为2～3的洪水。特大洪水包括调查历史洪水和实测洪水中的最大值。

目前，我国河流的实测流量资料多数都不长，经过插补延长后也得不到满意的结果。要根据这样短期的实测资料来推算百年一遇、千年一遇等稀遇洪水，难免存在较大的抽样误差。而且，每年出现一次大洪水后，设计洪水的数据及结果就会产生很大的波动，若以此计算成果作为水工建筑物防洪设计的依据，显然是不可靠的。因此，设计洪水规范中明确提出，无论用什么方法推求设计洪水都必须考虑特大洪水问题。如果能调查和考证到若干次历史洪水加入频率计算，就相当于将原来几十年的实测系列加以延长，这将大大增强资料的代表性，提高设计成果的精度。例如，我国滹沱河黄壁庄水库，在1956年规划设计时，仅以18年实测洪峰流量系列计算设计洪水。其后于1956年发生了特大洪水，洪峰流量 $Q_m=13100\ m^3/s$，超过了原千年一遇的洪峰流量。加入该年特大洪水后重新计算，求得千年一遇洪峰流量比原设计值大1倍多。紧接着1963年又发生了 $Q_m=12000\ m^3/s$ 的特大洪水，使人们认识到必须更深入地研究历史特大洪水。继续调查后，将历史上发生的4次特大洪水一并加入系列，再进行洪水频率计算，其千年一遇洪峰流量设计值为27600 m^3/s，与20年系列分析成果相差3.6%，设计成果也基本趋于稳定。上述计算成果如表6-7所示。

表6-7 黄壁庄水库不同资料系列设计洪水计算成果

计算方案	系列项数	历史洪水个数	重现期/年	Q_m 均值/(m^3/s)	C_V	C_S/C_V	设计洪峰流量/(m^3/s)	
							$P=0.1\%$	$P=0.01\%$
Ⅰ	18	0	162	1640	0.9	3.5	12600	20140
Ⅱ	20	1	364	2230	1.4	3.0	28600	42010
Ⅲ	24	4	170	2700	1.25	2.0	27600	38530

2. 加入特大洪水不连序系列的几种情况

由于特大洪水的出现机会总是比较少的，因而其相应的考证期(调查期) N 必然大于实测系列的年数 n，而在 $N-n$ 时期内的各年洪水信息尚不确知。把特大洪水和实测一般洪水加在一起组成的样本系列，在由大到小排队时其序号无法连贯(即不连序)，中间有空缺的序位，这种样本系列称为不连序系列。若由大到小排队时序号是连贯不间断的，这种样本系列则称为连序系列。一般来讲，实测年径流系列为连序系列，含洪水特大值的洪水系列为不连序系列。不连序系列有三种可能情况，如图 6-3 所示。

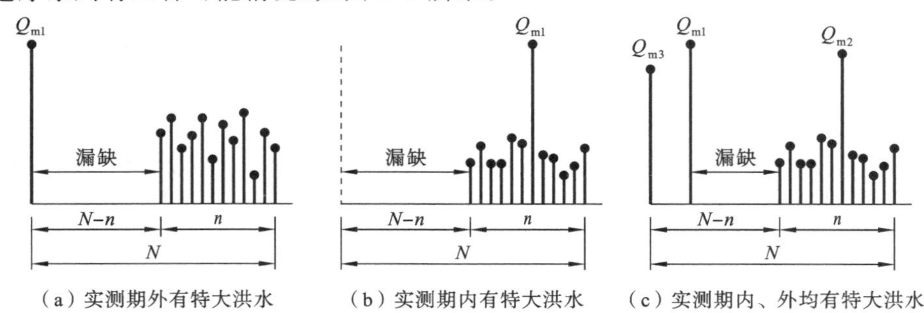

图 6-3　特大洪水组成的不连序洪水系列

图 6-3(a)中为实测系列 n 年以外有调查的历史大洪水 Q_{m1}，其调查期为 N 年。

图 6-3(b)中没有调查的历史大洪水，而实测系列中的 Q_{m1} 远比一般洪水的大，经论证其考证期可延长为 N 年，将 Q_{m1} 放在 N 年内排位。

图 6-3(c)中既有调查历史大洪水又有实测的特大值，这种情况比较复杂，关键是要将各大值的调查考证期考证准确，并弄清排位的次序和范围。

对于不连序系列样本资料，其经验频率及统计参数的计算，与连序系列样本资料有所不同，这是所谓的特大洪水的处理问题。

3. 洪峰流量经验频率的计算

考虑特大洪水的不连序系列，其经验频率计算常常是将特大值和一般洪水分开，分别计算。目前我国采用的计算方法有以下两种。

1) 独立样本法

独立样本法(分别处理法)即将实测一般洪水样本与特大洪水样本，分别看做是来自同一总体的两个连序随机样本，各项洪水分别在各自的样本系列内排位计算经验频率的方法。其中特大洪水按下式计算经验频率：

$$p_M=\frac{M}{N+1}\times 100\% \tag{6-1}$$

式中：M 为特大洪水排位的序号，$M=1,2,\cdots,a$；N 为特大洪水首项的考证期，即为调查最远的年份迄今的年数；p_M 为特大洪水第 M 项的经验频率，%。

同理，n 个一般洪水的经验频率按下式计算：

$$p_m=\frac{m}{n+1}\times 100\% \tag{6-2}$$

式中：m 为实测洪水排位的序号，$m=l+1,l+2,\cdots,n$，l 为实测系列中抽出作特大值处理的洪水个数；n 为实测洪水的项数；p_m 为实测洪水第 m 项的经验频率，%。

2) 统一样本法

统一样本法(统一处理法)即将实测系列和特大值系列都看做是从同一总体中任意抽取的一个随机样本，各项洪水均在 N 年内统一排位计算其经验频率的方法。

设调查考证期 N 年中有 a 个特大洪水，其中有 l 项发生在实测系列中，则此 a 个特大洪水的排位序号 $M=1,2,\cdots,a$，其经验频率仍按式(6-1)计算。而实测系列中剩余的 $(n-l)$ 项的经验频率按下式计算：

$$p_m = p_{Ma} + (1 - p_{Ma})\frac{m-l}{n-l+1}\times 100\% \tag{6-3}$$

式中：p_{Ma} 为 N 年中末位特大值的经验频率，$p_{Ma}=\frac{a}{N+1}\times 100\%$；$l$ 为实测系列中抽出作特大值处理的洪水个数；m 为实测系列中各项在 n 年中的排位序号，l 个特大值应该占位；n 为实测系列的年数。

【例 6-1】 某站 1938—1982 年共 45 年洪水资料，其中 1949 年洪水比一般洪水大得多，应从实测系列中提出作特大值处理。另外通过调查历史洪水资料，得知本站自 1903 年以来的 80 年间有 2 次特大洪水，分别发生在 1903 年和 1921 年。经分析考证，可以确定 80 年以来没有遗漏比 1903 年更大的洪水，洪水资料如表 6-8 所示。试用两种方法分析计算各次洪水的经验频率，并进行比较。

表 6-8　某站洪峰流量系列经验频率分析计算

	洪水性质	特大洪水			一般洪水				
洪水资料	年份	1921	1949	1903	1949	1940	1979	…	1981
	洪峰流量/(m³/s)	8540	7620	7150		5020	4740		2580
排位情况	排位时期	1903—1982 年(N=80 年)			1938—1982 年(n=45)				
	序号	1	2	3	—	2	3	…	45
独立取样分别排位(方法 1)	计算公式	式(6-1)			式(6-2)				
	经验频率/(%)	1.23	2.47	3.70	—	4.35	6.52	…	97.8
统一取样统一排位(方法 2)	计算公式	式(6-1)			式(6-3)				
	经验频率/(%)	1.23	2.47	3.70	—	5.84	7.98	…	97.8

解　(1) 独立样本法计算。根据资料绘制如图 6-4 所示示意图。

按式(6-1)和式(6-2)分别计算洪水特大值系列及实测洪水系列的各项经验频率。

1921 年洪水 $Q_m=8540\ \mathrm{m^3/s}$，在特大值系列中(N=80 年)排第 1，则

$$p_{1921}=\frac{1}{80+1}\times 100\%=1.23\%$$

$$p_{1949}=\frac{2}{80+1}\times 100\%=2.47\%$$

$$p_{1903}=\frac{3}{80+1}\times 100\%=3.70\%$$

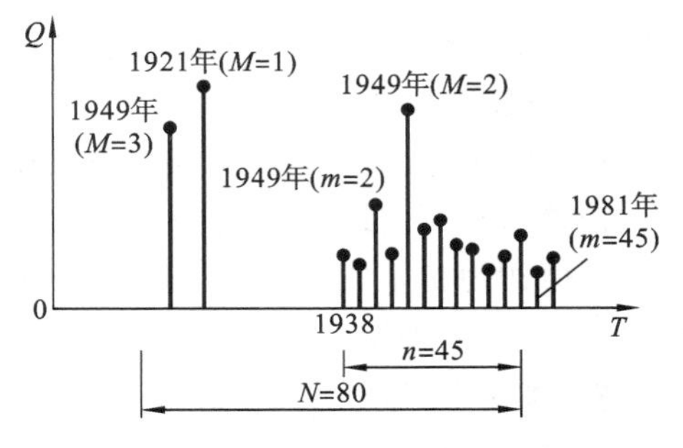

图 6-4　某站洪峰流量系列示意图(a=3)

实测系列中各项的经验频率应在系列内排位，即 $m=1,2,\cdots,n$。但由于将 1949 年提出作特大值处理，所以排位实际上应从 $m=2$ 开始，即 1940 年洪水经验频率为

$$p_{1940}=\frac{2}{45+1}\times 100\%=4.35\%$$

(2) 统一样本法计算。a 个特大值洪水的经验频率仍用式(6-1)计算，其结果与采用独立样本法的相同。$(n-l)$ 项实测洪水的经验频率按式(6-3)计算，如 1940 年的为

$$p_{1940}=\left[\frac{3}{80+1}+\left(1-\frac{3}{80+1}\right)\times\frac{2-1}{45-1+1}\right]\times 100\%=5.84\%$$

其余各项实测洪水的经验频率可仿此计算，成果列入表 6-8 中。

由表 6-8 中的计算结果可以看出，特大洪水经验频率的两种计算方法的计算结果一致；而实测一般洪水经验频率的两种计算方法的计算结果不同，如 1940 年洪水($m=2$)，独立样本法计算经验频率为 4.35%，统一样本法计算经验频率为 5.84%，可见采用第二种方法计算的经验频率比采用第一种方法的大。

上述两种方法，目前都在使用。一般来说，独立样本法适用于实测系列代表性较好，而历史洪水排位可能有遗漏的情况；统一样本法适用于在调查考证期 N 年内为首的数项历史洪水确系连序而无错漏的情况。两种方法计算结果比较接近，第一种方法计算比较简单，但存在特大洪水的经验频率与实测洪水的经验频率重叠的现象。

4. 统计参数的计算

对于不连序系列，统计参数初值的估算仍可采用三点法和矩法公式进行。但在使用矩法时，计算公式要进行适当修正。

设调查考证期 N 年内共有 a 个特大洪水，其中 l 个发生在实测系列中，$(n-l)$ 项为一般洪水。假定除去特大洪水后的 $(N-a)$ 年系列，其均值和均方差与 $(n-l)$ 年系列的均值和均方差相等，即

$$\bar{Q}_{N-a}=\bar{Q}_{n-l}$$

$$\sigma_{N-a}=\sigma_{n-l}$$

于是推导出不连序系列的均值和变差系数的计算公式如下：

$$\bar{Q}_{\mathrm{m}}=\frac{1}{N}\left(\sum_{j=1}^{a}Q_j+\frac{N-a}{n-l}\sum_{i=l+1}^{n}Q_i\right) \tag{6-4}$$

$$C_V=\frac{1}{\bar{Q}_{\mathrm{m}}}\sqrt{\frac{1}{N-1}\left(\sum_{j=1}^{a}(Q_j-\bar{Q}_{\mathrm{m}})^2+\frac{N-a}{n-l}\sum_{i=l+1}^{n}(Q_i-\bar{Q}_{\mathrm{m}})^2\right)} \tag{6-5}$$

式中：$\bar{Q}_{\mathrm{m}}$、C_V 分别为加入特大值后系列的均值和变差系数；Q_j 为特大洪水洪峰流量，$j=1,2,\cdots,a$；Q_i 为一般洪水洪峰流量，$i=l+1,l+2,l+3,\cdots,n$；N 为调查洪水的考证期；a 为特大洪水个数；n 为一般洪水个数；l 为实测系列中特大洪水的项数。

偏差系数 C_S 抽样误差较大，一般不直接计算，而是参考相似流域分析成果，选用一定的 C_S/C_V 值作为初始值，也可以参考地区规律选用：一般对于 $C_V\leqslant 0.5$ 的地区，可用 $C_S/C_V=3\sim 4$；对于 $C_V>1$ 的地区，可用 $C_S/C_V=2\sim 3$；对于 $0.5<C_V\leqslant 1$ 的地区，可用 $C_S/C_V=2.5\sim 3.5$。

5. 洪水频率计算的适线原则

洪峰洪量计算时，无论采用何种方法估算统计参数，最终仍以理论频率曲线与经验点群配合最佳来确定统计参数。适线时如何正确地掌握“最佳”的配合，这就要遵循适线原则。

(1) 适线时尽量照顾点群趋势，使曲线上、下两侧点数目大致相等，并交错均匀分布。

(2) 考虑到 P-Ⅲ型频率曲线的应用仍有一定的假定性，在适线过程中应着重配合曲线中

上部，对下部点的配合可适当放宽要求。

(3) 应注意各次历史洪水点据的精度以便区别对待，使曲线尽量靠近精度较高的点据。

(4) 要考虑不同历史时期洪水特征值参数的变化规律，以及同一历时的参数在地区上变化规律的合理性。

不连序系列的频率计算方法同时也包括各固定时段的洪量系列的频率计算，根据以上原则分别对洪峰流量和各时段洪量的样本系列进行适线后，选定配合最佳的理论频率曲线及其参数，从而在该曲线上查得设计洪峰流量和各时段的设计洪量。

【例 6-2】 某流域拟建中型水库一座。经分析确定水库枢纽本身永久水工建筑物正常运用洪水标准 $p=1\%$，非常运用洪水标准(校核标准)$p=0.1\%$。该工程坝址位置有25年实测洪水资料(1958—1982年)，经选样审查后洪峰流量资料列入表6-9第②栏。为了提高资料代表性，曾多次进行洪水调查，得知1903年发生特大洪水，洪峰流量为3750 m^3/s，考证期为80年，试推求 $p=1\%$、$p=0.1\%$时的设计洪峰流量。

解 (1) 根据已知资料分析，1975年的洪水与1903年的洪水属于同一量级，仅次于1903年，居第二位，且与实测洪水资料相比，洪峰流量值明显偏大。因而，可以从实测系列中抽出作特大值处理，所以 $l=1, a=2, N=80, n=25$。

(2) 经验频率按独立样本法列表计算，如表6-9所示。

表 6-9　经验频率曲线计算成果

年份	洪峰流量 Q_m/(m^3/s)	序号 M、m	Q_m 由大到小排队/(m^3/s)	经验频率 p/(%)	年份	洪峰流量 Q_m/(m^3/s)	序号 M、m	Q_m 由大到小排队/(m^3/s)	经验频率 p/(%)
①	②	③	④	⑤	①	②	③	④	⑤
					1971	2300	14	875	53.8
1903	3750	一	3750	1.23	1972	720	15	850	57.7
1958	639	二	3300	2.46	1973	850	16	815	61.5
1959	1475	2	2510	7.70	1974	1380	17	780	65.4
1960	984	3	2300	11.5	1975	3300	18	720	69.2
1961	1100	4	2050	15.4	1976	406	19	705	73.1
1962	661	5	1800	19.2	1977	926	20	661	76.9
1963	1560	6	1560	23.1	1978	1800	21	639	80.8
1964	815	7	1475	26.9	1979	780	22	615	84.6
965	2510	8	1450	30.8	1980	615	23	510	88.5
1966	705	9	1380	34.6	1981	2050	24	479	92.3
1967	1000	10	1100	38.5	1982	875	25	406	96.2
1968	497	11	1000	42.3					
1969	1450	12	984	42.2	合计	33640		7050 26590	
1970	510	13	926	50.0					

(3) 用矩法公式计算统计参数初始值：

$$\bar{Q}_m = \frac{1}{N}\left(\sum_{j=1}^{a} Q_j + \frac{N-a}{n-l}\sum_{i=l+1}^{n} Q_i\right) = \frac{1}{80} \times \left(7050 + \frac{80-2}{25-1} \times 26590\right) \text{ m}^3/\text{s} = 1168 \text{ m}^3/\text{s}$$

$$C_V = \frac{1}{\bar{Q}_m}\sqrt{\frac{1}{N-1}\left[\sum_{j=1}^{a}(Q_j-\bar{Q}_m)^2+\frac{N-a}{n-l}\sum_{i=l+1}^{n}(Q_i-\bar{Q}_m)^2\right]}$$
$$= \frac{1}{1168}\sqrt{\frac{1}{80-1}\left[\sum_{j=1}^{2}(Q-1168)^2+\frac{80-2}{25-1}\sum_{i=2}^{25}(Q_i-1168)^2\right]}$$
$$= 0.58$$

选取 $C_S=3.0C_V$。

(4) 理论频率曲线推求时先以样本统计参数 $\bar{Q}_m=1168\ \text{m}^3/\text{s}$、$C_V=0.58$、$C_S=3.0C_V$ 作为初始值，查表，并绘制 P-Ⅲ型频率曲线，具体做法可参见前述适线法。图 6-5 所示曲线Ⅰ为初试结果。可以看出，曲线上半部系统偏低，应重新调整统计参数，调整结果如表 6-10 所示，$C_V=0.65$，$C_S=3.5C_V$ 时所得理论频率曲线与中高水点据配合较好，如图 6-5 中曲线Ⅱ所示。此线即为所求的频率曲线，相应的统计参数为 $\bar{Q}_m=1168\ \text{m}^3/\text{s}$，$C_V=0.65$，$C_S=3.5C_V$，据此可从图 6-5 所示曲线Ⅱ上查出洪峰流量的设计值为：$p=1\%$ 时，$Q_{mp}=4018\ \text{m}^3/\text{s}$；$p=0.1\%$ 时，$Q_{mp}=5933\ \text{m}^3/\text{s}$。

表 6-10　理论频率曲线适线计算成果

频率 p/(%)		0.1	0.5	1	2	5	10	20	50	75	90	95
第一次适线 $\bar{Q}_m=1168\ \text{m}^3/\text{s}$ $C_V=0.58$ $C_S=3.0C_V$	K_P	4.23	3.38	3.01	2.64	2.14	1.77	1.38	0.84	0.58	0.45	0.40
	Q_p	4940	3948	3516	3084	2500	2067	1612	981	677	526	467
第二次适线 $\bar{Q}_m=1168\ \text{m}^3/\text{s}$ $C_V=0.65$ $C_S=3.5C_V$	K_P	5.08	3.92	3.44	2.94	2.30	1.83	1.36	0.78	0.55	0.46	0.44
	Q_p	5933	4578	4018	3434	2686	2137	1588	911	642	537	514

6. 设计成果的合理性分析和安全保证值

1）成果的合理性分析

应对洪峰流量及洪量设计成果，包括各项统计参数，进行合理性检查。检查时，一方面根据邻近地区河流的一般规律，检查设计成果有无偏大偏小的情况，从而发现问题并及时修正。另一方面，也要注意设计站与邻近站的差别，不要机械地强求一致。常用的检查方法如下。

(1) 本站洪峰及各种历时洪量的频率计算成果相互比较。

① 同一频率下，应该是 $W_{7\text{d}}>W_{3\text{d}}>W_{1\text{d}}$，将它们的理论频率曲线绘制在一张频率格纸上，在实用范围内各线不应相交。

② 一般情况下，1 d 洪量系列的 C_V 值应该大于 3 d 洪量的 C_V 值，3 d 洪量系列的 C_V 值应该大于 7 d 洪量的 C_V 值，历时愈短，洪量系列 C_V 值应愈大。不过有些河流受暴雨特性及河槽调蓄作用的影响，其洪量系列的 C_V 值也可能随历时的增长而增大，达到最高值后又随历时的增长而减小。

(2) 与上、下游及邻近河流的频率计算成果相比较。

① 同一条河流的上、下游如果在同一地区，或者同一地区大小不同的河流，应该是洪峰流量及各种历时洪量的均值从上游到下游递增，大河的比小河的要大；而洪峰流量模数则小流域

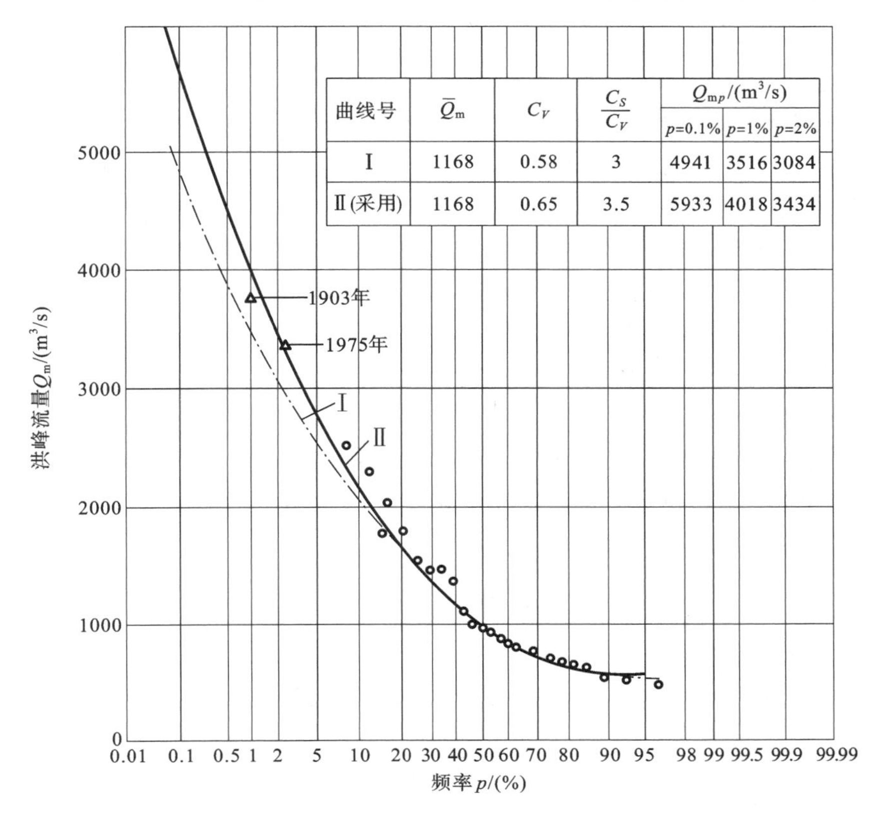

曲线号	$\overline{Q}_m$	C_V	$\frac{C_S}{C_V}$	Q_{mp}/(m³/s)		
				p=0.1%	p=1%	p=2%
Ⅰ	1168	0.58	3	4941	3516	3084
Ⅱ(采用)	1168	0.65	3.5	5933	4018	3434

图 6-5　某站洪峰流量频率曲线图

的较大。

② 如果其他条件相同，洪峰流量的 C_V 值应该是小流域的较大。同样，历时相同的洪量，其 C_V 值也是上游和小流域的较大。

(3) 与暴雨频率计算成果对比。

一般情况下，设计洪水的径流深不应大于同频率的相应历时的面暴雨量，而且洪峰及洪量的 C_V 值都应该比暴雨系列的 C_V 值大。这是因为洪水除受暴雨影响之外，还受下垫面条件(尤其是土壤缺水情况)的影响，所以洪水的变化幅度要大于相应暴雨的变化幅度。

2）设计洪水的安全保证值

由样本资料推求水文随机变量的总体分布，进而得到设计值，必然存在抽样误差。对于大型水利水电工程或重点工程，如果经过综合分析发现设计值确有可能偏小，则为了安全起见，可在校核洪水设计值上增加不超过20％的安全保证值。这只是一种规定性的技术措施，并没有多少理论依据。因此，目前还有不同的看法和意见。

模块 3　设计洪水过程线的推求

推求设计洪水过程线就是寻求设计情况下可能出现的洪水过程，并用它进行防洪调节计算，以确定水库的防洪规模和溢洪道的型式、尺寸的过程。其方法是采用典型洪水放大法，即从实测洪水中选出和设计要求相近的洪水过程线作为典型，然后按设计的峰和量将典型洪水过程线放大。此法的关键是如何恰当地选择典型洪水和如何进行放大。

1. 典型洪水过程线的选择

典型洪水的选取可考虑以下几个方面：

(1) 从资料完整、精度较高、接近设计值的实测大洪水过程线中选择。

(2) 要选择具有代表性的对防洪偏于不利的洪水过程线作为典型，即在发生季节、地区组成、峰型、主峰位置、洪水历时，以及峰、量关系等方面能够代表设计流域大洪水的特性。所谓对防洪不利的典型，一般来说，调洪库容较小时，尖瘦型洪水对防洪不利；调洪库容较大时，矮胖型洪水对防洪不利。对多峰洪水来说，一般峰型集中、主峰靠后的洪水过程线对调洪更为不利。

(3) 如水库下游有防洪要求，应考虑与下游洪水遭遇的不利典型。

2. 典型洪水过程线的放大

1) 同倍比放大法

该法是按同一放大系数 K 放大典型洪水过程的纵坐标，使放大后的洪峰流量等于设计洪峰流量 Q_{mp}，或使放大后的洪量等于设计洪量 W_p。如果使放大后的洪水过程线的洪峰等于设计洪峰流量 Q_{mp}，称为峰比放大，放大系数为

$$K_Q=\frac{Q_{mp}}{Q_{md}} \tag{6-6}$$

式中：Q_{md} 为典型洪水的洪峰流量。

如果使放大后的洪水过程线洪量等于设计洪量，称为量比放大，放大系数为

$$K_W=\frac{W_p}{W_d} \tag{6-7}$$

式中：W_d 为典型洪水的洪量。

同倍比较大，方法简单、计算工作量小，但在一般情况下，K_Q 和 K_W 不会完全相等，所以按洪峰放大后的洪量不一定等于设计洪量，按量放大后的洪峰流量不一定等于设计洪峰流量。

2) 同频率放大法

放大典型过程线时，若按洪峰和不同历时的洪量分别采用不同的倍比，使放大后的过程线的洪峰及各种历时的洪量分别等于设计洪峰和设计洪量，也就是说，放大后的过程线，其洪峰流量和各种历时的洪水总量都符合同一设计频率，则称为“峰、量同频率放大”，简称“同频率放大”。此法适用于多种防洪工程，目前大、中型水库规划设计主要采用此法。

如图 6-6 取洪量历时为 1 d、3 d、7 d，计算典型洪水洪峰流量 Q_{md} 及各历时洪量 W_{1d}、W_{3d}、W_{7d}。计算典型洪水的洪量时采用“长包短”，即把短历时洪量包在长历时洪量之中，以保证放大后的设计洪水过程线峰高量大、峰型集中，便于计算和放大。洪量的选样不要求“长包短”，是为了所取得的样本为真正的年最大值，符合独立随机选择要求，两者都是从安全角度出发的。

典型洪水各段的放大倍比可计算如下：

洪峰的放大倍比

$$K_Q=\frac{Q_{mp}}{Q_{md}} \tag{6-8}$$

1 d 洪量放大倍比

$$K_1=\frac{W_{1p}}{W_{1d}} \tag{6-9}$$

由于 3 d 之中包括了 1 d，即 W_{3p} 中包括了 W_{1p}，W_{3d} 中包括了 W_{1d}，而典型 1 d 的过程线已

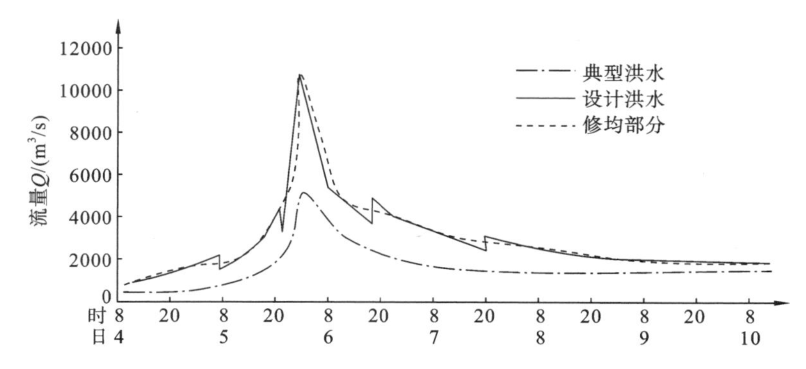

图 6-6　某水库 $p=0.1\%$ 时的设计洪水与典型洪水过程线

经按 K_1 放大了。因此,就只需要放大其余 2 d 的洪量,所以这一部分的放大倍比为

$$K_{3-1}=\frac{W_{3p}-W_{1p}}{W_{3\mathrm{d}}-W_{1\mathrm{d}}} \tag{6-10}$$

同理,当放大典型过程线 7 d 中的其余 4 d 时,放大倍比为

$$K_{7-3}=\frac{W_{7p}-W_{3p}}{W_{7\mathrm{d}}-W_{3\mathrm{d}}} \tag{6-11}$$

在典型放大过程中,由于两种控制时段衔接的地方放大倍比不一致,因而放大后的交界处往往产生不连续的突变现象,使过程线呈锯齿形,如图 6-6 所示。此时可以徒手修匀,使之成为光滑曲线,但要保持设计洪峰和各历时设计洪量不变。采用同频率放大法推求的设计洪水过程线较少受到所选典型的影响,比较符合设计标准。其缺点是可能与原来的典型相差较远,甚至形状有时也不能符合自然界中河流洪水形成的规律。为改善这种情况,应尽量减少放大的层次,例如,除洪峰和最长历时的洪量外,只取一种对调洪计算起直接控制作用的历时,称为控制历时,并依次按洪峰、控制历时和最长历时的洪量进行放大,以得到设计洪水过程线。

【例 6-3】　某水库千年一遇设计洪峰流量和各历时设计洪量计算成果如表 6-11 所示,用同频率放大法推求设计洪水过程线。

表 6-11　设计洪水和典型洪水特征值统计成果

项　　目	洪峰流量/(m³/s)	洪量/(m³/s·h)		
		1 d	3 d	7 d
$p=0.1\%$时的设计洪峰及各历时洪量	10245	114000	226800	348720
典型洪水的洪峰及各历时洪量	4900	74718	121545	159255
起讫日期	6 日 8 时	6 日 2 时—7 日 2 时	5 日 8 时—8 日 8 时	4 日 8 时—11 日 8 时
设计洪水洪量差 ΔW_p		114000	112800	121920
典型洪水洪量差 ΔW_d		74718	46827	37710
放大倍比	2.09	1.53	2.41	3.23

解　经分析选定 1991 年 8 月的一次洪水为典型洪水,计算典型洪峰流量和各历时洪量。计算洪峰流量及各历时洪量的放大倍比,结果列于表 6-11 中。以此进行逐时段放大,并修匀,最后所得设计洪水过程线如表 6-12 及图 6-6 所示。

表 6-12　同频率放大法设计洪水过程线计算

典型洪水过程线				放大倍比	设计洪水流量过程	修正后设计洪水流量过程
月	日	时	$Q/(m^3/s)$	K	$/(m^3/s)$	$/(m^3/s)$
8	4	8	268	3.23	866	866
		20	375	3.23	1211	1211
	5	8	510	3.23/2.41	1647/1229	1440
		20	915	2.41	2205	2205
		2	1780	2.41/1.53	4290/2733	3500
	6	8	4900	2.09	10245	10245
		14	3150	1.53	4820	4820
		20	2583	1.53	3952	3952
		2	1860	1.53/2.41	2846/4483	3660
	7	8	1070	2.41	2579	2579
		20	885	2.41	2133	2133
	8	8	727	2.41/3.23	1752/2348	2050
		20	576	3.23	1860	1860
	9	8	411	3.23	1328	1328
		20	365	3.23	1179	1179
	10	8	312	3.23	1008	1008
		20	236	3.23	762	762
	11	8	230	3.23	743	743

任务3　由暴雨资料推求设计洪水

模块1　概述

之前介绍了由流量资料推求设计洪水的方法，但在实际工作中许多水利工程所在地点缺乏流量资料，或系列太短，无法采用之前介绍的方法推求设计洪水。多数地区都有降雨资料，站网密度大，且系列较长。我国绝大部分地区的洪水是由暴雨形成的，暴雨与洪水之间具有直接且密切的关系，所以可以利用暴雨资料通过一定的方法推求设计洪水。这种方法是推求中小流域水利工程设计洪水的主要途径。即使是具有长期实测洪水资料的流域，往往也需要用暴雨资料来推求设计洪水，并与由流量资料推求的设计洪水进行比较，互相参证，以提高设计洪水的可靠程度。

由暴雨资料推求设计洪水的步骤是：先由降雨资料采用数理统计法推求设计暴雨，再由设计暴雨采用成因分析法或地区综合法进行产流和汇流计算，推求出相应的设计洪水过程。这种方法本身是假定暴雨和洪水是同频率的，即认为某一频率的洪水是由相同频率的暴雨所产生的。这种假定对中小流域较为适合，对较大流域在有些情况下有所出入。

降雨形成河川径流的过程相当复杂，为了研究方便，将其概化为产流和汇流两个过程。本任务将进一步讨论降雨径流的定量计算。因此，由暴雨资料推求设计洪水包含设计暴雨计算、产流计算和汇流计算三个主要环节，计算程序如图 6-7 所示。

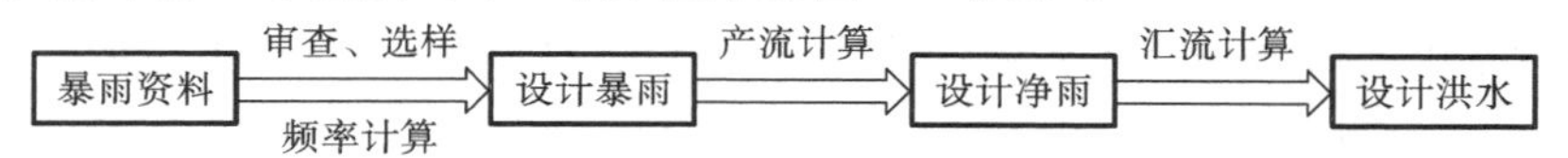

图 6-7　由暴雨资料推求设计洪水流程框图

模块 2　设计暴雨计算

1. 设计暴雨的推求

设计暴雨是指符合设计标准的面平均暴雨量及过程。推求设计洪水所需要的是流域上的设计面暴雨过程。根据当地雨量资料条件，计算方法可分资料充足和资料短缺两种情况。前一种方法是由面平均雨量资料系列直接进行频率计算，方法类似于由流量资料推求设计洪水的方法，适用于雨量资料充分的流域；后一种方法是通过降雨的点面关系，由设计点雨量间接推求设计面暴雨量，有时直接以点代面，适用于雨量资料短缺的中小流域。

1）暴雨资料充分时设计面暴雨量的计算

（1）面暴雨量的选择。面暴雨资料的选样一般采用年最大值法。其方法是先根据当地雨量的观测站资料，按设计精度要求确定各计算时段，一般为 6 h、12 h、1 d、3 d、7 d……并计算出各时段面平均雨量；然后再按独立选样方法，选取历年各时段的年最大面平均雨量组成面暴雨量系列。

为了保证频率计算成果的精度，应尽量插补展延面暴雨资料系列，并对系列进行可靠性、一致性与代表性审查与修正。

（2）面暴雨量的频率计算。面暴雨量的频率分析计算所选用的线型和经验频率公式与洪水频率分析计算的相同。其计算步骤包括暴雨特大值的处理、适线法绘制频率曲线、设计值的推求、典型暴雨过程的放大及合理性分析等。此处不再赘述。

2）暴雨资料短缺时设计面暴雨量的计算

当流域内的雨量站较少，或各雨量站资料长短不一，难以求出满足设计要求的面暴雨量系列时，可先求出流域中心的设计点雨量，然后通过降雨的点面关系进行转换，求出设计面暴雨量。

（1）设计点雨量计算。

求设计点雨量时，如果在流域中心处有雨量站且系列足够长，则可用该站的暴雨资料直接进行频率计算求得设计点雨量，然后通过地理插值，求出流域中心的设计点雨量。若流域缺乏暴雨资料，则通过各省（区）水文手册（图集）所提供的各时段年最大暴雨量的 $\overline{H}_t$、C_V 的等值线图及 C_V/C_S 的分区图，计算设计点雨量。

此外，对于流域面积小、历时短的设计暴雨，也可采用暴雨公式计算设计点雨量。其方法是根据各地区的水文手册（图集）查得设计流域中心的 24 h 暴雨统计参数（$\overline{H}_{24}$、C_V、C_S），计算出该流域 24 h 设计雨量 H_{24p}，并按暴雨公式求出设计雨力 S_p，其公式为

$$S_p = H_{24p}24^{n-1} \tag{6-12}$$

任一短历时的设计暴雨 H_{tp}，可通过暴雨公式转换得到，计算公式如下：

$$H_{tp} = S_p t^{1-n} \tag{6-13}$$

暴雨递减指数 n 要经实测资料分析，通过地区综合得出，一般不是常数。当 $t<t_0$ 时，$n=n_1$；当 $t>t_0$ 时，$n=n_2$。t_0 经资料分析在我国大部分地区取 1 h，$n_1\approx0.5$，$n_2\approx0.7$；少数省份 t_0 取 6 h 时，设计暴雨可由另一公式计算，这里不再介绍。具体应用时，可由当地的水文手册（图集）查得。

【例 6-4】 某小流域拟建一小型水库，该流域无实测降雨资料，需推求历时 $t=2$ h、设计标准 $p=1\%$ 的暴雨量。

解 ① 在该省水文手册（图集）上，查得流域中心处暴雨的参数如下：

$$\overline{H}_{24}=100\ \text{mm},\quad C_V=0.50,\quad C_S=3.5C_V,\quad t_0=1\ \text{h},\quad n_2=0.65$$

② 求最大 24 h 设计暴雨量，由暴雨统计参数和 $p=1\%$，查附录 B 得 $K_P=2.74$，故

$$H_{24,1\%}=K_P\overline{H}_{24}=2.74\times100\ \text{mm}=274\ \text{mm}$$

③ 设计雨力 S_p 为

$$S_p=H_{24,1\%}24^{n_2-1}=274\times24^{-0.35}\ \text{mm/h}=90\ \text{mm/h}$$

④ $t=2\text{h}$，$p=1\%$ 时的设计暴雨量为

$$H_{2,1\%}=S_pt^{1-n_2}=90\times2^{1-0.65}\ \text{mm}=115\ \text{mm}$$

（2）设计面暴雨量的计算。

按上述方法求得设计点雨量后，就可由流域降雨点面关系，很容易地转换出流域设计年均雨量，即设计面暴雨量。各省（区）的水文手册（图集）刊有不同历时暴雨的点面关系图（表），可供查用。

当流域较小时，可直接用设计点雨量代替设计面暴雨量，以供推求小流域设计洪水用。

2. 设计暴雨的时程分配

拟定设计暴雨过程的方法也与设计洪水的相似。首先选定一次典型暴雨过程，然后以各历时的设计暴雨量为控制缩放典型，得到设计暴雨过程。典型暴雨的选择原则，首先，要考虑所选典型暴雨的分配过程应是设计条件下可能发生的；其次，还要考虑对工程不利的情况。所谓可能发生，首先从量上来考虑，即典型暴雨的雨量应接近设计暴雨的雨量，因设计暴雨比较稀遇，因而应从实测最大的几次暴雨中选择典型，要使所选典型的雨峰个数、主雨峰位置和实际降雨日数是大暴雨中常见的情况。所谓对工程不利，是指暴雨比较集中、主雨峰靠后，其形成的洪水对水库安全不利。

选择典型时，原则上应从各年的面雨量过程中选取。为了减少工作量或摆脱资料条件限制，有时也可选择单站雨量（即点雨量）过程作为典型。一般来说，单站典型比面雨量典型更为不利。例如，淮河上游 1975 年 8 月的暴雨就常被选作该地区的暴雨典型。如图 6-8 所示，这场暴雨从 8 月 4 日起至 8 日止，历时 5 天。但暴雨量主要集中在 8 月 5 日至 7 日这 3 天内。林庄站 3 日最大雨量为 1605.3 mm，5 日最大雨量为 1631.1mm；板桥站 3 日最大雨量为 1422.4 mm，5 日最大雨量为 1451.0mm。而各代表站在 3 天中的最后 1 天（8 月 7 日）的雨量占 3 天的 50%～70%。这一天的雨量又集中在最后 6 h 内。这是一次多峰暴雨，主雨峰靠后，对水库防洪极为不利。

典型暴雨过程的缩放方法与设计洪水的典型过程缩放计算方法基本相同，一般采用同频

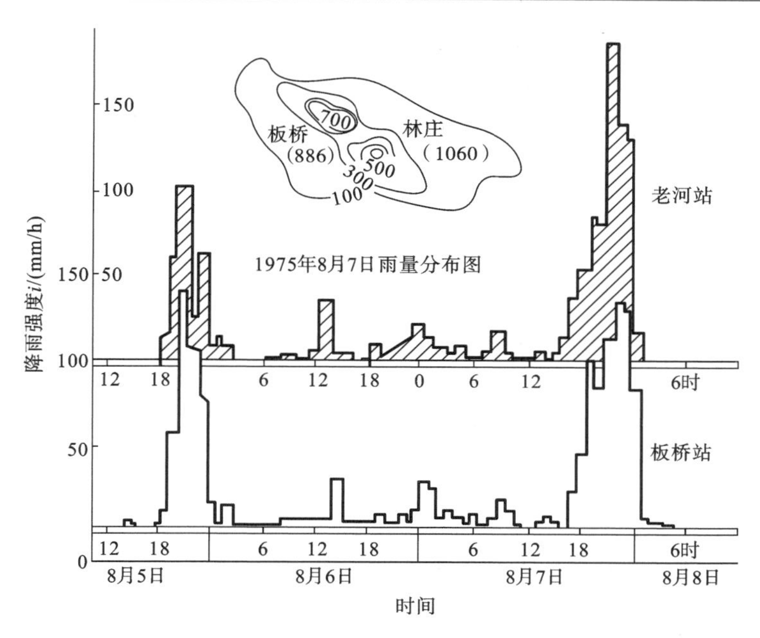

图 6-8　河南 1975 年 8 月暴雨时程分配图

率放大法。具体计算如例 6-5 所示。

【例 6-5】 已求得某流域千年一遇 1 日、3 日、7 日设计面暴雨量分别为 320 mm、521 mm、712.4 mm，并已选定了典型暴雨过程（见表 6-13）。通过同频率放大推求设计暴雨的时程分配。

解　典型暴雨 1 日（第 4 日）、3 日（第 3～5 日）、7 日（第 1～7 日）最大暴雨量分别为 160 mm、320 mm 和 393 mm，结合各历时设计暴雨量计算各段放大倍比为

最大 1 日　　$K_1=320/160=2.0$

最大 3 日中其余 2 日　$K_{3-1}=(521-320)/(320-160)=1.26$

最大 7 日中其余 4 日　$K_{7-3}=(712.4-521)/(393-320)=2.62$

将各放大倍比填入表 6-13 中各相应位置，乘以典型雨量即得设计暴雨过程。必须注意，放大后的各历时总雨量应分别等于其设计雨量，否则，应予以修正。

表 6-13　某流域设计暴雨过程计算表

时间/d	1	2	3	4	5	6	7	合计
典型暴雨过程/mm	32.4	10.6	130.2	160.0	29.8	9.2	20.8	393.0
放大倍比 K	2.62	2.62	1.26	2.00	1.26	2.62	2.62	
设计暴雨过程/mm	85.0	27.8	163.6	320.0	37.4	24.1	54.5	712.4

在无实测资料时，可借用邻近暴雨特性相似流域的典型暴雨过程，或引用各省（区）暴雨洪水图集中按地区综合概化成的典型概化雨型（一般以百分比表示），来推求设计暴雨的时程分配。

模块 3　设计净雨的推求

一次降雨中，产生径流的部分为净雨，不产生径流的部分为损失。一场降雨的损失包括植

物枝叶截留、填充流程中的洼地、雨期蒸发和降雨初期的下渗，其中降雨初期和雨期的下渗为主要的损失。因此，求得设计暴雨后，还要扣除损失，才能算出设计净雨。扣除损失的方法，常用径流系数法、降雨径流相关图法和初损后损法三种。

1. 径流系数法

降雨损失的过程是一个非常复杂的过程，影响因素很多，将各种损失综合反映在一个系数中，称为径流系数。对于某次暴雨洪水，求得流域平均雨量 H，由洪水过程线求得径流深 Y，则一次暴雨的径流系数为 $\alpha=Y/H$。根据若干次暴雨的 α 值，取其平均值 $\bar{\alpha}$，或为了安全选取其较大值或最大值作为设计采用值。各地水文手册(图集)均载有暴雨径流系数值，可供参考使用。还应指出，径流系数往往随暴雨量强度的增大而增大。因此，根据暴雨资料求得的径流系数，可根据其变化趋势进行修正后用于设计条件。这种方法是一种粗估的方法，精度较低。

2. 降雨径流相关图法

在湿润地区，次降雨和其相应的径流量之间一般存在着较密切的关系，可根据次降雨量和径流量建立其相关关系。对其影响因素作适当考虑，能够有效地改进降雨径流关系。这些影响因素包括前期流域下垫面的干湿程度、降雨强度、流域植被和季节影响等。对于一个固定流域来说，植被可视为固定因素，降雨季节影响亦相对较小，最重要的影响因素是前期流域下垫面的干湿程度和降雨强度，需要首先加以考虑。

1）前期影响雨量的计算

反映前期流域下垫面干湿程度最常用的指标为前期影响雨量，其计算式为

$$P_{a,t+1}=K_a(P_{a,t}+H_t) \quad P_{a,t}\leqslant I_m \tag{6-14}$$

式中：$P_{a,t+1}$、$P_{a,t}$ 分别为第 $t+1$ 天和第 t 天开始时的前期影响雨量，mm；H_t 为第 t 天的流域降雨量，mm；K_a 为流域蓄水的日消退系数，各月可近似取一个平均值；I_m 为流域最大损失水量，mm，即流域久旱之后($P_a=0$)普降大雨使流域全面产流的总损失。

根据 I_m 的概念，可用下式估算 K_a 值：

$$K_a=1-E_m/I_m \tag{6-15}$$

式中：E_m 为流域日蒸发能力，可近似以水面蒸发观测值代替。

从式(6-15)可以看出 K_a 和 I_m 的关系，即 I_m 愈大，K_a 亦愈大，相应也表示所考虑的影响土层深度愈大。因此，对一个流域来说，K_a 和 I_m 是配对使用的，它没有唯一解，但有一个合理的取值范围，K_a 值变化范围为 0.85～0.95。

前期影响雨量的计算要注意两个问题，一是计算的起始 P_a 值，一般可从假定久旱无雨期某日 $P_a=0$ 起算，也可认为连续大雨后某日 $P_a=I_m$；二是要注意在逐日计算过程中，P_a 值不应大于流域最大蓄水量，当计算遇到 $P_a>I_m$ 时，则取 $P_a=I_m$。

【例 6-6】 某流域经分析，I_m 为 80 mm，有雨日流域蒸发能力 $E_m=3.2$ mm/d，无雨日流域蒸发能力 $E_m=5.5$ mm/d，6 月 21 日以前流域已经蓄满。试计算 6 月 30 日的前期影响雨量 P_a 是多少？

解 先根据各日降雨量将各日日流域蒸发能力 E_m 填入表 6-14 第 3 列，按式(6-15)计算各日 K_a 值，再按式(6-14)计算前期影响雨量 P_a。6 月 21 日流域蓄满，取 $P_a=I_m$，6 月 22 日有降

雨，故 $P_a = I_m$，6 月 23 日按 $P_{a,t+1} = K_a (P_{a,t} + H_t) = 0.93 \times (80 + 33.7)$ mm $= 105.74$ mm $>$ 80 mm，取 $P_a = I_m = 80$ mm，其他各日前期影响雨量依次计算，结果如表 6-14 所示。

表 6-14　某流域设计暴雨过程计算表

日期 月	日期 日	日降雨量 H_t	日蒸发能力 E_m	K_a	前期影响雨量 P_a	日期 月	日期 日	日降雨量 H_t	日蒸发能力 E_m	K_a	前期影响雨量 P_a
6	21	12.3	3.2	0.96	80	6	26		5.5	0.93	73.9
	22	33.7	3.2	0.96	80		27	3.3	3.2	0.96	68.7
	23		5.5	0.93	80		28		5.5	0.93	69.2
	24		5.5	0.93	74.4		29	0.6	3.2	0.96	64.4
	25	7.8	3.2	0.96	69.2		30	73.5	3.2	0.96	62.4

2）降雨径流相关图法

（1）降雨径流相关图的建立。

降雨径流相关图是指流域面雨量与所形成的径流深及影响因素之间的相关曲线。一般以次降雨量 H 为纵坐标，以相应的径流深 Y 为横坐标，以流域前期影响雨量 P_a 为参数，然后按点群分布的趋势和规律，定出一条以 P_a 为参数的等值线，这就是该流域 H-P_a-Y 三变量降雨径流相关图，如图 6-9(a) 所示。降雨径流相关图做好后，要用若干次未参加制作降雨径流相关图的雨洪资料对降雨径流相关图的精度进行检验与修正，以满足精度要求。当降雨径流资料不多、相关点据较少，按上述方法定线有一定难度时，可绘制简化的三变量降雨径流相关图，即以 $H+P_a$ 为纵坐标，Y 为横坐标的$(H+P_a)$-Y 降雨径流相关图，如图 6-9(b)所示。

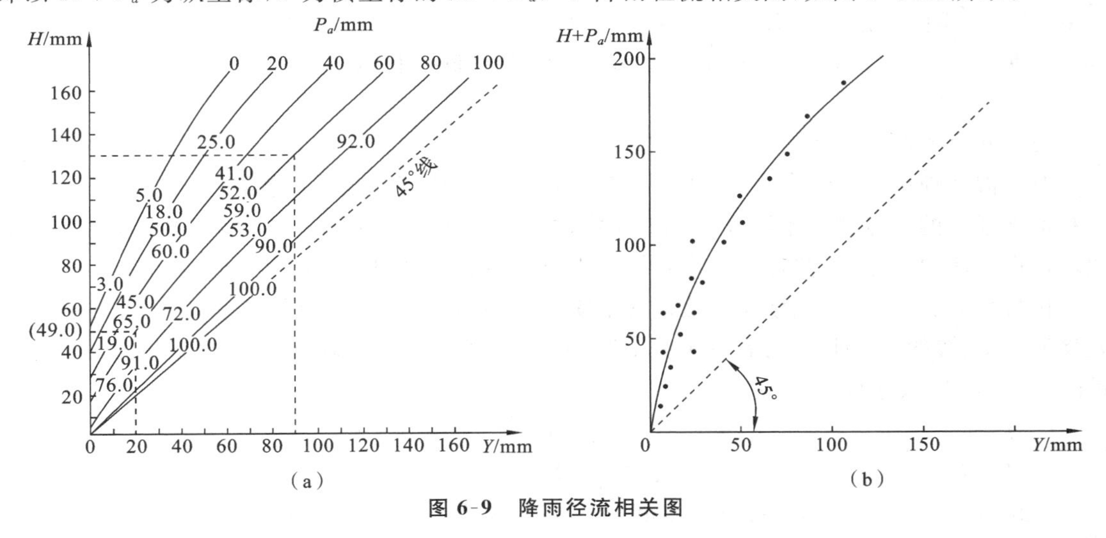

图 6-9　降雨径流相关图

必须指出，降雨径流相关图中的径流有地面径流与总径流之分，两者有很大的差别，前者是以超渗产流为基础建立的，而后者则是以蓄满产流为基础建立的，有时尚需划分地面径流及地下径流。

有的省对降雨量径流相关图选配了数学公式；有的省不考虑 P_a，直接建立二变量的降雨径流相关图；有的省则采用直线表示上述二变量的降雨径流相关图，亦即径流系数法；而有的省采用了理论的降雨径流关系，即蓄满产流模型来推求设计净雨。具体见各省(区)的水文手册(图集)。

(2) 降雨径流相关图的应用。

利用降雨径流相关图，由设计暴雨及过程可查出设计净雨及过程。其方法是由时段累加降雨量，查降雨径流相关图曲线得相应的时段累加净雨量，然后相邻累加净雨量相减得到各时段的设计净雨量。在这里，之所以要用累加的降雨量，是为了保证计算的前提是前期流域下垫面干湿程度一致，即保证前期影响雨量一致。

需要强调的是，由实测降雨径流资料建立起来的降雨径流相关图，应用于设计条件时，必须处理如下两方面的问题。

① 降雨径流相关图的外延。设计暴雨常常超出实测点据范围，使用降雨径流相关图时，需对相关曲线作外延。以蓄满产流为主的湿润地区，其上部相关线接近于45°直线，外延比较方便。干旱地区的产流方案外延时任意性大，必须慎重。

② 设计条件下 $P_{a,p}$ 的确定。有长期实测暴雨洪水资料的流域，可直接计算各次暴雨的 P_a，用频率计算法求得 $P_{a,p}$，有时也用几场大暴雨所分析的 P_a 值，取其平均值作为 $P_{a,p}$。

中小流域缺乏实测资料时，可采用各省(区)水文手册(图集)分析的成果确定 $P_{a,p}$ 值大约为 I_m 的 2/3，湿润地区大一些，干旱地区一般较小。

【例 6-7】 经分析，某流域各时段的设计暴雨量分别为 $H_1=32$ mm、$H_2=48$ mm、$H_3=20$ mm，设计条件下的 $P_{a,p}=40$ mm，试根据图 6-9(a)所示的降雨径流相关图，推求其设计净雨过程。

解 在图 6-9(a)中的 $P_a=40$ mm 的曲线上，先由第一时间段暴雨量 $H_1=32$ mm，查得净雨 $h_1=5$ mm；然后由 $H_1+H_2=(32+48)$ mm$=80$ mm，查曲线得 $h_1+h_2=31$ mm，则 $h_2=(31-5)$ mm$=26$ mm；同理，由 $H_1+H_2+H_3=(32+48+20)$ mm$=100$ mm，查曲线得 $h_1+h_2+h_3=50$ mm，则 $h_3=(50-31)$ mm$=19$ mm。因此，设计净雨量过程为 $h_1=5$ mm、$h_2=26$ mm、$h_3=19$ mm。

(3) 设计净雨的划分。

对于湿润地区，一次降雨所产生的径流量包括地面径流和地下径流两部分。由于地面径流和地下径流的汇流特性不同，故在推求洪水过程线时要分别处理。为此，在由降雨径流相关图求得设计净雨过程后，需将设计净雨划分为设计地面净雨和设计地下净雨两部分。

按蓄满产流方式，在流域降雨使包气带缺水得到满足后，全部降雨形成径流，其中按稳定入渗率 f_c 入渗的水量形成地下径流 h_g，降雨强度 i 超过 f_c 的那部分水量形成地面径流 h_s。设时段为 Δt，时段净雨为 h，则

$i>f_c$ 时　　$h_g=f_c\Delta t,\quad h_s=h-h_g=(i-f_c)\Delta t$

$i\leqslant f_c$ 时　　$h_g=h=i\Delta t,\quad h_s=0$

可见，f_c 是一个关键数值，只要知道 f_c 就可以将设计净雨划分为 h_s 和 h_g 两部分。f_c 是流域土壤、地质、植被等因素的综合反映。如流域自然条件无显著变化，一般认为 f_c 是不变的，因此 f_c 可通过实测雨洪资料分析求得，可参考有关专业书籍。各省(区)的水文手册(图集)中刊有 f_c 分析成果，可供无资料的中小流域查用。

【例 6-8】 已知流域的稳定下渗率为 $f_c=1.5$ mm/h，前期影响雨量为 $P_a=60$ mm，试推求降雨产生净雨过程，并划分地面净雨和地下净雨。

解 按例 6-7 中的方法计算得到各时段净雨量。前 3 个时段，降雨强度都超过 1.5 mm/h，故地下净雨均为 $h_g=f_c\Delta t=1.5\times 6$ mm$=9.0$ mm，地面净雨按 $h_s=h-h_g$ 分别求出；第 4 时段，

$i=8.0/6\ \text{mm/h}=1.33\ \text{mm/h}\leqslant f_c=1.5\ \text{mm/h}$，故 $h_g=h=8.0\ \text{mm}$，$h_s=0$，如表 6-15 所示。

表 6-15　净雨过程及地面净雨、地下净雨划分计算表

时间 t /(月·日·时)	时段雨量 H/mm	累计雨量 $\sum H$/mm	累计净雨量 $\sum h$/mm	时段净雨量 h/mm	稳渗率 f_c /(mm/h)	地下净雨量 h_g/mm	地面净雨量 h_s/mm
5·7·(2—8)	49.5	49.5	18.0	18.0	1.5	9.0	9.0
5·7·(8—14)	38.5	88.0	47.2	29.2	1.5	9.0	20.2
5·7·(14—20)	39.0	127.0	80.0	32.8	1.5	9.0	23.8
5·7·(20—2)	8.0	135.0	88.0	8.0	1.5	8.0	0
合　计	135.0			88.0		35.0	53.0

3. 初损后损法

1）初损后损法基本原理

干旱地区的产流计算一般采用下渗曲线进行扣损，其方法按照对下渗的处理方法不同，可分为下渗曲线法和初损后损法。下渗曲线法多采用下渗量累积曲线扣损，即将流域下渗量累积曲线和雨量累积曲线绘在同一张图上，通过图解分析的方法确定产流量及其过程。由于受雨量观测资料的限制及存在着各种降雨情况下下渗曲线不变的假定，下渗曲线法并未得到广泛应用。生产上常使用初损后损法扣损。

初损后损法将下渗过程简化为初损与后损两个阶段，如图 6-10 所示。从降雨开始到出现超渗产流的阶段称为初损阶段，其历时记为 t_0，这一阶段的损失量称为初损量，用 I_0 表示，I_0 为该阶段的全部降雨量。

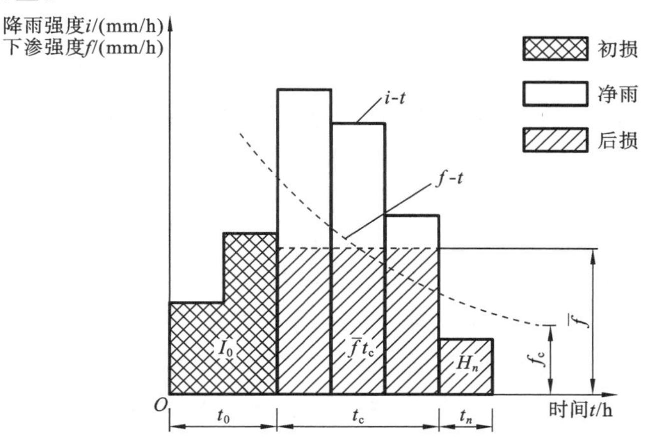

图 6-10　初损后损法示意图

产流以后的损失称为后损，该阶段的损失常用产流历时内的平均下渗率 $\bar{f}$ 来计算。当时段内的平均雨强 $\bar{i}>\bar{f}$ 时，按 $\bar{f}$ 入渗，净雨量为 $H_i-\bar{f}\Delta t$；反之，当 $\bar{i}\leqslant\bar{f}$ 时，按 $\bar{i}$ 入渗，此时图 6-10中的降雨量 H_n 全部损失，净雨量为零。按水量平衡原理，一场降雨所形成的地面净雨深可用下式计算：

$$h_s=H-I_0-\bar{f}t_c-H_n \tag{6-16}$$

式中：H 为次降雨量，mm；h_s 为次降雨所形成的地面净雨深，mm；I_0 为初损量，mm；t_c 为产流历时，h；$\bar{f}$ 为产流历时内的平均下渗率，mm/h；H_n 为后损阶段非产流历时 t_n 内的雨量，mm。

用式(6-16)进行净雨量计算时,必须确定 I_0 与 $\overline{f}$。

2）初损量 I_0 的确定

当流域较小时,降雨分布基本均匀,出口断面洪水过程线的起涨点反映了产流开始的时刻。因此,起涨点以前雨量的累积值可作为初损量 I_0 的近似值,如图 6-11 所示。

初损量 I_0 与前期影响雨量 P_a、降雨初期 t_0 内的平均雨量 i_0、月份 M 及土地利用等有关。因此,常根据流域的具体情况,从实测资料分析出 I_0 及 P_a、i_0、M,从 P_a、i_0、M 中选择适当的因素,建立它们与 I_0 的关系,如图 6-12 所示,由此图可查出某条件下的 I_0。

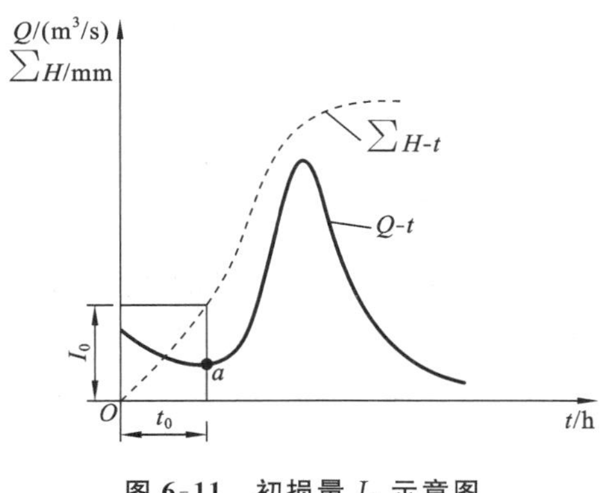

图 6-11　初损量 I_0 示意图

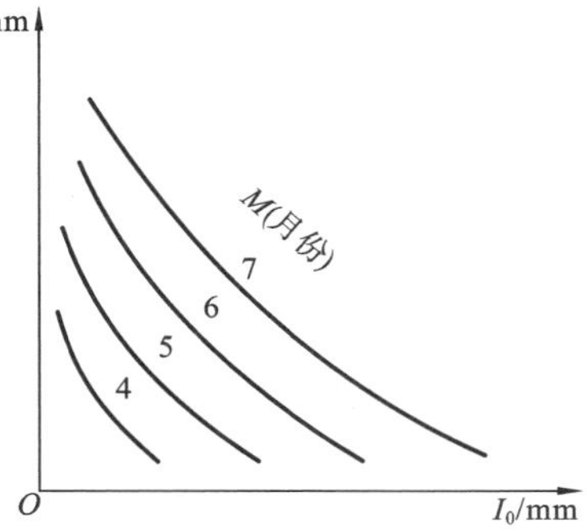

图 6-12　I_0-M-P_a 相关图

3）平均下渗率 $\overline{f}$ 的确定

有实测雨洪资料时,平均下渗率 $\overline{f}$ 的计算式为

$$\overline{f}=\frac{H-I_0-h_s-H_n}{t_c} \tag{6-17}$$

式(6-17)中 t_c 与 $\overline{f}$ 有关。所以 $\overline{f}$ 的确定必须结合实测雨洪资料,进行试算求出。影响 $\overline{f}$ 的主要因素有前期影响雨量 P_a、产流历时 t_c 与超渗期的降雨量 H_{tc}。如果不区分初损和后损,仅考虑一个均化的产流期内的平均损失率,这种简化的扣损方法称为平均损失率法。初损后损法用于设计条件时,也同样存在外延问题,外延时必须考虑设计暴雨雨强因素的影响。

对于干旱地区的超渗产流方式,除了有少量的深层地下水外,几乎没有浅层地下径流,因此求得的设计净雨基本上全部是地面径流,不存在设计净雨划分问题。

【例 6-9】 某流域已建立 I_0-P_a 相关图,且分析得流域平均下渗率 $\overline{f}=1.5$ mm/h。某次降雨过程如表 6-16 所示,前期影响雨量 $P_a=15.4$ mm,试推求该次降雨的净雨过程。

表 6-16　初损后损法计算净雨过程表

t/(日·时)	H/mm	I_0/mm	$\overline{f}t_c$/mm	$h(t)$/mm
1·(3—6)	1.2	1.2		
1·(6—9)	17.8	17.8		
1·(9—12)	36.0	12.0	3.0	21.0
1·(12—15)	8.8		4.5	4.3
1·(15—18)	5.4		4.5	0.9
1·(18—21)	7.7		4.5	3.2
1·(21—24)	1.9		1.9	0
合　计	78.8	31.0	18.4	29.4

解　由 $P_a=15.4$ mm，查 I_0-P_a 相关图得 $I_0=31.0$ mm。由降雨过程分析可知，要满足初损量为31.0 mm，第3时段应有初损量(31.0－1.2－17.8) mm＝12.0 mm，历时1 h，故第3时段后渗历时 $t_c=2$ h，后渗量 $\bar{f}t_c=1.5\times2$ mm＝3.0 mm，第4、5、6时段后渗量均为4.5 mm，最后时段后损量为1.9 mm。按水量平衡方程即可计算各时段地面净雨，如表6-16所示。

模块4　设计洪水过程线的推求

由径流形成过程可知，流域上各点产生的净雨经过坡地和河网汇流形成出口断面流量过程线的整个过程为流域汇流。设计洪水过程线的推求，就是设计净雨的汇流计算。一般地，流域的设计地面洪水过程线采用等流时线法及单位线法来推求。设计地下洪水过程线采用简化的方法推求。

1. 等流时线法

由于流域内各点距离出口断面的远近不同，加上坡面与河槽的调蓄作用，各净雨点汇集到流域出口断面的速度和时间都不一样。把净雨从流域最远点流到出口断面所经历的时间，称为最大汇流历时，简称流域汇流历时，以 τ 表示。净雨在单位时间所通过的距离，称为汇流速度，以 v_τ 表示。

在流域上把净雨汇流历时相等的点连成一组等值线，称为等流时线，如图6-13所示。

图中单元汇流历时为 $\Delta\tau$。每条等流时线上的水质点将在同一时间内到达出口断面。流域汇流历时 $t=m\cdot\Delta\tau$（图示中 $m=4$）。于是第一条等流时线上的净雨经 $\Delta\tau$ 时间到达出口断面；第二条等流时线上的净雨则经 $2\Delta\tau$ 时间到达出口断面，依此类推。两条等流时线间所包围的面积称为共时径流面积，用 $f_1,f_2,f_3,\cdots$ 表示。显然共时径流面积的总和为流域面积 F。

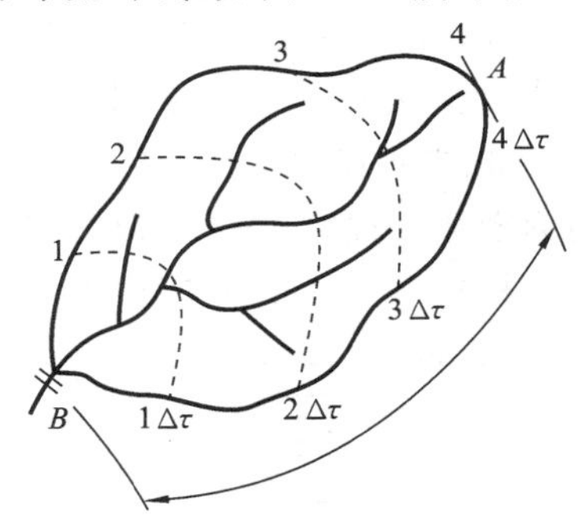

图6-13　等流时线示意图

根据等流时线的汇流原理可知，在任意时刻，出口断面的流量 Q 显然是由第一块面积上本时段净雨，加上第二块面积上前一时段的净雨，再加上第三块面积上前两时段的净雨等项乘积之和组成。其各项通式为

$$Q_t=\frac{h_t f_1}{\Delta\tau}+\frac{h_{t-1} f_2}{\Delta\tau}+\frac{h_{t-2} f_3}{\Delta\tau}+\cdots+\frac{h_{t-(n-1)} f_n}{\Delta\tau} \tag{6-18}$$

式中：$h_t,h_{t-1},h_{t-2},\cdots$ 分别为本时段、前一时段、前两时段……的净雨；$f_1,f_2,f_3,\cdots$ 分别为共时径流面积。

式(6-18)为等流量时线的基本方程式。由公式可知，当已知净雨过程，并勾绘了流域等流时线时，即可求出流域出口断面的流量过程线。

在生产上，常用等流时线的汇流原理分析洪峰流量 Q_m 的形成，建立计算洪峰流量的推理公式。

由于降雨的时空分布的随机性及各次降雨的损失水量各不相同，净雨历时 t_c 和流域汇流历时 τ 必然各异，所以在应用时应予以注意。

2. 经验单位线法

用经验单位线法进行汇流计算简便易行，该法是由美国 L. K·谢尔曼提出的，故又称谢尔曼单位线。由于单位线采用实测暴雨及洪水流量分析求得，因此又称经验单位线，也即是一种经验性的流域汇流模型。经验单位线由实测暴雨洪水资料分析求得。分析的资料应尽量选择暴雨历时较短、分布均匀、雨量较大的净雨。因为这样的暴雨形成的洪水多为涨落明显的单峰。

1）单位线的定义与假定

一个流域上，单位时间 Δt 内均匀降落单位深度（一般取 10 mm）的地面净雨在流域出口断面形成的地面径流过程线，定义为单位线。

单位线时间段取多长，将依流域洪水特性而定。流域大，洪水涨落比较缓慢，Δt 取得长一些；反之，Δt 要取得短一些。Δt 一般取为单位线涨洪历时 t_r 的 1/2～1/3，即 $\Delta t=(1/2\sim1/3)t_r$，以保证涨洪有 3～4 个点子控制过程线的形状。在满足以上要求的情况下，常按 1 h、3 h、6 h、12 h 等选取 Δt。

(1) 倍比假定。如果一个流域上有两次降雨，它们的净雨历时 Δt 相同，例如，都是一个单位时段 Δt，但地面净雨深不同，分别为 h_a、h_b，则它们各自在流域出口形成的地面径流过程线 Q_a-t、Q_b-t（见图 6-14）的洪水历时相等，并且相应流量成比例，皆等于 h_a/h_b，即流量与净雨呈线性关系：

$$\frac{Q_{a1}}{Q_{b1}}=\frac{Q_{a2}}{Q_{b2}}=\frac{Q_{a3}}{Q_{b3}}=\cdots=\frac{h_a}{h_b} \tag{6-19}$$

(2) 叠加假定。如果净雨历时不是一个单位时段而是 m 个时段，则各时段所形成的地面径流过程互不干扰。出口断面的径流过程等于 m 个时段净雨的地面径流过程之和。

如图 6-15 所示，由于 h_b 较 h_a 推后一个 Δt，地面流量过程 Q-t 应由两个时段净雨形成的地面径流过程错后一个 Δt 叠加而得。

根据以上两条基本假定，就能解决多时段净雨推求单位线和净雨推求洪水过程的问题。

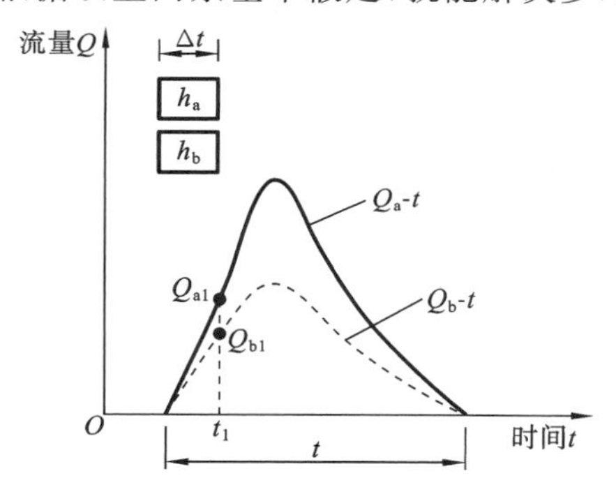

图 6-14　不同净雨深的地面径流过程线

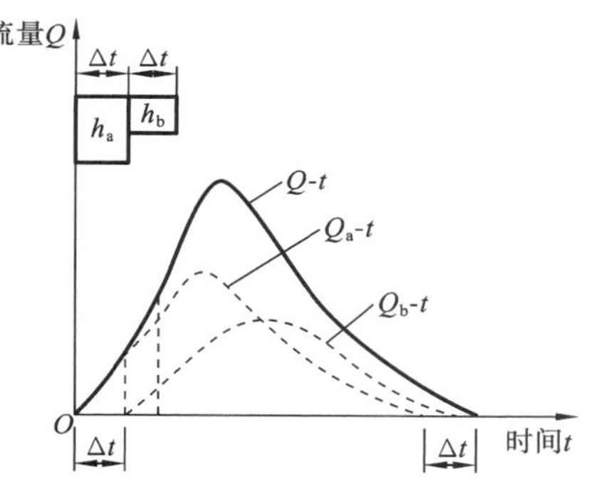

图 6-15　相邻时段净雨的地面径流过程线

2）应用单位线推求洪水过程

一个流域根据多次实测雨洪资料分析多条单位线后，经过平均或分类综合，就得到了该流域的实用单位线，即汇流计算方案。由设计净雨即可以应用单位线按列表计算、推求设计洪水过程。现结合表 6-17 的示例说明其计算步骤如下。

① 将单位线方案和设计净雨分别列于第(3)栏和第(2)栏。

② 按照倍比定理，用单位线求各时段净雨产生的地面径流过程，即用 6.1/10 乘单位线各流量值得净雨为 6.1 mm 的地面径流过程，列于第(4)栏，依此类推，求得各时段净雨产生的地面径流过程，分别列于第(4)～(8)栏。

表 6-17　某流域应用单位线推求设计洪水过程

时段 Δt=12 h	设计净雨 R_i/mm	单位线 q/(m^3/s)	各时段净雨产生的地面径流过程/(m^3/s)					总的地面径流过程/(m^3/s)	地下径流过程/(m^3/s)	设计洪水流量过程/(m^3/s)
			6.1 mm	32.5 mm	45.3 mm	12.7 mm	4.6 mm			
(1)	(2)	(3)	(4)	(5)	(6)	(7)	(8)	(9)	(10)	(11)
0	6.1	0	0					0	30	30
1	32.5	28	17	0				17	30	47
2	45.3	250	153	91	0			244	30	274
3	12.7	130	79	813	127	0		1019	30	1049
4	4.6	81	49	423	1133	36	0	1641	30	1671
5		54	33	263	589	318	13	1216	30	1246
6		35	21	176	367	165	115	844	30	874
7		21	13	114	245	103	60	535	30	565
8		12	7	68	159	69	37	340	30	370
9		5	3	39	95	44	25	206	30	236
10		0	0	16	54	27	16	113	30	143
11				0	23	15	10	48	30	78
12					0	6	6	12	30	42
13						0	2	2	30	32
14							0	0	30	30

③ 按叠加假定将第(4)～(8)栏的同时刻流量叠加，得总的地面径流过程，列于第(9)栏。

④ 计算地下径流过程。因地下径流比较稳定，且量不大，根据设计条件取为 30 m^3/s，列于第(10)栏。

⑤ 地面、地下径流过程按时程叠加，得第(11)栏的设计洪水过程。

3. 瞬时单位线法

1）瞬时单位线的概念

瞬时单位线是指流域上均匀分布的瞬时时刻(即 $\Delta t \to 0$)的单位净雨在出口断面处形成的地面径流过程线。其纵坐标常以 $u(0,t)$或 $u(t)$表示，无因次。瞬时单位线可用数学方程式表示，概括性强，便于分析。

J. E. Nash 设想流域的汇流可看做是 n 个调蓄作用相同的串联水库调节，且假定每一个水库的蓄泄关系是线性的，则可导出瞬时单位线的数学方程为

$$u(t)=\frac{1}{K\Gamma(n)}\left(\frac{1}{K}\right)^{n-1}e^{-t/K} \tag{6-20}$$

式中：$u(t)$为 t 时刻的瞬时单位线的纵高；n 为线性水库的个数；$\Gamma(n)$为 n 的伽玛函数；e 为自然对数的底，e=2.71828；K 为线性水库的调节系数，具有时间单位。

前述经验单位线的两个基本假定同样适用于瞬时单位线，瞬时单位线与时间轴所包围的面积为 1.0，即

$$\int_0^{\infty} u(t)\mathrm{d}t = 1.0 \tag{6-21}$$

显然，决定瞬时单位线的参数只有 n、K 这两个，流域调节作用强；K 值相当于每个线性水库输入与输出的时间差，即滞时。整个流域的调蓄作用所造成的流域滞时为 nK。只要求出流域的 n、K 值，就可推求该流域的瞬时单位线。

2）瞬时单位线的综合

瞬时单位线的综合实质上就是参数 n、K 的综合。但是，在实际工作中一般并不直接对 n、K 进行综合，而是根据中间参数 m_1、m_2 等来间接综合，$m_1=nK$，$m_2=\frac{1}{n}$。实践证明，n 值相对稳定，综合的方法比较简单，如湖北省Ⅱ片的 $n=0.529F^{0.25}J^{0.2}$，江苏省山丘区的 $n=3$。因此，一般先对 m_1 进行地区综合，再根据已确定的 n 值，就很容易确定出 K 值。

对 m_1 进行地区综合一般是，首先，通过建立单站的 m_1 与雨强 i 之间的关系，其关系式为 $m_1=ai^{-b}$，求出相应于雨强为 10 mm/h（或其他指定值）的 $m_{1,(10)}$。然后根据各站的 $m_{1,(10)}$ 与流域地理因子（如 F、J、L 等）建立关系，$m_{1,(10)}=f(F,L,J,\cdots)$，则 $m_1=m_{1,(10)}\times(10/i)^b$，从而求得任一雨强 i 相应的 m_1。如湖北省Ⅱ片的 $m_{1,(10)=1.64}=F^{0.131}L^{0.231}J^{-0.08}$。其次，对指数 b 进行地区综合。一般 b 随流域面积的增大而减小。有时也可以直接对单站的 m_1-i 关系中的 a、b 进行综合，而不经 $m_{1,(10)}$ 的转换，如黑龙江省的 $m_1=CF^{0.27}i^{-0.31}$，C 可查图得到。

3）综合瞬时单位线的应用

由于瞬时单位线是由瞬时净雨产生的，而实际应用时无法提供瞬时净雨，所以用综合瞬时单位线推求设计地面洪水过程线时，需将瞬时单位线转换成时段为 Δt（与净雨时段相同）、净雨深为 10 mm 的时段单位线后，再进行汇流计算。具体步骤如下：

（1）求瞬时单位线的 $S(t)$ 曲线。

$S(t)$ 曲线是瞬时单位线的积分曲线，其公式为

$$S(t)=\int_0^t u(0,t)\mathrm{d}t=\frac{1}{\Gamma(n)}\int_0^{t/K}\left(\frac{t}{K}\right)^{n-1}\mathrm{e}^{-\frac{t}{K}}\mathrm{d}\left(\frac{t}{K}\right) \tag{6-22}$$

式(6-22)表明 $S(t)$ 曲线也是参数 n、K 的函数。生产中为了应用方便，已制成 $S(t)$ 关系表供查用。

（2）求无因次时段单位线。

将求出的 $S(t)$ 曲线向后错开一个时段 Δt，即得 $S(t-\Delta t)$。两条 $S(t)$ 曲线的纵坐标差为时段 Δt 的无因次时段单位线，其计算公式为

$$u(\Delta t,t)=S(t)-S(t-\Delta t) \tag{6-23}$$

（3）求有因次时段单位线。

由单位线的特性可知，有因次时段单位线的纵坐标之和为 $\sum q_i=\frac{10F}{3.6\Delta t}$，而无因次时段单位线的纵坐标之和为 $\sum u(\Delta t,t)=1.0$。

有因次时段单位线的纵高 q_i 与无因次时段单位线的纵高 $u(\Delta t,t)$ 之比等于其总和之比，即

$$\frac{q_i}{u(\Delta t,t)}=\frac{\sum q_i}{\sum u(\Delta t,t)}=\frac{10F}{3.6\Delta t} \tag{6-24}$$

由此可知，时段为 Δt、10 mm 净雨深时段单位线的纵坐标为

$$\sum q_i = \frac{10F}{3.6\Delta t}u(\Delta t, t) \tag{6-25}$$

（4）汇流计算。

根据单位线的定义及倍比性和叠加性假定，用各时段设计地面净雨（换算成10的倍数）分别去乘单位线的纵高，得到对应的部分地面径流过程，然后把它们分别错开一个时段后叠加，即得到设计地面洪水过程。计算公式如下：

$$Q_i = \sum_{i=1}^{m} \frac{h_{s_i}}{10} q_{t-i+1} \tag{6-26}$$

式中：m 为地面净雨 h_{s_i} 的时段数，$i=1,2,3,\cdots,m$；t 为单位线的时段数。

由单位线的定义可知，单位线只能用来推求流域设计地面洪水过程线。湿润地区的设计洪水过程线还包括设计地下洪水过程线。如果流域的基流量较大，不可忽视时，则还需加上基流。所以，湿润地区的设计洪水过程线是设计地面洪水过程线、设计地下洪水过程线和基流三部分叠加而成的。干旱地区的设计地面过程线就为所求的设计洪水过程线。

设计地下洪水过程线可采用下述简化三角形方法推求。该法认为地面、地下径流的起涨点相同，由于地下洪水汇流缓慢，故将地下径流过程线概化为三角形过程，且将峰值放在地面径流过程的终止点。三角形面积为地下径流总量 W_g，其计算式为

$$W_g = \frac{Q_{mg} T_g}{2} \tag{6-27}$$

而地下径流总量等于地下净雨总量，即 $W_g = 1000h_g F$，因此

$$Q_{mg} = \frac{2W_g}{T_g} = \frac{2000h_g F}{T_g} \tag{6-28}$$

式中：Q_{mg} 为地下径流过程线的洪峰流量，m^3/s；T_g 为地下径流过程总历时，s；h_g 为地下净雨深，mm；F 为流域面积，km^2。

按式（6-28）可计算出地下径流的峰值，其底宽一般取地面径流过程的2～3倍，由此可推求出设计地下径流过程。

【例6-10】 江苏省某流域属于山丘区，流域面积 $F=118\ km^2$，干流平均坡度 $J=0.05$，$p=1\%$ 时的设计地面净雨过程（$\Delta t=6$ h）$h_1=15$ mm、$h_2=25$ mm，设计地下总净雨深 $h_g=9.5$ mm，基流 $Q_基=5\ m^3/s$，地下径流历时为地面径流的2倍。求该流域 $p=1\%$ 时的设计洪水过程线。

解　（1）推求瞬时单位线的 $S(t)$ 曲线和无因次时段单位线。

① 根据该流域所在的区域，查《江苏省暴雨洪水手册》得 $n=3$，$m_1=2.4(F/J)^{0.28}=21.1$，则 $K=m_1/n=21.1/3$ h $=7.0$ h。

② 因 $\Delta t=6$ h，用 $t=N\Delta t$，$N=0,1,2,\cdots$，算出 t。

③ 由参数 $n=3$、$K=7.0$，计算 t/K，见表6-18第（3）栏，查表得瞬时单位线的 $S(t)$ 曲线，见第（4）栏。

④ 将 $S(t)$ 曲线瞬时序向后移一个时段（$\Delta t=6$ h），得 $S(t-\Delta t)$ 曲线，见第（5）栏，用式（6-23）计算无因次时段单位线，见第（6）栏。

（2）将无因次时段单位转换为6 h、10 mm的时段单位线。

用式（6-25），将第（6）栏中的无因次时段单位线转换为有因次时段单位线，填入第（7）栏。

$$q_i=\frac{10F}{3.6\Delta t}u(\Delta t,t)=54.63u(\Delta t,t)$$

检验时段单位线：$y=\dfrac{3.6\Delta t\sum q_i}{F}=10\ \text{mm}$，计算正确。

（3）设计洪水过程线的推求。

① 计算设计地面径流过程。

根据单位线的特性，各时段设计地面净雨换算成10的倍数后，分别去乘单位线的纵坐标，得到相应的部分地面径流过程，然后把它们分别错开一个时段后叠加便得到设计地面洪水过程，即用式(6-26)计算，见表6-18第(8)、(9)栏。

② 计算设计地下径流过程：

$$T_g=2T_s=2\times16\times6\ \text{h}=192\ \text{h}$$

根据式(6-28)计算，得 $Q_{mg}=3.2\ \text{m}^3/\text{s}$，按直线比例内插得每一时段地下径流的涨落均为 $0.2\ \text{m}^3/\text{s}$。经计算即可得出第(10)栏的设计地下径流过程。

将设计地面径流、地下径流及基流相加，得设计洪水过程，见第(12)栏。

表6-18　设计洪水过程线计算表

时段（Δt=6 h）	设计净雨/mm	t/K	$S(t)$	$S(t-\Delta t)$	$u(\Delta t,t)$	单位线 $q(t)$/(m³/s)	部分地面径流/(m³/s)		$Q_s(t)$/(m³/s)	$Q_g(t)$/(m³/s)	$Q_基$/(m³/s)	$Q_p(t)$/(m³/s)
							15	25				
(1)	(2)	(3)	(4)	(5)	(6)	(7)	(8)		(9)	(10)	(11)	(12)
0	15	0	0		0	0	0		0	0	5.0	5.0
1	25	0.9	0.063	0	0.063	3.4	5.1	0	5.1	0.2	5.0	10.3
2		1.7	0.243	0.063	0.180	9.8	14.7	8.5	23.2	0.4	5.0	28.6
3		2.6	0.482	0.243	0.239	13.0	19.5	24.5	44.0	0.6	5.0	49.6
4		3.4	0.660	0.482	0.178	9.7	14.6	32.5	47.1	0.8	5.0	52.9
5		4.3	0.803	0.660	0.143	7.8	11.7	24.3	36.0	1.0	5.0	42.0
6		5.1	0.883	0.803	0.080	4.4	6.6	19.5	26.1	1.2	5.0	32.3
7		6.0	0.938	0.883	0.055	3.0	4.5	11.0	15.5	1.4	5.0	21.9
8		6.9	0.967	0.938	0.029	1.6	2.4	7.5	9.9	1.6	5.0	16.5
9		7.7	0.983	0.967	0.016	0.9	1.4	4.0	5.4	1.8	5.0	12.2
10		8.6	0.991	0.983	0.008	0.4	0.6	2.3	2.9	2.0	5.0	9.6
11		9.4	0.995	0.991	0.004	0.2	0.3	1.0	1.3	2.2	5.0	8.5
12		10.3	0.998	0.995	0.003	0.2	0.3	0.5	0.8	2.4	5.0	8.3
13		11.1	0.999	0.998	0.001	0.1	0.2	0.5	0.7	2.6	5.0	8.3
14		12	1.000	0.999	0.001	0.1	0.2	0.3	0.5	2.8	5.0	8.3
15						0	0	0.3	0.3	3.0	5.0	8.3
16								0	0	3.2	5.0	8.2
17										3.0	5.0	8.0
合计					1.0	54.6						

任务4　小流域设计洪水估算

模块1　小流域设计洪水的特点

小流域与大中流域的特性有所不同。一般情况下，流域面积在500 km^2 以下的可认为是小流域。从水文学角度看，小流域具有流域汇流以坡面汇流为主、水文资料缺乏、集水面积小等特性。由于我国目前水文站网密度较小，例如，某省100 km^2 以下的小河水文站只有20个，平均1500 km^2 只有一个测站。因此，小流域设计洪水计算一般为无资料情况下的计算。从计算任务上来看，小流域上兴建的水利工程一般规模较小，没有多大的调洪能力，所以计算时常以设计洪峰流量为主，对洪水总量及洪水过程线要求相对较低。从计算方法上来看，为满足众多的小型水利水电、交通、铁路工程短时期提交设计成果的要求，小流域设计洪水的方法必须具有简便、易于掌握的特点。

小流域设计洪水计算方法较多，归纳起来主要有推理公式法、经验公式法、综合单位线法、调查洪水法等。这里重点介绍推理公式法。

模块2　推理公式法计算设计洪峰流量

推理公式法是由暴雨资料推求小流域设计洪水的一种简化方法。它把流域的产流、汇流过程均作了概化，利用等流时线原理，经过一定的推理过程，得出小流域的设计洪峰流量的推求方法。

1. 推理公式的基本形式

在一个小流域中，流域的最大汇流长度为 L，流域的汇流时间为 τ。根据等流时线原理，当净雨历时 t_c 大于或等于汇流历时 τ 时，称全面汇流，即全流域面积上 F 的净雨汇流形成洪峰流量；当 t_c 小于 τ 时，称部分汇流，即部分流域面积上 F_{t_c} 的净雨汇流形成洪峰流量，形成最大流量的部分流域面积 F_{t_c} 是汇流历时相差 t_c 的两条等流时线在流域中所包围的最大面积，又称最大等流时面积。

当 $t_c \geqslant \tau$ 时，根据小流域的特点，假定 τ 历时内净雨强度均匀，流域出口断面的洪峰流量 Q_m 为

$$Q_m = 0.278\frac{h_\tau}{\tau}F \tag{6-29}$$

式中：h_τ 为 τ 历时内的净雨深，mm；0.278为 Q_m 单位为 m^3/s、F 单位为 km^2、τ 单位为h时的单位换算系数。

当 $t_c < \tau$ 时，只有部分面积 F_{t_c} 上的净雨产生出口断面最大流量，其计算公式为

$$Q_m = 0.278\frac{h_R}{t_c}F_{t_c} \tag{6-30}$$

式中：h_R 为次降雨产生的全部净雨深，mm。

F_{t_c} 与流域形状、汇流速度和 t_c 大小等有关，因此详细计算是比较复杂的，实际生产中一般采用简化方法，近似假定 F_{t_c} 随汇流时间的变化可概化为线性关系，即

$$F_{t_c} = \frac{F}{\tau}t_c \tag{6-31}$$

将式(6-31)代入式(6-30)，则部分汇流计算洪峰流量的简化公式为

$$Q_m = 0.278 \frac{h_R}{\tau} F \tag{6-32}$$

综合上述全面汇流($t_c \geqslant \tau$)与部分汇流($t_c < \tau$)情况，计算洪峰流量公式为

$$Q_m = 0.278 \frac{h_R}{t_c} F_{t_c} \quad (t_c \geqslant \tau) \tag{6-33}$$

$$Q_m = 0.278 \frac{h_R}{\tau} F \quad (t_c < \tau) \tag{6-34}$$

式(6-33)及式(6-34)即为推理公式的基本形式，式中 τ 可用下式计算：

$$\tau = \frac{0.278L}{mJ^{\frac{1}{3}} Q^{\frac{1}{4}}} \tag{6-35}$$

式中：J 为流域平均坡度，包括坡面和河网，实用上以河道平均比降来代表，以小数计；L 为流域汇流的最大长度，km；m 为汇流参数，与流域及河道情况等条件有关。

式(6-33)及式(6-34)中的地面净雨计算可分为两种情况，如图 6-16 所示。

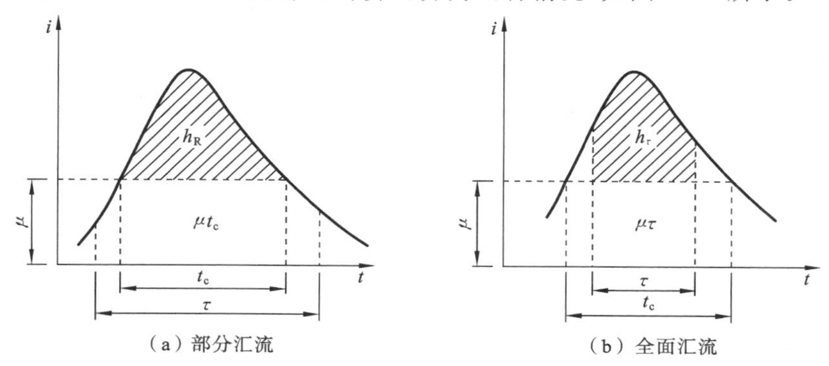

图 6-16　两种汇流情况示意图

当 $t_c \geqslant \tau$ 时，历时 τ 的地面净雨深 h_τ 可用式(6-36)计算：

$$h_\tau = (\bar{i}_\tau - \mu)\tau = S_p \tau^{1-n} - \mu\tau \tag{6-36}$$

当 $t_c < \tau$ 时，产流历时内的净雨深 h_R 可用式(6-37)计算：

$$h_\tau = (\bar{i}_\tau - \mu)\tau = S_p \tau^{1-n} - \mu t_c = n S_p t_c^{1-n} \tag{6-37}$$

式中：$\bar{i}_\tau$、$\bar{i}_{t_c}$ 分别为汇流历时与产流历时内的平均雨强，mm/h；μ 为产流参数，mm/h。

经推导，净雨历时 t_c 可用式(6-38)计算：

$$t_c = \left[(1-n) \frac{S_p}{\mu} \right]^{\frac{1}{n}} \tag{6-38}$$

可见，由推导公式计算小流域设计洪峰流量的参数有三类：流域特征参数 F、J、L；暴雨特性参数 n、S_p；汇流参数 m、μ。Q_m 可以看成是上述参数的函数，即

$$Q_m = f(F, L, J; n, S_p; m, \mu)$$

流域特性参数与暴雨特性参数可根据各地区水文手册(图集)上所述的计算方法确定，因此关键是确定流域的产流、汇流参数。

2. 产流、汇流参数的确定

产流参数 μ 代表残留历时 t_c 内地面平均入渗率，又称损失参数。推理公式法假定流域各

点的损失相同，将 μ 视为常数。μ 值的大小与所在地区的土壤透水性能、植被情况、降雨量的大小及分配、前期影响雨量等因素有关，不同地区，其数值不同，且变化较大。

汇流参数 m 是流域中反映水力因素的一个指标，用于说明洪水汇集运动的特性。它与流域地形、植被、坡度、河道糙率和河道断面形状等因素有关，一般可根据雨洪资料反算，然后进行地区综合，建立它与流域特征因素的关系，以解决无资料地区确定 m 值的问题。各省在分析大暴雨洪水资料后都提供了 μ 和 m 值的简便计算方法，可在当地的水文手册（图集）中查到。

3. 设计洪峰流量的推求

应用推理公式推求设计洪峰流量的方法很多，本章仅介绍实际应用较广且比较简单的两种方法——试算法和图解交点法。

1）试算法

该法是以试算的方式联解方程组式(6-33)或式(6-34)、式(6-35)、式(6-36)或式(6-37)。具体计算步骤如下：

(1) 通过调查了解设计流域，结合当地的水文手册（图集）及流域地形图，确定流域的集合特征值 F、L、J，暴雨的统计参数（$\overline{H}$、C_V、C_S/C_V）及暴雨公式中的参数 n，产流参数 μ 及汇流参数 m。

(2) 计算设计暴雨的余力 S_p 与雨量 H_{tp}，并由产流参数 τ 计算设计净雨历时 t_c。

(3) 将 F、L、J、t_c、m 代入式(6-33)或式(6-34)，其中 Q_{mp}、τ、h_c（或 h_R）未知，且 h_τ 与 τ 有关，故需用试算法求解。试算的步骤为：先假设一个 Q_{mp}，代入式(6-35)计算出一个相应的 τ，将它与 t_c 比较判断属于何种汇流情况，用式(6-36)或式(6-37)计算出 h_τ（或 h_R），再将该 τ 值与 h_τ（或 h_R）代入式(6-33)或式(6-34)，求出一个 Q'_{mp}，若 Q'_{mp} 与假设的 Q_{mp} 一致（误差在1%以内），则该 Q_{mp} 及 τ 即为所求；否则，另设 Q_{mp} 重复上述试算步骤，直至满足要求为止。

2）图解交点法

该法是对式(6-33)、式(6-34)与式(6-35)分别作曲线 Q_{mp}-τ' 及 τ'-Q'_{mp}，点绘在同一张图上，如图6-17所示，两条线交点的读数显然同时满足上述两个方程，因此交点读数 Q_{mp}、τ 即为两式的解。

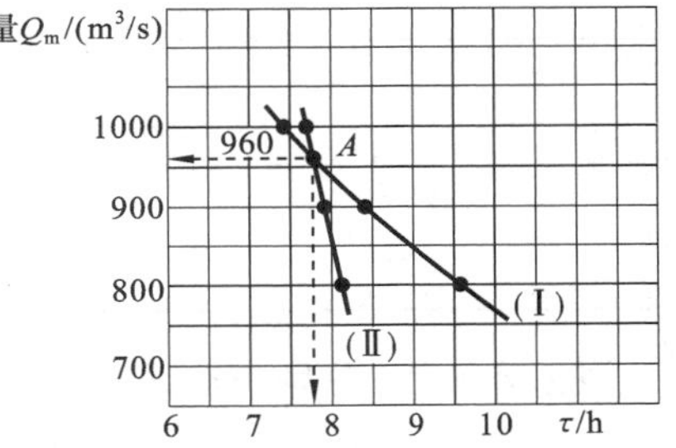

图6-17　图解交点法

【例6-11】 在某小流域拟建一小型水库，已知该水库所在流域为山区，县土质为黏土。其流域面积 $F=84\ m^2$，流域的长度 $L=20$ km，平均坡度 $J=0.01$，流域的暴雨资料同例6-4。试用推理公式法计算坝址处 $p=1\%$时的设计洪峰流量。

解　1. 计算法

(1) 计算设计暴雨：

由例6-4知，雨力 $S_p=90$ mm/h，$n_2=0.65$。根据暴雨公式得历时 t 的设计暴雨量 H_{tp} 为

$$H_{tp}=S_p t^{1-n_2}=90t^{0.35}$$

(2) 计算设计净雨：

根据流域的自然地理特性，查当地水文手册（图集）得设计条件下的产流参数 $\mu=3.0$ mm/h，按式(6-38)计算净雨历时 t_c 为

$$t_c=\left[(1-0.65)\frac{90}{3.0}\right]^{\frac{1}{0.65}}\ \text{h}=37.24\ \text{h}$$

（3）计算设计洪峰流量：

根据该流域的汇流条件，$\theta=\frac{L}{J^{\frac{1}{3}}}=92.8$，由该省水文手册（图集）确定本流域的汇流系数为 $m=0.28\theta^{0.275}=0.97$。

假设 $Q_{mp}=500\ \text{m}^3/\text{s}$，代入式（6-35），计算汇流历时 τ 为

$$\tau=\frac{0.278L}{mJ^{\frac{1}{3}}Q^{\frac{1}{4}}}=5.6\ \text{h}$$

因 $t_c>\tau$，故属于全面汇流，由式（6-36）计算得

$$h_\tau=S_p\tau^{1-n}-\mu\tau=(90\times5.6^{1-0.65}-3.0\times5.6)\ \text{mm}=147.7\ \text{mm}$$

将所有参数代入式（6-33）得

$$Q_m=0.278\frac{h_\tau}{\tau}F=0.278\times\left(\frac{147.7}{5.6}\right)\times84\ \text{m}^3/\text{s}=616\ \text{m}^3/\text{s}$$

所求结果与原假设不符，应重新假设 Q_{mp} 值，经试算求得 $Q_{mp}=640\ \text{m}^3/\text{s}$。

2. 图解交点法

首先假定为全面汇流，假设 τ，用式（6-33）计算 Q'_{mp}；假设 Q_{mp}，用式（6-35）计算 τ'，具体计算如表 6-19 所示。

表 6-19　图解交点法计算表

假设 τ/h	计算 Q'_{mp}/(m³/s)	假设 Q_{mp}/(m³/s)	计算 τ'/h
(1)	(2)	(3)	(4)
5.60	615	550	5.49
5.40	632	600	5.37
5.20	549	650	5.27
5.00	668	700	5.17

根据表 6-19 分别作曲线 Q_{mp}-τ' 及 τ'-Q'_{mp}，点绘在同一张图上，如图 6-17 所示，交点读数 $Q_{mp}=640\ \text{m}^3/\text{s}$、$\tau=5.29$ h，即为两式的解。

验算：$t_c=37.2$ h，$\tau=5.29$ h，$t_c>\tau$，原假设为全面汇流是合理的，不必重新计算。

模块 3　经验公式法计算设计洪峰流量

经验公式是根据本地区实测洪水资料或调查的相关洪水资料进行综合归纳，直接建立洪峰流量与影响因素之间的经验相关关系，用数学方式或图示表示洪水特征值的方法。经验公式法方便简单，应用方便，如果公式能考虑到影响洪峰流量的主要因素，且建立公式时所依据的资料有较好的可靠性与代表性，则计算成果可以有很好的精度。按建立公式时考虑的因素，经验公式可分为单因素经验公式和多因素经验公式。

1. 单因素经验公式

以流域面积为参数的单因素经验公式是经验公式中最为简单的一种形式。把流域面积看做是影响洪峰流量的主要影响因素，其他的因素可用一些综合参数表达，公式的形式为

$$Q_{mp}=C_pF^n \tag{6-39}$$

式中：Q_{mp}为频率为p时的设计洪峰流量，m^3/s；C_p、n分别为经验系数和经验指数；F为流域面积，km^2。

2. 多因素经验公式

多因素经验公式是以流域特征与设计暴雨等主要影响因素为参数建立的经验公式。它认为洪峰流量主要受流域面积、流域形状与设计暴雨等因素的影响，而其他的因素可用一些综合参数表达，公式的形式为

$$Q_{mp}=CH_{24p}F^n \tag{6-40}$$

$$Q_{mp}=Ch_{24p}^aK^mF^n \tag{6-41}$$

式中：H_{24p}、h_{24p}分别为最大24 h设计暴雨量与净雨量；C、a、m、n分别为经验参数和经验指数；K为流域形状系数。

经验公式不着眼于流域的产流、汇流原理，只进行该地区资料的统计归纳，故地区性很强，两个流域洪峰流量公式的基本形式相同，它们的参数和系数会相差很大。所以，外延时一定要谨慎。很多省（区）的水文手册（图集）上都刊有经验公式，使用时一定要注意公式的适用范围。

模块4　调查洪水法推求设计洪峰流量

该方法主要是通过洪水调查或临时设站观测，以获取一次或几次大洪水资料，采用直接选配频率曲线法、地区洪峰流量综合频率曲线法和历史洪水加成法推求某一频率的设计洪水。

1. 直接选配频率曲线法

如果获得大洪水资料较多（3～4次以上），则可用经验频率公式计算出每次洪水的频率，并点绘到频率纸上，然后选配一条和经验点据配合很好的频率曲线，将其统计参数与邻近流域进行比较，检查其合理性，若有不合理之处，应对参数进行适当调整。有了频率曲线就可以查出某一频率的设计洪水。

2. 地区洪峰流量综合频率曲线法

该法首先是根据水文分区内各站的各种频率模比系数，并点绘在同一张频率纸上，然后在图上取各种频率模比系数的中值（或均值），绘一条综合频率曲线，这就是洪峰流量地区综合频率曲线。因为该线的坐标是相对值，所以该区域内各地都可以使用。有了这条综合频率曲线，就可以用于由历时洪水推求设计洪水的设计计算。

假设在设计断面处只调查到一次大洪水，由估算的重现期计算的经验频率为p_1，其洪峰流量为Q_{mp}，则频率为p的设计洪峰流量Q_{mp}可按下式计算：

$$Q_{mp}=\frac{K_1}{K_P}Q_{mp_1} \tag{6-42}$$

式中：K_1、K_P分别为在综合频率曲线上查出相应p_1、p的模比系数。

若历时洪水不止一个时，则可用同样的方法求出几个设计洪峰流量，取其均值，即为所求。

3. 历史洪水加成法

该方法将调查的历史洪水的洪峰流量加上一定的成数（或不加成数）直接作为设计洪峰流量。在具有比较可靠的历史洪水调查数据，而其稀遇程度又基本上能够达到工程设计标准时，此方法有一定的现实意义。

任务5　设计洪水的其他问题

模块1　可能最大暴雨与可能最大洪水的简介

可能最大暴雨简称PMP。可能最大洪水简称PMF。这是20世纪30年代提出的从物理成因方面研究设计洪水的一种途径。可能最大暴雨是指在现代气候条件下，特定流域（或地区）一定历时内气象上可能发生的最大暴雨，即暴雨的上限值。将其转化为洪水，则称为可能最大洪水。

我国从1958年开始分析个别地区的可能最大洪水。1975年河南特大洪水发生后，因水库失事造成的巨大损失，引起了人们对水库安全保坝洪水的普遍重视。原水利电力部颁发的SDJ 12—1978规范中规定在设计重要的大中型水库及特别重要的小型水库，且大坝为土石坝时，必须以可能最大洪水作为校核洪水。为此，全国相继开展了可能最大暴雨和可能最大洪水的分析研究工作，并于1977年出版了《中国可能最大24小时点雨量等值线图（试用稿）》。各省区也相继完成了《雨洪图册》的编印工作，系统地分析研究了推求PMP的各种方法，编制了计算PMP和PMF的图表资料，为防洪安全检查和新建水库的保坝设计提供了依据。

但在目前所具有的水文气象资料及水文气象科学发展水平的条件下，远远不能解决对暴雨的物理上限值精确计算的问题，只能逐步地接近它。因此，可以说对PMP的计算问题，是一个对自然的不断认识过程。随着资料的增多、科学的发展，必将逐步认识PMP的物理机制。

现阶段推求PMP的主要方法是水文气象法。

水文气象法从暴雨地区气象成因着手，认为形成洪水的暴雨是一定天气形态下产生的，因而可用气象学和天气学理论及水文学知识，将典型暴雨模式加以极大化，进行分析计算求得相应的暴雨，作为可能最大暴雨。

这里所说的典型暴雨是指能反映设计流域暴雨特性，且对工程防洪影响大的实测大暴雨。典型暴雨可以采用当地实测大暴雨，也可以移用气候一致区的大暴雨，或为多次实测大暴雨综合而成的组合暴雨。所谓暴雨模式则是把暴雨形成的天气系统，概化成一个包含主要物理因子的某种降雨方程式。极大化则是指分析影响降雨的主要因子的可能最大值，然后将实测暴雨因子加以放大。

水文气象途径的具体方法有当地暴雨法、暴雨移置法、暴雨组合法、水汽辐合上升指标法、积云模式法等。目前以上各方法尚不成熟，即根据仅有的大暴雨资料，应该怎样放大到“可能最大”，尚需进一步研究。

模块2　经验单位线的分析推求

前面已经介绍了应用单位线可以推求设计洪水过程，特定流域的单位线一般是根据实测的流域降雨和出口断面流量过程，运用单位线的两个基本假定来反求的。一般用缩放法、分解法和试错优选法等。

1. 缩放法

如果流域上恰有一个单位时段且分布均匀的净雨 R_s 所形成的一个孤立洪峰，那么，只要从这次洪水的流量过程线上割去地下径流，即可得到这一时段降雨所对应的地面径流过程 Q_s-t 和地面净雨 h_s（等于地面径流深）。利用单位线的倍比假定，对 Q_s-t 按倍比 $10/h_s$ 进行缩放，便可得到所推求的单位线 q-t。

2. 分解法

如果流域上某次洪水系由两个时段的净雨所形成，则需用分解法求单位线。此法利用单位线的基本假定，先把实测的总地面径流过程分解为各时段净雨的地面径流过程，再由净雨较大的地面径流过程用缩放法求得单位线。下面结合实例说明具体计算方法。

【例 6-12】 某水文测站以上流域面积 $F=963\ km^2$，1997 年 6 月发生一次降雨过程，实测雨量列于表 6-20 第(6)栏，所形成的流量过程列于第(3)栏。现从这次实测的雨洪资料中分析时段为 6 h 的 10 mm 净雨单位线。

表 6-20　某河某站 1997 年 6 月一次洪水的单位线计算表

时间		实测流量/(m^3/s)	地下径流/(m^3/s)	地面径流/(m^3/s)	流域降雨/mm	地面净雨/mm	各时段净雨的地面径流/(m^3/s)		计算的单位线 q/(m^3/s)	修正后的单位线 q'/(m^3/s)	用单位线还原的地面径流/(m^3/s)
日·时	时段(Δt)						63.0 mm	5.0 mm			
(1)	(2)	(3)	(4)	(5)	(6)	(7)	(8)	(9)	(10)	(11)	(12)
17·14	0	15	15	0	15.0	0					0
20	1	15	15	0	87.8	63.0	0		0	0	0
18·2	2	118	15	103	11.0	5.0	103	0	16	16	101
8	3	1349	15	1334	3.6	0	1326	8	210	210	1331
14	4	585	15	570	1.3	0	456	105	74	74	578
20	5	338	15	323			286	37	45	45	334
19·2	6	253	15	238			215	23	34	34	245
8	7	189	15	174			157	17	25	25	175
14	8	137	15	122			109	13	17	17	120
20	9	103	15	88			79	9	13	13	91
20·2	10	67	15	52			46	6	7	7	51
8	11	39	15	24			0(20)	4	0	0	4
14	12	15	15	0				0(2)			0
合计				3028（折合 68.0 mm）	118.7	68.0			441（折合 9.9 mm）	445（折合 10.0 mm）	3030（折合 68.0 mm）

解　(1) 分割地下径流，求地面径流过程及地面径流深。因该次洪水地下径流量不大，按水平分割法求得地下径流过程，列于表中第(4)栏。第(3)栏减去第(4)栏，得第(5)栏的地面径流过程，于是可求得总的地面径流深 R_s 为

$$R_s=\frac{\Delta t\sum Q_j}{F}=\frac{6\times 3600\times 3028}{963\times 1000^2}\ \text{m}=68.0\ \text{mm}$$

(2) 求地面净雨过程。本次暴雨总量为 118.7 mm,则损失量为(118.7－68.0) mm＝50.7 mm。根据该流域实测资料分析,后损失期平均入渗率 $\bar{f}=1$ mm/h,则每时段损失量为 6 mm。由雨期末逆时序逐时段扣除损失得各时段净雨,逆时序累加各时段净雨,当总净雨等于地面径流 68.0 mm 时,剩余降雨量即为初损量。计算的各时段净雨列于第(7)栏。

(3) 分解地面径流过程。首先,联合使用倍比假定和叠加假定,将总的地面径流过程分解为 63.0 mm(R_{s1})产生的和 5.0 mm(R_{s2})产生的地面径流过程。总的地面径流过程从 17 日 20 时开始,依次记为 $Q_0,Q_1,Q_2,\cdots$;R_{s1} 产生的记为 $Q_{1-0},Q_{1-1},Q_{1-2},\cdots$;$R_{s2}$ 产生的则从 18 日 2 时开始(错后一个时段),依次记为 $Q_{2-0},Q_{2-1},Q_{2-2},\cdots$。由叠加假定,$Q_{1-0}=0$,根据倍比假定判知 $Q_{2-0}=(R_{s2}/R_{s1})=0$;重复使用叠加假定,$Q_1=103=Q_{1-1}+Q_{2-0}=Q_{1-1}+0$,即得 $Q_{1-1}=103\ \mathrm{m^3/s}$;由倍比假定,$Q_{2-1}=(R_{s2}/R_{s1})\cdot Q_{1-1}=(5.0/63.0)\times 103\ \mathrm{m^3/s}=8\ \mathrm{m^3/s}$。如此反复使用单位线的两项基本假定,便可求得第(8)、(9)栏所列的 63.0 mm 及 5.0 mm 净雨分别产生的地面径流过程。运用倍比假定,对第(8)栏乘以(10/63.0),便可计算出单位线 q,列于第(10)栏。该栏数值也可由第(9)栏乘以(10/5.0)而得。

(4) 对上步计算的单位线进行检查和修正。由于单位线的两项假定并不完全符合实际情况,故上步计算的单位线有时出现不合理的现象,例如,计算的单位线径流深不正好等于 10 mm,或单位线的纵坐标出现上下跳动,或单位线历时 T_q 不能满足下式要求:

$$T_q=T-T_s+1 \tag{6-43}$$

式中:T_q 为单位线历时(时段数);T 为洪水的地面径流(时段数);T_s 为地面净雨历时(时段数)。

若出现上述不合理情况,则需修正,使最后确定的单位线径流深正好等于 10 mm,底宽等于($T-T_s+1$),形状为光滑的铃形曲线,并且使用这样的单位线进行还原计算,即用该单位线由地面净雨推算地面径流过程(如表 6-20 中第(12)栏)与实测的地面经流过程相比,误差最小。根据这些要求对第(10)栏计算的单位线进行检验和修正,得第(11)栏最后确定的单位线。它的地面径流正好等于 10 mm,底宽等于 10 个时段。

3. 试错优选法

一场洪水的过程中,净雨历时较长,如大于或等于 3 个净雨时段,用分解法推求单位线常因计算过程中误差累积太快,使解算工作难以进行到底,这种情况下比较有效的办法是改用试错优选法。

试错优选法就是先假定一条单位线(表 6-21 中的第(4)栏)作为本次洪水除最大时段净雨外其他时段净雨的试用单位线,并计算这些净雨产生的流量过程,然后错开时段叠加,得到一条除最大时段净雨外其余各时段净雨所产生的综合流量过程线。很明显,原来的洪水过程减去计算的上述综合出流过程,即得到一条最大时段净雨($h_2=18.5$ mm)所产生的流量过程线,将其纵坐标分别乘以 $10/h_2=10/18.5$,即得到该时段净雨所产生的 10 mm 净雨单位线,列于第(11)栏中。将此单位线与原采用的单位线进行比较,并采用其平均值。再重复上述步骤,直到满意为止。本例中,两条单位线差别不大,可以取其平均值作为最终采用的单位线,见第(12)栏中数据。

表 6-21　某流域试错优选法推求单位线示例

时段 $\Delta t=6$ h	净雨 /mm	实测地面径流 /(m³/s)	假定单位线 q /(m³/s)	各时段净雨产生的径流 /(m³/s)				部分径流之和 (5)+(7)+(8) /(m³/s)	h_2 产生的径流 /(m³/s)	由 h_2 分析的单位线 /(m³/s)	采用单位线 q /(m³/s)
				7.5 mm	18.5 mm	11.3 mm	6.7 mm				
(1)	(2)	(3)	(4)	(5)	(6)	(7)	(8)	(9)	(10)	(11)	(12)
1	7.5	0	0	0				0	0	0	
2	18.5	95	120	90				90	5	3	0
3	11.3	460	300	225		0		225	235	127	124
4	6.7	810	140	105		136	0	241	569	308	304
5		770	85	64		339	80	483	287	155	148
6		540	60	45		158	201	404	136	74	80
7		345	40	30		96	94	220	125	68	64
8		220	20	15		68	57	140	80	43	42
9		120	5	4		45	40	89	31	17	18
10		60	0	0		23	27	50	10	5	5
11		25				6	13	19	6	3	2
12		5				0	3	3	2	1	0
13		0					0	0	0	0	

模块 3　设计洪水的地区组成

1. 基本概念

为规划流域开发方案，计算水库对下游的防洪作用，以及进行梯级水库开发或水库群的联合调洪计算问题，需要分析设计洪水的地区组成。也就是说，当下游控制断面发生某设计频率的洪水时，要计算其上游各控制断面和区间相应的洪峰、洪量及洪水过程线。

如图 6-18 所示，上游 A 处拟建一水库，负担下游 B 断面附近地区的防洪任务。要推求设计断面 B 处即下游的设计洪水，就必须分析研究该断面设计洪水的地区组成，即上游水库和 AB 区间发生相应洪水的情况。

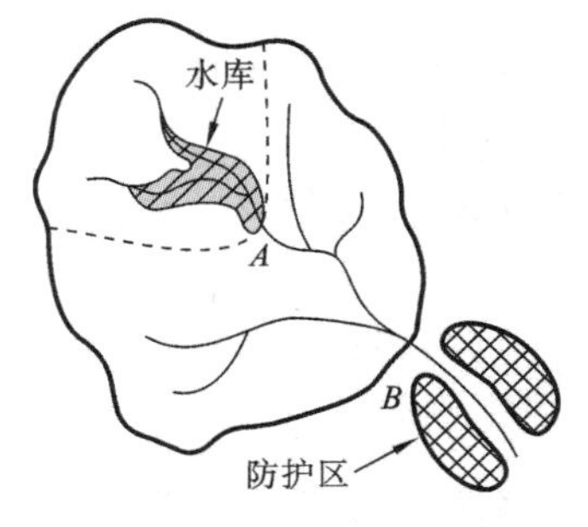

图 6-18　防洪水库与防护区位置示意图

由于暴雨分布不均，各地区洪水来量不同，各干支流来水的组合情况十分复杂。因此洪水地区组成的研究方法与固定断面设计洪水的研究方法不同，必须根据实测资料，结合调查资料和历史文献，对流域内洪水地区组成的规律进行综合分析。应着重分析：暴雨、洪水的地区分布及其变化规律；历时洪水的地区组成及变化规律；各断面峰量关系及各断面洪水传播演进的情况等。为了分析设计洪水不同的地区组成对防洪的影响，通常需要拟定若干个以不同地区来水为主的计算方案，并经调洪计算，从中选定可能发生而又能满足设计要求的成果。

2. 设计洪水地区组成的计算方法

1）相关法

统计下游断面各次较大洪水过程中，某种历时的最大洪量及相应时间内（考虑洪水传播演进时间）上游控制断面与区间的洪量，点绘相关图，然后根据下游设计断面洪量，在相关线上查得上游控制断面及区间的设计洪量，作为设计洪水的地区组成洪量，再按已求得的洪量作控制，用同倍比放大上游各断面及区间的典型洪水过程线。

相关法一般用于设计断面以上各地区洪水组成比例较为稳定的情况。但应注意检查上游各断面及区间的洪水过程演算至下游控制断面，水量是否平衡，若不平衡应进行修正。

2）典型洪水地区组成法

从实测资料中选出若干个在设计条件下可能发生的，并且在地区组成上具有一定代表性（如洪水主要来自上游、主要来自区间或在全流域均匀分布）的典型洪水过程，然后以设计断面（下游断面）某一控制时段的设计洪量作控制，按典型洪水各区相同时段洪量组成比例，放大各断面及区间的洪水过程，以确定设计洪水的地区组成。

本方法简单、直观，是工程设计中最常用的方法之一，尤其适合于地区组成比较复杂的情况。方法的关键是选择恰当的典型洪水。

3）同频率地区组成法

同频率地区组成法就是根据防洪要求，指定某一局部地区的洪量与下游控制断面的洪量同为设计频率，其余洪量再根据水量平衡原理分配到流域其他地区的方法。一般考虑以下两种同频率组成情况。

（1）当下游断面发生设计频率为 p 的洪水 $W_{下p}$ 时，上游断面也发生设计频率为 p 的洪水 $W_{上p}$，而区间发生相应的洪水 $W_{区}$，即

$$W_{区}=W_{下p}-W_{上p} \tag{6-44}$$

（2）当下游断面发生设计频率为 p 的洪水 $W_{下p}$ 时，区间也发生设计频率为 p 的洪水 $W_{区p}$，而上游断面发生相应的洪水 $W_{上}$，即

$$W_{上}=W_{下p}-W_{区p} \tag{6-45}$$

究竟选用哪种组成进行设计，要视分析的结果并结合工程性质的需要综合确定。经分析，如果这种同频率组合实际可能性很小，则不宜采用。

要指出的是，现行设计洪水地区组成的计算方法还不完善，主要问题之一是这种特定的组合方法能否达到设计标准，至今尚未确认。为此，在拟定好洪水的地区组成方案后，应对成果的合理性进行必要的分析。例如，放大所得的各地区设计洪水过程线，当演进汇集到下游控制断面时，应能与该断面的设计洪水过程线基本一致，如果发生差别过大，则应进行修正。修正的原则一般是以下游控制断面的设计洪水过程为准，适当调整各上游断面及区间的来水过程。

模块 4　入库设计洪水

1. 基本概念

入库设计洪水是指水库建成后，通过各种途径进入水库回水区的洪水。入库洪水一般由三部分组成：

（1）水库回水末端附近干支流水文测站或某设计断面以上流域产生的洪水；

（2）干支流各水文测站以下到水库周边区间陆面上产生的洪水；

(3) 库面洪水，即库面降水直接转化为径流形成的洪水。

由于建库后流域的产流、汇流条件都有所改变，入库洪水与坝址洪水相比就有所不同，其差异主要表现在：

① 入库洪水是在水库周边汇入，坝址洪水是坝址断面的出流，两者的流域调节程度不同。建库后，回水末端到坝址处的河道被回水淹没成库区，原河道调节能力丧失，再加上干支流和区间陆面洪水易于遭遇，使得入库洪水的洪峰增高，峰形更尖瘦。

② 库区产流条件改变，使入库洪水的洪量增大。水库建成后，上游干支流和区间陆面流域面积的产流条件相同，而水库回水淹没区(水库库面)由原来的陆面变为水面，产流条件相应发生了变化。在洪水期间，库面由陆地产流变为水库水面直接承纳降水，由原来的陆面蒸发变为水面蒸发。一般情况下，洪水期间库面的蒸发损失不大，可以忽略不计，而库区水面产流比陆面产流大一些。因此，在降水量相同的情况下，建库后的入库洪量比建库前的大。

③ 流域汇流时间缩短，入库洪峰流量出现时间提前，涨水段的洪量增大。建库后，洪水由干支流的回水末端和水库周边入库，洪水在区间的传播时间比在原河道的传播时间短。因此，流域总的汇流时间缩短，洪峰出现的时间相应提前，而库面降雨集中于涨水段，涨水段的洪量增大，也造成前述的干支流和区间陆面洪水常易于遭遇。

2. 入库洪水的计算方法

建库前，水库的入库洪水不能直接测得，一般根据水库特点、资料要求，采用不同的方法分析计算。依据资料不同，其计算方法可分为由流量资料推求入库洪水和由雨量资料推求入库洪水两种类型。

由流量资料推求入库洪水的方法又可分为流量叠加法、马斯京根法、槽蓄曲线法和水量平衡法。由于篇幅所限，各种方法的具体操作步骤在此不作详细阐述。

3. 入库设计洪水的计算方法

水利工程的设计应该以建库后的洪水情况作为设计依据。当坝址洪水与入库洪水差别不大时，可用坝址设计洪水近似代替。但当两者差别较大时，以入库洪水进行水库防洪规划更为合理。推求入库洪水的方法有：

(1) 推求历年最大入库洪水，组成最大入库洪水样本系列，采用频率分析的方法推求一定标准的入库洪水。

(2) 首先推求坝址设计洪水，然后反算成入库设计洪水。

(3) 选择某典型年的坝址实测洪水过程线，推算该典型年的入库洪水过程，然后用坝址洪水设计值的倍比求得入库设计洪水过程线。

模块5　分期设计洪水问题

在水利枢纽施工期间，常需要推求施工期间的设计洪水作为预先研究施工阶段的围堰、导流、泄洪等临时工程，以及制订各种工程施工进度计划的依据与参考。由于水利工程施工期限较长，其在不同阶段抵御洪水能力不同，随着坝体升高，泄洪条件在不断变化，因此施工设计洪水一般要求指定分期内的设计洪水。同样，水库在汛期控制运用时，为了防洪安全和分期蓄水，也需要计算分期设计洪水。

分期设计洪水计算要根据河流洪水性，将1年分成若干分期，认为逐年发生在同一分期内的最大洪水应是独立的，可以分别进行统计，然后绘制各个分期内洪峰及各种历时洪量最大值频率曲线，也可以与计算年最大设计洪水同样的方法绘制设计洪水过程线。因此，分期设计洪水计算主要解决如何划定分期及分期洪水频率计算中的一些具体问题。

分期的划定须考虑河流洪水的天气成因，以及工程设计、运行中不同季节对防洪安全和分期蓄水的要求。首先应尽可能地根据不同成因的洪水出现时间进行分期。例如，浙江 7 月上旬以前为梅雨形成的洪水，7 月中下旬以后为台风雨形成的洪水。据此分期，水库可以采用不同的汛期防洪限制水位。施工设计洪水时段的划分还要根据工程设计的要求。例如，为选择合理的施工时段、进度等，常需要分出枯水期、平水期、洪水期的设计洪水或分月设计洪水。应当注意，为了减少分期洪水频率计算成果的抽样误差，分期不宜短于 1 个月。

分期洪水频率计算一般按分期年最大值法选样，若一次洪水跨越两个分期，则视其洪峰流量或定时段洪量的主要部位位于何期，即以此作为该期的样本，而不应重复选样。历史洪水按其发生的日期，分别加入各分期洪水的系列进行频率计算。

对分期设计洪水的成果也要进行合理性分析。主要分析分期设计洪水的均值各种频率的设计是否符合季节性的变化规律，以及各分期洪水的峰期频率曲线与全年最大洪水的峰量频率曲线是否协调。

复习思考题

1. 为什么要计算设计洪水？推求设计洪水的途径有哪些？各途径的基本思路如何？
2. 设计洪水中为什么要考虑历史特大洪水？加入历史特大洪水对设计值有何影响？
3. 特大洪水的处理包括哪两个方面？
4. 为什么洪峰流量的选样要用年最大值法独立选样？
5. 试述由流量资料推求设计洪水与由流量资料推求设计年径流的异同点。
6. 如何对设计洪水成果进行合理性分析？
7. 由暴雨资料推求设计洪水的前提假定是什么，是在哪一步引入频率的概念的？
8. 由暴雨资料推求设计洪水和由某场实际暴雨资料推求相应的实际洪水有何不同？
9. 由暴雨资料推求设计洪水在湿润地区和干旱地区有何不同？
10. 为什么要划分设计净雨？地面净雨深和地面径流深在数值上相同，其含义有什么不同？
11. 单位线的定义和假定是什么？小流域为什么很少用时段单位线推求设计地面洪水过程线？如何综合和使用瞬时单位线？
12. 推理公式法的假定及公式的基本形式是什么？公式中共有几个基本参数？各参数的意义如何？
13. 已知某站有 20 年实测洪峰资料(见表 6-22)及 1867—1949 年间的 4 次调查洪水的洪峰流量资料，经调查，1867 年、1900 年、1937 年、1949 年的洪峰流量分别为 12400 m^3/s、11400 m^3/s、11900 m^3/s、5130 m^3/s，其中以 1867 年、1900 年、1937 年的洪水作为特大洪水，重现期分别为 100 年、60 年、80 年，1949 年的洪水，其量级不属于特大洪水，作为一般洪水。试求该站百年一遇($p=1\%$)的设计洪峰流量 Q_{mp}。
14. 已知某站千年一遇设计洪峰流量和 1 d、3 d、7 d 设计洪量分别为 $Q_{mp}=10245\ m^3/s$、$W_{1p}=4.1040$ 亿立方米、$W_{3p}=8.1648$ 亿立方米、$W_{7p}=12.5539$ 亿立方米。选取的典型洪水过程线如表 6-23 所示。试用同频率放大法计算千年一遇设计洪水过程线。

表 6-22　实测洪峰流量表

年　份	1950	1951	1952	1953	1954	1955	1956	1957	1958	1959
洪峰流量 $Q_m/(m^3/s)$	5680	4030	4360	2030	7120	2440	7000	2460	7240	2810
年　份	1960	1961	1962	1963	1964	1965	1966	1967	1968	1969
洪峰流量 $Q_m/(m^3/s)$	4040	1240	1770	4490	7520	4760	1700	3520	3690	3400

表 6-23　典型洪水过程线表

月　日　时	典型洪水过程线 $Q/(m^3/s)$	月　日　时	典型洪水过程线 $Q/(m^3/s)$	月　日　时	典型洪水过程线 $Q/(m^3/s)$
8　4　8	268	8　6　14	3150	8　8　20	576
20	375	20	2583	9　8	411
5　8	510	7　2	1860	20	365
20	915	8	1070	10　8	312
6　2	1780	20	885	20	236
8	4900	8　8	727	11　8	230

15. 已知某流域中心处多年平均 6 h、24 h、72 h 不同时段(历时)点雨量 H_{0t}、统计参数 C_V 和 C_S/C_V(见表 6-24)。试求该站百年一遇($p=1\%$)的不同时段设计面雨量 H_{Fp}。

表 6-24　不同时段点雨量表

历　时	H_{0t}	C_V	C_S/C_V	α_F
6 h	72.3	0.52	3.5	0.78
24 h	124.8	0.52	3.5	0.84
72 h	157.1	0.50	3.5	0.86

16. 某流域百年一遇设计净雨($\Delta t=6$ h)依次为 10 mm、30 mm、50 mm、20 mm，6 h、10 mm单位线的纵坐标依次为 0 m^3/s、36 m^3/s、204.4 m^3/s、269.1 m^3/s、175 m^3/s、88.3 m^3/s、30.3 m^3/s、9.8 m^3/s、4.1 m^3/s、0.8 m^3/s、0 m^3/s，设计情况下基流为 10 m^3/s，试推求百年一遇的设计洪水过程线。

项目 7　水库兴利调节计算

【任务目标】

正确理解调节系数、库容系数、设计保证率、多回运用、早(晚)蓄方案等概念;了解径流调节的类型、水库特性曲线和特征水位及库容、水库各用水部门特性和水量损失等内容;熟悉兴利调节计算的原理和方法。

【技能目标】

有相关资料时,能绘制水库特性曲线;能熟练掌握用列表法计算年调节水库的兴利库容;会在已知来水和兴利库容时求调节流量;初步掌握多年调节水库兴利库容的计算方法。

任务 1　概　　述

模块 1　水库的调节作用

众所周知,河川径流在一年之内或者在年际的丰枯变化都是很大的。汛期或丰水期的水量丰沛,一般超过用水量,甚至造成洪涝灾害;而枯水期或枯水年的水量较少,往往又不能满足兴利需要。显然,河流的天然来水同人类的生产、生活用水要求存在矛盾。无论是为了消除或减轻洪水灾害,还是为了满足兴利需要,都要求采取措施,对天然径流进行控制和调节。而建造水库调节来水和用水,缓解它们之间的矛盾是一种普遍、有效的工程措施。

随着国民经济的发展,对水资源的需求也在不断增加。因此,合理开发利用水资源,也就越来越重要。修建水库能够调蓄水量,抬高水位,改变河川天然径流过程,以适应国民经济的要求。按人们的需要,利用水库控制并重新分配径流称为径流调节。其中,为提高枯水期(或枯水年)的供水量,满足灌溉、水力发电、城镇工业和生活用水等兴利要求而进行的调节称为兴利调节;为拦蓄洪水、削减洪峰流量、防止或减轻洪水灾害而进行的调节称为防洪调节。

综上所述,径流调节的作用就是:协调来水与用水在时间分配上和地区分布上的关系,并缓解其矛盾,以及统一协调各用水部门关系,并缓解其需求之间的矛盾。

模块 2　兴利调节分类

径流调节总体上分为两大类:枯水调节和洪水调节。因枯水调节来水与用水之间矛盾的具体表现形式并不相同,需要对其作进一步的划分,以便在调节计算中掌握其特点。

1. 按调节周期长短划分

水库来水、用水和蓄水都是经常变化的,水库由库空(死水位)到库满(正常蓄水位)再到库空,循环一次所经历的时间,称为调节周期。按调节周期的长短来分,兴利调节可划分为日调节、周调节、年调节和多年调节等类型。以灌溉为主的水库常为年调节或多年调节水库。

1）日调节和周调节

日调节和周调节均是短周期调节，一般用于发电水库。河川径流在一天或一周内的变化是不大的，而用电负荷在白天和夜晚，或工作日与休息日之间，差异却较大。有了水库就可把夜间或休息日负荷小的多余水量蓄存起来，增加白天和工作日高负荷时的发电量。这种在一天、一周内将径流重新分配的调节称为日调节、周调节。图 7-1 所示的为日调节示意图。

2）年调节

在我国，一般河川径流的季节性变化是很大的，丰水期和枯水期水量相差悬殊。径流年调节的任务就是将丰水期多余水量存蓄在水库中，供枯水期使用。调节周期为一年的称为年调节，如图 7-2 所示。

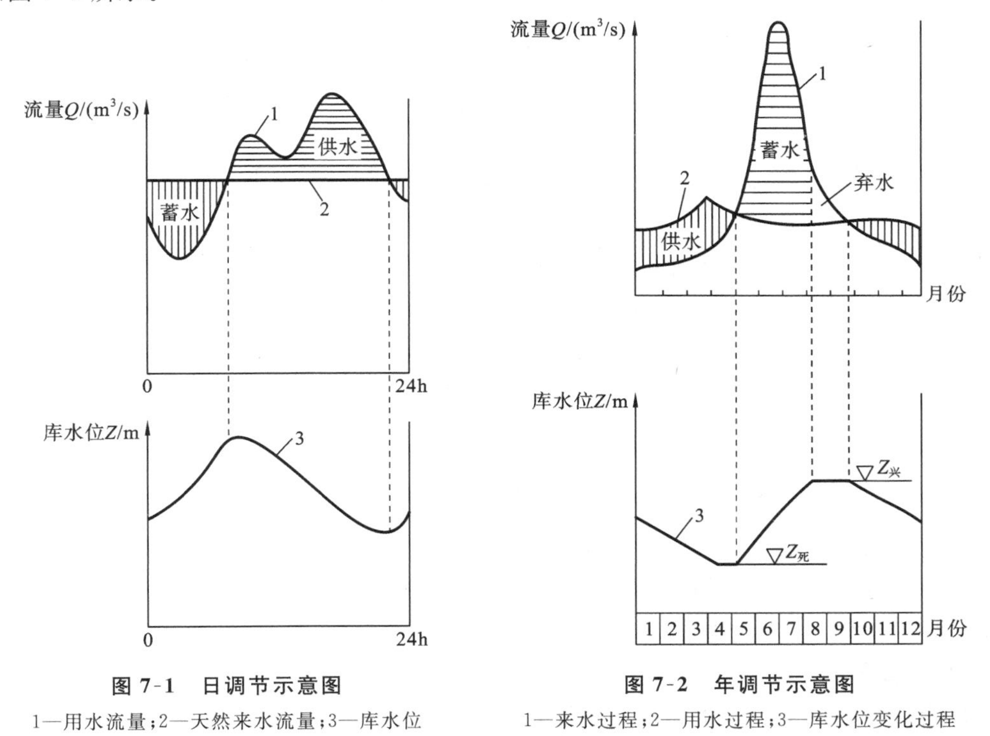

图 7-1　日调节示意图

1—用水流量；2—天然来水流量；3—库水位

图 7-2　年调节示意图

1—来水过程；2—用水过程；3—库水位变化过程

图 7-2 中横线阴影面积表示水库蓄水量，竖线阴影面积表示水库供水量，当水库蓄满兴利库容，来水仍大于用水时，水库将发生弃水（由泄水建筑物排往下游）。对设计水库来说，如果设计枯水年年内来水量大于用水量，经水库调节，尚有弃水发生，则称之为不完全年调节（或季节性调节）。如果水库能将设计枯水年年内全部来水量完全按要求重新分配且没有弃水，则称之为完全年调节。

完全年调节和不完全年调节的概念是相对的。完全年调节水库在遇到设计枯水年时没有弃水，而在一般枯水年份或丰水年份来水量大、用水量小，不必进行完全年调节即能满足用水要求，并会发生弃水。

通常可用库容系数（$\beta=V_{兴}/\overline{W}_{年}$）来反映水库的兴利调节能力，当 $\beta=0.08\sim0.30$ 时可进行年调节（灌溉用水年内变化大，有时 $\beta>0.30$ 仍属于年调节）。年调节水库一般可同时进行周和日的短周期径流调节。

3）多年调节

当用水量较大时，或设计保证率较高时，设计年径流量小于年用水量，这时修建年调节水库满足不了用水的要求，须将丰水年多余水量拦蓄在水库中，补充枯水年供水量之不足。这种跨年度的调节称为多年调节。多年调节水库往往需经过若干个丰水年才能蓄满，然后将蓄存的水量分配在随后的枯水年份用掉，即调节周期为多年，如图 7-3 所示。

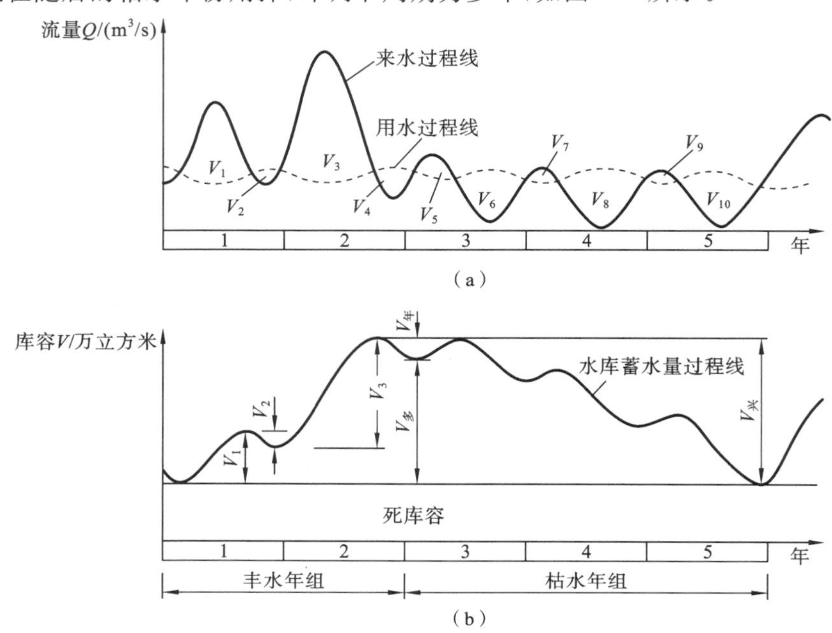

图 7-3　多年调节示意图

水库的相对库容越大，它调节径流的周期就越长，调节利用径流的程度就越高。多年调节水库由于相对库容较大，可同时进行年、周和日的径流调节。

2. 按两水库相对位置和调节方式划分

1）补偿调节

水库至下游用水部门取水地点之间常有较大的区间面积，区间入流显著而不受水库控制，为了充分利用区间来水量，水库应配合区间流量变化补充放水，尽可能使水库放水流量与区间入流量的合成流量等于或接近于下游用水要求。这种视水库下游区间来水流量大小，控制水库补充放水流量的调节方式，称为补偿调节，如图 7-4 所示。

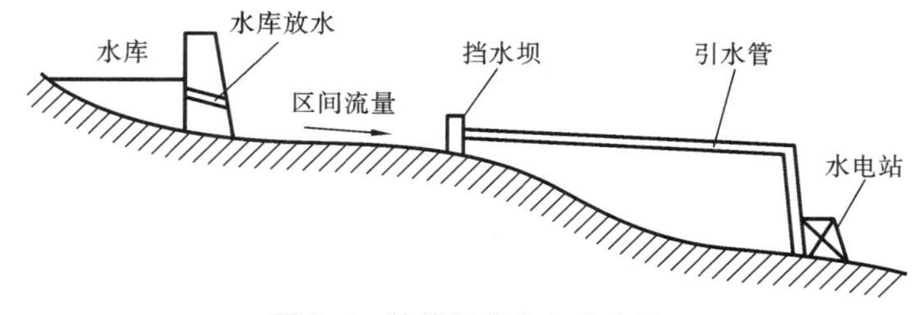

图 7-4　补偿调节水库示意图

2）梯级调节

布置在同一条河流上的多座水库，排列成由上而下的阶梯状，称为梯级水库，如图 7-5 所示。梯级水库的特点是水库之间存在着水量的直接联系(对水电站来说有时还有水头的影响,称水力联系),上级水库的调节直接影响到下游各级水库的调节。在进行下级水库的调节计算时,必须考虑到流入下级水库的来水量是由上级水库调节和用水后下泄的水量与上下两级水库间的区间来水量两部分组成的。梯级调节计算一般自上而下逐级进行。当上级调节性能好,下级水库调节性能差时,可考虑上级水库对下级水库进行补偿调节,以提高梯级总的调节水量。对梯级水库进行的径流调节,称为梯级调节。

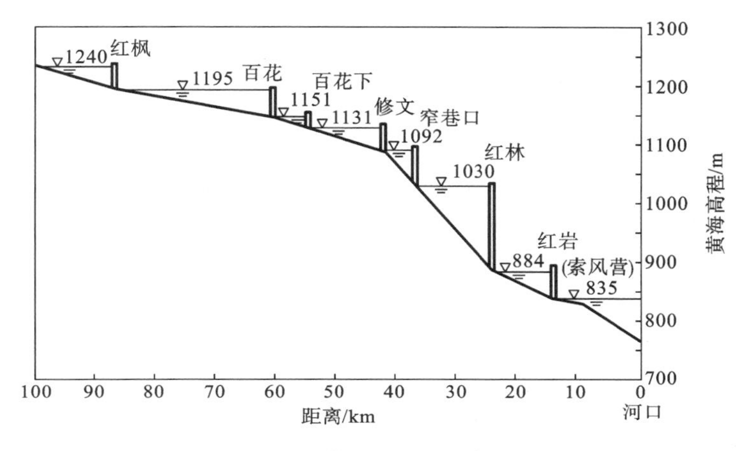

图 7-5 猫跳河梯级开发图

3) 径流电力补偿调节

位于不同河流上但属同一电力系统联合供电的水电站群,可以根据它们所在流域的水文特性及各自的调节性能差别,通过电力联系来进行相互之间的径流补偿调节,以提高水库群总的水利水电效益。这种通过电力联系的补偿调节称为径流电力补偿调节。

4) 反调节

为了缓解上游水库进行径流调节时给下游用水部门带来的不良影响,在下游适当地点修建水库对上游水库的下泄流量过程进行的重新调节,称为反调节,又称再调节。河流综合利用中,经常出现上游水库为水力发电进行日调节造成下泄流量和下游水位的剧烈变化而对下游航运带来不利影响,水电站年内发电用水过程与下游灌溉用水的季节性变化不一致的情况,修建反调节水库有助于缓解这些矛盾。

模块3 水库兴利调节计算所需的基本资料

水库调节计算所需的基本资料包括来水资料、用水资料和水库特性资料三种。

(1) 来水资料,即河川径流过程,是兴利调节的基本依据。由于水文现象的随机性,通常只能根据以往的径流资料来预估水库运行期间的水文情势,即通过前面所述的水文计算方法,得到水库设计与运行中的设计来水过程。

(2) 用水资料,即兴利部门的用水要求,是兴利调节的又一依据。为了确定用水过程,需要了解与掌握用水部门的用水情况,以及当前和远景的发展规划。在用水调查的基础上,作出用水预测,得出水库设计与运行中用水过程。

(3) 水库特性资料,主要是水库的面积、容积特性,蒸发和渗漏损失,以及淤积、淹没和浸没资料等。这些资料通常是根据库区地形资料和水文地质资料，以及淹没和浸没损失的社会调查资料来分析确定的。

上述资料的精度直接影响水库兴利调节计算的精度，应力求可靠和准确，并需要根据设计阶段和运行阶段的变化情况，及时进行修正和补充。

任务2　水库特性及特征水位与库容

模块1　水库特性曲线

在河流上拦河筑坝形成人工湖用来进行径流调节，这就是水库。一般来说，坝筑得越高，水库的容积（简称库容）就越大。但在不同的河流上，即使坝高相同，其库容一般也不相同，这主要与库区内的地形及河流的比降等特性有关。如果库区地形开阔，则库容较大；如果为一峡谷，则库容较小。河流比降小，库容就大；比降大，库容就小。根据库区河谷形状，水库有河道型和湖泊型两种。

水库的形体特征，其定量表示主要就是水库水位-面积关系和水库水位-容积关系。对于一座水库来说，水位越高，则水库面积越大，库容越大。不同水位有相应的水库面积和库容，对径流调节有直接影响。因此，在设计时，必须先作出水库水位-面积关系曲线及水库水位-容积关系曲线，这两者是最主要的水库特性资料。

为绘制水库水位-面积关系曲线及水库水位-容积关系曲线，一般可根据 1/10000～1/5000比例尺的地形图，用求积仪或数方格等方法，求得不同高程（高程的间隔可为 1 m、2 m 或 5 m）时水库的面积，即水库某一水位相应的等高线与坝轴线所包围的面积。然后以水库水位为纵坐标，水库面积为横坐标，绘制水库水位-面积关系曲线。水库水位-面积关系曲线是研究水库库容、淹没范围和计算水库蒸发损失的依据。

水库水位-容积关系曲线可由水库水位-面积关系曲线求得。方法是：① 按水库水位-面积关系曲线中的水位分层，得相应的水面面积；② 自库底向上逐层计算相邻水位间的容积 ΔV_i；③ 将 ΔV_i 由库底自下而上依次逐层累加，即得各级水位下的容积；④ 以水位 Z 为纵坐标，相应的容积 V 为横坐标，点绘水位-容积关系点据，并连成光滑曲线，即得水库水位-容积关系曲线。水库水位-容积关系曲线是估算渗漏损失和确定水库水位或库容的依据。相邻高程间的部分容积可按下式计算：

$$\Delta V=\frac{F_1+F_2}{2}\Delta Z \tag{7-1}$$

式中：ΔV 为相邻高程间（相邻水位间）的容积，万立方米；F_1、F_2 分别为相邻上、下水位相应的水库面积，万平方米；ΔZ 为高程间隔（相邻水位差），m。

或用较精确的公式：

$$\Delta V=\frac{1}{3}(F_1+\sqrt{F_1F_2}+F_2)\Delta Z \tag{7-2}$$

当库区地形变化不大时，用式(7-1)计算；当库区地形变化较大时，用式(7-2)计算较为精确。水库水位-容积关系曲线的计算如表 7-1 所示。水库水位-面积关系曲线和水库水位-容积关系曲线的一般形状如图 7-6 所示。

表 7-1　某水库库容计算

水位 Z/m	面积 F/万平方米	水位差 ΔZ/m	容积 ΔV/万立方米	库容 V/万立方米
①	②	③	④	⑤
50.5	0			0
		0.5	1.33	
51.0	8			1.33
		1.0	18.7	
52.0	32			20.0
		1.0	45.3	
53.0	60			65.3
		1.0	74.9	
54.0	91			140.2
		1.0	106.5	
55.0	123			246.7
		1.0	139.7	
56.0	157			386.4
		1.0	174.3	
57.0	192			560.7
		1.0	209.7	
58.0	228			770.4
		1.0	246.3	
59.0	265			1016.7
		1.0	283.3	
60.0	302			1300.0
		1.0	320.7	
61.0	340			1620.7
		1.0	359.3	
62.0	379			1980.0
		1.0	398.3	
63.0	418			2378.3
		1.0	438.7	
64.0	460			2817.0
		1.0	480.0	
65.0	500			3297.0

前面所讨论的水库水位-面积关系曲线和水库水位-容积关系曲线，均建立在假定入库流量为零时，水面是水平的基础上。这是蓄在水库内的水体为静止（即流速为零）时，所观察到的水静力平衡条件下的自由水面，因此这种库容称为静库容。如有一定入库流量（水流有一定流速），则水库水面从坝址起沿程上溯的回水曲线并非水平，越往上游，水面越上翘，直到入库端与天然水面相交为止。静库容以上与洪水的水面线之间包含的水库容积为楔形蓄量，如图 7-7 的阴影部分所示。静库容与楔形蓄量的总和为动库容。以入库流量为参数的坝前水位与相应动库容的关系曲线称为动库容曲线。

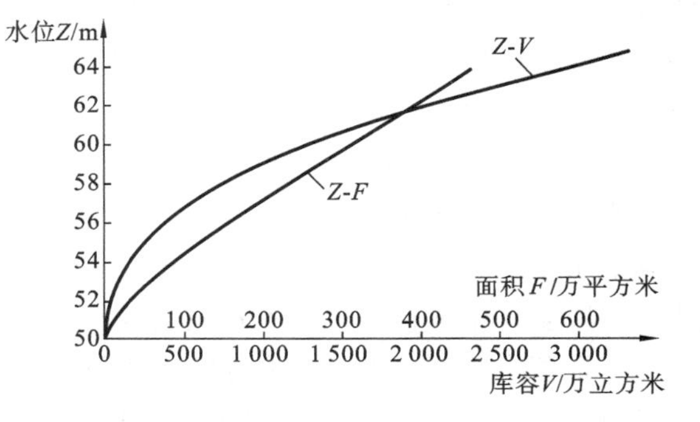

图 7-6　水库特性曲线

当研究水库回水淹没和浸没的确切范围，或做库区洪水演进计算时，或当动库容占调洪库容比重较大时，必须考虑和研究动库容的影响。应当指出，动库容的计算，需要的资料多，比较麻烦，为了简便起见，一般的调节计算多采用静库容。

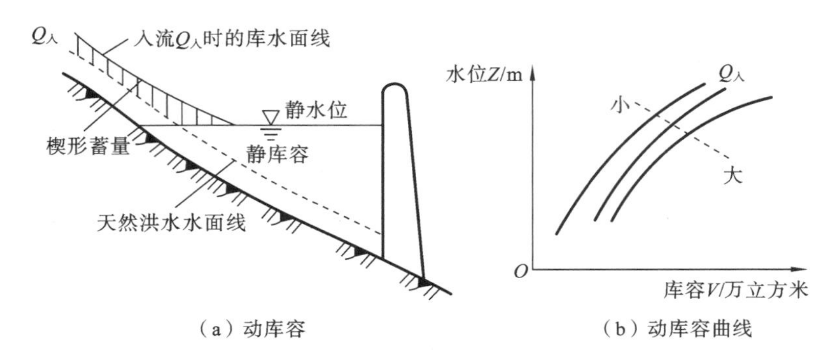

（a）动库容　　（b）动库容曲线

图 7-7　动库容和动库容曲线示意图

模块 2　水库特征水位和库容

水库的规划设计，首先要合理确定各种库容和相应的库水位。具体来讲，就是要根据河流的水文条件、坝址的地形条件和各用水部门的需水要求，通过调节计算，并从政治、技术、经济等方面进行全面的综合分析认证，来确定水库的各种特征水位及相应的库容值。这些特征水位和库容各有其特定的任务和作用，体现着水库利用和正常工作的各种特定要求。它们也是规划设计阶段确定主要水工建筑物的尺寸（如坝高和溢洪道大小），估算工程投资、效益的基本依据。特征水位和相应的库容通常有以下几种。

1. 死水位和死库容

水库建成后，并不是全部库容都可以用来进行径流调节。首先，泥沙的沉积迟早会将部分库容淤满；自流灌溉、发电、航运、渔业及旅游等用水部门也要求水库水位不能低于某一高程。死水位是指在正常运用情况下，允许水库消落的最低水位。死水位以下的库容称为死库容或垫底库容。水库正常运行时一般不能低于死水位。只有遇到特殊干旱年份或其他特殊情况，如战备要求、地震等，为确保紧要用水、安全等要求，经慎重研究，才允许临时动用死库容部分存水。

2. 正常蓄水位和兴利库容

水库在正常运用情况下，为满足设计的兴利要求，在设计枯水年（或枯水段）开始供水时应蓄到的水位，称为正常蓄水位，又称正常高水位。正常蓄水位与死水位间的库容即为兴利库容或调节库容。正常蓄水位到死水位间的水库深度称为消落深度（或工作深度）。

正常蓄水位是水库最重要的特征水位之一。因为它直接关系到一些主要水工建筑物的尺寸、投资、淹没、综合利用效益及其他工作指标。大坝的结构设计、其强度和稳定性计算也主要以它为依据。因此，大中型水库正常蓄水位的选择是一个重要问题，往往牵涉技术、经济、政治、社会环境影响等方面，需要全面考虑，综合分析确定。

3. 防洪限制水位和结合库容

水库在汛期来临以前和在汛期允许兴利蓄水的上限水位，称为防洪限制水位，或称汛前限制水位。这个水位以上的库容便是保留作为滞蓄洪水的库容。只有在发生洪水时，为了滞洪，水库水位才允许超过防洪限制水位。当洪水消退时，水库应尽快地泄洪，使水位迅速回降到防洪限制水位。在我国，防洪限制水位是个很重要的参数，它比死水位更重要，它牵涉的面更广，如库尾淹没问题就常取决于这个水位的高低。防洪限制水位可根据洪水特性、防洪要求和水文预报条件，在汛期不同时段分期拟定。防洪限制水位应尽可能定在正常蓄水位以下，以减少专门的防洪库容。防洪限制水位和正常蓄水位之间的库容，称为结合库容，又称共用库容或重叠库容。因为它在汛期是防洪库容的一部分，在汛后又是兴利库容的一部分。

4. 防洪高水位和防洪库容

当水库下游有防洪要求时，遇到下游防护对象的设计标准洪水时，经水库调洪，在坝前达到的最高水位，称为防洪高水位。它至防洪限制水位之间的水库库容称为防洪库容。

5. 设计洪水位和拦洪库容

当遇到大坝设计标准洪水时，经水库调洪，在坝前达到的最高水位，称为设计洪水位。它至防洪限制水位之间的水库库容称为拦洪库容。

设计洪水位是水库的重要参数之一，它决定了设计洪水情况下的上游洪水淹没范围，它同时又与泄洪建筑物尺寸、型式有关，而泄洪设备型式的选择，则应根据设计工地的地形、地质条件、坝型和枢纽布置特点拟定。

6. 校核洪水位和调洪库容

当遇到大坝校核标准洪水时，经水库调洪，在坝前达到的最高水位，称为校核洪水位。它至防洪限制水位之间的水库库容称为调洪库容。

校核洪水位以下的全部水库库容称为水库的总库容。总库容是水库最重要的一个指标。

设计洪水位或校核洪水位加上一定数量的风浪爬高值和安全超高值，就得坝顶高程。水库的各种特征水位及相应库容，如图7-8所示。

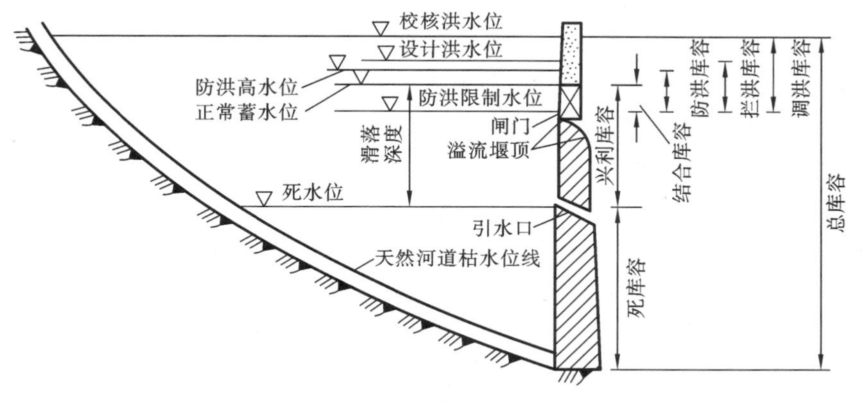

图7-8　水库特征水位及相应库容示意图

任务3　兴利用水与水库水量损失

模块1　兴利用水及综合需水图

由于降雨量在年内和年际分布的不均匀性，雨水较丰的年份常会出现暴雨和霪雨，以致某些地区或河段在短期内汇集了过多的径流，不能迅速排走而形成洪涝灾害。所以，自古以来，除水害就成为水利事业中的首要任务。人们在除水害的同时，千方百计地为各种不同的目的去兴建各种水利工程，以充分利用水资源。于是，除水害、兴水利就构成整个水利事业，包括防洪、治涝、水力发电、灌溉、航运、木材浮运、给水、渔业和水利环境保护等。各种不同的水利工程无非是根据上述某一项或某几项的需要而兴建的。

用水的需要随河流所在地区不同而不同。它主要取决于流域内的国民经济的主要形式，工矿、农业的分布及种类，水陆交通运输情况，动力经济状况，城市及居民点的分布，洪涝旱灾情等。兴利用水的需要，虽然各部门各有特点，不尽相同，但也有一些共同的基本特点。

首先，许多兴利用水部门在某一定的用水（用电）量和供水程序条件下，工作是最有成效的，生产率是最高的。例如，给水（供水）、供电及灌溉都有各自的最佳消费情况。这种使用水（电）单位处在最佳生产状态时所需要的单位产品用水量（或用电量），又称为需水定额，乘以总产量即可得到总需水量。另外，需水量的多少常随生产规模的扩大而有渐进性的变化。再如，某些企业对需水有周期性变化的要求。这种周期性的变化可以表现为：因季节变换对经济活动所造成的季节变化的影响；因昼夜的交替所引起的日变化或因工作日与休息日的区别所导致的周变化。

在规划设计水库时，对需水渐进性的变化，可用不同阶段的用水水平来处理。而逐时逐季的变化则用月平均需水量，结合一套各季的典型日用水量（或电力负荷）图表示。

在遇到特别干旱的年份，河川枯季径流量很小时，对用户要维持正常的供水量不仅十分困难，在经济上往往也不合理。因此，除了最佳供水情况之外，还要研究缩减供水的影响和可能的范围。它的主要依据是，一方面，因供水不足引起国民经济某部门生产计划的破坏所造成的损失，或该部门用后备装置来弥补和调剂时所需的额外投资费用的大小；另一方面，由于特别枯水期允许供水量有一定的缩减，而使水利设备不必造得很大，减少了部分投资费用。这样经济上损失的或其他额外投资的费用与水利工程投资费用的减少，两者在经济上进行比较、权衡，就可确定缩减用水的合理范围及其经济影响。

有了各种用水部门的年和逐月的需水图，即可绘制综合需水图。它就是水库进行利用所应满足的总需水图。综合需水图的编制并不是简单地把各部门需水量同步累加，而是要考虑到一水多用的可能性。例如，水力发电的尾水通常可以用于下游工业、民用给水和灌溉，灌溉的引水可以用于通航等。但是某些用水则是无法结合的，如从水库上游引走的灌溉用水，就不可能再用于本水库电站的发电。

水库综合需水图和相应各部门需水过程线的一般形状如图 7-9 所示。图中为某一综合利用水库的实例，水库服务于四个用水部门：给水、灌溉、航运及水力发电。水力发电要求全年最小流量不小于 10 m^3/s。其他部门要求如图 7-10(a)、图 7-10(b)、图 7-10(c)所示。综合需水图的编制主要是各时刻按各用水部门所需流量求总和，但要扣去可以共用的部分。例如，3 月至 11 月发电可与航运给水共用，12 月至次年 3 月发电可与给水共用。

水库进行综合利用时，各用水部门的关系往往错综复杂。从编制综合需水图的角度来看，主要有下列几点：

（1）取水地点和回泄地点；

（2）需要的水质；

（3）需水的年内各月分配和日内各小时的分配；

（4）需水保证率的不同。

上述不同的要求可能给水库供水带来矛盾和不太合理、不太经济的现象，应进行一定的协

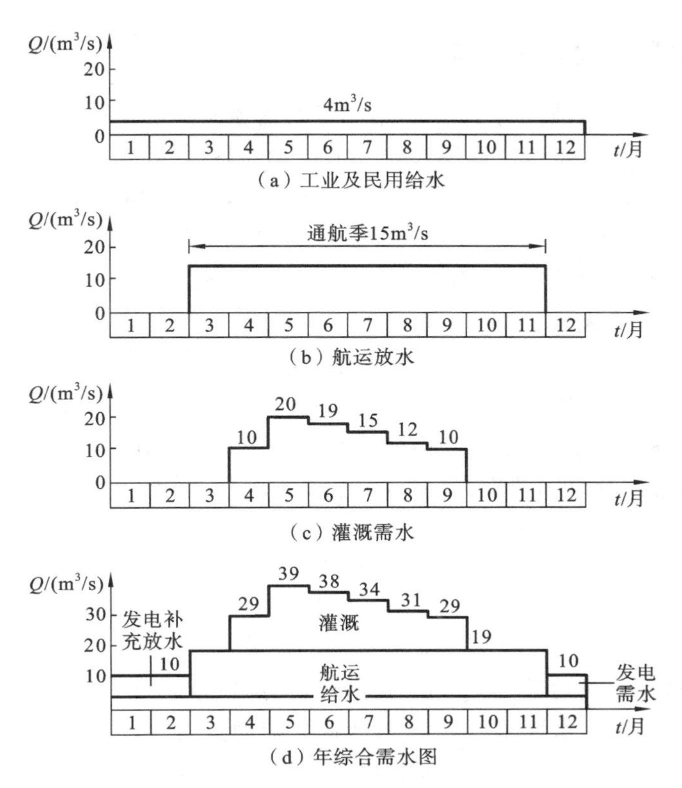

（a）工业及民用给水

（b）航运放水

（c）灌溉需水

（d）年综合需水图

图 7-9　水库综合需水图和各用水部门需水过程线

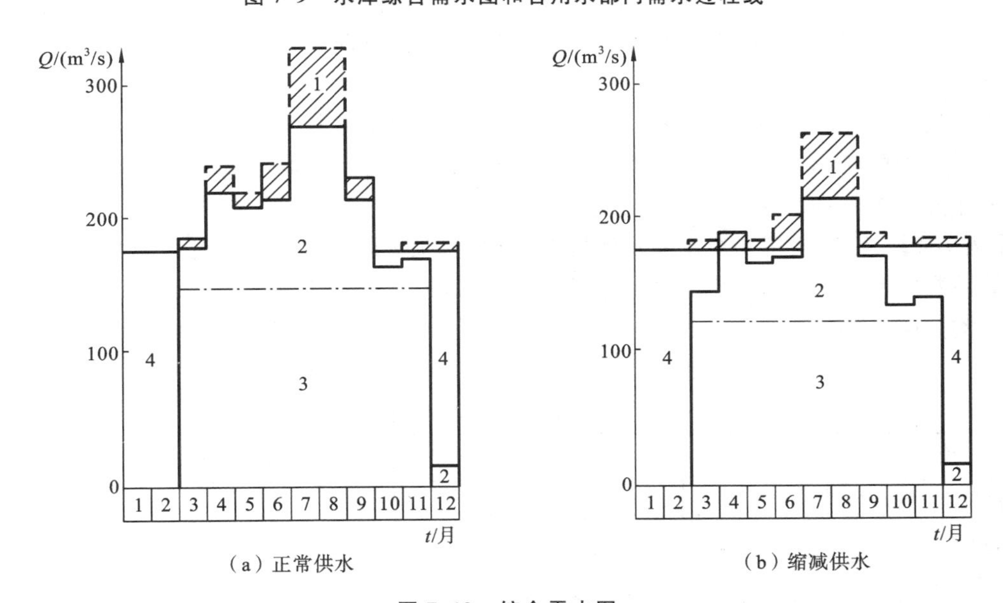

（a）正常供水　　（b）缩减供水

图 7-10　综合需水图

1—上游灌溉；2—下游灌溉；3—航运；4—水电站补充用水

调，必要时可统筹安排调整个别用水部门的要求。另外，所编制的综合需水图，应分别是正常供水和缩减供水（即高保证和低保证）两种图，如图 7-10 所示。

模块 2　水库的水量损失

水库建成后，天然水流情况有了变化，最明显的是径流年内分配发生了变化，削减了洪峰，增加了枯水流量。同时，库水位及库周边地下水位抬高，水面加宽，水深增大，流速减小；库区内的水流挟沙、蒸发、渗漏、水温、水质等亦发生变化。水流挟沙能力的变化、产生的水库淤积现象将在后面讨论。这里先研究水库中一部分水量无益损失的问题，主要介绍水库蒸发损失和渗漏损失。此外，在某种场合下，还须考虑在形成冰层时所损失的水量。

1. 水库的蒸发损失

水库的蒸发损失是指水库兴建前后因蒸发量的不同，所造成的水量差值。修建水库前，除原河道为水面蒸发外，整个库区都是陆面蒸发，而这部分陆面蒸发量已反映在坝址断面处的实测年径流资料中。建库之后，库区内陆面变为水库水面的这部分面积，由原来的陆面蒸发变为水面蒸发。因水面蒸发比陆面蒸发大，故所谓蒸发损失就是指由陆面面积变为水面面积所增加的额外蒸发量，以 ΔW 表示为

$$\Delta W = 1000(E_{水} - E_{陆})F_V \tag{7-3}$$

$$E_{水} = KE_{测} \tag{7-4}$$

$$E_{陆} = \overline{E} = \overline{H} - \overline{Y} \tag{7-5}$$

式中：ΔW 为水库的蒸发损失量，m^3；$E_{测}$ 为实测水面蒸发量，mm；K 为蒸发器（皿）折算系数，一般为 0.65～0.80；$E_{水}$ 为水面蒸发量，mm；$E_{陆}$ 为陆面蒸发量，mm；$\overline{H}$ 为闭合流域多年平均年降雨量，mm；$\overline{Y}$ 为闭合流域多年平均年径流深，mm；$\overline{E}$ 为闭合流域多年平均年陆面蒸发量，mm；F_V 为建库增加的水面面积，取计算时段始末的平均面积，km^2，如果水库形成前的水面面积（如湖泊、河川等）与水库总面积的相对比值不大，则计算时可忽略不计，取水库总面积作为 F_V 的值。

当蒸发资料比较充分时，要作出与来水、用水对应的水库年蒸发损失系列，其年内分配即采用当年实测的年内分配。如果资料不充分，在年调节计算（或多年调节计算）时，可采用多年平均的年蒸发资料和多年平均的年内分配。

【例 7-1】 已知某年调节水库观测资料，由蒸发皿实测的水面蒸发量为 1685.4 mm，蒸发皿折算系数 $K=0.8$，流域多年平均年降雨量 $\overline{H}=524.5$ mm，多年平均径流深 $\overline{Y}=83.8$ mm，蒸发量的多年平均年内分配百分比列入表 7-2 中。试求水库的年蒸发损失量及相应的年内分配。

表 7-2　某水库蒸发损失计算表

月　份	1	2	3	4	5	6	7	8	9	10	11	12	全年
月损失百分比/(%)	2.26	3.18	6.76	12.34	17.86	14.78	11.93	9.85	8.72	6.82	3.39	2.11	100
蒸发损失/mm	20.5	28.9	61.4	112.0	162.1	134.1	108.3	89.4	79.1	61.9	30.8	19.1	907.6

解　(1) 陆面蒸发量：

$$\overline{E} = \overline{H} - \overline{Y} = (524.5 - 83.8)\ \text{mm} = 440.7\ \text{mm}$$

(2) 水面蒸发量：

$$E_{水}=KE_{测}=0.8\times1685.4\ \text{mm}=1348.3\ \text{mm}$$

(3) 水库的年蒸发损失量：

$$E_{水}-\bar{E}=(1348.3-440.7)\ \text{mm}=907.6\ \text{mm}$$

(4) 水库的各月蒸发损失量：用907.6 mm乘以各月蒸发损失百分比，例如，1月份蒸发损失为907.6 mm×2.26%＝20.5 mm，计算成果填于表7-2中。

2. 渗漏损失

水库建成并蓄水后，水位抬高，水压力增大，水库蓄水量的渗漏损失随之加大。如果渗漏比较严重，则调节计算中应有所考虑，以求有较高的计算精度。水库的渗漏损失主要表现在以下几个方面。

(1) 经过能透水的坝身(如土坝、堆石坝)，以及闸门、水轮机等的渗漏。

(2) 通过坝基及大坝两翼的渗漏。

(3) 通过库底向较低的透水层及库外的渗漏。

一般可按渗流理论的达西公式估算渗漏损失量。计算时所需的数据(如渗透系数、渗径长度等)必须根据库区及坝址的水文地质、地形、水工建筑物的型式等条件来决定，而这些地质条件及渗流运动均较复杂，往往难以用理论计算获得较好的成果。因此，在生产实践中，常根据水文地质情况，定出一些经验性的数据，作为初步估算渗漏损失的依据。

若以1年或1个月的渗漏损失相当于水库蓄水容积的一定百分数来估算，则初步可采用如下数值：

(1) 水文地质条件优良(指河床为不透水层，地下水面与库面接近)，每年0～10%或每月0～1%。

(2) 水文地质条件中等，每年10%～20%或每月1%～1.5%。

(3) 水文地质条件较差，每年20%～40%或每月1.5%～3%。

在水库运行的最初几年，渗漏损失往往比较大(大于上述经验值)，因为初蓄时，为了湿润土壤及抬高地下水位需要额外损失水量。水库运行多年以后，库床泥沙颗粒间的空隙逐渐被细泥或黏土淤塞，渗透系数变小，同时库岸四周地下水位逐渐抬高，渗漏量减少。鉴于此，在渗漏量严重的地区，常通过人工放淤来减少库床的渗漏。

3. 其他损失

水库水量损失除上述两种主要形式外，还可能有其他形式的损失。一种是结冰损失。北方地区气候寒冷，冬季水库水面形成冰盖。年调节水库每年放空一次，冬季枯水期水库供水时水位随之下降，水库面积缩小，有一部分冰盖附着库岸，相应于这部分冰盖的水量，当时不能利用，应视为结冰损失。多年调节的水库仅在连续枯水年末才放空，所以在枯水年组最后一年的结冰损失，才是真正的损失。

此外，还有水工建筑物的漏水和操作所损失的水量。例如，由于闸门和水轮机阀门的止水性差所造成的漏水；鱼道操作、木材流放、船闸过船都要损失一定的水量。水库初蓄时，湿润库床和蓄至死水位所需的水量对初期运行的水库而言，可作为一种损失水量来处理。地质条件复杂地区的初期岸蓄也可能较大。只有当为数不大，或只是一次性损失时，在一般调节计算中，这部分损失的水量才可以不予考虑。在梯级开发中，上游有大水库投入时，需专门研究初期蓄水量对下游已建各库正常工作的影响。

任务4　设计保证率和设计代表期

模块1　设计保证率

1. 设计保证率的含义

设计保证率是指多年期间用水部门能够按照规定保持正常工作不受破坏的几率(或程度)。由于河川径流的年际变化,若特殊枯水年也要保证各兴利部门的正常用水,则需建很大的水库及其他水利设施,这在技术上可能有困难,在经济上也不一定合理。因此,一般并不要求全部运行时期均保证正常用水,而允许一定程度的断水或减少供水。这就要研究各用水部门允许减少供水的可能性和合理范围,定出在多年工作期间用水部门正常工作得到保证的程度(或几率)。这个保证程度(或几率)通常以正常用水保证率表示。由于它是在进行水利工程设计时予以规定的,所以也称设计的正常用水保证率,简称设计保证率。

设计保证率通常有年保证率 $P_{设}$ 和历时保证率 $P'_{设}$ 两种形式。年保证率是指多年期间正常工作年数占运行总年数的百分比,即

$$P_{设}=\frac{运行总年数\ T_{总}-允许破坏年数\ T_{破}}{运行总年数\ T_{总}}\times 100\%=\frac{正常工作年数\ T_{正常}}{运行总年数\ T_{总}}\times 100\% \quad (7\text{-}6)$$

破坏年数包括不能维持正常工作的任何年份,不论在该年内缺水(对水电工程来说,包括水头不足)时间的长短和缺水数量的多少。

历时保证率 $P'_{设}$ 是指多年期间正常工作的历时(日、旬或月)占运行总历时的百分比,即

$$P'_{设}=\frac{正常工作历时(日、旬或月)t_{正常}}{运行总历时(日、旬或月)t_{总}}\times 100\% \quad (7\text{-}7)$$

采用哪种形式的保证率,视用水特性、水库调节性能及设计要求等因素而定。蓄水式水电站一般采用年保证率;而径流式水电站、航运用水和其他不进行径流调节的用水部门,由于其工作不以年计而是以日数表示的,故设计保证率采用历时保证率。

应该说明,枯水年对用水部门可适当降低供水,一般尚不致引起产量的削减,因为在水利系统或电力系统中,还可挖掘潜力,设法补救。例如,当水电站正常工作遭破坏时,可动用设置在火电站上的部分事故备用容量,或者厉行节电和削减部分生活用电等。又如灌溉,在遇设计保证率以外的特干旱年份时,则应本着挖掘潜力(包括利用地下水源)、节约用水的原则,研究农作物抗旱保墒措施,合理确定灌溉用水缩减系数,力争特旱年份仍有较好收成。

2. 设计保证率的选择

在设计水库时,设计保证率定得越高,则用水部门正常工作遭到破坏的机会就越小,但所需库容就越大,工程费用越高。这就需要对不同保证率情况下的投资和效益,以及工作破坏对国民经济有关部门的影响,进行技术经济比较和全面分析,以确定有利的保证率。但由于其涉及的因素复杂,故计算十分困难。目前在设计中主要根据国家及地区条件,全面考虑政治、技术、经济及对人民生活的影响,参照有关规程选用设计保证率。

1）水电站设计保证率

水电站设计保证率的选择,实际上是合理解决供电可靠性、水能资源利用程度及水电站造价之间的矛盾问题。水电站装机容量越大,则正常工作遭破坏时的损失越严重,动用系统内事

故备用容量予以弥补时，系统供电可靠率将降低，故大容量水电站取较高的设计保证率。水电比重大的电力系统，当水电站正常工作遭破坏时，其影响大于水电比重小的电力系统的，故应采用较高的设计保证率。此外，还应根据设计电站所在电力系统的用户组成与负荷特性、河川径流特性、水库调节性能、设计保证率以外年份允许出力降低的程度，以及电力系统内可能采取的弥补不足出力的措施等因素，对设计保证率进行分析。大、中型水电站的设计保证率可参照表7-3选用。装机容量小于25000 kW的小型水电站，其设计保证率一般采用65%～90%。农村小水电站多采用与灌溉相同的设计保证率。

表7-3 水电站设计保证率

系统中水电站容量的比重/(%)	25以下	25～50	50以上
水电站设计保证率/(%)	80～90	90～95	95～98

同一电力系统中，规模和作用相近的联合运行的几个水电站可当做单一水电站选择统一的设计保证率。

2）灌溉设计保证率

通常根据灌区土地和水利资源情况、农作物种类、气象和水文条件、水库调节性能、国家对当地农业生产的要求，以及工程建设和经济条件等因素，分析确定灌溉设计保证率。设计时可根据具体条件，参照表7-4选用。

表7-4 灌溉设计保证率

地区特点	农作物种类	设计保证率/(%)
缺水地区	以旱作物为主	50～75
	以水稻为主	70～80
水源丰富地区	以旱作物为主	70～80
	以水稻为主	75～95

一般来说，灌溉设计保证率，南方水源较丰富地区的比北方地区的高；大型工程的比中、小型工程的高；自流灌溉的比提水灌溉的高；远景规划工程的比近期工程的高。为适应农业生产高产稳产的需要，有条件的地区可酌情提高设计保证率。有的地区采用抗旱天数作为设计标准，一般旱作物和单季稻灌区设计抗旱天数可取30～50 d，双季稻灌区设计抗旱天数可取50～70 d，有条件的地区应予适当提高。

3）给水设计保证率

工业及城市民用给水遭到破坏将造成生产上的严重损失，对人民生活有很大影响，故给水保证率定得较高，一般采用95%～99%（年保证率）。大城市及重要工矿区可选取较高值。对于由两个以上水源供水的工矿企业或城市用水，在确定可靠性时可按下列原则考虑：任一水源停水，其余水源除应满足消防用水和生产紧急用水外，尚需保证供应一定数量的生活用水。

4）航运设计保证率

航运设计保证率是指最低通航水位的保证程度，用历时（日）保证率表示，在季节性通航河道，它指的是通航季节内的历时保证率。航运设计保证率一般按航道等级结合其他因素由航运部门提供，设计时可参照表7-5选用。

表 7-5 航运设计保证率

航 道 等 级	设计保证率(历时)/(%)
一级至二级	97～99
三级至四级	95～97
五级至六级	90～95

在综合利用水库的水利计算中，为取得一致，可按下式将历时保证率换算为年保证率：

$$P_{设}=1-\frac{T_{破}}{T_{总}}=1-\frac{1-P'_{设}}{k}\times 100\% \tag{7-8}$$

式中：k 为设计保证率(年保证率)以外的各枯水年中，破坏历时与这些年份内总历时的比值，即 $k=t_{破}/(T_{破}\times 8760)$，此处 $t_{破}=t_{总}-t_{正常}$。

还应注意，综合利用水库各兴利部门的设计保证率常不相同。这时，一般以其中主要用水部门的设计保证率为准，选出设计代表年，针对该年天然来水进行径流调节计算。凡设计保证率比主要用水部门的高的部门，其用水要求应获得保证；而设计保证率比主要用水部门的低的部门，其用水量可在允许范围内适当缩减。对年来水量频率与各用水部门设计保证率相应的年份分别进行校核计算，取偏于安全的结果。

模块 2 设计代表期

设计水利水电工程时，根据长系列水文资料进行径流调节等计算，可获得比较精确的结果，但手算工作量大，尤其在进行多种方案比较时，工作量更大。在方案比较阶段，这样做并无必要。因此，在实际工作中常采用简化方法，即从水文资料中选择一些代表年份或代表期进行计算，其成果精度一般能满足规划和初步设计的要求。

1. 设计代表年

设计中选取哪几种代表年进行计算，需根据掌握资料的长短、水电站等兴利部门的规模及设计精度要求等因素确定。一般选以下三种特定年份作为设计代表年。

1）设计枯水年

选择所提供效益(例如水电站出力、灌溉流量等)在长系列资料中的频率与设计保证率一致的年份作为设计枯水年。针对该年进行计算，所得成果表明恰好符合设计保证程度的兴利情况。

2）设计中水年

通常取年径流量系列中频率为 50%左右，径流年内分配接近于多年平均情况的年份作为设计中水年。针对该年进行计算，所得成果表明一般来水条件下的兴利情况。

3）设计丰水年

一般选取年径流量系列中频率 $P_{丰}(\%)=100\%-P_{设}(\%)$，而径流年内分配接近于较丰年份多年平均情况下的年份作为设计丰水年。针对该年进行计算，所得成果表明丰水条件下的兴利情况。关于设计代表年的选定方法，请参阅相关书籍。对于径流式水电站，应定出设计代表年的日平均流量过程，也可直接绘制天然来水日平均流量频率曲线，供设计时使用。

2. 设计代表期

1）设计枯水系列

多年调节的调节周期为若干年，故对于多年调节水库，应选择包括若干年的设计代表期进行径流调节计算。为了保证精度要求，应尽可能取得较长而连续的逐年逐月资料（不少于30年）。资料应能反映径流年际变化特征。一般情况下，由于水文资料的限制，能获得的完整调节周期数是不多的，很难应用枯水系列频率分析法来选定设计枯水系列。通常采用扣除允许破坏年数的方法加以确定，即按下式计算在设计保证率条件下正常工作允许破坏的年数：

$$T_{破}=T_{总}-P_{设}(T_{总}+1) \tag{7-9}$$

式中：$T_{破}$ 为允许破坏的年数；$T_{总}$ 为水文系列总年数，$(T_{总}+1)$类似于水文统计中用样本估计总体的合理修正。

然后，在实测资料中选出最严重的连续多年枯水年组，逆时序从该枯水年组末起扣除允许破坏年数 $T_{破}$，余下的即为所选的设计枯水系列。这时，尚需注意以下两点。

(1) 根据所选设计枯水系列进行调节计算的结果，对其他枯水年组进行校核，看是否另有遭破坏的情况，若有，则应从 $T_{破}$ 中扣除。

(2) 有时需校核破坏年份供水量及出力能否满足最低要求。若不能满足，则应按最低要求，在允许破坏年份前一年枯水期末预留部分库容。

2）设计中水系列

为计算多年调节水库的多年平均兴利效益（如多年平均年发电量等），选择设计中水系列，其原则是：

(1) 系列中应尽可能包括几个丰水年、中水年和枯水年。

(2) 系列的平均流量与长系列水文资料的多年平均流量相近。

(3) 系列的年径流变差系数 C_V 应与长系列的相近。

(4) 所选系列应是一个或几个完整的调节循环。

当电力系统中有若干水电站联合运行且相互进行补偿时，最好按长系列进行计算，或以补偿电站为主，选出统一的设计代表系列。

任务5　年调节水库兴利调节计算

一般来说，水库兴利调节计算的任务是：在已知设计保证率的来水量的条件下，根据用水部门要求的调节流量决定水库所需的兴利库容；或者根据已定的水库兴利库容来决定可提供的调节流量。

在已知来水条件下，根据用水要求确定水库的兴利库容，一般采用时历列表法、差积曲线图解法等。这里只介绍时历列表法，其中又可分为典型年法和长系列法。

时历列表法采用列表计算的方式，将多年的天然来水资料与相应年的用水过程按水量平衡方程，推求出各年所需的兴利库容，再将每年调节计算所得的兴利库容由小到大按顺序排列，计算每个库容值的频率，然后绘制成库容-频率关系曲线，最后根据设计保证率，即可在库容-频率关系曲线上查出欲求的兴利库容，这种方法称为长系列法或时历年法。中小型水库一般仅对设计枯水年进行列表调节计算，求出该年满足兴利用水的兴利库容，作为设计的兴利库容，这种方法称为典型年法。

模块1　兴利调节计算原理

兴利调节的目的在于增加枯水期的供水量，以满足各用水部门的需要。因此，必须按兴利要求调节径流。水库之所以有调节径流的能力，是由于筑坝和设置放水孔后，能够有计划地按兴利要求改变放水孔的开度来控制和调节水库的出流，而出流水量与河川天然来水相差的水量，就暂时蓄于水库或由水库补足，因而就有水库蓄水量的蓄泄变化，而水库的这种充蓄和泄放的变化情况，是确定水库工程规模及兴利效益的主要依据之一。

兴利调节计算原理是，将水库整个调节周期内蓄水量的变化过程划分为若干较小的计算时段，按时段进行水量平衡计算，其公式如下：

$$\Delta W_{来} - \Delta W_{出} = (Q_{来} - Q_{出})\Delta t = \Delta W \tag{7-10}$$

式中：$\Delta W_{来}$、$Q_{来}$ 分别为时段 Δt 内的入库水量、入库平均流量；$\Delta W_{出}$、$Q_{出}$ 分别为时段 Δt 内的出库水量、出库平均流量；ΔW 为时段 Δt 内的水库蓄水变量，蓄水增加，该值为正，否则为负。

时段出库水量 $\Delta W_{出}$ 包括：各种兴利部门用水总量 $\Delta W_{用}$、水库损失水量 $\Delta W_{损}$，以及水库蓄满后产生的弃水量 $\Delta W_{弃}$。此外，水库在时段内蓄水变量 ΔW 可用水库容积增减值 ΔV 代替，则式(7-10)可写成下列形式：

$$\Delta W_{来} - \sum \Delta W_{用} - \Delta W_{损} - \Delta W_{弃} = \Delta W = \Delta V = V_{末} - V_{初} \tag{7-11}$$

式中：$V_{初}$、$V_{末}$ 分别为时段 Δt 初、末的水库容积。

式(7-11)中一些水量往往随水库水位或引水水头变化而变化，例如，损失水量中的蒸发、渗漏损失和水电站的发电流量等，这种水库水位与出库水量之间相互依赖，使上述水量平衡方程式(对水库水位来说)呈隐函数的形式。

时段 Δt 的长短根据调节周期的长短、径流和需水变化程度而定。对年调节水库，Δt 可取长些，一般枯水期按月，丰水期按旬(或月)选取。选择时段过长，会使计算所得的调节库容或调节流量产生较大误差，且较多地偏于不安全的一面。

兴利调节计算是根据水量平衡原理进行的，计算方法可分为两大类：时历法和数理统计法。

模块 2　年调节水库的运用情况

水库在调节年度内进行充蓄、泄放的过程称为水库运用。根据来水和用水过程的不同，一年中水库的运用情况有以下几种。

1. 一次运用

图 7-11 中 Q-t、q-t 分别代表水库天然来水和用水过程。水库一次运用即在一个调节年度内充蓄一次、泄放一次。当余水 W_1 大于亏水 W_2 时，W_2 是唯一的亏水量(即供水量)，只要水库能够充蓄 W_2 的水量，就能保证这一年的用水需要，故水库的兴利库容 $V_{兴}=W_2$。

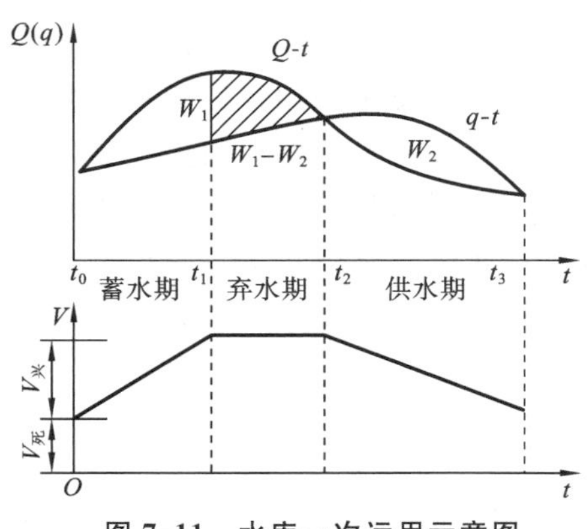

图 7-11　水库一次运用示意图

2. 二次运用

水库在一个调节年度内，充蓄两次、泄放两次称为二次运用，可分为三种情况。

第一种情况：如图 7-12(a)所示，经来水、用水比较后，每次余水量都大于随后的不足水量，即 $W_1>W_2$，$W_3>W_4$。水库的这两次运用是独立的、互不影响的。因此，此时水库兴利库容应取两个不足水量中的较大者。因 $W_2>W_4$，故 $V_{兴}=W_2$。

第二种情况：如图 7-12(b)所示，$W_1>W_2$，$W_3<W_4$，而 $W_3<W_2$，要满足相应于 W_4 时间的亏水量要求，就必须事先多存 W_3 不能满足的那一部分水量(W_4-W_3)，故水库兴利库容为 $V_{兴}=W_2+(W_4-W_3)$。

第三种情况：如图 7-12(c)所示，若 $W_1>W_2$，$W_3<W_4$，而 $W_3>W_2$，此时，$W_2+(W_4-W_3)<W_4$，故 $V_{兴}=W_4$。

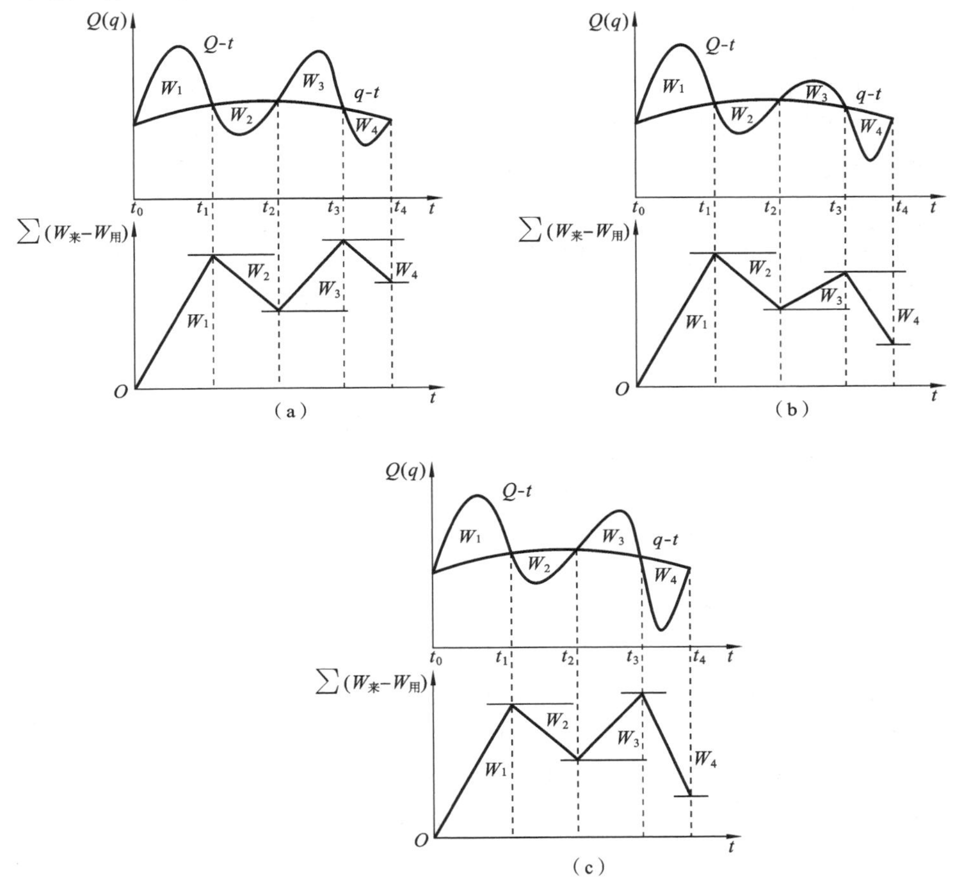

图 7-12　水库二次运用示意图

3. 多次运用

水库在一个调节年度内，充蓄、泄放多于两次时，即为多次运用。此时，确定兴利库容可从库空时刻起算($V_{兴}=0$)，按顺时序或逆时序方法进行计算，分述如下。

1）逆时序计算

供水期末从 $V_{兴}=0$ 开始，逆时序累加$(W_{来}-W_{用})$值，遇亏水量相加，余水量相减，减小后若小于零即取为零，这样可求出各时刻所需的蓄水量，其最大累积值即为兴利库容

$$V_{兴}=\sum(W_{来}-W_{用})_{最大} \tag{7-12}$$

2）顺时序计算

蓄水期初从 $V_{兴}=0$ 开始，顺时序累加$(W_{来}-W_{用})$值，遇余水量相加，亏水量相减，经过一

个调节年度又回到计算的起点，当 $\sum(W_{来}-W_{用})$ 不为零时，有余水量 C，则兴利库容

$$V_{兴}=\sum(W_{来}-W_{用})_{最大}-C \tag{7-13}$$

模块 3　根据用水要求确定兴利库容

根据兴利用水要求确定水库必需的兴利库容是水库规划设计的重要内容之一。当用水量（调节流量）已知时，根据设计枯水年天然来水资料定出水库补充放水的起止时间，然后按水库的运用情况，即可求出所需的兴利库容。

年调节水库的调节周期为 1 年，调节计算时，首先确定出水库兴利蓄水为零的时刻，作为计算的起点。显然，兴利蓄水量为零即库空之时，应为供水期末。从库空之后水库转为蓄水期。从水库开始蓄水到翌年放空的周期，称为调节年或水利年，时间仍为 12 个月。

1. 典型年法

首先按照前面讲述的方法，求出相应于设计保证率的设计年径流量和年内分配，作为水库代表年的来水过程，再列出相应的用水过程，根据兴利计算原理，列表逐时段计算，即可求出兴利库容。列表计算可以顺时序向前推算，也可逆时序向后推算，其计算公式如下：

顺时序向前推算

$$V_{月(旬)末}=V_{月(旬)初}+(W_{来}-W_{用}) \tag{7-14}$$

逆时序向后推算

$$V_{月(旬)初}=V_{月(旬)末}-(W_{来}-W_{用}) \tag{7-15}$$

式中：$V_{月(旬)初}$ 为时段 Δt（月或旬）初的水库容积，m^3；$V_{月(旬)末}$ 为时段 Δt（月或旬）末的水库容积，m^3。

1）不计损失的列表计算

由于不计入损失，出库水量只包括各部门用水量，于是可以直接计算来水量与用水量的差值（$W_{来}-W_{用}$），正者为多余水量，负者为不足水量。兴利库容的大小取决于多余水量与不足水量的组合情况，现举例说明。

【例 7-2】 某年调节水库调节年度的来水与用水过程如表 7-6 中的第(1)、(2)、(3)栏。死水位已确定为 122 m，相应死库容为 $210\times10^4\ m^3$。水库的特性曲线如图 7-13 所示。试求调节库容和水库的蓄泄过程。

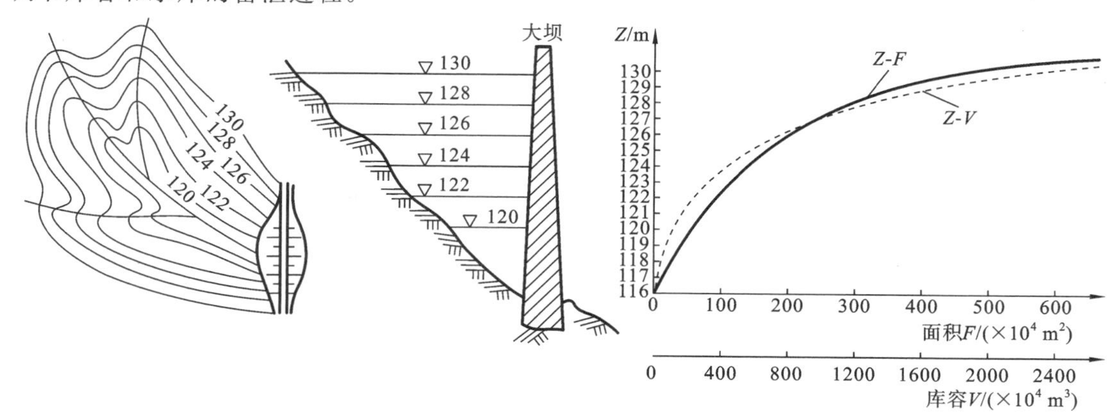

图 7-13　某水库水位-面积、水位-容积关系曲线

调节计算采用列表法，如表 7-6 所示。计算时段取为 1 个月。

表 7-6　某水库不计损失的年调节库容计算

时段/月	来水量/($\times 10^4$ m^3)	用水量/($\times 10^4$ m^3)	余水量/($\times 10^4$ m^3)	缺水量/($\times 10^4$ m^3)	早蓄方案		晚蓄方案	
					月末蓄水量/($\times 10^4$ m^3)	弃水量/($\times 10^4$ m^3)	月末蓄水量/($\times 10^4$ m^3)	弃水量/($\times 10^4$ m^3)
(1)	(2)	(3)	(4)	(5)	(6)	(7)	(8)	(9)
					0(6 月末)			
7	3480	900	2580		2520	60	1160	1420
8	2000	2730		730	1790		430	
9	1830	600	1230		2520	500	1660	
10	1130	1200		70	2450		1590	
11	620	250	370		2520	300	1960	
12	330	260	70		2520	70	2030	
1	270	260	10		2520	10	2040	
2	260	260	0		2520		2040	
3	600	260	340		2520	340	2380	
4	540	400	140		2520	140	2520	
5	180	600		420	2100		2100	
6	960	3060		2100	0		0	
合计	12200	10780	4740	3320		1420		1420
校核	12200－10780＝1420		4740－3320＝1420					

解　表中(1)、(2)、(3)栏为已知。(4)、(5)栏为来水量与用水量的差值。由余缺水量情况可知，该水库为三次运用，集中供水期为 5、6 月，供水期末库空时刻为 6 月末。采用前述逆时序累加余缺水量的方法可以判定所需调节库容为 2520×10^4 m^3，参见表中(8)栏。由于总余水量大于总缺水量，水库有弃水量 1420×10^4 m^3。显然(2)、(3)两栏之差等于(4)、(5)栏之差。这可以用来检验计算是否正确。由于该调节年度内水库有弃水，因此是不完全年调节。

水库的蓄泄过程，随水库操作调度的方式不同而有所区别。其主要差别在蓄水期。为了保证该年的正常供水，要求水库在蓄水期末(即供水期初)蓄满调节库容。但蓄水期的蓄水和弃水有多种方式。最极端的两种方式就是早蓄和晚蓄方案。前者是从调节年度初库空起，即蓄水期一开始，顺时序有余水即蓄，直到蓄满调节库容后，多余水量才作为弃水。到缺水时就供水，库水位降落，直到调节年度末水库重新放空。后者则由蓄水期的某一时刻起才开始蓄水，在此之前，有余水即为弃水，但也到供水期初蓄满调节库容。晚蓄方案可以由调节年度末库空开始，逆时序反向用水量平衡方程式进行水库蓄水与弃水计算，直到蓄水期开始蓄水时止而得到。采用晚蓄方案，得出的水库最大蓄水量，即为调节库容。采用早蓄方案与晚蓄方案的水库蓄水、弃水过程分别如表 7-6 中的(6)、(7)、(8)、(9)栏所示。利用水库水位-容积关系曲线可绘出水库调节蓄水的库水位过程如图 7-14 所示。可以看出，早蓄、晚蓄方案的水库蓄水

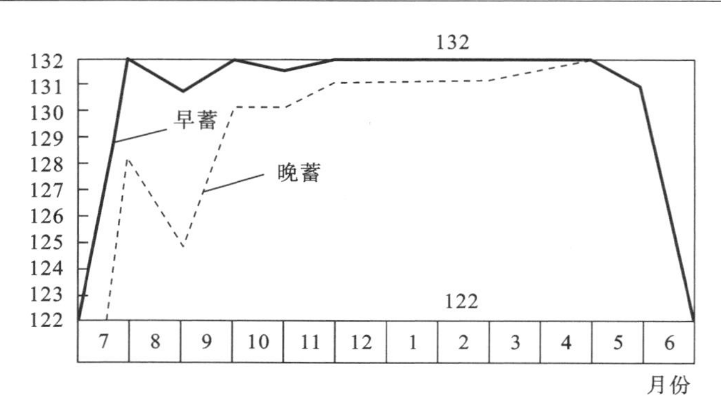

图 7-14　某水库年调节蓄水过程线

过程在集中供水期 5、6 月并无区别，但在蓄水期则不一样。

2）计入损失的列表计算

当水库蒸发、渗漏损失较大时，按不计损失计算求得的兴利库容偏小。计入损失的列表计算法是在不计损失列表计算基础上进行的。方法要点是：先不考虑损失，近似求得各时段的蓄水库容，进而求出水库时段损失水量，将水库时段损失水量作为增加的用水量，重新进行调节计算，求得计入损失所需的兴利库容。当然，按照水量损失的本意，也可从来水量中扣除损失水量求出净水量，再进行调节计算求得。

【例 7-3】　资料同例 7-2，考虑水库水量损失求调节库容和水库调节蓄水过程。

解　具体计算仍采用列表计算法进行，如表 7-7 所示。

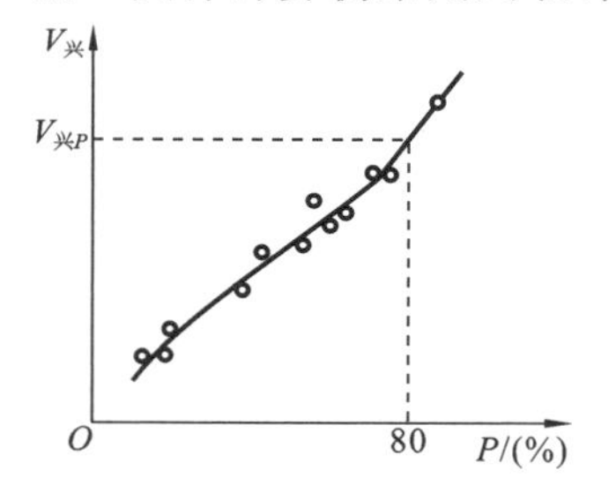

图 7-15　兴利库容-频率关系曲线

2. 长系列法

根据实测的多年径流系列和用水系列，按前述年调节典型年列表计算法逐年进行调节计算，求出每年所需的兴利库容，再将所求的库容按由小到大的次序进行排列，计算经验频率，绘制年调节兴利库容-频率关系曲线，如图7-15所示，根据设计保证率在兴利库容-频率关系曲线上即可查出相应的年调节兴利库容 $V_{兴P}$。

长系列法直接用兴利库容排列计算经验频率，由 $V_{兴P}$ 反映来水和用水的综合情况，概念明确，并适应各种复杂用水情况，因此在生产中得到了广泛应用，只是计算量较大。

模块 4　根据兴利库容确定调节流量

在规划设计阶段，由于某些制约因素的限制，先要确定一定大小的兴利库容，进而研究能将天然枯水径流调节到何种程度。为此，针对所拟定的诸方案分别推算出供水期的调节流量值，从而分析每种方案的效益，为选定较优方案提供依据。

在解决这类问题时，由于调节流量是未知值，故难以确定蓄水期和供水期。此时可先假设若干个供水期调节流量方案，对每种方案采用前述方法求出所需兴利库容，然后点绘成图7-16所示的调节流量与兴利库容关系曲线，在该曲线上根据给定的兴利库容 $V_兴$，即可查出所求的供水期调节流量 $Q_调$。

对年调节水库，可以应用简化水量平衡方程的方法进行调节计算，比较方便，下面介绍此法。

表 7-7　某水库计入损失年调节计算

时段/月	来水 $W_{来}$ /(×10⁴ m³)	用水 $W_{用}$ /(×10⁴ m³)	余水量 /(×10⁴ m³)	缺水量 /(×10⁴ m³)	月末蓄水量 /(×10⁴ m³)	月平均蓄水量 /(×10⁴ m³)	月平均水面面积 /(×10⁴ m²)	水库水量损失					计入损失后的用水量 M /(×10⁴ m³)	$W_{来}-M$		月末蓄水量 /(×10⁴ m³)	弃水量 /(×10⁴ m³)
								蒸发		渗漏		总损失 $W_{损}$ /(×10⁴ m³)		余 /(×10⁴ m³)	缺 /(×10⁴ m³)		
								标准 /mm	$W_{蒸}$ /(×10⁴ m³)	标准 /mm	$W_{渗}$ /(×10⁴ m³)						
(1)	(2)	(3)	(4)	(5)	(6)	(7)	(8)	(9)	(10)	(11)	(12)	(13)	(14)	(15)	(16)	(17)	(18)
					210											210	
7	3480	900	2580		2730	1470	340	108.3	37	以当月水库蓄水量的1%计	15	52	952	2528		2738	
8	2000	2730		730	2000	2365	510	89.4	46		24	70	2800		800	1938	
9	1830	600	1230		2730	2365	510	79.1	40		24	64	664	1166		2897	207
10	1130	1200		70	2660	2695	580	61.9	36		27	63	1263		133	2764	
11	620	250	370		2730	2695	580	30.8	18		27	45	295	325		2897	192
12	330	260	70		2730	2730	600	19.1	11		27	38	298	32		2897	32
1	270	260	10		2730	2730	600	20.5	12		27	39	299		29	2868	
2	260	260	0		2730	2730	600	28.9	17		27	44	304		44	2824	
3	600	260	340		2730	2730	600	61.4	37		27	64	324	276		2897	203
4	540	400	140		2730	2730	600	112.0	67		27	94	494	46		2897	46
5	180	600		420	2310	2520	550	162.1	89		25	114	714		534	2363	
6	960	3060		2100	210	1260	300	134.1	40		13	53	3113		2153	210	
合计	12200	10780	4740	3320				907.6	450		290	740	11520	4373	3693		680

注：$V_{死}=210\times10^4\ m^3$。校核：$\sum(2)-\sum(3)-\sum(13)-\sum(18)=(12200-10780-740-680)\times10^4\ m^3=0\ m^3$

① 不考虑水量损失，求各时段末水库蓄水量。计算成果如表中的第(1)～(6)栏。

② 计算各时段的蒸发与渗漏损失水量。由第(6)栏数值，求时段平均蓄水量，填入第(7)栏。再根据第(7)栏的数值由水位-库容关系曲线查得时段平均水位，再由时段平均水位查水位-面积关系曲线，得相应的平均水面面积，填入第(8)栏。水库的蒸发与渗漏损失标准，采用前述方法确定。其中蒸发损失标准见例 7-1 的成果。利用水量损失标准和时段平均库容与平均水面面积，求损失水量，即(10)=(8)×(9)÷1000，(12)=(7)×(11)，(13)=(10)+(12)，从而求得计入损失后的用水量 M，即(14)=(3)+(13)。

③ 求计入损失后的调节库容与水库蓄水过程。利用来水过程和计入损失后的用水过程，如同不计损失列表法一样，求出各时段的余缺水量(15)和(16)栏，并判定调节库容为 $2687\times10^4\ m^3$。同时求得水库蓄泄过程，如(17)、(18)栏所示。

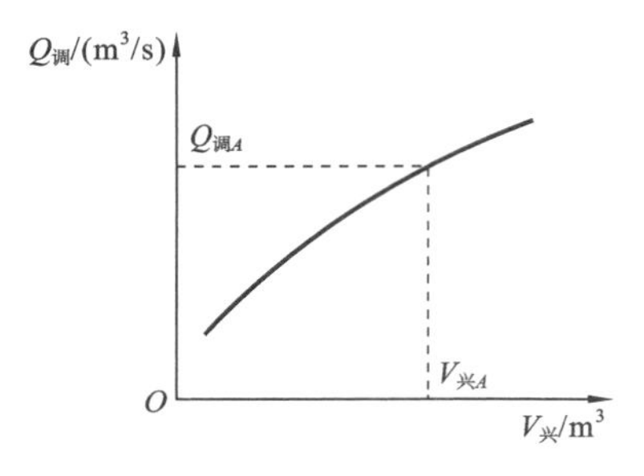

图 7-16　调节流量与兴利库容关系曲线

径流调节计算的基本原理是把整个调节周期分成若干时段，然后逐时段进行水量平衡计算，求得水量蓄供过程。如果把整个调节周期划分成两个计算时段，即蓄水期和供水期，来进行水量平衡计算，这就是简化水量平衡方程调节计算的关键所在。

由列表计算法可知，水库兴利库容 $V_{兴}$ 取决于亏水期最大累积水量，即

$$V_{兴}=W_{月调}T_{供}-\sum W_{供来} \tag{7-16}$$

式中：$W_{月调}$ 为供水期月调节水量，m^3/月；$T_{供}$ 为供水期时段数，月；$W_{供来}$ 为设计枯水年供水期来水总量，m^3。

当供水期月调节水量 $W_{月调}$ 已知时，用式(7-16)可确定兴利库容。反之，当已知兴利库容 $V_{兴}$ 时，也可用该式来计算供水期月调节水量 $W_{月调}$，即

$$W_{月调}=\left(\sum W_{供来}+V_{兴}\right)\Big/T_{供} \tag{7-17}$$

计入水量损失时，可用整个供水期平均蓄水量，分别来估算供水期水量损失 $\sum\Delta W_{供损}$ 及蓄水期水量损失 $\sum\Delta W_{蓄损}$，则式(7-16)和式(7-17)可写为

$$V_{兴}=W_{月调}T_{供}+\sum\Delta W_{供损}-\sum W_{供来} \tag{7-18}$$

$$W_{月调}=\left(\sum W_{供来}-\sum\Delta W_{供损}+V_{兴}\right)\Big/T_{供} \tag{7-19}$$

用上式求已知兴利库容的调节流量(或调节水量)，较为简明，但必须注意两个问题：

(1) 水库调节性能问题。先应判明水库是否年调节，因为只有年调节水库的 $V_{兴}$ 才是当年蓄满且全部蓄水用于该调节年度的供水期内。所以，只有当蓄水期来水总量 $\sum W_{蓄来}$ 与蓄水期调节水量(用水量)的差值大于兴利库容时才能成立，即应使下面不等式成立

$$\sum W_{蓄来}-W_{月调}T_{蓄}\geqslant V_{兴} \tag{7-20}$$

或者考虑损失水量

$$\sum W_{蓄来}-W_{月调}T_{蓄}-\sum\Delta W_{蓄损}\geqslant V_{兴} \tag{7-21}$$

如果不能满足上式的要求，应属多年调节。

在供水期和蓄水期未定的情况下，也可用经验性库容系数 $\beta=8\%\sim30\%$ 作为年调节水库的判定系数。

(2) 划定蓄、供水期问题。供水期 $T_{供}$ 的确定与调节水量 $W_{月调}$ 有关。径流调节供水期是指天然来水小于用水，需要水库放水补充的时期。假定水库是一次运用，在调节年度内一次充蓄、一次供水的情况下，供水期开始时刻应是天然流量小于调节流量之时，而终止时刻则是天然流量大于调节流量之时。因此，供水期长短是相对的，时段调节水量越大，则供水期越长。由于调节水量是未知值，故不能直接定出供水期，通常 $T_{供}$ 要由试算确定。即先假定供水期，待求出调节水量后进行核算，如果不正确则重新假定后再算。

【例 7-4】 南方拟建以发电为主的水库，集水面积 $F=102\ km^2$，坝址处多年平均来水量 $\overline{W}_{年}=13400$ 万立方米，$\overline{Q}=4.25\ m^3/s$，设计保证率 $P=90\%$，设计枯水年来水量 $W_{设年}=9000$ 万立方米，其年内分配如表 7-8 所示，由于受淹没损失控制，初定兴利库容 $V_{兴}=3000$ 万立方

米，月平均损失为30万立方米，试计算调节水量和调节系数。

表7-8　某水库设计枯水年来水过程($P=90\%$)　（单位：万立方米）

月份	5	6	7	8	9	10	11	12	1	2	3	4	合计
$W_{设月}$	990	2800	1030	890	1390	231	468	63	88	286	254	510	9000

解　(1) 初步判定水库调节性能。水库库容系数 $\beta=V_{兴}/\overline{W}_{年}=3000/13400=0.22$，初步定为年调节水库。

(2) 按已知兴利库容确定调节水量。由表7-8初步判断设计枯水年供水期，假定为10月至次年4月，设 $T_{供}=7$ 个月，10月至次年4月来水总量 $\sum W_{供来}=1900$ 万立方米，损失水量 $\sum \Delta W_{供损}=7\times 30$ 万立方米 $=210$ 万立方米，供水期的月调节水量由式(7-19)求得。

$$W_{月调}=\left(\sum W_{供来}-\sum \Delta W_{供损}+V_{兴}\right)\Big/T_{供}=(1900-210+3000)/7\ \text{万立方米}$$
$$=670\ \text{万立方米}$$

以 $W_{月调}=670$ 万立方米与表7-8中各月来水量对比可以看出，假定供水期为7个月是正确的。如以流量表示，取1个月秒数为 2.63×10^6 s，则

$$Q_{调}=670\times10^4\div(2.63\times10^6)\ \text{m}^3/\text{s}=2.55\ \text{m}^3/\text{s}$$

(3) 检验。用式(7-21)检验，$V_{兴}=3000$ 万立方米，5—9月蓄水期来水总量 $\sum W_{蓄来}=7100$ 万立方米。

$$(7100-670\times5-30\times5)\ \text{万立方米}=3600\ \text{万立方米}>V_{兴}$$

该水库当 $V_{兴}=3000$ 万立方米时，设计枯水年所能获得的月调节水量为670万立方米（或 $Q_{调}=2.55\ \text{m}^3/\text{s}$），调节系数 $a=Q_{调}/\overline{Q}=2.55/4.25=0.60$。

任务6　多年调节水库兴利调节计算

为了充分利用水资源，当用水量超过设计枯水年的年来水量时，年调节水库就不能满足兴利的需要。因此，就必须增大兴利库容，以便将丰水年或丰水年组的余水量蓄存起来，满足枯水年或枯水年组缺水量的要求。这种跨年度的调节，称为水库的多年调节。

水库兴利调节具有预估水利水电工程未来工作情况的性质，调节计算结果一般用 $V_{兴}$、$Q_{调}$ 和 $P_{设}$ 三者的关系表示。在年径流时历资料的基础上，采用列表法，概念清楚，方法简便。但当资料系列较短时，对于多年调节水库，由于调节周期短，代表性不够，因此计算成果的可靠性不高，尤其当水库库容系数较大，供水期和蓄水期较长时，则更不可靠，这时常采用数理统计法。多年调节数理统计法的具体计算方法很多，这里仅介绍一种将多年调节水库的兴利库容视为由两部分组成，并分别计算的方法。

如图7-3(a)所示，第1、2年的余水量 V_1、V_3 都超过了缺水量 V_2、V_4，为丰水年组。第3、4、5年的余水量 V_5、V_7、V_9 都小于当年缺水量 V_6、V_8、V_{10}，为枯水年组。从图7-3(b)中可以看出，水库从死水位开始，将丰水年的余水量蓄存于水库，达到正常蓄水位，在枯水年组的第3～5年用完，又降到死水位。水库水位循环一次，历时5年。水库调节年际之间来水与用水矛盾所需的库容为多年库容 $V_{多}$；而调节年内来水与用水矛盾所需的库容为年库容 $V_{年}$，则多年调节所需的兴利库容为

$$V_{兴}=V_{多}+V_{年} \tag{7-22}$$

为什么多年调节水库兴利库容除了$V_{多}$以外，还要年库容$V_{年}$？从图7-3可见，如果没有$V_{年}$，则枯水年组的前一年（即第2年）枯水期的缺水量V_4就得不到保证；同时，枯水年组的第1年（即第3年）丰水期的余水量V_5也不能蓄起来，这必将影响以后几个枯水年的供水。因此需要年库容。但水库建成后，在实际调度运用时，不能将$V_{兴}$硬性地划分为$V_{多}$和$V_{年}$两部分，而应根据来水和用水情况进行统一调度。在实际工作时，数理统计法只能计算多年库容$V_{多}$，而年库容$V_{年}$则常用时历列表法单独计算。

模块1　多年库容的计算

数理统计法是先进行数理统计处理，然后进行调节计算，即先利用天然来水多年变化的统计规律，对来水进行数理统计概括，然后再进行调节计算。由于径流变化的频率曲线可概化为几个统计参数，如年径流的多年平均值、变差系数C_V和偏态系数C_S，如果在水库水量平衡调节计算中采用一套无因次的相对系数，如调节系数a、库容系数$\beta_{多}$、模比系数$K(K_i=W_{来i}/\overline{W})$分别表示用水量、库容和来水量，并对调节计算成果加以综合，编制出一套不同保证率P时的a、$\beta_{多}$和C_V三者之间的关系曲线图，这就是多年调节计算中常用的普列什柯夫线解图，如图7-17所示。

数理统计法计算多年库容所采用的相对值调节系数a和库容系数$\beta_{多}$，公式如下：

$$a=W_{用}/\overline{W} \tag{7-23}$$

$$\beta_{多}=V_{多}/\overline{W} \tag{7-24}$$

式中：$W_{用}$为水库设计年用水量，m^3；$\overline{W}$为水库多年平均来水量，m^3。

水库在调节过程中的水量损失与蓄水面积和库容有关。简要的处理方法是，将损失水量当做水库供水的一部分，即包括损失水量的用水量$W'_{用}=W_{用}+W_{损}$。水库的损失水量可近似地按下式计算：

$$W_{损}=多年调节水库年用水量\times\frac{完全年调节水库的水量损失}{完全年调节水库年用水量} \tag{7-25}$$

普列什柯夫线解图是在年径流$C_S=2C_V$时，通过水量平衡和频率组合绘制出的不同P的$\beta_{多}$-a-C_V关系图。只要已知P、a、$\beta_{多}$和C_V中任意3个参数，即可求得另外一个参数。

根据设计保证率、C_V和按用水要求确定的a值（计入水量损失$a=W'_{用}/\overline{W}$），查普列什柯夫线解图，可得库容系数$\beta_{多}$值，多年库容可按下式计算：

$$V_{多}=\beta_{多}\overline{W} \tag{7-26}$$

当年径流$C_S\neq 2C_V$时，应先把参数转化为C'_V、a'，转化公式如下：

$$\left.\begin{aligned} C'_V&=\frac{C_V}{1-a_0}\\ a'&=\frac{a-a_0}{1-a_0}\\ a_0&=\frac{m-2}{m}\\ m&=\frac{C_S}{C_V}\end{aligned}\right\} \tag{7-27}$$

由C'_V、a'和P查普列什柯夫线解图，得出$\beta'_{多}$，按式(7-28)求出$\beta_{多}$，再代入式(7-26)求多年库容$V_{多}$。

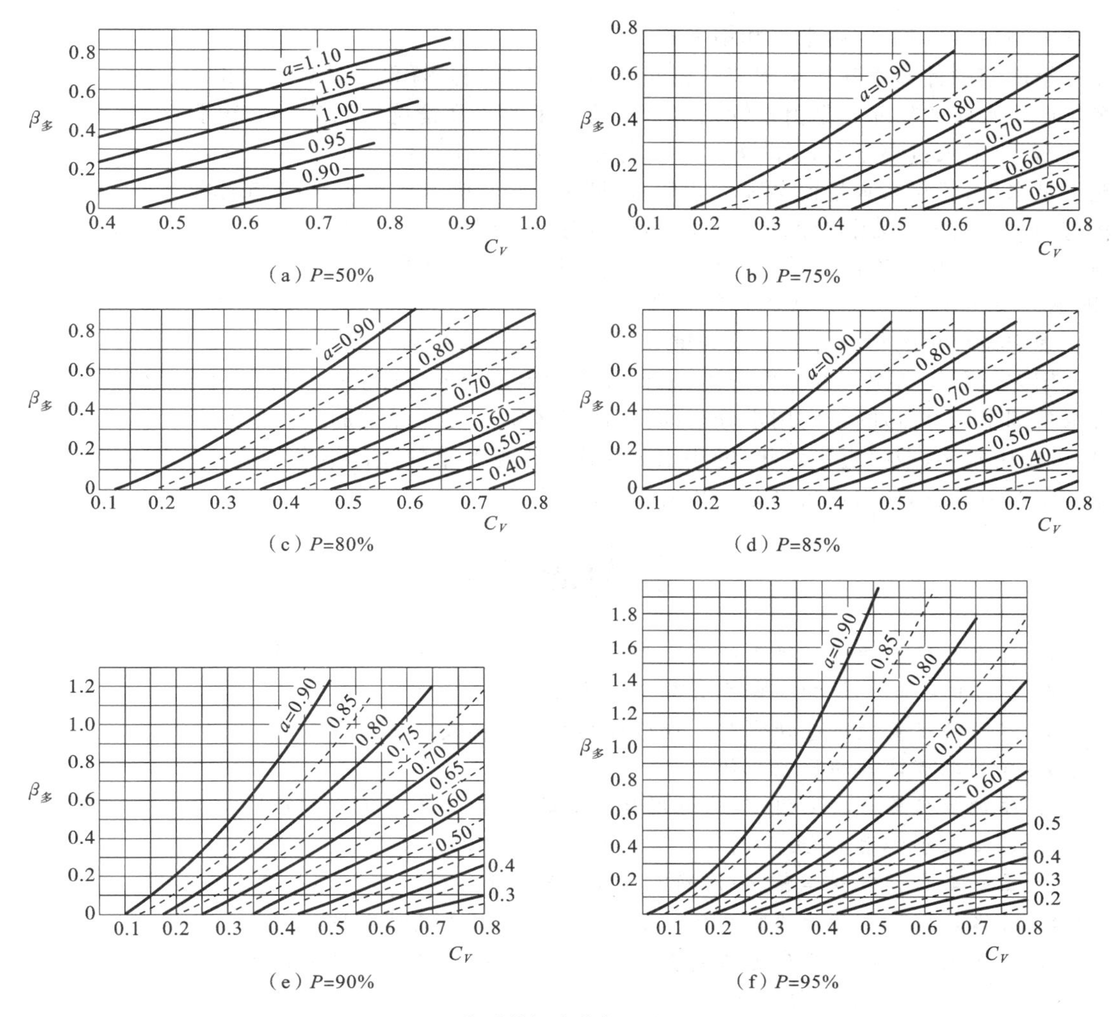

图 7-17　普列什柯夫线解图($C_S=2C_V$)

$$\beta_{多}=(1-a_0)\beta'_{多} \tag{7-28}$$

普列什柯夫线解图主要是针对固定用水量绘制的，如为变动用水量，可参考其他书籍。

【例 7-5】　某多年调节水库，已知多年平均年径流量 $W_0=5000\times10^4\ \mathrm{m}^3$，$C_V=0.4$，$C_S=2C_V$，年供水量 $W=4000\times10^4\ \mathrm{m}^3$，$P=75\%$，试求多年库容 $V_{多}$。

解　首先求调节系数，$a=\dfrac{4000\times10^4}{5000\times10^4}=0.80$。

再由图 7-17 中的 $P=75\%$ 的线解图，查得 $a=0.80$，$C_V=0.4$ 时的 $\beta_{多}=0.12$。

于是 $V_{多}=\beta_{多}W_0=0.12\times5000\times10^4\ \mathrm{m}^3=600\times10^4\ \mathrm{m}^3$

当对给定的保证率 P 无对应的图线时，可采用内插的方法来确定多年库容。

模块 2　年库容的计算

计算多年库容 $V_{多}$ 所用的普列什柯夫线解图是以年水量为统计单位，按水量平衡原理，通过频率组合计算绘制而成的。它并未考虑年内水量分配的不均匀性，故除求得 $V_{多}$ 之外，还要计算年库容，以调节年内来水和用水的矛盾。

年库容的计算方法与年调节的相同，问题在于如何选择设计计算年。由图 7-3 可以看出，多年调节水库的年库容是由连续枯水年组前一年的水文情况所决定的。很明显，在选择计算年时，若年来水量小于 $W_{用}$（即 $K_i<a$），则说明该年属于连续枯水年组之一，需要多年库容补充不足水量；若年来水量比 $W_{用}$ 大得较多（即 $K_i>a$），则属于丰水年，其枯水期来水量也大，来水与用水矛盾较小，用它计算所得库容较小，有可能因年库容不足而造成正常供水中断，以致满足不了设计保证率的要求。所以，考虑到不利的情况，常采用设计年来水量等于用水量 $W_{用}$（即 $K_i=a$）的年份来决定年库容较为合适。

确定设计年的年内分配也十分重要，因为它直接关系到年库容的大小。一般认为天然来水选用多年平均情况下的年内分配，来计算年库容是较为合理的。设计年用水量 $W_{用}$（计入损失水量则采用 $W'_{用}$）的年内用水分配，同样选用多年平均情况下的年内用水分配比；缺乏资料时，可用中水年（或接近中水年）的用水分配比。根据所求的设计年来水量与用水量，列表进行完全年调节计算，所得库容就是年库容 $W_{年}$。

复习思考题

1. 什么是径流调节？径流调节分哪两类？兴利调节又分为哪几类？
2. 水库的特征水位和库容都有哪些？其含义各是什么？
3. 水库的水量损失包括哪些？如何计算水库的蒸发损失？
4. 兴利调节计算的原理是什么？
5. 年调节水库一次运用、二次运用和多次运用时，如何确定兴利库容？
6. 已知来水和用水，用年调节时历列表法如何计算兴利库容？
7. 已知来水和兴利库容，如何确定可提供的调节流量？如何划分蓄水期和供水期？
8. 什么是调节系数和库容系数？如何应用普列什柯夫线解图？
9. 多年调节水库的年库容与完全年调节水库的兴利库容计算有何异同？
10. 试对年调节水库作兴利调节计算。

1）资料

（1）某年调节水库死库容为 5×10^6 m^3，设计枯水年的天然来水及用水过程如表 7-9 所示，资料系调节年度给出。

表 7-9　设计枯水年来水、用水过程

时段/月	5	6	7	8	9	10	11	12	1	2	3	4
天然来水流量/(m^3/s)	27.0	19.4	25.8	14.2	16.2	9.0	5.1	2.9	2.2	2.4	2.3	5.0
综合用水流量/(m^3/s)	8.0	8.0	10.0	10.0	8.0	8.0	8.0	6.0	6.0	6.0	6.0	6.0

（2）水库特性曲线表如表 7-10 所示。

表 7-10　水库特性曲线表

高程/m	405	410	415	420	425	430	435	440	445	450
面积/($\times10^6$ m^2)	0.095	0.26	0.52	0.76	1.02	1.31	1.68	2.06	2.46	2.90
容积/(m^3/s·月)	0.114	0.419	1.142	2.361	4.036	6.244	9.099	12.564	16.866	22.082

（3）水库水量损失如下。

① 蒸发损失。坝址多年平均流量为 14.61 m^3/s，多年平均降雨量为 1483 mm，最大年水面蒸发量为 1068 mm，流域面积为 360×10^6 m^2，年蒸发损失强度的月分配百分数如表 7-11 所示。

表 7-11　年蒸发损失年内分配表

月份	1	2	3	4	5	6	7	8	9	10	11	12	全年
分配率/(%)	6.4	5.2	5.6	6.8	7.7	8.2	12.9	10.9	10.3	10.7	8.5	6.8	100
设计值/mm													

② 渗漏损失。库区属中等地质条件，渗漏损失按月平均蓄水量的 1%计。

2）要求

（1）用时历列表法不计损失推求该水库的兴利库容和正常蓄水位。

（2）用时历列表法计入损失推求该水库的兴利库容和正常蓄水位。

项目8　水电站水能计算及主要参数选择

【任务目标】

了解水能资源开发方式、电力系统及容量组成、水能计算的目的和所需的基本资料等概念；知道水电站有哪些动能指标，水库有哪些主要参数；熟悉水电站水能计算原理及方法。

【技能目标】

基本会对无调节（日调节）水电站进行水能计算；会用等流量法对年调节水电站进行水能计算。

任务1　水能资源开发方式及水能计算原理

模块1　水能资源开发方式

天然河道中流动的水流具有一定的能量，称为水能。水能可以借助发电机组转变为电能。为了利用天然水能发电，必须首先设法获得足够的水头和流量。但天然河道的落差除了在瀑布或急滩的河段比较集中外，一般是沿河分散的，不便于利用。天然河道的流量是经常变化的，洪水期流量很大，常常用之有余，枯水期流量很小，又不能满足所需。因此，为了充分有效地利用天然水能，必须采取适当的工程技术措施去集中落差和调节径流。由此可见，针对天然水能落差分散和流量多变的特点，开发利用水能时要解决的基本问题是集中落差和调节径流，尤其是集中落差更为重要。所谓水能开发利用方式，通常是指采用哪种技术措施来集中落差。根据天然水能存在的状况不同，有坝式、引水式和混合式三种基本形式的水电站。

1. 坝式水电站

通过在河道中筑坝或修闸，来集中河段的落差，并形成水库调节坝址处的流量。根据大坝和水电站厂房的相对位置与挡水情况，坝式水电站又分为坝后式水电站和河床式水电站。

(1) 坝后式水电站。水电站厂房位于坝后，即坝的下游，如图8-1所示。上游面的水压力全部由坝承担，厂房不承受水库的水压力。这类水电站一般建在河流的上游峡谷地段，具有较高的大坝和较大的调节库容，形成中高水头水电站。例如，三峡水电站，它是目前世界上装机容量最大的坝后式水电站。大坝高程为185 m，蓄水高程为175 m，装机容量达到2250万千瓦。

(2) 河床式水电站。河床式水电站厂房通常与坝或闸布置在一起，厂房也是挡水建筑物的一部分，承受上游面的水压力，如图8-2所示。这类水电站往往建在河流的中下游，因受地形、淹没等条件的限制，拦河坝不能太高，水头比较低，属中低水头水电站。若水库的库容较小，调节性能差，则只能引用天然流量发电，故这类水电站多属于径流式水电站，如富春江水电站和葛洲坝水电站等。

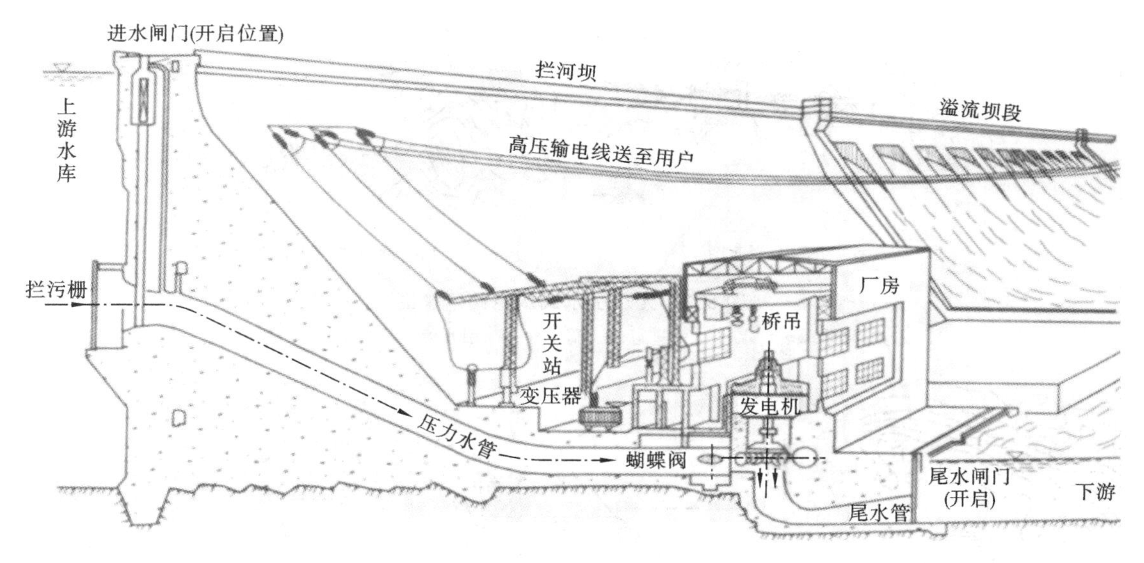

图 8-1　坝后式水电站示意图

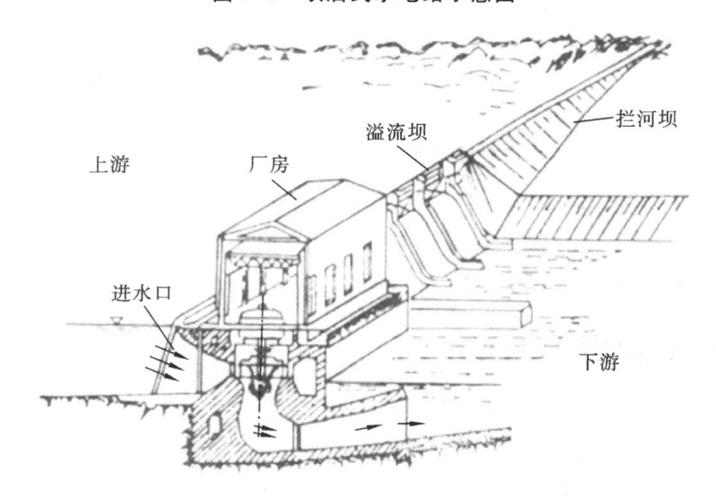

图 8-2　河床式水电站示意图

2. 引水式水电站

河流上游河段坡度较陡，通过修筑低坝，再由坡度平缓的引水建筑物引取流量和集中落差至发电厂房的，称为引水式水电站。用明渠或无压隧洞引水集中落差的，称为无压引水式水电站，如图 8-3 所示。用有压隧洞或管道引水集中落差的，称为有压引水式水电站，如图 8-4 所示。引水式水电站一般库容不大，流量较小，但水头较高。山区一些中小型水电站多采用这种开发方式。例如，云南以礼河三级水电站，最大水头为 629 m。

3. 混合式水电站

上述两种开发方式的结合，既有拦河坝形成落差、形成水库调节径流，又有引水建筑物引取流量、集中落差，故称为混合式水电站，如图 8-5 所示。如果河段上游坡度较缓，有筑坝建库的条件，河段下游坡度较陡或有跌水，修建混合式水电站比较经济合理，如狮子滩、云峰、流溪河等水电站。

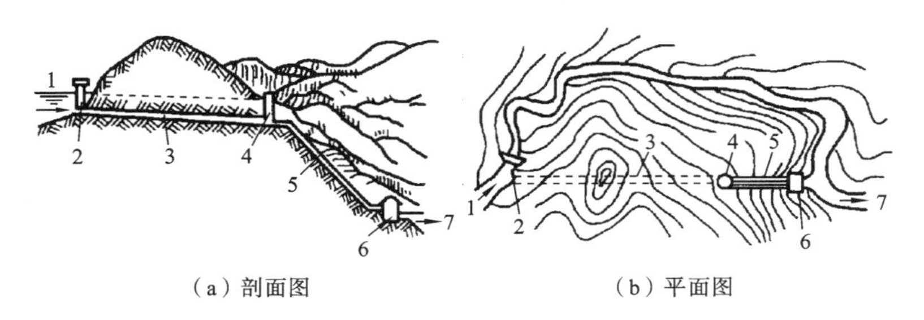

（a）剖面图　　（b）平面图

图 8-3　无压引水式水电站示意图

1—上游河道；2—过水口；3—隧洞；4—调压井；5—引水管；6—厂房；7—下游河道

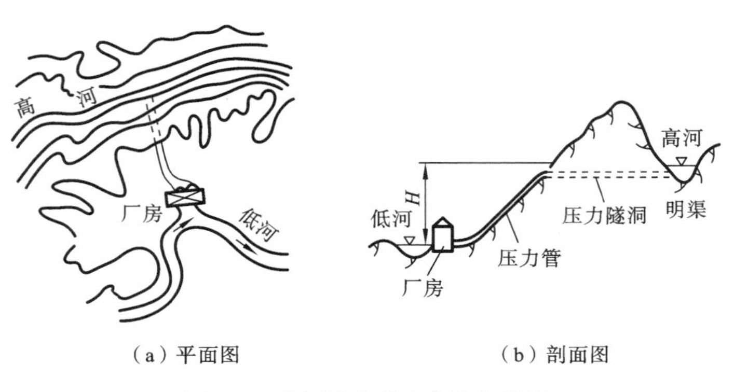

（a）平面图　　（b）剖面图

图 8-4　有压引水式水电站示意图

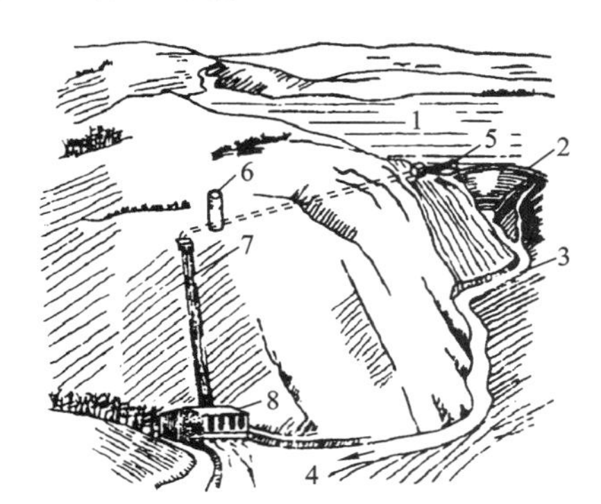

图 8-5　混合式水电站示意图

1—水库；2—大坝；3—溢洪道；4—下游河道；5—进水口；6—调压塔；7—引水管；8—厂房

水能开发除上述三种基本方式外，还有跨流域引水开发、抽水蓄能等方式。

模块 2　水能计算的原理

河道中的水在重力作用下，从高处往低处流动，蕴藏着一定的势能和动能，这种水流蕴藏的能量就是水能。但是，在天然状态下，水流中蕴藏的能量消耗于克服沿程摩阻、挟带泥沙、冲刷河床等方面。水电站就是利用水流中蕴藏的而无益消耗的水能来产生电能的。

根据伯努利方程，如果一个河段较短，上、下两断面间的压能差和动能差可忽略不计，则单位重量水体的水能可近似地用落差 $H=Z_{上}-Z_{下}$ 表示。经单位换算得河段水流的功率，即水流的出力计算公式为

$$N=9.81QH \tag{8-1}$$

式(8-1)为计算水流出力的理论公式，是计算河川水能资源蕴藏量的依据。河川水能的理论蕴藏量只表明水能的天然蕴藏情况。由于受地形、地质、技术、经济及社会因素等客观条件的限制，实际开发时不得不放弃一些河段的水能，因而可能开发量只是理论蕴藏量的一部分。

实际上，水流通过水工建筑物时有水头损失 ΔH，故作用在水轮机上的净水头为 $H_{净}=H-\Delta H$。水能由机械能转化为电能也有能量损失，这种损失可以通过水轮机的效率 $\eta_{水}$ 和发电机的效率 $\eta_{电}$ 来反映，则

$$N=9.81\eta_{水}\ \eta_{电}\ QH_{净}=9.81\eta QH_{净}=AQH_{净}\ \ (\mathrm{kW}) \tag{8-2}$$

$$E=9.81\eta QH_{净}T=AQH_{净}T\quad(\mathrm{kW\cdot h})\tag{8-3}$$

式(8-2)和式(8-3)中,$A=9.81\eta$ 为出力系数,在初步规划设计估算时,大中型水电站可取 $A=7.5\sim8.5$,小型水电站可取 $A=6.5\sim7.5$;$\eta=\eta_{水}\eta_{电}$。

模块3　水能计算的内容、目的和基本资料

1. 水能计算的内容

水能计算主要是确定水电站的动能指标——保证出力和多年平均年发电量,以及相应的主要参数——装机容量和水库的正常蓄水位。水电站的保证出力和发电量的计算是水能计算的重要环节,故通常又将保证出力和发电量计算称为水能计算。水电站的动能指标与主要参数之间互相影响,且水电站的出力和发电量还与其在电力系统中的运行方式有关。因此,水能计算要与电力系统中的负荷联系起来进行分析。

水电站在长期工作中,在一定供水时段内所能发出的,相应于设计保证率的时段平均出力,称为水电站的保证出力。在供水时段内,按保证出力连续发电所生产的电能,称为保证电能。在多年运行期间平均1年所生产的电量,称为水电站的多年平均年发电量。

水电站的保证出力和多年平均年发电量标志着工程的经济效益;装机容量和水库的正常蓄水位则关系到工程的规模和造价。因此,水能计算不能脱离投资、效益等经济指标。把水能与经济联系起来进行分析计算,称为动能经济计算。

2. 水能计算的目的

在规划设计阶段,水能计算的目的是选择确定水电站的主要参数和动能指标。通常首先拟定若干种水库正常蓄水位方案,分别计算各方案水电站的保证出力和多年平均年发电量;然后结合国民经济的综合利用要求,通过技术经济分析,选择最有利的设计方案。

在水电站运行阶段,水能计算的目的是在保证水库安全的条件下,考虑水电站在国民经济中的综合效益,计算各时段的出力与发电量,以确定水电站在电力系统中最有利的运行方案。

水能计算实际上也是径流调节计算,即研究来水量、调节流量、库容和设计保证率四者之间的关系。水电站将水能转变为电能;水库除提供调节流量之外,还要考虑水头的影响。因此,水能计算比只提供水量的径流调节计算要复杂一些。

3. 水能计算所需要的基本资料

水能计算所需要的基本资料主要包括:特性曲线——水库水位-面积关系曲线和水库水位-容积关系曲线;水文资料——坝址断面的年径流、洪水及流域的降雨、蒸发等资料;用水资料——发电、灌溉、航运、环境卫生等综合用水资料。此外,还需要电力系统负荷、水轮机引水系统及下游水位-流量关系曲线等资料。

任务2　水电站的保证出力和发电量计算

模块1　水电站的保证出力与保证电能计算

1. 无调节、日调节水电站的保证出力与保证电能计算

因库容较小不能调节天然径流的水电站,称为无调节水电站。如果库容能够按发电要求

调节1日内的天然径流，称为日调节水电站。无调节、日调节水电站的出力计算都以“日”为计算时段，故其保证出力 $N_{保}$ 为相应于设计保证率的日平均出力。

无调节水电站与日调节水电站的保证出力计算方法基本相同，其差别在于：日调节水电站的上下游水位 $Z_{上}$、$Z_{下}$ 随1日之内用水量的不同而发生变化，故下面仅叙述无调节水电站 $N_{保}$ 的计算方法。

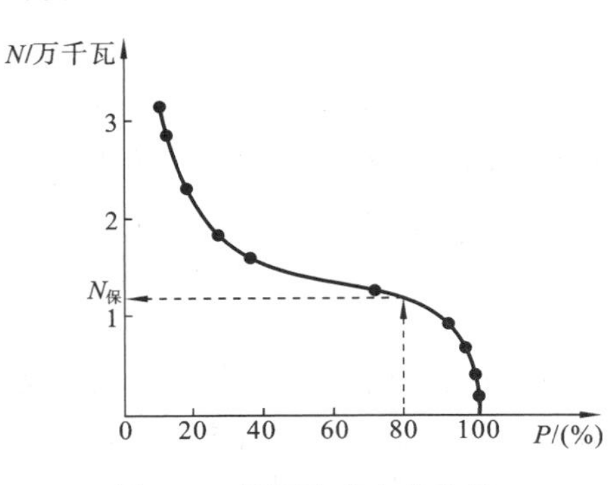

图 8-6　某河床式水电站日平均出力保证率曲线

无调节水电站由于水库库容很小，发电主要靠天然流量，不必考虑水库调节的影响，故各时段的出力计算比较简单，根据长系列或丰、平、枯三个代表年的日平均流量资料，以及水电站的净水头 $H_{净}$，按公式 $N=AQH_{净}$ 逐日进行计算。为了简化计算，也可将日平均流量分组，如表8-1中的①栏所示，由大到小排列，计算并绘制其日平均出力保证率曲线，如图8-6所示。然后，从该曲线上即可查得无调节水电站的保证出力。对于水头不高的径流式水电站，要考虑洪水期尾水壅高所引起的出力下降，甚至受阻的影响。

表 8-1　无调节水电站保证出力计算($N=8QH$)

日平均流量分组/(m³/s)	各组日平均流量中值/(m³/s)	引用及损失流量/(m³/s)	发电流量 $Q_{电}$/(m³/s)	上游水位 $Z_{上}$/m	下游水位 $Z_{下}$/m	水头损失 ΔH/m	净水头 $H_{净}$/m	出力 N/kW	各组出现次数	累积出现次数	累积频率 P/(%)	保证时间(按年计) $t=8760P$/h
①	②	③	④	⑤	⑥	⑦	⑧	⑨	⑩	⑪	⑫	⑬
>220	>220	4	>216	295.85	276.38	1.1	18.37	>31740	598	598	9.1	797
180～220	200	4	196	295.85	276.32	1.1	18.43	28900	125	723	11.0	964
140～180	160	4	156	295.85	276.23	1.1	18.52	23110	361	1084	16.5	1445
120～140	130	5	125	295.85	276.10	1.1	18.65	18650	598	1682	25.6	2243
100～120	110	5	105	295.85	276.02	1.1	18.73	15730	690	2372	36.1	3162
80～100	90	5	85	295.85	275.90	1.1	18.85	12820	2260	4632	70.5	6176
60～80	70	6	64	295.85	275.80	1.1	18.95	9700	1373	6005	91.4	8007
40～60	50	6	44	295.85	275.65	1.1	19.10	6720	315	6320	96.2	8427
20～40	30	6	24	295.85	275.45	1.1	19.30	3710	171	6491	98.8	8655
<20	<20	6	<14	295.85	275.30	1.1	19.45	<2180	79	6570	100	8760

【例 8-1】　某河床式水电站为无调节水电站，有18年径流资料，其系列的代表性较好，有关资料列入表8-1中，设计保证率 $P=80\%$，试推求该水电站的保证出力 $N_{保}$ 和日保证电能 $E_{保}$。

解　(1) 分组：将实测日平均流量资料系列分组，从大到小排列填入表8-1中①栏，并统计日平均流量在各组出现的次数，列入⑩栏。

(2) 求可能引用的发电流量：由各组流量的中值减去灌溉引水及损失的流量，列入④栏。

(3) 上游水位 $Z_{上}$：河床式无调节水电站，当溢洪道不泄洪时采用上游正常蓄水位，如表

8-1 中的⑤栏 $Z_{上}=295.85$ m；当泄洪时应考虑溢流的超高水位。

(4) 下游水位 $Z_{下}$：河床式水电站按尾水管出口处的水位流量关系曲线得出，除发电流量外还应考虑溢洪道泄流及支流汇入的流量等影响。

(5) 水头损失 ΔH：可按水力学方法得出，本例采用平均值 1.1 m。

(6) 净水头：净水头 $H_{净}=Z_{上}-Z_{下}-\Delta H$，得⑧栏。

(7) 出力：由 $N=8Q_{电}H_{净}$ 得⑨栏，为日平均出力。

(8) 累积出现次数：⑪栏为出力大于或等于某日平均流量出现的总次数。

(9) 累积频率 P：⑫栏，按公式 $P=$(累积出现次数/总次数 6570)×100%计算。

(10) 保证时间：按年计算 $t=8760P$，即水电站在长期运行中，平均每一年内对应某一组流量(或某一出力 N)，能够得到保证的时间。

(11) 求保证出力 $N_{保}$：由⑨栏和⑫栏绘制日平均出力保证率曲线，如图 8-6 所示。再由设计保证率 $P=80\%$，查该曲线得保证出力 $N_{保}=11600$ kW。

该水电站在长期运行中，平均每年有 8760×80% h≈7000 h(80%的时间)出力能够大于或等于 11600 kW，换句话说，出力 11600 kW 有 80%的保证程度。

(12) 日保证电能为

$$E_{保}=24N_{保}=24\times11600\ \text{kW}\cdot\text{h}=27.8\times10^{4}\ \text{kW}\cdot\text{h}$$

此外，在初步设计时也可采用简化的计算方法。首先，绘制日平均流量保证率曲线(也称日平均流量历时曲线)，由表 8-1 中②、⑫两栏绘出，如图 8-7 所示。其次，根据设计保证率 $P=80\%$，在该曲线上查得 $Q_P=83\ \text{m}^3/\text{s}$。再次，将相应于 Q_P 的净水头 $H_{净}=18.9$ m 代入式(8-2)，并考虑引水及损失得 $N_{保}=8Q_PH_{净}=[8\times(83-6)\times18.9]$ kW $=11642$ kW。与前面的计算结果 11600 kW 仅相差 0.37%。

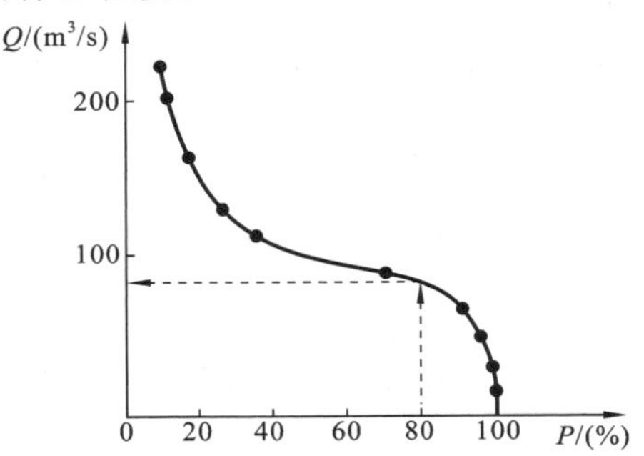

图 8-7　日平均流量保证率曲线

2. 年调节水电站的保证出力与保证电能计算

水库的兴利库容能够对 1 年内的天然径流进行重新分配，将丰水期的余水量蓄起来提高枯水期的发电流量，这类水电站称为年调节水电站。

在水库正常蓄水位和死水位已知的条件下，年调节水电站 $N_{保}$ 的计算可分为设计枯水年法和长系列法两类。而这两类方法的具体计算都可采用等流量法和等出力法。设计枯水年法仅对设计枯水年进行水能计算。

1) 等流量法

设计枯水年指的是相应于水电站设计标准 P(%)的枯水年。水电站经过水库年调节，在设计枯水年供水期发出的平均出力，称为年调节水电站的保证出力。

由于年调节水库要将丰水期多余的水量蓄满兴利库容 $V_{兴}$，以增加枯水期的调节流量，如图 8-8 所示，故设计枯水年供水期的调节流量为

$$Q_{P,供}=(W_{供}+V_{兴})/T_{供} \tag{8-4}$$

设计枯水年蓄水期的调节流量为

$$Q_{P,蓄}=(W_{蓄}-V_{兴})/T_{蓄} \tag{8-5}$$

式中：$W_{供}$、$W_{蓄}$ 分别为供水期、蓄水期天然来水量，m^3 或 $\text{m}^3/\text{s}\cdot$月；$V_{兴}$ 为水库兴利库容，m^3

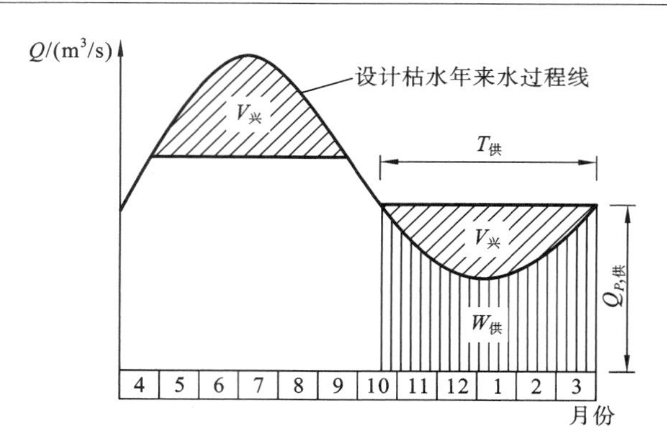

图 8-8　设计枯水年调节流量计算示意图

或 m^3/s·月；$T_{供}$、$T_{蓄}$ 分别为供水期、蓄水期历时，s 或月。

为了计算方便，时间 $T_{供}$、$T_{蓄}$ 常以月为单位；$W_{供}$、$W_{蓄}$、$V_{兴}$ 常以 m^3/s·月为单位。

【例 8-2】 以发电为主的某年调节水电站，设计保证率 $P=90\%$，水库正常蓄水位为 133.0 m，死水位为 110.0 m，水库水位-库容关系、下游水位-流量关系如表 8-2 所示。由分析计算得出坝址处的设计枯水年流量过程，如表 8-3 中的①、②栏所示。初步计算暂不计水库的水量损失，水头损失按 1.0 m 计算。试用等流量法推求该水电站的保证出力和保证电能。

表 8-2　某水库水位-库容关系及下游水位-流量关系

水库水位/m	100	105	110	115	120	125	130	135	140	145	150
库容/(m^3/s·月)	3.0	5.0	7.7	11.6	16.5	22.3	29.5	38.0	48.5	70.6	72.6
下游水位/m	81.6	81.8	82.0	82.2	82.4	82.6	82.8	83.0	83.5	84.0	84.5
流量/(m^3/s)	3.5	5.2	7.1	9.6	11.8	14.5	17.8	21.3	31.5	44.8	60.5

解　(1) 由正常蓄水位 133.0 m 及死水位 110.0 m，查水库水位-库容关系曲线得 $V_{蓄}=34.5\ m^3/s$·月、$V_{死}=7.7\ m^3/s$·月，则兴利库容 $V_{兴}=(34.5-7.7)\ m^3/s$·月$=26.8\ m^3/s$·月。

(2) 求供水期、蓄水期的发电调节流量：天然流量小于供水期调节流量的时期（即 $Q_{天}<Q_{P,供}$），才是供水期 $T_{供}$。从式(8-4)可以看出 $T_{供}$ 与 $Q_{P,供}$ 互有影响，故需试算。

首先，设 $T_{供}$ 为 8 月至次年 2 月，则供水期 7 个月的天然来水量为

$$W_{供8-2月}=(3.5+28.8+9.8+8.7+5.9+3.8+5.3)\ m^3/s\cdot月=65.8\ m^3/s\cdot月$$

供水期调节流量为

$$Q_{P,供}=(W_{供}+V_{兴})/T_{供}=(65.8+26.8)/7\ m^3/s=13.23\ m^3/s$$

将 13.23 m^3/s 与天然流量过程进行比较，发现 8 月、9 月这 2 个月的平均流量 $(3.5+28.8)/2\ m^3/s=16.15\ m^3/s>Q_{P,供}$，则 8 月、9 月这 2 个月不属于供水期，即 $T_{供}$ 为 7 个月不合适。

重新设 $T_{供}$ 为 10 月至次年 2 月，$W_{供10-2月}=(9.8+8.7+5.9+3.8+5.3)\ m^3/s$·月$=33.5\ m^3/s$·月，$Q_{P,供}=(W_{供}+V_{兴})/T_{供}=(33.5+26.8)/5\ m^3/s=12.06\ m^3/s$。再将 12.06 m^3/s 与天然流量过程进行比较，可见 10 月至次年 2 月的 $Q_{天}$ 都小于 $Q_{P,供}$，故所设 $T_{供}$ 正确。12.06 m^3/s 即为所求的供水期调节流量，如表 8-3 中的③栏所示。

表 8-3 某年调节水电站等流量水能计算（不计水量损失，$P=90\%$）

时间/月	天然流量 $Q_天$ /(m³/s)	引用流量 $Q_引$ /(m³/s)	水库蓄水(+)或供水(−) ΔQ /(m³/s)	水库蓄水(+)或供水(−) ΔW /(m³/s·月)	弃水流量 $Q_弃$ /(m³/s)	时段末蓄水量 $V_末$ /(m³/s·月)	平均蓄水量 $\bar{V}$ /(m³/s·月)	上游平均水位 $\bar{Z}_上$ /m	下游平均水位 $\bar{Z}_上$ /m	水头损失 ΔH /m	平均净水头 $H_净$ /m	平均出力 N /kW	月发电量 W /万千瓦时
①	②	③	④	⑤	⑥	⑦	⑧	⑨	⑩	⑪	⑫	⑬	⑭
3	19.8	19.8	0	0		7.70	7.70	110.0	82.90	1.0	26.10	4134	302
4	14.9	14.9	0	0		7.70	7.70	110.0	82.90	1.0	26.10	3111	227
5	41.5	35.0	6.50	6.50		14.20	10.95	114.2	83.65	1.0	29.55	8274	604
6	55.3	35.0	20.30	20.30		34.50	24.35	126.5	83.65	1.0	41.85	11718	855
7	30.2	30.2	0	0		34.50	34.50	133.0	83.45	1.0	48.55	11730	856
8	3.5	16.15	−12.65	−12.65		21.85	28.18	129.0	82.70	1.0	45.30	5853	427
9	28.8	16.15	12.65	12.65		34.50	28.18	129.0	82.70	1.0	45.30	5853	427
10	9.8	12.06	−2.26	−2.26		32.24	33.37	132.3	82.42	1.0	48.88	4716	344
11	8.7	12.06	−3.36	−3.36		28.88	30.56	130.8	82.42	1.0	47.38	4571	334
12	5.9	12.06	−6.16	−6.16		22.72	25.80	127.8	82.42	1.0	44.38	4282	313
1	3.8	12.06	−8.26	−8.26		14.46	18.59	122.2	82.42	1.0	38.78	3741	273
2	5.3	12.06	−6.76	−6.76		7.70	11.08	114.5	82.42	1.0	31.08	2999	219
$\sum$	227.5	227.5	0	0									5181

然后，假设蓄水期 $T_蓄$ 为3月至9月，则蓄水期的天然来水量 $W_{蓄3-9月}=(19.8+14.9+41.5+55.3+30.2+3.5+28.8)$ m³/s·月＝194.0 m³/s·月，蓄水期调节流量 $Q_{P,蓄}=(W_蓄-V_兴)/T_蓄=(194.0-26.8)/7$ m³/s＝23.89 m³/s。

将23.89 m³/s与天然流量过程进行比较，可见3月、4月、8月、9月这4个月不属于蓄水期，重设 $T_蓄$ 为5月、6月这2个月，则 $W_{蓄5-6月}=(41.5+55.3)$ m³/s·月＝96.8 m³/s·月，蓄水期调节流量 $Q_{P,蓄}=(96.8-26.8)/2$ m³/s＝35.0 m³/s。

将35.0 m³/s与天然流量过程进行比较，$T_蓄$ 为5月、6月这2个月合适。3月、4月、7月按 $Q_天$ 引用，为不蓄不供期。8月、9月按这2个月的平均流量16.15 m³/s引用，列入③栏，并以 $\sum$③栏＝$\sum$②栏校核。

还需指出：$Q_引$ 只是为推求 $Q_{P,供}$ 和 $Q_{P,蓄}$ 而进行的调节，未考虑水电站机组最大过水流量的限制。在规划设计阶段，水电站装机容量未定，采用“无弃水调节”，所求得的出力为水电站水流出力。若考虑水电站最大流量的限制，在蓄水期 $Q_天>Q_限$ 时，水库可先蓄后弃（先蓄满水库的兴利库容然后才弃水），也可先弃后蓄，或按综合利用要求等各种蓄水方案，进行水能调节计算。

(3) 求各月水库蓄水或供水：由②、③栏推算④、⑤栏。

(4) 计算水库各月末蓄水量：根据水库供水期末蓄水量为死库容7.7 m³/s·月的原则，计算各月末蓄水量，结果列入⑦栏。

(5) 计算各月平均蓄水量 $\bar{V}$：由⑦栏取时段始末的平均值，得⑧栏。

(6) 计算水库平均水位 $Z_{上}$：⑨栏由⑧栏查水位-库容关系曲线得出。下游平均水位 $\bar{Z}_{下}$（⑩栏）由③栏查下游水位-流量关系曲线得出。

(7) 计算水头损失 ΔH：⑪栏按 1.0 m 计算。平均净水头 $\bar{H}_{净}=\bar{Z}_{上}-\bar{Z}_{下}-\Delta H$，列入⑫栏。

(8) 计算各月平均出力：按 $N=8.0Q_{引}\bar{H}_{净}$ 计算，列入⑬栏。各月发电量 $E=730$ N，列入⑭栏。

(9) 求年调节水电站的保证出力 $N_{保}$：$N_{保}=(4716+4571+4282+3741+2999)/5$ kW$=$4062 kW。

在规划阶段求 $N_{保}$ 也可用简化计算方法：由 $V_{死}+V_{兴}/2=(7.7+26.8/2)$ m^3/s·月$=$21.1 m^3/s·月，查水位-库容关系曲线得供水期水库的平均水位 $\bar{Z}_{上}=124.3$ m，按 $Q_{P,供}=$12.06 m^3/s 查下游水位-流量关系曲线得 $\bar{Z}_{下}=82.42$ m，则 $N_{保}=8.0Q_{P,供}(\bar{Z}_{上}-\bar{Z}_{下})=8.0\times$12.06$\times$(124.3$-$82.42) kW$=$4041 kW，与 4062 kW 相近。

(10) 求年调节水电站的保证电能 $E_{保}$：$E_{保}$为供水期 10 月至次年 2 月的电能之和，即 $E_{保}=$(344$+$334$+$313$+$273$+$219)万千瓦时$=$1483 万千瓦时。

2）用等出力法进行设计枯水年的水能计算

在实际工作中，对水电站的发电要求往往不是各月流量相等，而是各月出力相等或出力随负荷要求变化。在已知正常蓄水位和死水位的条件下，推求水电站的保证出力，而且整个供水期的出力又要相等，这比等流量法要复杂得多。常用的计算方法有列表试算法和半图解法。

(1) 列表试算法。

由出力公式 $N=AQ_{引}\bar{H}_{净}$，得 $Q_{引}=N/(A\bar{H}_{净})$，当 N 已知时，$Q_{引}$ 随 $H_{净}$ 变化而变化，而 $H_{净}$ 又影响 $Q_{引}$。因 $H_{净}$ 受水库蓄水量变化影响，蓄水量变化又与 $Q_{引}$ 有关，即 $Q_{引}$ 与 $H_{净}$ 互为函数，故上式不能直接求解，每个时段的 $Q_{引}$ 都需要试算。

【例 8-3】 根据例 8-2 资料，按等出力试算法求该水电站的保证出力 $N_{保}$及保证电能 $E_{保}$。

解 ① 首先根据 $N_{保}$ 的可能范围拟定供水期各月的平均出力 $\bar{N}=4000$ kW，列入表 8-4 中②栏。供水期天然流量①、③栏抄自表 8-3 中的①、②栏。

② 试算发电引用流量 $Q_{引}$：从供水期初 10 月份开始，假设 $Q_{引}=10.10$ m^3/s，列入④栏；水库供水 $\Delta Q=Q_{天}-Q_{引}=(9.8-10.1)$ m^3/s$=-0.3$ m^3/s，列入⑤栏；水库供水量 $\Delta W=-0.3$ m^3/s·月，列入⑥栏；设计枯水年供水期无弃水，故 $Q_{弃}=0$；时段末水库蓄水量 $V_{末}$为时段初的蓄水量（从 $V_{兴}$蓄满开始）减去供水量，即⑧栏 $V_{末}=(34.5-0.3)$ m^3/s·月$=34.2$ m^3/s·月；⑨栏$\bar{V}=(34.5+34.2)/2$ m^3/s·月$=34.35$ m^3/s·月；由 34.35 m^3/s·月查水位-库容关系曲线得⑩栏 $\bar{Z}_{上}=133.02$ m；由 $Q_{引}=10.10$ m^3/s 查下游水位-流量关系曲线得⑪栏 $\bar{Z}_{下}=$82.25 m；⑫栏仍按 1.0 m 计算；⑬栏 $\bar{H}_{净}=\bar{Z}_{上}-\bar{Z}_{下}-\Delta H=49.77$ m；⑭栏校核出力 $N_{校}=8Q_{引}\bar{H}_{净}=8\times10.10\times49.77$ kW$=$4021 kW。它与已知出力 4000 kW 相差较大，故需重新假设 $Q_{引}$。

再假设 $Q_{引}=10.05$ m^3/s，则 $\Delta Q=-0.25$ m^3/s；$\Delta W=-0.25$ m^3/s·月；$V_{末}=34.25$ m^3/s·月；$\bar{V}=34.38$ m^3/s·月；$\bar{Z}_{上}=133.05$ m；$\bar{Z}_{下}=82.24$ m；$\bar{H}_{净}=49.98$ m；$N_{校}=4005$ kW。它与已知出力 4000 kW 相近。故所设的 $Q_{引}$与相应的 $V_{末}$、$\bar{Z}_{上}$ 等即为本时段所求之值，分别填入④～⑭栏。

表 8-4 某年调节水电站等出力水能计算(未计水量损失,$P=90\%$)

时段/月	已知出力 N /kW	天然流量 $Q_天$ /(m³/s)	引用流量 $Q_引$ /(m³/s)	水库蓄水(+)或供水(−) ΔQ /(m³/s)	水库蓄水(+)或供水(−) ΔW /(m³/s·月)	弃水流量 $Q_弃$ /(m³/s)	时段末蓄水量 $V_末$ /(m³/s·月)	平均蓄水量 $\bar{V}$ /(m³/s·月)	上游平均水位 $\bar{Z}_上$ /m	下游平均水位 $\bar{Z}_下$ /m	水头损失 ΔH /m	平均净水头 $\bar{H}_净$ /m	校核出力 $N_校$ /kW
①	②	③	④	⑤	⑥	⑦	⑧	⑨	⑩	⑪	⑫	⑬	⑭
9							34.5						
(10)	(4000)	(9.8)	(10.10)	(−0.3)	(−0.3)		(34.2)	(34.35)	(133.02)	(82.25)	(1.0)	(49.77)	(4021)
10	4000	9.8	10.05	−0.25	−0.25		34.25	34.38	133.05	82.24	1.0	49.81	4005
11	4000	8.7	10.17	−1.47	−1.47		32.78	33.52	132.46	82.26	1.0	49.20	4003
12	4000	5.9	10.59	−4.69	−4.69		28.09	30.44	130.45	82.27	1.0	47.18	3997
1	4000	3.8	11.65	−7.85	−7.85		20.24	24.17	126.32	82.38	1.0	42.94	4002
2	4000	5.3	14.18	−8.88	−8.88		11.36	15.80	118.8	82.55	1.0	35.25	3999
9							34.5						
10	4250	9.8	10.69	−0.89	−0.89		33.61	34.06	133.0	82.30	1.0	49.70	4250
11	4250	8.7	10.92	−2.22	−2.22		31.39	32.50	132.0	82.34	1.0	48.66	4251
12	4250	5.9	11.58	−5.68	−5.68		25.71	28.55	129.2	82.36	1.0	45.84	4247
1	4250	3.8	13.10	−9.30	−9.30		16.41	21.06	124.0	82.47	1.0	40.53	4248
2	4250	5.3	18.10	−12.80	−12.80		3.61	10.01	113.2	82.82	1.0	29.38	4254

③ 求供水期末的水库蓄水量:10 月份试算完之后,用同样的方法,依次分别试算 11 月至次年 2 月的 $Q_引$,得出水电站按 $N=4000$ kW 等出力工作时,在设计枯水年供水期末水库蓄水量 $V_{供末1}=11.36$ m³/s·月。

因 11.36 m³/s·月略大于死库容 7.7 m³/s·月,说明所拟定的 $N=4000$ kW 偏小,故需重新拟定供水期的平均出力。

④ 重新拟定 $N=4250$ kW,逐月试算至供水期末得 $V_{供末2}=3.61$ m³/s·月,小于 $V_死=7.7$ m³/s·月,说明所拟定的 $N=4250$ kW 偏大。

⑤ 求保证出力 $N_保$:通过上述试算可以看出 $N_保$ 为 4000~4250 kW,故用内插法求得

$$N_保=[4000+(4250-4000)\times(11.36-7.7)/(11.36-3.61)]\ \text{kW}=4118\ \text{kW}$$

与前述等流量法计算的 $N_保$ 值仅相差 1.9%。

⑥ 求保证电能 $E_保$: $E_保=N_保 T=4118\times5\times730$ 千瓦时$=1503$ 万千瓦时

(2) 半图解法。

由时段内水库水量平衡方程

$$(\bar{Q}_天-\bar{Q}_电)\Delta t=V_2-V_1$$

作如下变形:

$$(\bar{Q}_天-\bar{Q}_电)\Delta t=V_2-V_1=V_2+V_1-2V_1=2\left(\frac{V_1+V_2}{2}-V_1\right)=2(\bar{V}-V_1)$$

即

$$\bar{Q}_天-\bar{Q}_电=\frac{2(\bar{V}-V_1)}{\Delta t}$$

因此 $$\frac{V_1}{\Delta t}+\frac{\overline{Q}_{天}}{2}=\frac{\overline{V}}{\Delta t}+\frac{\overline{Q}_{电}}{2} \tag{8-6}$$

式(8-6)中左端为已知项，右端有两个未知项($\overline{V}$ 和 $\overline{Q}_{电}$)，必须结合动力方程 $N=AQ_{电}H$，在水位-库容关系曲线和下游水位-流量关系已知时求解。它是一组隐函数，不能直接求解，可用列表试算法(方法前已述)求解。为了避免试算，先作出水能计算的工作曲线。其计算如表8-5所示。表中①、②栏假定；③栏用 $H=N/AQ_{电}$ 计算；④查下游水位-流量关系曲线；⑤栏按 $Z_{上}=Z_{下}+H$ 计算；⑥栏查水位-库容关系曲线得；⑦=⑥+②/2。应注意，假定一出力后，至少要假定 4 个以上发电流量，否则点据太少不好定线。根据表中计算结果点绘以 N 为参数的曲线，即 $\left(\frac{V}{\Delta t}+\frac{Q_{电}}{2}\right)$-$N$-$Q_{电}$ 曲线，该曲线称为水能计算工作曲线，如图 8-9 所示。有了工作曲线进行等出力，保证出力计算就方便了，具体计算方法如表 8-6 所示。表中①、②栏为已知；③、④栏为正常蓄水位及相应库容；⑤栏等于②栏的一半加上④栏；⑥栏为假定值；⑦栏查工作曲线所得；⑧=②－⑦。从供水期初开始，一直计算到供水期末得一最低水位。假定不同的出力 N，可得一组最低水位，最后与列表试算相同。点绘最低水位和出力曲线，由已知死水位求出相应的平均出力。

表 8-5 等出力半图解法水能计算工作曲线表($A=8.3$)

出力 N /kW	发电流量 $\overline{Q}_{电}$ /(m³/s)	落差 H /m	下游水位 $Z_{下}$/m	上游水位 $Z_{上}$/m	平均库容 $\overline{V}$ /(m³/s·月)	$\frac{\overline{V}}{\Delta t}+\frac{Q_{电}}{2}$ /(m³/s)	备 注
①	②	③	④	⑤	⑥	⑦	⑧
64000	149	51.8	191.65	243.45	105.5	180.0	
	152	50.7	191.69	242.39	91.6	167.6	
	155	49.7	191.75	241.45	76.4	153.9	
	160	48.2	191.83	240.03	64.5	144.5	
65000	149	52.6	191.65	244.25	121.2	195.7	
	152	51.5	191.69	243.19	101.3	177.3	
	155	50.5	191.75	242.25	87.4	164.9	
	160	48.9	191.83	240.73	68.7	148.7	
以下数据从略							

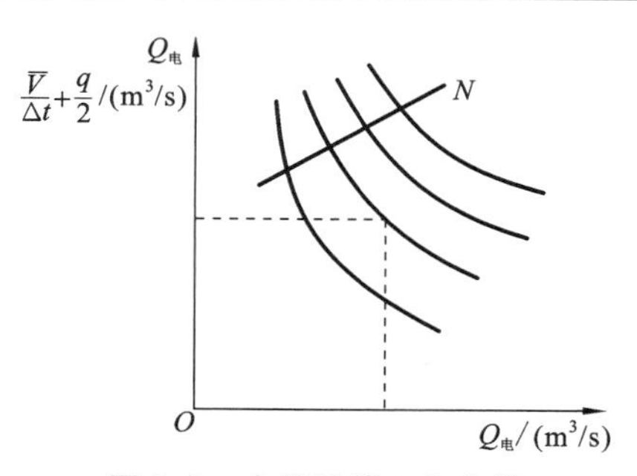

图 8-9 水能计算工作曲线

表 8-6　等出力半图解法水能计算表

时段 Δt /月	天然流量 $\bar{Q}_{天}$ /(m³/s)	水库蓄量 V/(m³/s·月)	水库水位 $Z_{上}$/m	$\frac{\bar{V}}{\Delta t}+\frac{Q_{电}}{2}$ /(m³/s)	出力 N /kW	发电流量 $\bar{Q}_{天}$ /(m³/s)	$Q_{天}-Q_{电}$ /(m³/s)
①	②	③	④	⑤	⑥	⑦	⑧
		245.0	265.0				
10	40.0			265.0	41800	69.0	−29.0
		216.0	262.7				
11	90.0			256.5	41800	90.5	20.5
		236.5	264.4				
以下各数据从略							

3）长系列法

为了比较精确地推求年调节水电站的保证出力和保证电能，由全部径流系列或具有代表性的径流系列，以月为计算时段，用前面所述的等流量法或等出力法，推求每年供水期的平均出力。然后将这些出力由大到小进行排列，计算各出力值相应的频率，绘制供水期平均出力保证率曲线，如图 8-10 所示。最后再由水电站的设计保证率 $P_{设}$，在该曲线上查得相应的供水期平均出力 N_P，即为所求的年调节水电站保证出力 $N_{保}$。

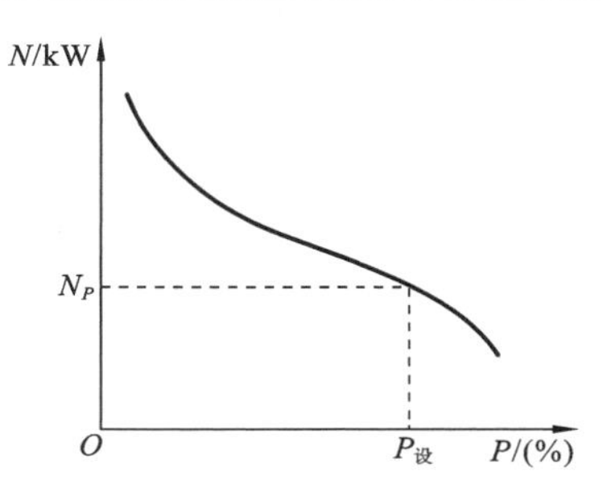

图 8-10　供水期平均出力保证率曲线

从年径流系列中选出供水期平均出力与 $N_{保}$ 相近的年份，将该年供水期当成 $N_{保}$ 的供水期，则年调节水电站的保证电能为

$$E_{保}=730nN_{保} \tag{8-7}$$

式中：n 为供水期的月数；730 为每月平均小时数。

3. 多年调节水电站的保证出力与保证电能计算

水库的兴利库容较大，能够对几年甚至十几年的天然径流进行重新分配，将丰水年组的余水量蓄存起来，提高枯水年组的发电流量，这类水电站称为多年调节水电站。

水库经过多年调节，在相应于设计保证率的枯水年组内所发出的平均出力，称为多年调节水电站的保证出力。在设计枯水年组内的总发电量为保证电能，但电力系统都是以年来计算发电量的，故将按保证出力连续工作 1 年的发电量，作为多年调节水电站的保证电能。

用时历法推求多年调节水电站 $N_{保}$ 和 $E_{保}$ 的方法步骤如下：

(1) 按水电站的设计保证率 $P_{设}$ 计算水库正常供水允许破坏的年数 $T_{破}$：$T_{破}=n-(n+1)P_{设}$。例如，$P_{设}=90\%$，有 $n=31$ 年的年径流量资料，则 $T_{破}=31-(31+1)\times 90\%$ 年≈2 年。

(2) 从年径流量长系列中选择最枯的连续枯水年组，从该枯水年组的最末年扣除 $T_{破}$，作为设计枯水系列，其历时即为多年调节水库的供水期 $T_{供}$，并求出设计枯水系列 $T_{供}$ 内用于发电的天然来水总量 $W_{供}$。

(3) 按等流量调节计算设计枯水系列的调节流量 $Q_{调}$。其方法与年调节水电站的相似，即 $Q_{调}=(W_{供}+V_{兴})/T_{供}$。此外，需用 $Q_{调}$ 值对其他枯水年组进行校核，若有正常供水破坏的年份，则应从 $T_{破}$ 中扣除。

(4) 按等流量调节计算 $N_{保}$ 和 $E_{保}$。从正常蓄水位开始，对设计枯水系列进行水能计算，求出其平均出力，即为多年调节水电站的保证出力。将保证出力乘以 1 年的小时数，即为多年调节水电站的保证电能。

在初步计算时，可用下列公式近似地推求多年调节水电站的 $N_{保}$ 和 $E_{保}$：

$$N_{保} = AQ_{调}\overline{H} \tag{8-8}$$

$$E_{保} = 8760N_{保} \tag{8-9}$$

其中

$$\overline{H} = \overline{Z}_{上} - \overline{Z}_{下} - \Delta H \tag{8-10}$$

式中：$\overline{Z}_{上}$ 为设计枯水系列的平均库水位，由($V_{死}+V_{兴}/2$)查水位-库容关系曲线求得；$\overline{Z}_{下}$ 为平均下游水位；ΔH 为平均水头损失。

模块 2　水电站的多年平均年发电量计算

无调节、日调节、年调节及多年调节水电站的多年平均年发电量，均为多年运行期间平均每年所产生的电能量。由于各设计阶段对水能计算要求的精度不同，多年平均年发电量的计算方法有代表年(组)法和长系列法。

1. 代表年(组)法

对丰、平、枯(如 $P=10\%$、50%、90%)三个设计代表年的年径流过程，分别按前述方法进行出力和电能计算。用式(8-11)求出 12 个月的电能之和，即为年发电量 $E_{年}$，然后，将丰、平、枯三个设计代表年的电能取平均值，即可求出多年平均年发电量 $\overline{E}_{年}$，即

$$E_{年} = \sum E_{月} = 730\sum_{i=1}^{12}\overline{N}_{月i} = 243\sum_{i=1}^{36}\overline{N}_{旬i} \tag{8-11}$$

$$\overline{E}_{年} = \frac{1}{3}(E_{丰} + E_{平} + E_{枯}) \tag{8-12}$$

式中：$E_{月}$ 为月发电量，kW·h；$\overline{N}_{月}$、$\overline{N}_{旬}$ 分别为月、旬平均出力，kW；$E_{丰}$、$E_{平}$、$E_{枯}$ 分别为丰水年、平水年、枯水年的年发电量，kW·h。

这种方法一般用于水电站的初步设计阶段，在规划阶段为了减少计算工作量，可用平水年的 $E_{平}$ 代表多年平均年发电量 $\overline{E}_{年}$。

对于多年调节水电站 $\overline{E}_{年}$ 的计算，也可采取代表年(组)法进行计算。

2. 长系列法

对长系列水文资料的各年每一个月都作水能计算，求出各月平均出力 $\overline{N}_{月}$，按式(8-11)计算各年的年发电量，取其平均值作为多年平均年发电量 $\overline{E}_{年}$，即

$$\overline{E}_{年} = \left(\sum_{i=1}^{n}E_{年i}\right)\Big/n \tag{8-13}$$

在水库的正常蓄水位、死水位及装机容量都确定后，有必要用这种方法较精确地求出多年平均年发电量。虽然计算的工作量较大，但可用计算机计算。

应当指出：上述两种方法在水能计算中，若装机容量 $N_{装}$ 未定，无须考虑 $N_{装}$ 的限制，按水流算得的多年平均年发电量 $\overline{E}_{年}$ 为水流电能；若装机容量 $N_{装}$ 已初步确定，当某月平均出力 $\overline{N}_{月} > N_{装}$ 时，该月按 $N_{装}$ 计，多余水量为弃水，所算得的 $\overline{E}_{年}$ 为水电站电能。

任务3　电力系统的负荷与容量组成

模块1　电力系统及电力负荷图

1. 电力系统

将一个地区内的若干座电站(包括水电站、火电站等),用高压输电线路连接成一个整体,统一向各用电户供电,这个统一的电力生产与输配系统称为电力系统。我国各地区大多以水电站和火电站为主组成电力系统,只是它们的比重有所不同。例如,西南和西北地区以水电为主,而东北、华东、华北地区则以火电为主,这是由自然资源分布的地区性造成的。在规划设计水电站时,首先要了解电力系统中地区能源的构成和种类电站的组成情况,以及电力用户的需电要求和发展趋势。

电力系统的用户,其用电特性是各种各样的,为了便于研究,一般按用电户的性质划分为工业用电、农业用电、市政用电及交通运输用电四大类。现将各种用户的用电方式及其对电力系统负荷的影响分述如下。

1）工业用电

工业用电在一年内的变化一般是不大的,但在一昼夜内则随着工作班生产制度和产品种类的不同而有较大的变化。例如,一班制工厂的用电变化比较大,三班制工厂(如化学电解工业)用电则比较平稳。轧钢工厂的用电一般是间歇性的,所需电力在较短时间内常有剧烈的变动。

2）农业用电

农业用电,除大量的排灌用电和乡镇企业用电外,还包括田间耕作用电、排灌用电、收获用电、畜牧业用电及农村生活与公共事业用电等。目前农业用电主要是排灌用电及收获用电,它们都具有一定的季节性,在用电季节负荷相对稳定,但在其他时期,日负荷的变动较大。

3）市政用电

市政用电包括城市电车、给排水、街道和住宅照明及各种生活电器的用电等。一昼夜和一年内不同季节之间,市政用电的变化较大。市政用电的定额一般以一个居民在一年内的平均用电量作为计算单位。用电定额与城市规模大小、市政公共事业的发达程度及生活上电气化程度等因素有关。

4）交通运输用电

交通运输用电主要指电气化铁路的用电。铁路电气化是我国当今铁路运输的主要方式。因行车按一定的时间表,所以不论在一年内,还是在一昼夜之间,电气化铁路用电都是比较稳定的。只有在电气列车启动时,或在列车加速的很短时段内会产生负荷跳动的现象。

在分析电力系统总负荷时,不仅要考虑各类用户的现状,还应根据生产技术的发展、用电定额的修改、市政设施的变化及电厂的厂用电和运输线路的损失等资料,统计归类,综合考虑。

2. 电力负荷图

将所有用电户对电力系统要求的电力电量叠加起来,绘制出力与时间关系曲线,称为电力负荷图,简称负荷图。电力系统中各类用电户所要求的总出力,虽然随时都在变动,但实践表明它具有周期性的变化规律,其变化情况可用日负荷图与年负荷图表示。

1）日负荷图

表示一日内电力系统的负荷变化过程线，称为日负荷图，如图 8-11(a)所示，纵坐标为系统内用电户用电、输配线路损失及各电站的厂用电之和，横坐标为时间(24 h)，它表示系统要求一天当中每一小时内的平均负荷值。在傍晚至人们入睡前，除工业生产用电外，还增加大量的生活照明用电，故出现负荷高峰。

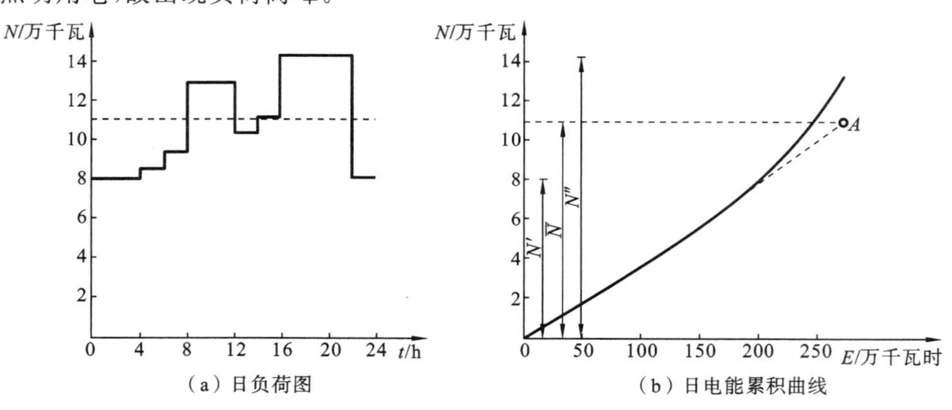

图 8-11　日负荷图及日电能累积曲线

(1) 日负荷图的特征值与分区。日负荷图有 3 个特征值——日最大负荷 N''、日平均负荷 $\overline{N}$ 及日最小负荷 N'。日负荷曲线所包围的面积为日用电量 $E_日$，$E_日$ 与 $\overline{N}$ 的关系为

$$E_日 = 24\overline{N} \tag{8-14}$$

式(8-14)中，24 为一天的小时数。将 N'、$\overline{N}$、N''绘在图中，则将日负荷图划分为三个部分：在日最小负荷 N'以下称为基荷；N'与 $\overline{N}$ 之间称为腰荷；$\overline{N}$ 以上称为峰荷。

(2) 日负荷特征系数。基荷指数 $a=N'/\overline{N}$；日最小负荷系数 $\beta=N'/N''$；日平均负荷系数 $\gamma=\overline{N}/N''$。a 越大表示基荷比重越大，用电比较平稳；β、γ 越大，表示负荷比较平均。

(3) 日电能累积曲线。它是日负荷所需出力与其相应的电能之间的关系曲线(又称日负荷分析曲线)。绘制曲线的目的是确定水电站在电力系统负荷图中的工作位置。绘制步骤如下：将日负荷曲线下面的面积自下而上分段，得部分电能 ΔE_i，以逐段累加的 $\sum\Delta E_i$ 值为横坐标，纵坐标仍为 N 值，即可绘出日电能累积曲线。具体计算如图 8-11(a) 及表 8-7 所示，由表中 N 与 $\sum\Delta E_i$ 绘制的某地方电力系统的日电能累积曲线，如图 8-11(b) 所示。

表 8-7　日电能累积曲线计算

N/万千瓦	8.0	8.5	9.4	10.4	11.2	13.0	14.5
ΔN/万千瓦	8.0	0.5	0.9	1.0	0.8	1.8	1.5
ΔN 的历时 t_i/h	24	18	16	14	12	10	6
$\Delta E_i=\Delta N t_i$/万千瓦时	192.0	9.0	14.4	14.0	9.6	18.0	9.0
$\sum\Delta E_i$/万千瓦时	192.0	201.0	215.4	229.4	239.0	257.0	266.0

由表 8-7 可知，$E_日=266.0$ 万千瓦时，则由式(8-14)得

$$\overline{N}=266.0/24\text{ 万千瓦}=11.1\text{ 万千瓦}$$

日电能累积曲线在基荷 N' 以下为直线、N' 以上为曲线；因基荷部分 ΔN 与相应面积的 ΔE 成正比增加，N' 以上出力增加，而电能的增加逐渐减少。当最大负荷为 N'' 时，显然为日全部面积——日用电量 $E_日$。延长直线段与纵坐标 $E_日$ 相交得 A 点，则 A 点的纵坐标即为日平均负荷 $\overline{N}$。

2）年负荷图

表示一年内电力系统的负荷变化过程线，称为年负荷图，如图 8-12 所示。用一年 365 天日负荷图上的最大负荷 N'' 值连成的曲线，称为年最大负荷图。它表示电力系统在一年内各日或各月对各电站最大出力总和或发电设备总容量的要求。用日平均图上的平均负荷 $\overline{N}$ 连成的曲线，称为年平均负荷曲线。它表示电力系统在一年内各日或各月对各电站总电量的要求。$\overline{N}$-t 曲线所包围的面积为电力系统的年需电量。

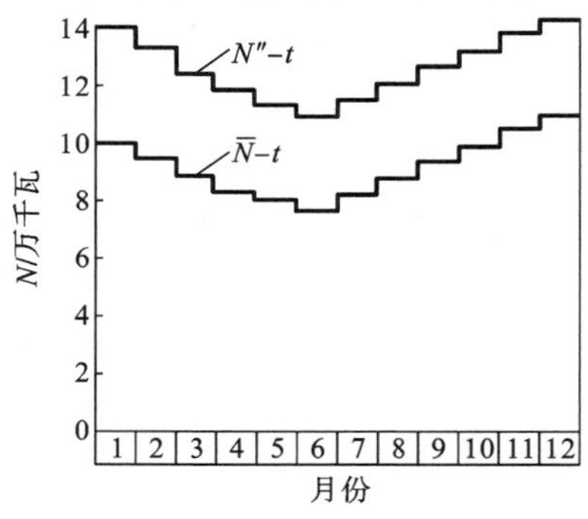

图 8-12 年负荷图

模块2 电力系统的容量组成

为了适应国民经济各方面的用电需要，电力系统的供电应该有可靠的质量保证。既要满足用电户对出力和电量的要求，又要使电力系统的周波和电压比较稳定，符合国家规定的变动范围。为了达到这些要求，在电力系统中各电站必须设置一定的发电容量。一台发电机组所标的铭牌出力为额定容量，即容量；一座电站所有发电机组的铭牌出力之和，即电站的装机容量。按电力系统中各类容量按其担负的任务，可分为以下几种。

1. 最大工作容量 $N''_工$

为满足电力系统最大负荷的要求而设置的容量，称为最大工作容量。因为这部分容量是维持电力系统正常工作、按最大负荷而设置的，故用最大工作容量这个名称。

2. 备用容量 $N_备$

为保障电力系统的正常工作，应付负荷的突然变化和其他要求所预备的容量，称为备用容量。电力系统中的备用容量，可以设置在水电站，也可以设置在火电站。

为维持电力系统标准频率（周波）及承担计划外负荷所需要的容量，为负荷备用容量 $N_{负备}$，它约为最大负荷的 5%；为系统内机组发生事故停机而预备顶替的容量，为事故备用容量 $N_{故备}$，约为最大负荷的 10%，且不得小于系统内最大一台机组的容量；为替代被检修机组的工作而设置的容量，为检修备用容量 $N_{检备}$。每台机组的平均年计划检修时间为：火电，30～45 d；水电，15～30 d。为了减少备用容量，可利用年负荷图的低谷安排检修。

最大工作容量和备用容量都是保证电力系统正常供电所必需的容量，所以 $N''_工$ 与 $N_备$ 之和称为系统的必需容量 $N_必$。

3. 重复容量

为了利用水库汛期的弃水量多发电，节省火电厂的煤耗，而在水电站增设的一部分容量称为重复容量 $N_重$。因为重复容量在枯水季节不能替代火电厂工作，也就不能减少火电厂的装机容量，故称为重复容量。

电力系统总装机容量用公式表示为

$$N_{装}=N_{必}+N_{重}=N''_{工}+N_{负备}+N_{故备}+N_{检备}+N_{重} \tag{8-15}$$

模块 3　水电站、火电厂的工作特点

目前我国多数地区的电力系统是水电站、火电厂混合系统。为了发挥不同电站的优势，取长补短，提高供电的可靠性和质量，应合理分配种类电站在电力系统中的负荷。以下介绍水电站、火电厂的一些主要特点。

（1）水电站的出力和发电量受天然径流的影响，变化较大，丰水年（或丰水期）电能有余，枯水年（或枯水期）电能不足，影响甚至破坏正常工作。火电厂如果燃料备足，供电就比较稳定可靠。

（2）水电站的能源是每年可以恢复和更新的天然水能，运行费用低。火电厂消耗燃料多，运行费用高。

（3）水电站土建工程量大，建设周期较长，要解决水库淹没损失及移民安置问题，并受地形、地质及水文等条件的限制。火电厂土建工程量较小，工期也短，能较快地投入，发挥效益。但新火电厂的投入意味着要扩大煤矿生产规模和增加煤炭运输量。为减轻煤炭的运输压力，应提倡兴建煤矿附近的坑口电厂。

（4）水电站的水轮发电机组运行灵活、启动与停机迅速，一般从开机到满负荷运转仅需几分钟，能适应负荷的急剧变化，宜担任电力系统的峰荷、负荷备用与事故备用。火电厂由启动到满负荷运行需 2 h 以上，不宜担任变动的峰荷。

（5）水电站一般能综合利用水力资源，发挥工程的综合效益，且不污染环境。火电厂对环境的污染比较严重。

任务 4　水电站在电力系统中的运行方式

规划设计阶段，水电站在电力系统负荷图上的工作位置，称为水电站运行方式。研究水电站运行方式，在规划设计阶段，是为合理选择水电站装机容量等主要参数提供依据；在管理运行阶段，是为了使系统供电可靠，为制定经济运行或优化调度方案奠定基础。水电站运行方式，应根据电力系统各种电站的动力和运行特性，利用系统工程和经济分析，进行技术经济比较才能科学合理地确定，这是一项复杂的研究课题。一般来说，水电站因其水库的调节性能不同，以及年内天然来水流量的不断变化，年内不同时期的运行方式也必须不断调整，以使水能资源能够得到充分利用，同时电力系统煤耗最低。根据水电站及电力系统长期实践经验，现将不同调节性能的水电站在年内不同时期的运行方式阐述如下。

1. 无调节水电站的运行方式

无调节水电站只能按天然径流发电，为了充分利用水能，它应在全年担负系统基荷工作，只有当天然径流所产生的出力大于系统最小负荷时，电站才担任一部分腰荷。具体位置由无调节水电站的日水流出力决定，超过装机容量部分为弃水出力。

2. 日调节水电站的运行方式

日调节水电站能对当日的天然水流能量进行分配，可以承担变动负荷。在不发生弃水和无其他限制条件的情况下，日调节水电站可尽量担任系统的峰荷，使火电站担任尽可能均匀的负荷，以降低单位煤耗量。随着天然来水的增多，其工作位置应从峰荷逐渐地转移到基荷，以

充分利用装机，减少弃水，节约火电耗煤量。根据不同来水年份和季节，日调节水电站的工作位置应进行相应调整。

（1）在设计枯水年，水电站在枯水期的工作位置是以最大工作容量担任系统的峰荷，如图8-13中的 t_0—t_1 与 t_4—t_5 时期。当洪水期开始后，天然来水逐渐增加，日调节水电站的工作位置应逐渐下降到利用全部装机在腰荷与基荷工作，如 t_1—t_2 时期。在洪水期 t_2—t_3 内来水很大，水电站应以全部装机在基荷工作，尽量减少弃水。t_3 以后，汛期已过，来水量逐渐减小，水电站的工作位置逐渐上移到 t_4，担任系统的腰荷与部分峰荷。从 t_4 起又开始为枯水季，水电站又担任系统的峰荷。

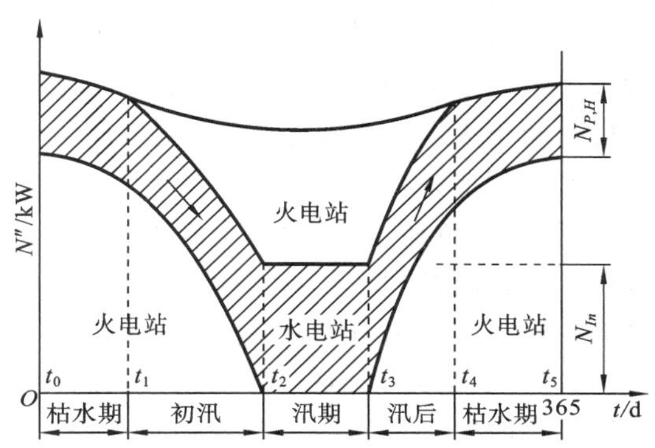

图8-13　日调节水电站枯水年运行方式

在图8-13中，如何确定 t_1—t_2 与 t_3—t_4 时期内日调节水电站在系统负荷图上的工作位置呢？在此时期内，某日的水流能量大于电站的可用容量在峰荷位置相应的电量，而小于在基荷位置相应的电量，则必然在峰荷与基荷之间能找到合适的工作位置，既能充分利用该日的水流能量，又能充分发挥其可用容量的作用。设某日的水流能量为 E_H，可用容量为 N''_a，可用图8-14确定水电站的工作位置。在日负荷图上作日负荷分析曲线 OC，将 OC 线沿垂直方向上移一个距离为 N''_a，得一辅助曲线1，再将 OC 线沿水平方向左移一个距离为 E_H，得另一辅助曲线2，由两辅助曲线的交点 A 可定出水电站工作位置的上限，而由 A 点的垂线与分析曲线 OC 的交点 B 可定出其下限，这样就可求得水电站在日负荷图上的工作位置（图8-14中阴影部分）。

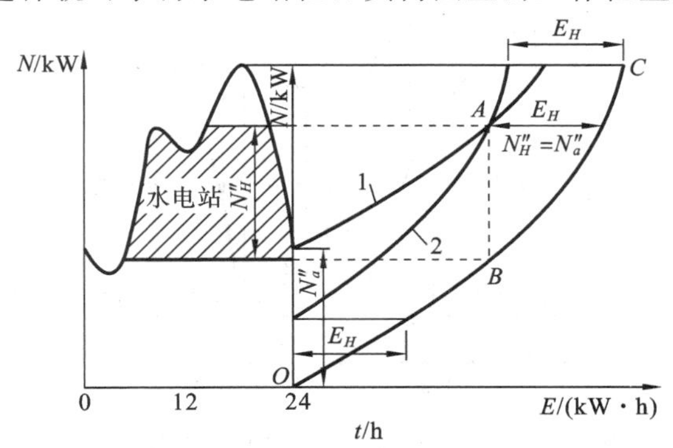

图8-14　日调节水电站工作位置的确定

水电站在这个位置上工作，其可用容量全部发挥作用，日水流能量也全部得到利用。如果将其工作位置上移，则因 N''_a 的限制，E_H 不能充分利用造成弃水；如果下移，则因 E_H 的限制，

N''_a 不能全部发挥作用。由此可以看出，当 E_H 一定时，N''_a 越大，位置越高，更能承担尖峰负荷；当 N''_a 一定时，E_H 越大，位置越低；而当水流出力等于装机容量时，水电站就该转入基荷位置工作。

(2) 在丰水年份，天然来水较多，即使在枯水期，日调节水电站也要承担负荷图中的峰荷与部分腰荷。在初汛后期，可能已有弃水，日调节水电站就应以全部装机容量担任基荷。在汛后的初期，来水可能仍较多，如继续有弃水，此时水电站仍应担任基荷，直到进入枯水期后，水电站的工作位置便可恢复到腰荷，并逐渐上升到峰荷位置。

(3) 日调节水电站与无调节水电站相比具有许多显著的优点：可适应负荷变化要求，承担调峰、调频和备用，提高供电质量；改善火电机组工作条件，使其出力比较均匀，减少单位煤耗；在保证电量一定时，担任调峰可增大水电站的工作容量，节省火电装机；增大了的水电站装机容量在丰水季可增发季节电能，减小火电总煤耗量等；日调节所需库容不大。所以，只要有可能，就应尽量为水电站进行日调节创造条件。

但是，水电站进行日调节时，由于负荷迅速变化，引起水电站工作流量的急剧变化，会造成上、下游特别是下游河道水位和流速的剧烈变化，将带来不良后果。如日调节使平均水头比无调节时减少，损失一部分电能。对高水头水电站，电能损失不大，一般可忽略不计；对低水头水电站，则损失可能较大，需加以考虑。另外，当河道经常通航时，河中水位和流速急剧变化，使航运受到严重影响，甚至在某一段时间必须停航。此外，当下游有灌溉或给水渠道进水口时，剧烈的水位波动会干扰渠道进口，使控制引用流量发生困难。因此，进行日调节时，应设法满足综合利用各部门的要求。解决上述矛盾的措施是：适当限制水电站的日调节，在水电站下游修建反调节水库以减小流量、水位和流速的波动幅度。

3. 年调节水电站的运行方式

年调节水电站一般多属不完全年调节，在一年内水库调节过程一般可划分为供水期、蓄水期、弃水期和不蓄不供期等几个时期，如图 8-15 所示。

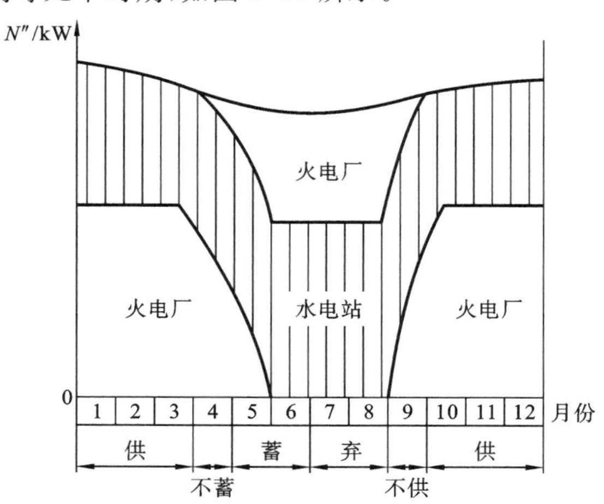

图 8-15　年调节水电站设计枯水年运行方式

1) 枯水年的运行方式

(1) 供水期。如不受综合利用其他部门用水的影响，水电站按保证出力在峰荷位置工作，担任尽可能大的工作容量，以减少水电装机，并使火电站担任尽可能均匀的负荷。如图 8-15

中的10月至次年3月。如有其他部门的用水要求，则发电用水将随之而变，其在负荷图上的工作位置也将随具体情况而定。

(2) 不蓄期。天然来水逐渐增大，为避免水库过早蓄水，使以后可能发生大量弃水，可在保证水库蓄满的条件下尽量利用天然来水量多发电。由于不完全调节水库容积小，易于蓄满，故蓄水期开始时，不急于蓄水(不蓄期)，水电站以天然水流能量在腰荷工作，如图8-15中的4月。

(3) 蓄水期。天然来水继续增大，水库开始蓄水，当水库蓄水至相当程度时，水电站的出力可加大，工作位置随着下移，到后期以其全部装机容量在基荷工作，如图8-15中的5—6月。

(4) 弃水期。此时水库已蓄满，水电站应按全部装机容量在基荷工作，当天然来水量超过水电站最大过水能力时，弃水就无法避免，超过的水量为弃水量。

(5) 不供期。此时水库保持库满，天然来水流量逐渐减小到小于水电站最大过水能力，而仍大于发保证出力所需的调节流量，故水库不供水，水电站按天然流量发电。随着天然流量的逐渐减小，其工作位置由基荷转向腰荷，最后到峰荷位置与供水期衔接，如图8-15中的9月。

2) 丰水年的运行方式

丰水年天然来水量较多，即使在供水期内，水电站可能引用的流量仍大于发保证出力所需的调节流量，水电站可担任峰荷和部分腰荷，以充分利用水能，并避免到洪水期增加弃水。进入洪水期后，来水量更大，蓄水期较短，水库很快蓄满，水电站迅速转至基荷位置工作。到弃水期，水电站以全部装机容量在基荷位置工作，弃水量可能还很大。

4. 多年调节水电站的运行方式

多年调节水库库容很大，水库要经过若干个丰水年的蓄水期才能蓄满，又要经过几个连续枯水年的供水期才能放空。所以，在一般年份内水库只有供水期和蓄水期，水库水位在正常蓄水位与死水位之间变化。因此，多年调节水电站在一般年份总是按保证出力，在电力系统负荷图上全年担任峰荷。但是，为了火电站机组检修，在洪水期，水电站需适当增加出力以减小火电站的出力。

多年调节水库在蓄满后，若仍继续出现丰水年份，为了防止产生弃水，其工作位置要适当下移，运行方式类似于年调节水电站在丰水年的运行方式。

值得说明的是，具有调节能力的水电站的运行方式应结合水库调度规则来具体决定。

任务5　水电站主要参数选择

正常蓄水位、死水位和装机容量是水电站水能规划设计的3个主要参数。它们之间相互影响，装机容量在正常蓄水位和死水位已定的情况下才能确定，而正常蓄水位和死水位的选择又必须考虑装机容量。因此，这3个主要参数的选择是由粗到细的过程，需经过多轮计算、比较才能最终确定。

模块1　水电站正常蓄水位的选择

水库的正常蓄水位是水电站主要参数中最重要也是影响最大的一个参数。它决定着水电站工程的规模和投资。一方面，正常蓄水位的高低直接影响坝高，决定着建筑工程设置和投入的人力、物力和资金，以及水库淹没损失与伴随的国民经济损失等；另一方面，正常蓄水位的高低又决定着水库的大小和调节能力，水电站的水头、出力和发电量，以及防洪、灌溉、给水、航运、养鱼、环保、旅游等的综合利用效益。因此，正常蓄水位的选择必须结合政治、技术、经济等因素进行全面综合分析，经过多方案比较论证，才能合理确定。

1. 正常蓄水位与动能经济指标的关系

水库正常蓄水位增高，可增加水库容积，提高水库调节能力，有利于防洪、发电、灌溉，航运等，但同时也会带来淹没损失等不利的影响。因此，抬高正常蓄水位有利有弊，可由水电站动能经济指标的变化反映出来。

(1) 从动能指标看，当抬高正常蓄水位时，水电站动能指标(保证出力和年发电量)的绝对值也随之增大，但其增长率却越来越小。这是因为，随着正常蓄水位的抬高，水库调节能力越来越大，水量利用也越来越充分，当水位达到一定高程后，如再增加水位，往往水头增加得多而调节流量增加很少，因而动能指标的增量也随之递减。也就是说，水电站的出力和发电量替代火电站的出力和发电量的增量效益越来越小。

(2) 从经济指标看，占水电站工程总投资很大一部分的是大坝的投资 K_D，它与坝高 H_D 的关系一般为 $K_D = aH_D^b$，其中 a、b 为系数，b 一般大于 2。可以看出，随着正常蓄水位的抬高，大坝的工程量和投资随坝高的高次方增加，其他投资和年运行费用等都呈递增趋势，而库区的淹没、浸没损失和库区移民也相应增加。

2. 正常蓄水位选择的方法和步骤

上述关系表明，正常蓄水位的抬高必有其经济上的极限值。鉴于此，正常蓄水位选择的方法是：分析研究正常蓄水位的可能变动范围，拟订若干种比较方案，分别确定各方案的水利动能效益和经济指标，通过技术经济分析，进行比较和综合论证，来选取最有利的正常蓄水位。选择正常蓄水位的具体方法步骤如下。

(1) 正常蓄水位上、下限值的选定及方案拟订。限制正常蓄水位上限值的因素有：库区淹没、浸没造成的损失情况，坝址及库区的地形地质条件，水量利用程度和水量损失情况，河流梯级开发方案，其他条件还包括劳动力、建筑材料和设备供应、施工期限和施工条件等。选取下限值考虑的因素有发电和其他综合利用部门的最低要求、水库泥沙淤积等。在上、下限值选定后，若在该范围内无特殊变化，则可按等间距选取 4～6 个正常蓄水位作为比较方案。

(2) 拟定水库的消落深度。一般采用较简化的方法拟定各方案的水库消落深度 h_n。根据经验，坝式年调节水电站的 $h_n = (20\% \sim 30\%) H_{max}$；多年调节水电站的 $h_n = (30\% \sim 40\%) H_{max}$；混合式水电站的 $h_n = 40\% H_{max}$。其中 H_{max} 为坝所集中的最大水头。

(3) 对各方案可采用较简化的方法进行径流调节和水能计算，求出各方案水电站的保证出力、多年平均发电量、装机容量等动能指标，并求出各方案之间动能指标的差值。

(4) 计算各方案的工程量、劳动力，建筑材料及各种设备所需的投资和年运行费。

(5) 计算各方案的淹没和浸没的实物指标及其补偿费用。

(6) 进行水利动能经济计算，对各方案进行动能经济比较，从中选出最有利的正常蓄水位方案。

模块 2　水电站死水位的选择

对一定的正常蓄水位，相应于设计枯水年或设计枯水系列的水库消落深度的水位，称为死水位。死水位的高低决定着调节库容的大小和水利动能效益的好坏，因此，它的选择类似于正常蓄水位的选择，必须进行动能经济分析比较，才能选定有利的死水位。

1. 死水位与动能指标的关系

在一定的正常蓄水位下，随着死水位的降低，调节库容 V_n 加大，利用水量增加，但平均水头却减小。因此，并不是死水位越低，动能指标越大，必然存在一个有利的消落深度 h_n（或称工作深度）或死水位，使水电站动能指标、保证出力和多年平均年发电量最大。下面以年调节水电站在设计枯水年的工作情况为例进行说明。在该年内由库满到放空的整个供水期内，水电站的平均出力 N_d 由两部分组成：一部分是水库放出蓄水量所发出力，称水库出力 N_V；另一部分是天然径流所发出力，称不蓄出力 N_I。则水电站保证出力 N_{fm}可通过下式进行简化计算：

$$N_{fm}=9.81\eta\overline{H}Q_P=9.81\eta\overline{H}(Q_I+Q_V)=N_I+N_V \tag{8-16}$$

其中

$$Q_V=V_n/T_d$$

式中：$\overline{H}$ 为供水期平均发电水头；Q_I 为供水期天然流量平均值；Q_V 为供水期水库供出流量平均值。

对水库出力 N_V 而言，消落深度 h_n 越大，兴利库容 V_n 越大，相应的 Q_V 越大，虽然供水期平均水头 $\overline{H}$ 减小，但其减小影响总是小于 Q_V 增加的影响，所以水库出力 N_V 随 h_n 的降低而增大。对不蓄出力 N_I 而言，情况恰好相反，由于天然流量平均值 Q_I 是一定的，因而 h_n 减小，$\overline{H}$ 减小，N_I 越来越小。如图 8-16 中的两条虚线即表示这种变化。既然水库的 h_n 降低，水电站的 N_V 增大而 N_I 减小，可见两者之和形成的供水期平均出力，即保证出力 N_{fm}必将有一个最大值出现，如图 8-16 中的 N_{fm}线所示。

同理，对设计中水年进行水能调节计算，假定数个消落深度 h_n 可求得相应的多年平均发电量 $\overline{E}$，点绘 h_n 与 $\overline{E}$ 关系，则得图 8-16 中的 $\overline{E}$ 线。

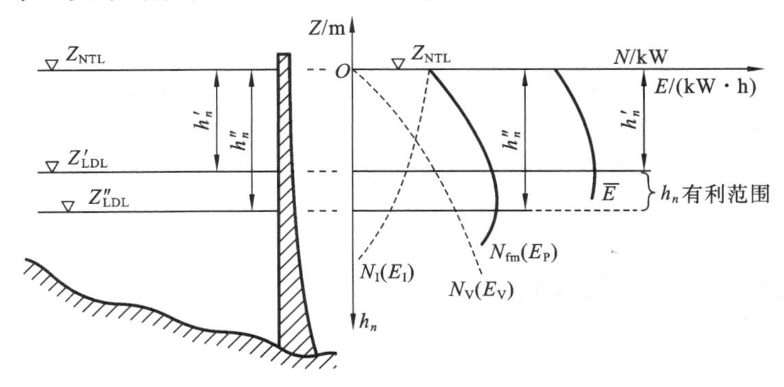

图 8-16　水库消落深度与水电站动能指标关系曲线

从图 8-16 可看出，由保证出力定出的最优工作深度为 h''_n，称为水库极限工作深度；而由多年平均发电量最大定出的最优工作深度为 h'_n，称为水库常年工作深度。一般 h''_n 比 h'_n 要大，这是因为年发电量中包括除供水期以外的蓄水期、平水期等的发电量，这些时期的天然来水量较大，不蓄出力或电能也较大，要求水库的工作深度尽量小些，才能获得更大的发电量。而不蓄电能占年发电量的比重较大，因此与年发电量最大值相应的 h'_n 一定比保证出力最大相应的 h''_n 小。同理可知，中水年发电量最大值相应的工作深度应比枯水年的小。

2. 对水库死水位的其他要求

由上述可知，与保证出力最大相应的工作群度一般都比较大，但可能影响综合利用等其他方面的要求，简述如下。

（1）考虑综合利用，当灌溉从水库取水时，其高程对死水位有一定要求，死水位过低将减少灌溉面积；当水库上游航运、筏运、渔业、卫生、旅游等对死水位有要求时，死水位均不能过低，如航运要求最小航深具备一定的高程，渔业要求水域面积不能低于一定的值等。

（2）水轮机运行要求。要求水库工作深度不宜过大，以减小水头的变幅，使水轮机尽可能在高效率区运行；若水位过低、水头过小，则机组效率将迅速下降，可能影响机组安全运行，同时机组受阻容量过大，可能使水电站的水头预想出力达不到保证要求。因而，机组运行条件是确定水库工作深度的决定性因素之一。

（3）泥沙要求。河中泥沙进入水库，一部分淤在死库容内，若死库容留得过小，可能很快被淤满，影响水电站进水口的正常工作和水库的使用寿命。另外，在寒冷地区，还要考虑死库容内结冰所引起的问题。

3. 选择死水位的方法和步骤

以发电为主的水库，确定死水位时，应考虑水电站动能指标、机组的运行条件、综合利用要求及对下游各梯级水库的影响等。然后拟定几种可行方案，进行水利动能经济计算和综合分析比较，选出比较有利的死水位。其方法、步骤大致如下。

（1）根据水电站的设计保证率，选择设计枯水年或枯水系列。

（2）在选定的正常蓄水位情况下，根据各方面要求，拟定若干种死水位方案，求出相应的兴利库容和水库工作深度。

（3）对各死水位方案进行径流调节及水能计算，求出各方案的 N_{fm} 和 $\bar{E}$。

（4）用电力电量平衡法计算各方案的必需容量：$N_{必}=N''_{工}+N_{备}$。

（5）计算各方案的水工和机电投资与年运行费；然后根据水工建筑物与机电设备的不同经济寿命，求出不同死水位方案水电站的年费用 NF_1。

（6）对不同死水位方案，为了同等程度地满足系统对电力、电量的要求，应计算各方案替代电站的补充必需容量和电量，并求出各方案的补充年费用 NF_2。

（7）根据系统年费用 $NF=NF_1+NF_2$ 最小准则，综合考虑各方面的要求，确定满意合理的死水位方案。

模块3　水电站装机容量选择

装机容量是水电站主要参数之一，它直接关系到水资源的利用、水电站的规模及水电站的投资与效益。因此，装机容量的大小应在计算的基础上，全面分析，综合研究，合理确定。

1. 水电站装机容量的选择

根据水电站装机容量的组成，装机容量的选择应包括最大工作容量选择、备用容量选择和重复容量选择三部分。

1）最大工作容量

（1）无调节水电站的最大工作容量确定。

无调节水电站没有水库的调节，如果不及时利用天然径流，就会形成弃水。为减少水能浪费、充分利用日电能，让无调节水电站担任系统负荷图中的基荷比较合适。其最大工作容量就等于保证出力。

（2）日调节水电站的最大工作容量确定。

日调节水电站因有日调节能力，既要考虑利用日保证电能 $E_{保,日}$（$E_{保,日}=24N_{保}$），又要考虑在电力系统负荷图中发挥日调节水库的作用。因此，其最大工作容量取决于 $E_{保,日}$ 及电站在负荷图中的工作位置。

① 如果日调节水电站担任电力系统负荷图中的峰荷，如图 8-17(a)所示。在日电能累积曲线上，取 $ab=E_{保,日}$，由 b 作垂线 bc，则 bc 即为日调节水电站的最大工作容量。

② 如果日调节水电站下游河道有航运或灌溉要求，需要一定的流量，则必须将 $E_{保,日}$ 中的一部分 $E_{保,日2}$ 安排在基荷，剩余部分 $E_{保,日1}=E_{保,日}-E_{保,日2}$ 担任峰荷。如图 8-17(b)所示，在日电能累积曲线上量取 $E_{保,日1}$、$E_{保,日2}$，可得出 $N''_{工1}$、$N''_{工2}$。两者之和即为日调节水电站的最大工作容量 $N''_{工}$。

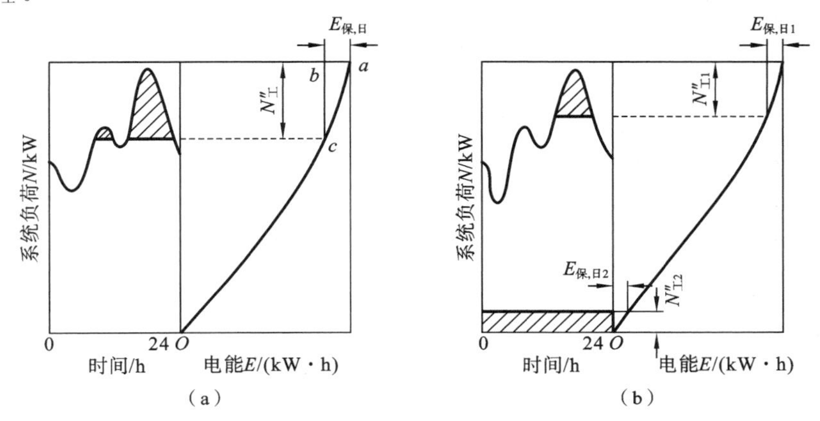

图 8-17　日调节水电站最大工作容量示意图

(3) 年调节水电站的最大工作容量确定。

年调节水电站有较大的兴利库容，为了发挥水库的调节作用，在供水期尽量担任峰荷或腰荷，可减少电力系统中火电站的装机容量，节省投资。在蓄水期为了减少弃水，利用丰水季节多余水量增产电能，水电站应担任基荷。

年调节水电站的最大工作容量取决于供水期的保证电能 $E_{保}$ 及其在电力系统中的工作位置，具体步骤如下。

① 推求年调节水电站供水期的保证出力 $N_{保}$ 与保证电能 $E_{保}$。

② 由 $E_{保}$ 和供水期水电站在负荷图上的工作位置，拟定几种水电站最大工作容量方案，如 $N''_{工1}$、$N''_{工2}$、$N''_{工3}$ 等。

③ 分别对每种方案在供水期内各月的典型日负荷图上，求出相应方案水电站应生产的日电能 $E_{日}$，再计算日平均出力 $\overline{N}=E_{日}/24$。

④ 计算各方案相应的供水期电能 $E_{供1}$、$E_{供2}$、$E_{供3}$。$E_{供}$ 为供水期各月电能之和，即

$$E_{供}=730\sum\overline{N}_i \tag{8-17}$$

⑤ 将上述拟定的最大工作容量方案，如 $N''_{工1}$、$N''_{工2}$、$N''_{工3}$，与推求的各方案相应供水期电能 $E_{供1}$、$E_{供2}$、$E_{供3}$ 绘制成关系曲线。由供水期保证电能 $E_{保}$，即可在该曲线上查得年调节水电站的最大工作容量。

(4) 多年调节水电站的最大工作容量确定。

多年调节水电站最大工作容量的确定原则和计算方法与年调节水电站的基本相同。区别

在于：年调节水电站是对设计枯水年的供水期进行水能调节计算，求出保证出力和保证电能，在供水期内担任峰荷，计算最大工作容量；而多年调节水电站是对设计枯水系列(段)进行水能调节计算，求出多年调节情况下的保证出力和保证电能，然后按水电站全年都担任峰荷，计算最大工作容量。当然，年调节或多年调节水电站在电力系统中的工作位置，根据需要也可不担任或不完全担任峰荷，其最大工作容量的计算方法相似。

2）备用容量

调节性能较好的年调节水电站和多年调节水电站，通常根据需要都设置一部分负荷备用、事故备用或检修备用容量，以发挥其开机灵活、能较好适应负荷急剧变化的特点，维持电力系统的正常运行，保证供电的质量和可靠性。

3）重复容量

无调节或调节性能较差的水电站，在丰水期会发生弃水。为了利用弃水发电，在必需容量之外需增设一部分重复容量。调节性能较好的水电站也可以设置一部分重复容量。重复容量只能在丰水期有弃水时生产季节性电能，节省系统内的燃料消耗，而不能代替火电站的工作容量。从水文特性可知，流量愈大，其出现机会愈小。虽然加大重复容量可增加一些季节性电能，但其设备的利用率将逐渐降低。因此，必须通过弃水出力持续曲线，如图 8-18 所示进行动能经济分析，合理选择水电站的重复容量。

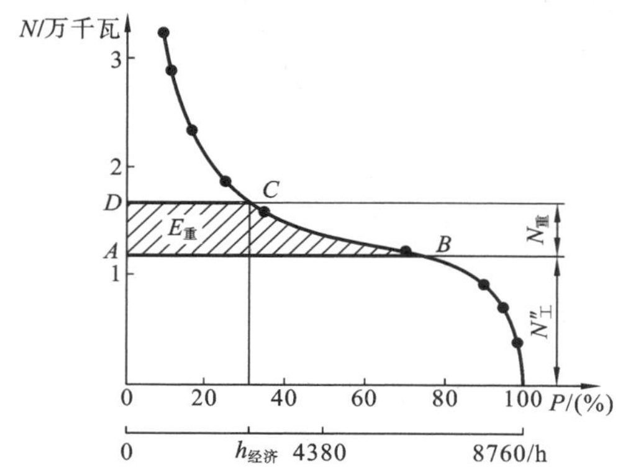

图 8-18　无调节水电站弃水出力持续曲线

在弃水出力持续曲线上，如果所设置的重复容量是经济的，则相应于 $N_{重}$ 的年利用小时数，称为重复容量经济利用小时数 $h_{经济}$。求出 $h_{经济}$ 就可在图 8-18 所示的弃水出力持续曲线上，查得水电站的重复容量。

2. 水电站装机容量的简化估算

对于大中型水电站，在初步规划阶段，为了简化计算工作量，或小型水电站因资料缺乏，可采用下述方法估算装机容量。

1）保证出力倍比法

装机容量 $N_{装}$ 按下式计算：

$$N_{装}=CN_{P} \tag{8-18}$$

式中：N_{P} 为水电站保证出力，kW；C 为倍比系数，可参考表 8-8 中的经验数据。

表 8-8　倍比系数 C 值参考值

水电站情况	电网中的水电站	
	比重较大	比重较小
	倍比系数 C	
单纯发电	2.0～3.5	2.5～4.5
发电为主结合灌溉	2.5～4.0	3.0～4.5
灌溉为主结合发电	3.0～5.0	3.5～5.5
独立运行 500 kW 以下	1.5～3.5	

2）装机容量年利用小时数法

装机容量年利用小时数 $t_{装}$ 为水电站多年平均年发电量 $\bar{E}_{年}$ 除以装机容量 $N_{装}$，即

$$t_{装}=\bar{E}_{年}/N_{装} \tag{8-19}$$

$\bar{E}_{年}$ 与 $N_{装}$ 有关，故假设几个 $N_{装}$，即可求得相应的 $\bar{E}_{年}$，并计算 $t_{装}$，绘制 $N_{装}$-$t_{装}$ 关系曲线，如图 8-19 所示。根据水电站的具体情况，参考表 8-9 的经验数据选择，如 $t_{装}$，由图 8-19 即可查得 $N_{装}$。

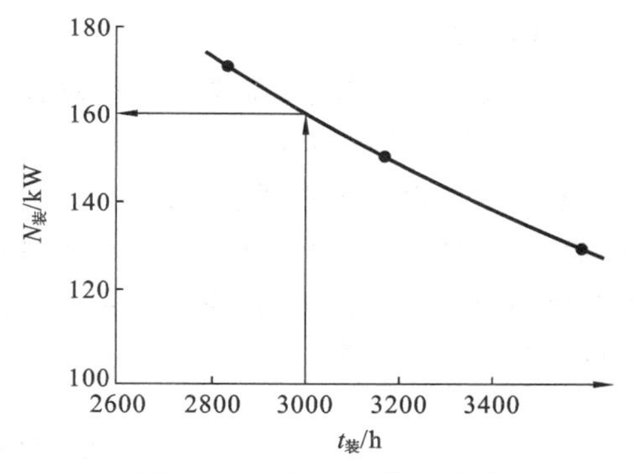

图 8-19　$N_{装}$-$t_{装}$ 关系曲线

表 8-9　水电站装机容量年利用小时数参考值

调节性能	电网中的水电站	
	比重较大	比重较小
	$t_{装}$/h	
无调节	6000～7000	5000～7000
日调节	5000～7000	4000～5000
年调节	3500～6000	3000～4000
多年调节	3000～6000	2500～3500

模块 4　水电站主要参数选择的程序简介

装机容量、正常蓄水位和死水位是水电站的主要参数，主要在初步设计阶段进行选择。初设阶段的主要任务是选定坝轴线、坝型及水电站的主要参数，即要求确定水电站工程规模、投资、工期和效益等指标。所选取的主要参数必须经论证是符合党的方针政策的、在技术上是可行的、在经济上是合理的。

在水电站主要参数选择之前，必须对河流规划及河段的梯级开发方案，结合本设计任务进行深入的研究；同时收集、补充并审查水文、地质、地形、淹没及其他基本资料；然后调查各部门对水库的综合利用要求，了解当地政府对水库淹没与移民规划的意见及有关部门的国民经济发展计划。水电站 3 个主要参数的选择相互关联、互相影响。因此其选择的程序往往是先粗后细，反复进行，不断修改，最后才能合理确定，具体步骤大概如下。

(1) 初拟若干种正常蓄水位方案，初估各方案的消落深度及相应的兴利库容，按正常蓄水位选择的步骤，对各方案进行水利动能经济计算比较，并进行综合分析，初选合理的正常蓄水位方案。

(2) 对初选的正常蓄水位方案，初拟几种死水位方案，对每一种方案，按死水位选择的步骤进行计算、比较、分析，初选合理的死水位方案。

(3) 对初选的正常蓄水位及死水位方案，进行径流调节、水能计算，用电力电量平衡分析确定水电站最大工作容量，分析、计算备用容量、重复容量，并初步确定装机容量。

(4) 至此，第一轮计算结束。第二轮计算以第一轮初选结果为依据，再按前述三个步骤进行进一步的计算、比较、分析，选出合理的参数。如此循环，不断改进、逼近，经过几轮计算，最

终选出较精确合理的参数。

(5) 对最终所选参数，需要进行敏感性分析，评价其稳定程度。同时，还要进行财务计算分析，以便说明所选参数在财务上实现的可能性。

水电站规划设计中选择参数的工作十分繁杂，计算工作量巨大。过去，设计工作由手工完成，耗费人力、物力、财力、时间，且设计质量难以提高。现在，计算机及其高新技术的普遍应用对水能规划设计是一次革命，设计者普遍采用计算机完成径流调节、水能计算、电力电量平衡分析及经济分析计算等。

复习思考题

1. 水能计算的主要任务是什么？
2. 水能计算有哪几种方法？
3. 试述年调节水电站按等流量调节方式进行水能计算的方法步骤。
4. 水电站的主要动能指标及主要参数有哪些？
5. 年调节水电站保证出力的计算方法有哪些？
6. 无调节、日调节水电站保证出力如何计算？
7. 什么是电力系统的日负荷图？用什么特征值能反映它的变化特性？
8. 电力系统装机容量由哪几部分组成？

项目9　水库防洪调节计算

【任务目标】

正确理解起调水位、安全泄量、调洪方式等概念；了解有闸门控制的水库调洪计算方法；熟悉水库的调洪作用和计算原理。

【技能目标】

会用半图解法进行无闸门控制的水库调洪计算；能熟练掌握简化三角形法。

任务1　水库的调洪作用和计算原理

天然河流中的径流存在利弊两重性，设计运用水库时既要考虑兴利问题，又要注意防洪问题。兴建水库是对洪水起有效控制作用的防洪工程措施，利用水库调蓄洪水，削减洪峰，对提高江河防洪标准、减轻或避免洪水灾害，起着十分重要的作用。我国是世界上洪水灾害最严重的国家之一，暴雨洪水是造成我国洪水灾害的主要成因。随着兴建和投入运用的水库数目的迅速增长，水库自身安全度汛和如何利用水库的库容对洪水起着有效的调蓄作用，已成为我国防洪实践中备受关注的问题。

水库防洪任务：一是修建泄洪建筑物，保护水库不受到洪水溢顶，造成大坝失事；二是设置防洪库容，蓄纳洪水或阻滞洪水，减轻下游地区的洪水威胁，以保证下游防护区的安全。为此，水库防洪调节计算一般是在兴利调节的基础上，结合设计洪水过程线，经过水库洪水调节计算，合理确定出泄洪建筑物的类型、尺寸、防洪库容、设计洪水位、校核洪水位及坝高等。

模块1　水库调洪作用

在河流上修建水库，起到的作用有蓄洪与滞洪两种。蓄洪是指水库设有专用的防洪库容或通过预泄，预留部分库容，用来拦蓄洪水，削减洪峰流量，满足下游防洪要求。滞洪是指仅仅利用大坝抬高水位，增大库区调蓄能力，当入库洪水流量超过水库泄流设备下泄能力时，将部分洪水暂时拦蓄在水库内，削减洪峰，待洪峰过后，所拦蓄的洪水再逐渐泄入河道。对防洪与兴利相结合的综合利用水库来说，当入库洪水为中小洪水时，一般以蓄洪为主，以便为兴利之用；而在大洪水年份，则兼有蓄洪、滞洪的作用。例如，目前世界防洪效益最为显著的水利工程——三峡工程，其总库容为393亿立方米，防洪库容为221.5亿立方米，水库调洪可削减洪峰流量达2.7×10^{4} m^{3}/s至3.3×10^{4} m^{3}/s，能有效控制长江上游洪水，增强长江中下游抗洪能力。

下面从两个方面来说明水库是如何发挥调洪作用的。

1. 无闸门控制时的水库调洪情况

如图9-1所示，该水库设有无闸门控制的开敞式溢洪道，防洪限制水位与设计堰顶高程、正常蓄水位齐平，图中 Q-t 为入库设计洪水流量过程，q-t 为水库下泄流量过程，Z-t 为水库水位变化过程。

假设在 t_1 时刻发生洪水，水库已蓄水至正常蓄水位，起调水位即为正常蓄水位，下泄流量 $q=0$；随后，入库洪水流量 Q 增大，水库水位上升，堰顶水头增大，溢洪道下泄流量 q 也逐渐增加，且 $Q>q$；t_2 为入库洪峰流量 Q_m 出现时间，t_2 以后入库流量虽然减少，但仍大于下泄流量，因而水库水位 Z 继续升高，水库继续拦蓄洪水，下泄流量 q 不断增加；直到 t_3 时刻 $Q=q$ 时，水库水位 Z 和下泄流量 q 同时达到最大值，水库蓄水过程结束；t_3 时刻以后，由于 $Q<q$，水库水位逐渐下降，下泄流量 q 也随之减小；t_4 时刻水库水位降至防洪限制水位，本次洪水调节结束。图 9-1 中阴影部分 $W_{蓄}$ 是本次洪水拦蓄在水库中的水量。该水量在 t_3 至 t_4 这一时段内逐渐泄出，如图 9-1 中阴影部分 $W_{泄}$。

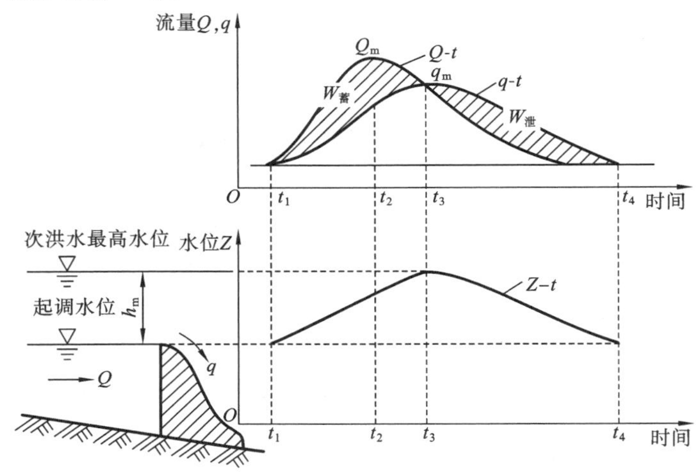

图 9-1　无闸门控制时一次洪水的蓄泄过程和水库水位变化过程

上述情况是在溢洪道尺寸已定的条件下得出的。当溢洪道尺寸改变时，调洪库容 V_m（即图中的 $W_{蓄}$）和最大泄量 q_m 也将改变。同理，当设计洪水改变时，其他值也会改变。这说明设计洪水、溢洪道尺寸、调洪库容和最大下泄流量之间是相互联系、互为影响的。

2. 有闸门控制时的水库调洪情况

大多数情况下，水库都采用设置控制闸门的泄洪设备，使其泄洪过程受到控制。在这种情况下，水库的抗洪效果不仅与洪水开始时水库所处的水位有关，而且还与水库的防洪运行方式有关。就一次洪水的调节作用而言，在人为控制下泄洪，可以按防洪要求进行，所以其调洪效果会显著地比无闸门控制时的更好。

当溢洪道上设置闸门时，由于闸门控制运用较灵活，常给防洪和兴利带来很大好处。对有闸门的溢洪道，如图 9-2(a)所示，在洪水来临之前，一般库水位在防洪限制水位 $Z_{限}$，而 $Z_{限}$ 在堰顶高程以上，堰顶就有一定的水头，使溢洪道有相当的泄流能力。洪水刚入水库时，为了保证兴利的要求，显然在没有准确预报的条件下，不允许闸门全开，否则 $Z_{限}$ 以下的水量就会泄出，兴利用水可能得不到保证，这时只能控制闸门开度，来多少泄多少，如图 9-2(b)所示中 t_0—t_1 时段。t_1 以后，来水流量 Q 大于 $Z_{限}$ 水位时闸门全开的下泄能力，但下泄能力又不超过允许泄量 $q_{允}$（下游被保护对象提出的要求，或称安全泄量 $q_{安}$）时，应使闸门全开，按照泄洪能力泄洪。由于入库流量 Q 大于下泄流量 q，水库蓄水位不断增加，水位增大，下泄流量也越来越大，如图中的 t_1—t_2 时段。t_2 时刻以后，水库下泄能力开始大过水库允许泄量 $q_{允}$。为保护下游防护对象的安全，不能继续敞开泄流，这时应逐渐关闭闸门，使下泄流量等于 $q_{允}$，如图9-2(b)中 t_2 时刻以后的情况。到 t_3 时刻，水库入库流量已经降到 $q_{允}$，以后入库流量就小于 $q_{允}$，所以，t_3 时刻的库水位为最高库水位。由于以后的入库流量逐渐变少，下泄流量 q 大于入库流量 Q，闸门开度可逐渐增大，但不能使下泄流量大于 $q_{允}$，此段时间水库蓄水量逐渐减少，水库水位逐渐下降，直到恢复到防洪限制水位 $Z_{限}$。

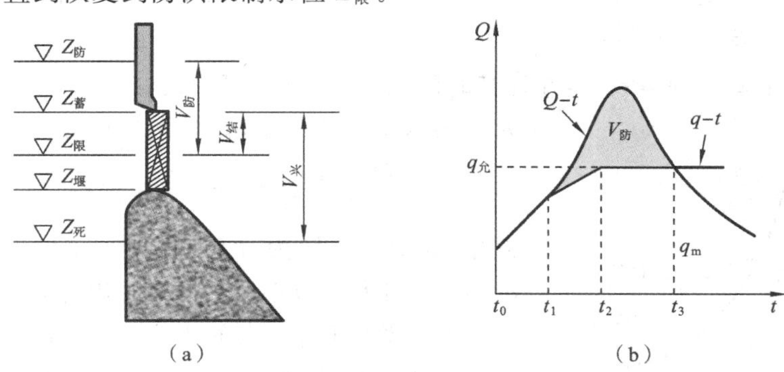

图 9-2　有闸门控制时的水库调洪作用

模块 2　水库防洪调节计算的任务

1. 规划设计阶段

这一阶段水库防洪计算的主要任务是：根据水文计算提供的设计洪水资料，通过调节计算和工程的效益投资分析，确定水库的调洪库容、最高洪水位、最大泄流量、坝高和泄洪建筑物尺寸。

2. 运行管理阶段

这一阶段水库防洪计算的主要任务是：求出某种频率洪水（或预报洪水）在不同防洪限制水位时的水库洪水位与最大下泄流量的定量关系，为编制防洪调度规程、制定防洪措施，提供科学依据。

水库防洪调节计算主要有以下三步。

(1) 拟定比较方案。根据地形、地质、施工条件和洪水特性，拟定若干个泄洪建筑物型式、位置、尺寸及起调水位方案。

(2) 调洪计算。求得每种方案相应于各种安全标准设计洪水的最大泄流量、调洪库容和最高洪水位。

根据泄洪建筑物特性和下游防洪要求的不同，水库调洪计算也有所不同。

若水库不承担下游防洪任务，则水库调洪计算的任务是研究和选择能确保水工建筑物安全的调洪方式，并配合泄洪建筑物的型式、尺寸和高程的选择，最终确定水库的设计洪水位、校核洪水位、调洪库容及两种情况下相应的最大泄量。

若水库担负下游防洪任务，则首先，应根据下游防洪保护对象的防洪标准、下游河道安全泄量、坝址至防洪点控制断面之间的区间入流情况，配合泄洪建筑物型式和规模，合理拟定水库的泄流方式，确定水库的防洪库容及其相应的防洪高水位；其次，根据下游防洪对泄洪方式的要求，进一步拟定保证水工建筑物安全的泄洪方式，经调洪计算，确定水库的设计洪水位与校核洪水位及相应的调洪库容。

(3) 方案选择。根据调洪计算成果,计算各方案的大坝造价、上游淹没损失、泄洪建筑物投资、下游堤防造价及下游受淹损失等,通过技术经济分析与比较,选择最优的方案。

模块3 水库调洪计算基本原理

水库调洪计算的基本原理是逐时段联立求解水库的水量平衡方程和水库的蓄泄方程。

1. 水库的水量平衡方程

水库的水量平衡方程表示为:在计算时段 Δt 内,入库水量与出库水量之差等于该时段内水库蓄水量的变化值,如图9-3所示,即

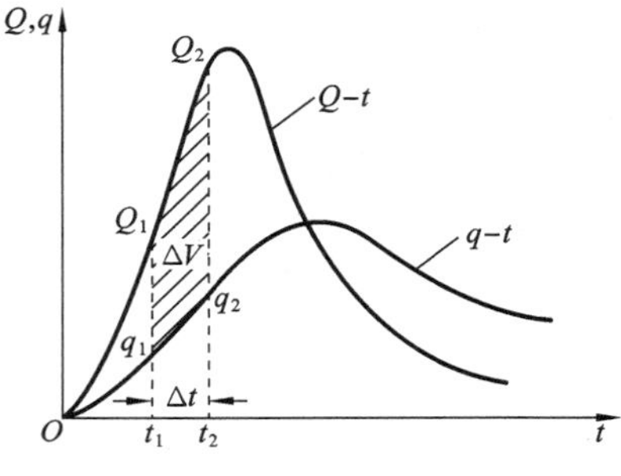

图9-3 水量平衡示意图

$$\frac{Q_1+Q_2}{2}\Delta t-\frac{q_1+q_2}{2}\Delta t=V_2-V_1=\Delta V \quad (9\text{-}1)$$

式中:Q_1、Q_2 分别为计算时段初、末的入库流量,m^3/s;q_1、q_2 分别为计算时段初、末的出库流量,m^3/s;V_1、V_2 分别为计算时段初、末的水库库容,m^3;ΔV 为计算时段内水库蓄水量的变化值,m^3;Δt 为计算时段,s。

当已知水库入库洪水过程线时,Q_1、Q_2 均为已知。计算时段 Δt 的选择,应以能较准确反应洪水过程线的形状为原则。对陡涨陡落的中小河流,Δt 取短些;反之,对流量变化平缓的大河流,Δt 可适当取长些。划分时段时注意不要漏掉洪峰流量 Q_m。

时段初的水库蓄水量 V_1 和下泄流量 q_1 可由前一时段求得,而第一个时段的 V_1、q_1 为已知的起始条件,未知的只有 V_2、q_2。但由于一个方程中存在两个未知量,无法求解,需再建立第二个方程,即水库的蓄泄方程。

2. 水库蓄泄方程

水库的泄洪建筑主要是指溢洪道和泄洪洞,水库的下泄流量就是它们的过水流量。

1) 溢洪道

在溢洪道无闸门控制或闸门全开的情况下,其下泄流量可按堰流公式计算,即

$$q_{溢}=M_1BH_0^{3/2} \quad (9\text{-}2)$$

式中:M_1 为流量系数;B 为溢洪道堰顶宽度,m;H_0 为计入行进流速水头在内的溢洪道堰上水头,m。$H_0=H+\frac{\alpha v_0^2}{2g}$,一般情况下,流速 v_0 可忽略不计,此时 $H_0\approx H$。

2) 泄洪洞

泄洪洞的下泄流量可按有压管流计算,即

$$q_{洞}=M_2FH_{洞}^{1/2} \quad (9\text{-}3)$$

式中:M_2 为流量系数;F 为泄洪洞洞口的断面面积,m^2;$H_{洞}$ 为泄洪洞的计算水头,m。

可见,在水库的泄洪建筑物型式和尺寸一定的情况下,其下泄流量 q 只取决于水头 H。而根据水库水位-库容关系曲线可知,泄流水头 H 是水库蓄水量 V 的函数,所以下泄流量 q 也是水库蓄水量 V 的函数,即

$$q=f(V) \quad (9\text{-}4)$$

式(9-4)就是水库的蓄泄方程,由于水库水位-库容关系曲线没有具体的函数形式,故很

难列出 $q=f(V)$ 的具体函数式。水库的蓄泄方程只能用列表或图示的方式表示出来。

联立求解方程式(9-1)和式(9-4)，就可求得时段末的水库蓄水量 V_2 和下泄流量 q_2。而逐时段联立求解，即可求得与入库洪水过程相应的水库蓄水过程和泄流过程。

当水库拟定不同的泄洪建筑物尺寸时，通过上述计算，就可得到水库泄洪建筑物尺寸与水库洪水位、调洪库容、最大泄量之间的关系，为最终确定水库调洪库容、最高洪水位、最大泄量、大坝高度和泄洪建筑物尺寸提供依据。

任务 2　无闸门控制的水库调洪计算

中小型水库为了节省投资、便于管理，溢洪道一般不设闸门。无闸门控制的水库有如下特点：① 水库的调洪库容和兴利库容难以结合，因此，水库的防洪起调水位(防洪限制水位)与正常蓄水位相同，均与溢洪道堰顶高程齐平；② 水库下游一般没有重要保护对象，或有保护对象也难以负担下游防洪任务；③ 库水位超过堰顶高程就开始泄洪，属于自由泄流状态。

常用的水库调洪计算方法有列表试算法(迭代法)、半图解法及简化三角形法。列表试算法可达到对计算结果高精度的要求，但以往靠人工计算时，此法计算工作量大。半图解法是为了避免烦琐的试算工作而发展起来的，它适用于人工操作，可大大减轻列表试算法的人工计算工作量。随着计算机科学技术的迅速发展，上述水库调洪计算的列表试算法很适合编制电算程序，即在计算机上进行迭代计算，不必再提倡采用半图解法来完成调洪计算。

模块 1　列表试算法

为了求解水库水量平衡方程式(9-1)和水库蓄泄方程式(9-4)两式，通过列表试算，逐时段求出水库的蓄水量和下泄流量，这种通过试算求解方程组解的方法称为列表试算法。

计算框图如图 9-4 所示。

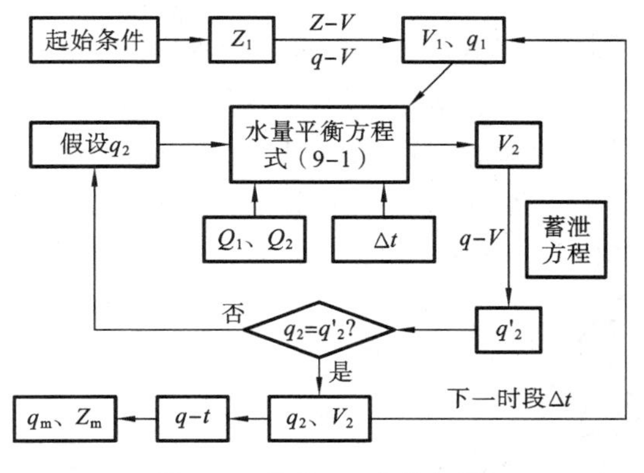

图 9-4　推求 q-t 曲线框图

列表试算法主要步骤如下。

(1) 确定水库的入库洪水过程线 Q-t。

(2) 根据水位-库容关系曲线和拟定的泄洪建筑物类型、尺寸，用水力学公式式(9-2)或式(9-3)计算绘制水库的下泄流量与库容的关系曲线 $q=f(V)$。具体方法是：根据水位变化范围，取不同的水库水位 Z(一般从起调水位算起即可)，计算水头 h 和下泄流量 q，再由 Z-$f(V)$ 查得相

应的 V，这样就可以由相同水位对应的下泄流量与库容关系绘制出 $q=f(V)$ 曲线。

（3）选取合适的计算时段 Δt，由设计洪水过程线 Q-t 摘录相应的 $Q_1, Q_2, Q_3, \cdots$

（4）调洪计算。确定计算开始时刻的 q_1、V_1，然后列表试算。试算方法：由起始条件已知的 V_1、q_1 和入库流量 Q_1、Q_2，假设时段末的下泄流量 q_2，根据式(9-1)求出时段末水库的蓄水变化量 ΔV，而 $V_2=V_1+\Delta V$，由 V_2 查 q-V 曲线得 q_2'。若其与假设的 q_2 两者近似相等，即 $|q_2'-q|\leqslant\varepsilon$，则 q_2 即为所求；若两者相差较大，则说明假设的 q_2 与实际不符，需重新假设 q_2，直至两者基本相等为止。

（5）将上一时段末的 q_2、V_2 作为下一时段的起始值 q_1、V_1，重复上述试算，求出下一时段末的 q_2、V_2。这样逐时段试算就可求得水库泄流过程线和相应的水库蓄水量(水位)过程线。

（6）将入库洪水过程线 Q-t 和计算的水库泄流量过程线 q-t 点绘在一张图上，若计算的最大泄量 q_m 正好是两线的交点，则计算的 q_m 是正确的，如图 9-5(a)所示；否则，说明计算有误差，应缩短交点附近的计算时段，重新进行试算，直至计算的 q_m 正好是两线的交点为止，如图 9-5(b)所示。

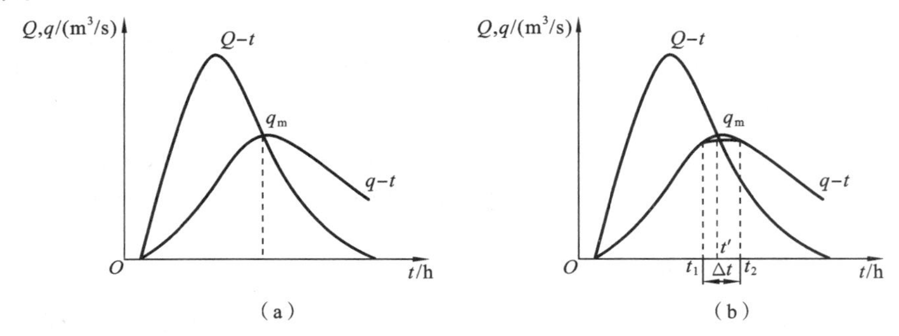

图 9-5　计算时段的选取

（7）由 q_m 查 q-V 曲线，得到最高洪水位时的库容 V_m，从中减去堰顶以下的库容，得到调洪库容 $V_{调}$。由 V_m 查 Z-V 曲线，得最高洪水位 $Z_{洪}$（当入库洪水为设计标准的洪水时，求得的 q_m、$V_{调}$、$Z_{洪}$ 即为设计标准的最大泄量 $q_{m,设}$、设计防洪库容 $V_{设}$ 和设计洪水位 $Z_{设}$；同理，当入库洪水为校核标准的洪水时，求得的 q_m、$V_{调}$、$Z_{洪}$ 即为 $q_{m,校}$、$V_{校}$ 和 $Z_{校}$）。

【例 9-1】 南方某年调节水库，百年一遇设计洪水过程资料如表 9-1 中①、②栏所示，该水库的水位-库容关系曲线如图 9-6 所示。设计溢洪道方案之一为无闸门控制的实用堰，堰宽

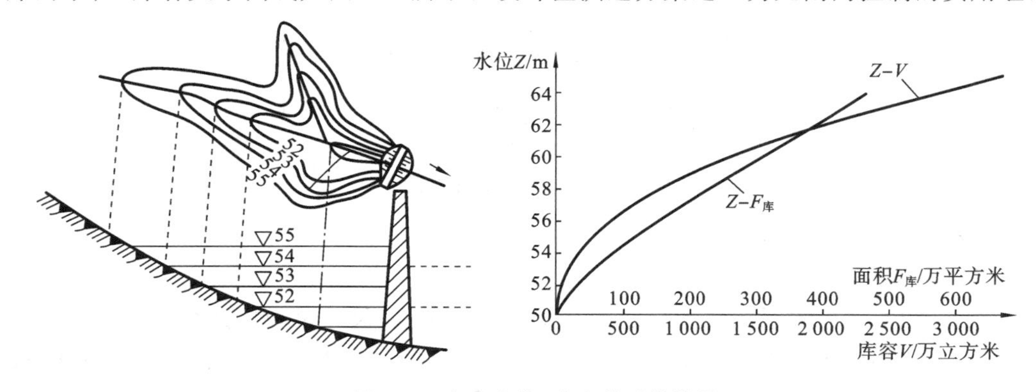

图 9-6　水库水位-库容关系曲线图

70 m，堰顶高程与正常蓄水位相齐平，均为 59.98 m。试用列表试算法求下泄流量过程、水库蓄水过程、水库设计洪水位、最大泄量 q_m 和相应的设计调洪库容。

解　(1) 计算绘制水库的 q-V 曲线。实用堰泄流公式：$q=MBh^{3/2}$，已知 $B=70$ m，采用 $M=1.77$。用不同的库水位分别计算 h 和 q，再由水位-库容关系曲线查得相应的 V，将计算结果列于表 9-1 中，其中②栏由图 9-6 查得，③栏根据水库水位减去堰顶高程计算，④栏利用实用堰泄流公式计算。绘制水库的 q-V 曲线，如图 9-7 所示。

表 9-1　某水库 $q=f(V)$ 曲线

①	水库水位 Z/m	59.98	60.5	61.0	61.5	62.0	62.5	63.0	63.5	64.0	64.5
②	总库容 V/万立方米	1296	1460	1621	1800	1980	2180	2378	2598	2817	3000
③	堰上水头 h/m	0	0.52	1.02	1.52	2.02	2.52	3.02	3.52	4.02	4.52
④	下泄流量 q/(m³/s)	0	46.5	127.6	232.2	356	496	650	818	999	1191

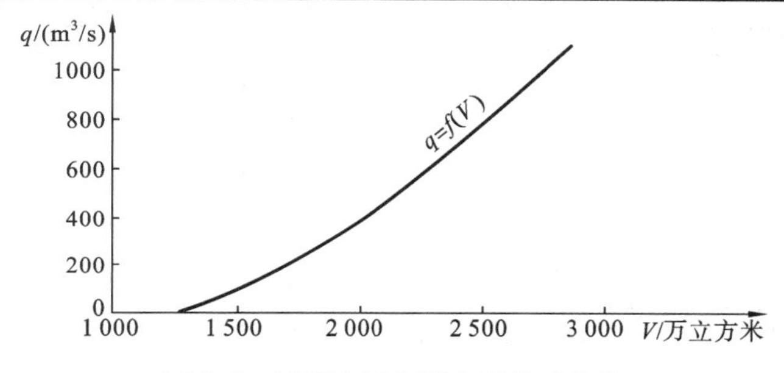

图 9-7　下泄流量与蓄水量关系曲线

(2) 选定计算时段，摘录洪水过程线。先将给出的设计洪水过程划分计算时段 $\Delta t=1$ h（当后期泄流量减少时，可改为 $\Delta t\geqslant 2$ h），按选定的计算时段摘录设计洪水过程并填入表 9-2 中②栏。

(3) 计算时段平均流量和时段入库水量。例如，第一时段平均流量为

$$(Q_1+Q_2)/2=(0+390)/2\ \text{m}^3/\text{s}=195\ \text{m}^3/\text{s}$$

入库水量为

$$\frac{Q_1+Q_2}{2}\Delta t=195\times3600\ \text{m}^3=70.2\ \text{万立方米}$$

(4) 逐时段试算时段末的出库流量 q_2。因时段末出库流量 q_2 与该时段水库内蓄水量的变化有关，而蓄水量的变化程度又决定了 q_2 的大小，故需用试算确定。

例如，第一时段，时段初水库水位 $Z_1=59.98$ m，$h_1=0$，$q_1=0$，$V_1=1296$ 万立方米。假设 $q_2=40$ m³/s，则

$$\frac{q_1+q_2}{2}\Delta t=\frac{0+40}{2}\times3600\ \text{m}^3=7.2\ \text{万立方米}$$

代入水量平衡方程，则第一时段蓄水变化值为

$$\Delta V=\frac{Q_1+Q_2}{2}\Delta t-\frac{q_1+q_2}{2}\Delta t=(70.2-7.2)\ \text{万立方米}=63.0\ \text{万立方米}$$

第一时段末水库蓄水量 $V_2=V_1+\Delta V=(1296+63)$ 万立方米 $=1359$ 万立方米，查 $q=f(V)$ 曲线（见图 9-7）得 $q_2'=15$ m³/s，与原假设不相符。

重新假设 $q_2=18$ m³/s，则

表 9-2　某水库调洪计算表(列表试算法,$P=1\%$)

时间 t /h	流量 Q /(m^3/s)	时段 Δt (1 h)	$\frac{Q_1+Q_2}{2}$ /(m^3/s)	$\frac{Q_1+Q_2}{2}\Delta t$ /万立方米	时段末出库流量 q /(m^3/s)	$\frac{q_1+q_2}{2}$ /(m^3/s)	$\frac{q_1+q_2}{2}\Delta t$ /万立方米	ΔV /万立方米	V /万立方米	Z /m
①	②	③	④	⑤	⑥	⑦	⑧	⑨	⑩	⑪
0	0	0	0	0	0			0	1296	59.98
1	390	0—1	195	70.2	18	9	3.2	+67.0	1363	60.20
2	770	1—2	580	208.8	88	53	19.1	+189.7	1553	60.77
3	1150	2—3	960	345.6	256	172	61.9	+283.7	1836	61.60
4	986	3—4	1068	384.5	436	346	124.6	+259.9	2096	62.30
5	820	4—5	903	325.1	544	490	176.4	+148.7	2245	62.65
6	656	5—6	738	265.7	596	570	205.2	+60.5	2306	62.83
7	492	6—7	574	206.6	588	592	213.1	−6.5	2299	62.80
8	326	7—8	409	147.2	540	564	203.0	−55.8	2243	62.68
9	162	8—9	244	87.8	476	508	182.9	−95.1	2148	62.40
10	0	9—10	81	29.2	384	430	154.8	−125.6	2023	62.10
11		10—11	0	0	298	341	122.8	−122.8	1900	61.80
12		11—12			233	266	95.6	−95.6	1804	61.52
13		12—13			186	210	75.6	−75.6	1728	61.31
14		13—14			154	170	61.2	−61.2	1667	61.13
15		14—15			130	142	51.1	−51.1	1616	60.98
		15—16			106	118	42.5	−42.5	1574	60.85
		16—17			84	95	34.2	−34.2	1540	60.75
		17—18			72	78	28.1	−28.1	1511	60.66
		18—20			52	62	44.6	−44.6	1467	60.50
		20—22			36	44	31.7	−31.7	1435	60.42
		22—26			22	29	41.8	−41.8	1393	60.30
		26—30			16	19	27.4	−27.4	1366	60.20
		30—36			10	13	28.1	−28.1	1338	60.11
		36—42			6	8	17.3	−17.3	1321	60.08
		42—48			4	5	10.8	−10.8	1310	60.02
		48—58			2	3	10.8	−10.8	1299	59.99
		58—62			1	1.5	2.2	−2.2	1297	59.98
		62—66			0	0.5	0.7	−0.7	1296	59.98

$$\frac{q_1+q_2}{2}\Delta t=\frac{0+18}{2}\times 3600\ \text{m}^3=3.2\ 万立方米$$

$$\Delta V=\frac{Q_1+Q_2}{2}\Delta t-\frac{q_1+q_2}{2}\Delta t=(70.2-3.2)\ 万立方米=67.0\ 万立方米$$

$V_2=V_1+\Delta V=(1296+67)$ 万立方米 $=1363$ 万立方米，由 V_2 查 $q=f(V)$ 曲线(见图9-7)得 $q_2'=18\ \text{m}^3/\text{s}$，与原假设相符，故所设 $q_2=18\ \text{m}^3/\text{s}$ 即为所求。再由 V_2 查 Z-V 曲线得 $Z_2=60.20\ \text{m}$。分别将试算正确的结果填入表 9-2 中⑥～⑪栏内。

(5) 将上一时段的 q_2、V_2 作为下一时段的 q_1、V_1。再假设 q_2，重复上述试算步骤，如此循环下去，即可求得各时段的出库流量 q_2、V_2 和 Z_2，将结果填入表 9-2 中。

(6) 根据表 9-2 中③、⑥栏可绘出水库下泄流量过程线；根据③、⑩栏可绘出水库蓄水过程线；根据③栏和⑪栏可绘出水库调洪后的水位过程线。由表 9-2 中⑥、⑩和⑪栏可以看出 $q_m=596\ \text{m}^3/\text{s}$，相应的设计调洪库容 $V_{设洪}=V_m-V_1=(2306-1296)$ 万立方米 $=1010$ 万立方米，由图 9-7 查得设计洪水位 $Z_{设洪}=62.83\ \text{m}$。

列表试算法能够准确地表达调洪计算的基本原理，概念清楚，适用于变时段、有闸门、无闸门各种情况下的防洪调节计算，其缺点是计算量大。

模块 2　半图解法

水量平衡方程(式(9-1))和水库蓄泄方程(式(9-4))也可以用图解和计算相结合的方式求解，这种方法称为半图解法。常用的有双辅助曲线法和单辅助曲线法。此种方法避免了列表计算法的烦琐，减少了计算的工作量。对一个水库进行多种方案和多种频率的设计洪水调洪计算时，更显其优越性。

半图解法计算思路：① 根据已知的 Q-t 曲线、Z-V 曲线、$Z_{限}$、计算时段 Δt，确定调洪计算的起始时段，并划分各计算时段。算出各时段的平均入库流量，以及定出第一时段初始的 Z_1、q_1、V_1 各值。② 利用辅助线在图上求解得出 Z_2。③ 根据 Z_2 值，利用水库 Z-V 曲线即可求出 V_2。④ 将 Z_2 值作为下一时段的 Z_1 值，求出该时段的 Z_2、q_2、V_2 值。如此逐时段进行计算，即可得到泄量过程线 q-t。

以下介绍双辅助曲线法和单辅助曲线法。

1. 双辅助曲线法

双辅助曲线法的原理如下。

将水量平衡方程式(式(9-1))改写为

$$\frac{Q_1+Q_2}{2}-\frac{q_1+q_2}{2}=\frac{V_2-V_1}{\Delta t}$$

移项整理后得

$$\frac{V_2}{\Delta t}+\frac{q_2}{2}=\bar{Q}+\left(\frac{V_1}{\Delta t}-\frac{q_1}{2}\right) \tag{9-5}$$

式中：$\bar{Q}$ 为 Δt 时段内的入库平均流量，即 $\bar{Q}=\dfrac{Q_1+Q_2}{2}$，$\text{m}^3/\text{s}$。

因为 V 是 q 的函数，故 $\left(\dfrac{V}{\Delta t}+\dfrac{q}{2}\right)$ 和 $\left(\dfrac{V}{\Delta t}-\dfrac{q}{2}\right)$ 也是 q 的函数，因此可以计算绘制 q-$\left(\dfrac{V}{\Delta t}+\dfrac{q}{2}\right)$ 和 q-$\left(\dfrac{V}{\Delta t}-\dfrac{q}{2}\right)$ 两条关系曲线，如图 9-8 所示，根据时段初始的 V_1、q_1，应用这两条辅

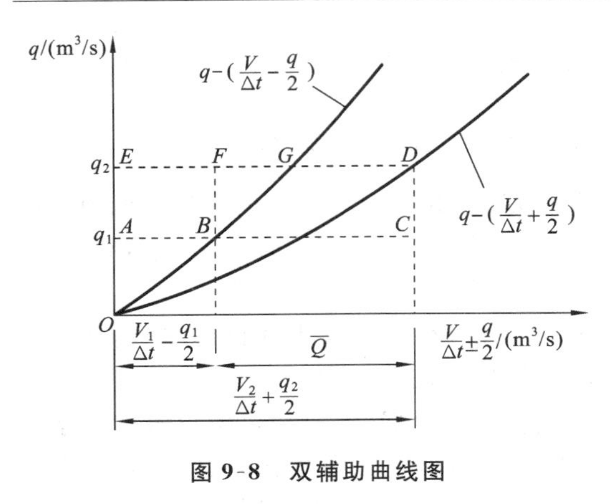

图 9-8　双辅助曲线图

助曲线推求时段末的 V_2、q_2 的方法，就是双辅助曲线法。其调洪计算的步骤如下。

(1) 已知时段初的出库流量为 q_1，在图 9-8 的纵坐标上截取 $OA=q_1$，得 A 点。

(2) 过 A 点向右平行于横坐标引线，交 q-$\left(\frac{V}{\Delta t}-\frac{q}{2}\right)$曲线于 B 点，则 $AB=\frac{V_1}{\Delta t}-\frac{q_1}{2}$，延长 AB 线至 C 点，使 $BC=\bar{Q}$。

(3) 由 C 点向上作垂线交 q-$\left(\frac{V}{\Delta t}+\frac{q}{2}\right)$曲线于 D 点。

(4) 由 D 点向左作平行于横坐标的直线交纵坐标于 E 点，则 D 点的纵坐标 $OE=q_2$，即为所求时段末的下泄流量。

按照上述步骤，利用求得的时段末下泄流量 q_2 作为下一时段初的下泄流量 q_1，依次逐时段进行计算，即可求得水库泄流过程线 q-t 。

【例 9-2】 基本资料及要求同例 9-1，用双辅助曲线法求最大下泄流量 q_m、设计调洪库容 $V_{设洪}$ 及设计洪水位 $Z_{设洪}$。

解　(1) 计算绘制双辅助曲线。计算表格如表 9-3 所示，其中①、②、⑤栏数据均摘自表 9-2。为计算方便，简化计算数字，式(9-5)中的 V 均采用溢洪道堰顶以上库容，列入表中③栏(也可采用 $V_总$)。$\Delta t=1$ h=3600 s，注意表中计算时段必须与洪水过程线的摘录值时段相同。

表 9-3　某水库双辅助曲线计算表

库水位 Z/m	库容 $V_总$ /万立方米	溢流堰顶以上库容 V /万立方米	$\frac{V}{\Delta t}$ /(m³/s)	下泄流量 q /(m³/s)	$\frac{q}{2}$ /(m³/s)	$\frac{V}{\Delta t}-\frac{q}{2}$ /(m³/s)	$\frac{V}{\Delta t}+\frac{q}{2}$ /(m³/s)
①	②	③	④	⑤	⑥	⑦	⑧
59.98	1296	0	0	0	0	0	0
60.5	1460	164	456	46	23	433	479
61.0	1621	325	903	127	64	839	967
61.5	1800	504	1400	232	116	1284	1516
62.0	1980	684	1900	356	178	1722	2078
62.5	2180	884	2456	496	248	2208	2704
63.0	2378	1082	3006	650	325	2681	3331
63.5	2598	1302	3617	818	409	3208	4026
64.0	2817	1521	4225	999	500	3725	4725
64.5	3000	1704	4733	1191	596	4137	5329

表 9-3 中⑥、⑦、⑧栏按所列公式计算。根据表中⑤、⑦栏及⑤、⑧栏即可绘制双辅助曲线，另外，根据①栏与⑤栏可绘出下泄流量与水位的关系曲线，如图 9-9 所示。

（2）用双辅助曲线计算下泄流量过程，如表 9-4 所示。

第一时段，按照起始条件，起算水位为堰顶高程。时段初 $q_1=0$，$V_1=0$，即 $OA=0$，入库平均流量 $\bar{Q}=195\ \mathrm{m^3/s}$，如图 9-8 和图 9-9 所示，因为

$$\frac{V_2}{\Delta t}+\frac{q_2}{2}=\bar{Q}+\left(\frac{V_1}{\Delta t}-\frac{q_1}{2}\right)=(195+0)\ \mathrm{m^3/s}$$
$$=195\ \mathrm{m^3/s}$$

故可先在横坐标上截取 $AC=AB+BC$，即 $AC=(0+195)\ \mathrm{m^3/s}=195\ \mathrm{m^3/s}$，过 C 点向上作垂线交 $q\text{-}\left(\frac{V}{\Delta t}+\frac{q}{2}\right)$ 曲线（即 2 线）于 D 点，该点纵坐标 $OE=q_2=18\ \mathrm{m^3/s}$，就是所求第 1 时段末的下泄流量，将其填入表 9-4 中的⑦栏。而 ED 与 $q\text{-}\left(\frac{V}{\Delta t}+\frac{q}{2}\right)$ 曲线（即 1 线）交于 G 点，$EG=177\ \mathrm{m^3/s}$，即 q_2 所对应的 $\left(\frac{V_2}{\Delta t}-\frac{q_2}{2}\right)$ 值，填入⑤栏，$ED=AC=195\ \mathrm{m^3/s}$，就是 q_2 所对应的 $\left(\frac{V_2}{\Delta t}+\frac{q_2}{2}\right)$ 值，将其填入⑥栏。

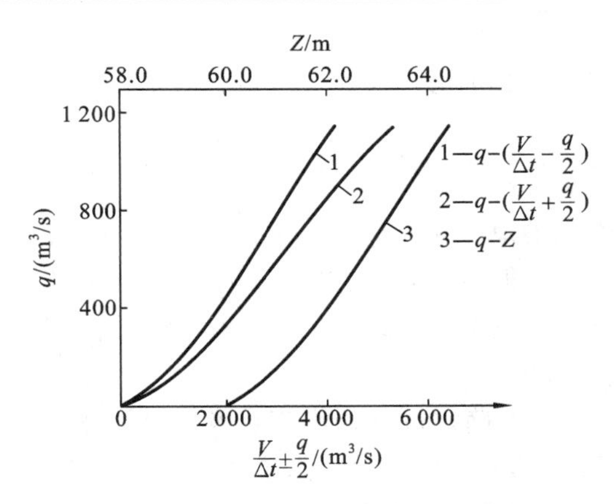

图 9-9　某水库调洪计算双辅助曲线

表 9-4　某水库双辅助曲线法调洪计算表（$P=1\%$）

时间 t /h	流量 Q /(m³/s)	时段 Δt /(1 h)	平均流量 $\bar{Q}$ /(m³/s)	时段末的 $\left(\frac{V}{\Delta t}-\frac{q}{2}\right)$ /(m³/s)	时段末的 $\left(\frac{V}{\Delta t}+\frac{q}{2}\right)$ /(m³/s)	时段末的下泄流量 q /(m³/s)	总库容 $V_{总}$ /万立方米	库水位 Z /m
①	②	③	④	⑤	⑥	⑦	⑧	⑨
0	0	0	0	0	0	0	1296	59.98
1	390	0—1	195	177	195	18		
2	770	1—2	580	669	757	88		
3	1150	2—3	960	1373	1629	256		
4	986	3—4	1068	2005	2441	436		
5	820	4—5	903	2364	2908	544		
6	656	5—6	738	2506	3102	596	2307	62.83
7	492	6—7	574	2492	3080	588		
8	326	7—8	409	2356	2901	545		
9	162	8—9	244	2125	2600	475		
10	0	9—10	81	1822	2206	384		
11		10—11	0	1524	1822	298		
12		11—12		1289	1524	235		
13		12—13		1101	1289	188		
14		13—14		949	1101	152		
15		14—15		834	949	125		
⋮		⋮						

第二时段，$\bar{Q}=580\ \mathrm{m^3/s}$，$q_1=18\ \mathrm{m^3/s}$，同第1时段，先作 $A'C'=\left(\frac{V_2}{\Delta t}+\frac{q_2}{2}\right)=\bar{Q}+\left(\frac{V_1}{\Delta t}-\frac{q_1}{2}\right)=(580+177)\ \mathrm{m^3/s}=757\ \mathrm{m^3/s}$，填入⑥栏，再由 C' 点向上作垂线交2线于 D' 点，则 D' 点的纵坐标 $OE'=q_2=88\ \mathrm{m^3/s}$，填入⑦栏。

其他时段，将所求上一时段末的 q_2 作为下一时段初的 q_1，用同样的步骤连续求解，即可求出下泄流量过程线，即由表9-4中①栏和⑦栏可绘制水库泄流过程线，由⑦栏可知最大泄量 $q_m=596\ \mathrm{m^3/s}$。

(3) 确定设计调洪库容及设计洪水位。根据 q_m 查 $q=f(V)$ 曲线(见图9-7)可得最大库容 $V_{总}=2307$ 万立方米，从而求得设计调洪库容 $V_{设洪}=(2307-1296)$ 万立方米 $=1011$ 万立方米，再根据 q_m 查图9-9中3线，即可得设计洪水位为62.83 m。

2. 单辅助曲线法

将水量平衡方程式分离已知项和未知项后，式(9-1)还可改写为

$$\frac{V_2}{\Delta t}+\frac{q_2}{2}=\bar{Q}-q_1+\left(\frac{V_1}{\Delta t}+\frac{q_1}{2}\right) \tag{9-6}$$

式中：$\bar{Q}$ 为 Δt 时段内的入库平均流量，即 $\bar{Q}=\frac{Q_1+Q_2}{2}$，$\mathrm{m^3/s}$；$V_1$、$q_1$ 为时段初已知值；V_2、q_2 为时段末未知值。

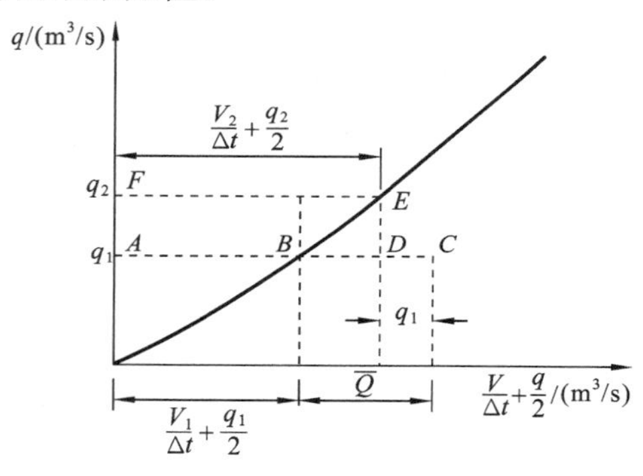

图9-10　单辅助曲线图

从式(9-6)中可以看出 $\frac{V}{\Delta t}+\frac{q}{2}$ 是 q 的函数，故可将 q 与 $\frac{V}{\Delta t}+\frac{q}{2}$ 的关系绘制成调洪辅助曲线。因式(9-6)两边都有共同项 $\frac{V}{\Delta t}+\frac{q}{2}$，只需绘制 q-$\left(\frac{V}{\Delta t}+\frac{q}{2}\right)$ 一条关系曲线(见图9-10)，就能求解 q_2 了，这种方法称为单辅助曲线法。在进行调节计算时，q-$\left(\frac{V}{\Delta t}+\frac{q}{2}\right)$ 关系曲线可根据确定的溢洪建筑物的类型、尺寸和库容曲线、计算时段 Δt 等条件来计算绘制。

调洪开始时，对于第一时段，由入库洪水过程和起始条件可以知道 Q_1、Q_2、V_1、q_1，将它们代入式(9-6)的右端，即得出 $\left(\frac{V_2}{\Delta t}+\frac{q_2}{2}\right)$。依据此数值在 q-$\left(\frac{V}{\Delta t}+\frac{q}{2}\right)$ 曲线上即可查出第一时段末的 q_2 值。

对于第二时段，上一时段末的 Q_2、q_2 及 $\left(\frac{V_2}{\Delta t}+\frac{q_2}{2}\right)$ 作为本时段初的 Q_1、q_1、$\left(\frac{V_1}{\Delta t}+\frac{q_1}{2}\right)$，重复上一时段求解的过程，又可求得第二时段的 q_2、$\left(\frac{V_2}{\Delta t}+\frac{q_2}{2}\right)$。这样逐时段连续计算，便可求得水库的泄流过程线 q-t。

【例9-3】 基本资料与设计方案同例9-1，用单辅助曲线法求最大泄量 q_m、设计调洪库容 $V_{设洪}$ 和设计洪水位 $Z_{设洪}$。

解　(1) 绘制单辅助曲线图。计算表格如表 9-3 所示，表内⑦栏可省去。以⑤栏与⑧栏对应值绘制 $q\text{-}\left(\frac{V}{\Delta t}+\frac{q}{2}\right)$ 曲线，即单辅助曲线。用表中⑤栏与①栏绘制水位与下泄流量关系曲线 $q\text{-}Z$，如图 9-9 中的 2、3 线。

(2) 用单辅助曲线法进行水库的防洪调节计算。计算表格如表 9-5 所示。

表 9-5　某水库单辅助曲线法调洪计算表

时间 t /h	流量 Q /(m³/s)	时段 Δt /(1 h)	平均流量 $\bar{Q}$ /(m³/s)	时段末的 $\left(\frac{V}{\Delta t}+\frac{q}{2}\right)$ /(m³/s)	时段末的下泄流量 q/(m³/s)	总库容 $V_{总}$ /万立方米	水库水位 Z /m
①	②	③	④	⑤	⑥	⑦	⑧
0	0	0	0	0	0	1296	59.98
1	390	0—1	195	195	18		
2	770	1—2	580	757	88		
3	1150	2—3	960	1629	256		
4	986	3—4	1068	2441	436		
5	820	4—5	903	2908	544		
6	656	5—6	738	3102	596	2307	62.83
7	492	6—7	574	3080	588		
8	326	7—8	409	2901	545		
9	162	8—9	244	2600	475		
10	0	9—10	81	2206	384		
11		10—11	0	1822	298		
12		11—12		1524	235		
13		12—13		1289	188		
14		13—14		1101	152		
15		14—15		949	125		
⋮		⋮					

表 9-5 中①、②、③栏数据同表 9-2 中相应值。

第一时段，按照起始条件，时段初 $q_1=0$，$V_1=0$，入库平均流量 $\bar{Q}=195\ \mathrm{m^3/s}$。

将其代入式(9-6)，得

$$\frac{V_2}{\Delta t}+\frac{q_2}{2}=\bar{Q}+\left(\frac{V_1}{\Delta t}+\frac{q_1}{2}\right)-q=(195+0-0)\ \mathrm{m^3/s}=195\ \mathrm{m^3/s}$$

填入⑤栏，在单辅助曲线(图 9-9 中的 2 线)上截取横坐标 195 m³/s，并由此向上作垂线交 $q\text{-}\left(\frac{V}{\Delta t}+\frac{q}{2}\right)$ 曲线(即 2 线)于一点，该点纵坐标为 18 m³/s，这就是所求第一时段末的下泄流量

q_2，将其填入⑥栏。

第二时段，由表 9-5 中数据已知 $\overline{Q}=580\ \mathrm{m^3/s}$，$q_1=18\ \mathrm{m^3/s}$，第二时段初的 $\left(\frac{V_1}{\Delta t}+\frac{q_1}{2}\right)$ 就是第一时段末的 $\left(\frac{V_2}{\Delta t}+\frac{q_2}{2}\right)$，计算同第一时段，则第二时段由式(9-6)得

$$\frac{V_2}{\Delta t}+\frac{q_2}{2}=\overline{Q}+\left(\frac{V_1}{\Delta t}+\frac{q_1}{2}\right)-q=(580+195-18)\ \mathrm{m^3/s}=757\ \mathrm{m^3/s}$$

填入⑤栏，再由单辅助曲线(见图 9-9 中的 2 线)取横坐标为 757 $\mathrm{m^3/s}$ 时向上作垂线交 2 线于一点，则该点的对应纵坐标 $q_2=88\ \mathrm{m^3/s}$，即为第二时段末的下泄流量，填入⑥栏。

其他时段，方法类似。将所求上一时段末的 $\left(\frac{V_2}{\Delta t}+\frac{q_2}{2}\right)$ 作为下一时段初的 $\left(\frac{V_1}{\Delta t}+\frac{q_1}{2}\right)$，用同样的步骤连续求解，利用①、⑥栏即可绘制泄量过程线，由⑥栏可知最大泄量 $q_m=596\ \mathrm{m^3/s}$。

(3) 确定设计调洪库容及设计洪水位。由 $q_m=596\ \mathrm{m^3/s}$，查图 9-7 的 $q=f(V)$ 曲线，可得最大库容 $V_{总}=2307$ 万立方米，已知起调库容 $V=1296$ 万立方米，从而求得设计调洪库容 $V_{设洪}=(2307-1296)$ 万立方米 $=1011$ 万立方米，再根据 $q_m=596\ \mathrm{m^3/s}$ 查图 9-9 中 3 线，即可得设计洪水位 $Z_{设洪}=62.83$ m。

模块 3　简化三角形法

对于中小型水库，在初步规划阶段进行调洪方案比较时，只要求确定最大调洪库容和最大下泄流量，无须计算蓄泄过程，故采用简化三角形法，如图 9-11 所示。将洪水过程线及下泄流量过程线都简化为三角形。此法非常简便，局限性是近似性强。

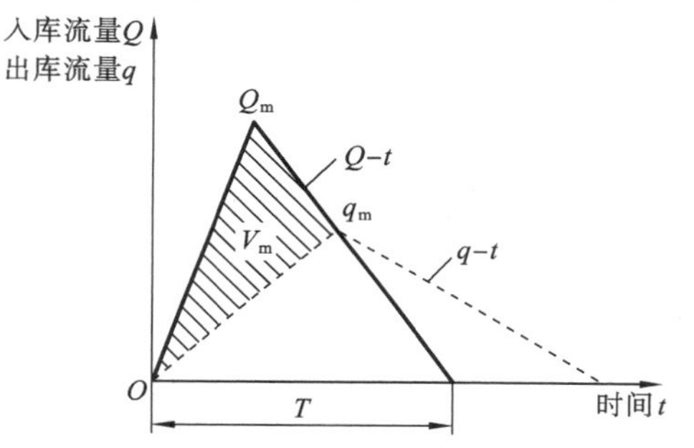

图 9-11　简化三角形法示意图

其应用条件和假定如下：

(1) 设计洪水过程线近似为三角形。

(2) 溢洪道上没有闸门控制，出流方式为自由溢流，起调水位和堰顶齐平，泄流过程线近似为直线，如图 9-11 所示 。

入库洪水总量 W 为

$$W=\frac{1}{2}Q_m T \tag{9-7}$$

最大调洪库容 V_m 为

$$V_m=\frac{1}{2}Q_m T-\frac{1}{2}q_m T=\frac{1}{2}Q_m T\left(1-\frac{q_m}{Q_m}\right) \tag{9-8}$$

式中：Q_m、q_m 分别为入流和出流的洪峰流量，$\mathrm{m^3/s}$；T 为洪水历时，s。

将式(9-7)代入式(9-8)，进行整理得

$$V_m=W\left(1-\frac{q_m}{Q_m}\right) \tag{9-9}$$

或者

$$q_m=Q_m\left(1-\frac{V_m}{W}\right) \tag{9-10}$$

两个未知量 V_m、q_m 需要通过利用蓄泄曲线 q-V(V 采用堰顶以上库容)与式(9-9)或式(9-10)联合求解。具体方法可采用试算法或图解法。

1. 试算法

求解思路：先假设 q_m，由式(9-9)求得 V_m，再利用 q-V 关系曲线由 V_m 查得相应的 q_m 值，当此值与假设的 q_m 相等时，q_m、V_m 为所求，否则重新试算。

【例 9-4】 拟建某小型水库，已知设计频率 $P=2\%$，设计洪峰流量 $Q_m=99\ m^3/s$，洪水历时 $T=6\ h(t_1=2\ h, t_2=4\ h)$，简化为三角形洪水过程。溢洪道宽度为 10 m。其 q-V 关系曲线如表 9-6 所示，应用简化三角形法求最大泄量 q_m 和设计调洪库容 $V_{设洪}$（即图 9-11 中的 V_m）。

表 9-6　某小型水库 q-V 关系曲线

下泄流量 $q/(m^3/s)$	0	5.0	15.0	28.0	42.0	59.0	78.0
溢洪道堰顶以上库容 V/万立方米	0	14	30	45	62	79	96

解　(1) 根据表 9-6 绘制 q-V 关系曲线，如图 9-12 所示。

(2) 计算设计洪水总量 W：

$$W=\frac{1}{2}Q_m T=\frac{99\times 6\times 3600}{2}\ m^3=107\ 万立方米$$

(3) 应用试算法推求 q_m 和设计调洪库容 $V_{设洪}$。

首先假设 $q_m=47\ m^3/s$，计算设计调洪库容 $V_{设洪}$：

$$V_{设洪}=W\left(1-\frac{q_m}{Q_m}\right)=107\times\left(1-\frac{47}{99}\right)\ 万立方米$$
$$=56\ 万立方米$$

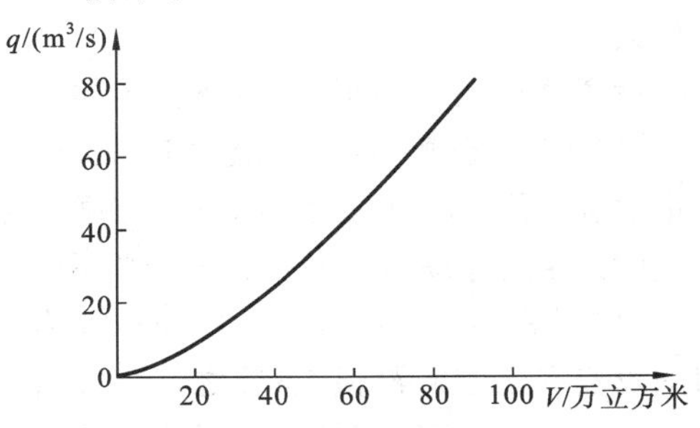

图 9-12　某水库下泄流量-库容关系曲线

查图 9-12 得 $q_m=38\ m^3/s$，与原假设不相符，应重新假设计算。

第二次假设 $q_m=42\ m^3/s$，计算设计调洪库容 $V_{设洪}$：

$$V_{设洪}=W\left(1-\frac{q_m}{Q_m}\right)=107\times\left(1-\frac{42}{99}\right)\ 万立方米=62\ 万立方米$$

查图 9-12 得 $q_m=42\ m^3/s$，与原假设相符。故 $q_m=42\ m^3/s$，$V_{设洪}=62$ 万立方米，即为所求最大下泄流量和设计调洪库容。

2. 图解法

图解法的方法步骤如下。

(1) 对溢洪道宽度 B_1 的方案，绘出 q-V 关系曲线，且 V 须采用堰顶以上库容；

(2) 在与 q-V 关系曲线的同一图中绘出式(9-10)表示的 q_m 与 V_m 关系曲线，该式中 W、Q_m 已知，显然该关系线为直线，如图 9-13 中的 AB 线；

(3) 读出两线交点 C 的纵坐标值和横坐标值即为所求 q_m、V_m，如图 9-13 所示。

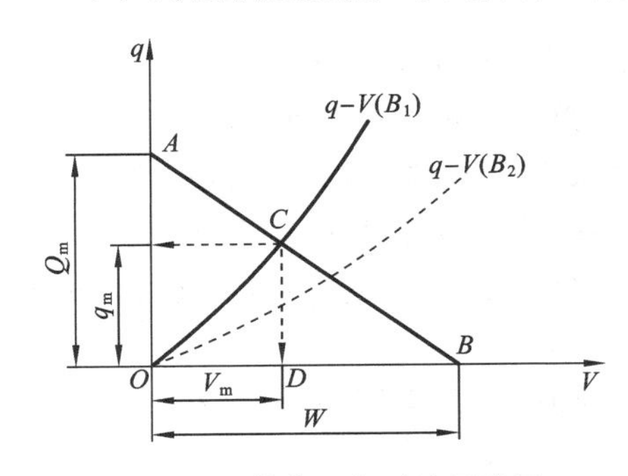

图 9-13　简化三角形法示意图

上述图解过程的正确性是显然的。由于 V 采用堰顶以上库容，相应 q-V 关系则为下泄流量与堰顶以上最大调洪库容之间的关系，q_m 与 V_m 值必定既是此关系曲线上的一点，又是 q_m 与 V_m 关系曲线上的一点。

图 9-13 中，溢洪道宽度 $B_1>B_2$，进一步说明，当其他条件相同时，溢洪道的尺寸越大，q_m 越大；而 V_m 越小，最高洪水位 Z_m 也越低。

任务 3　有闸门控制的水库调洪计算

模块 1　溢洪道设置闸门的作用

溢洪道设置闸门会使泄洪建筑物的投资增加，操作管理变得复杂。但溢洪道设置闸门可以比较灵活地按需要控制泄洪量的大小和泄洪的时间，使水库防洪调度灵活，控制运用方便，提高水库的防洪效益。因此，当下游要求水库蓄洪、与河道区间洪水错峰或水库群防洪调度时，都需要设置闸门。有了闸门，这会给大中型水库枢纽的综合利用和下游防洪安全带来极大的好处。

设置闸门的作用很多，主要作用如下。

(1) 因为无闸门控制的溢洪道，其堰顶与正常蓄水位齐平，有闸门控制的溢洪道，其堰顶低于正常蓄水位，故当库水位相同时，有闸门溢洪道的泄洪能力要大于无闸门溢洪道的泄流能力。

(2) 在同样满足下游河道允许泄量 $q_{允}$ 的情况下，有闸门的防洪库容要比无闸门的防洪库容小，如图 9-14 所示，图中阴影面积即为有闸门比无闸门所减少的防洪库容量，从而可减少大坝的投资和上游淹没损失；反之，防洪库容一定时，有闸门控制时最大泄量减小，如图 9-15 所示，$q_{m1}>q_{m2}$，从而可减轻下游洪水灾害。

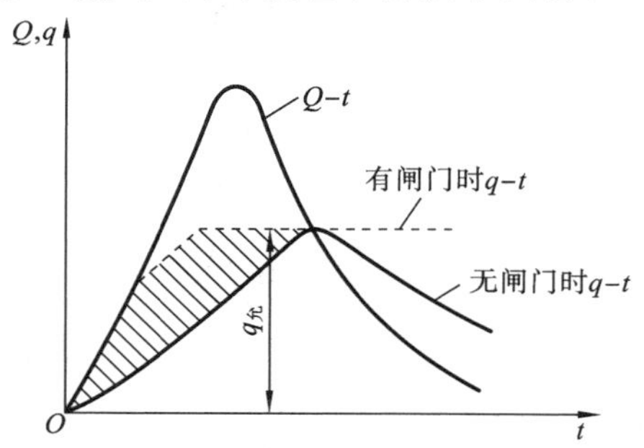

图 9-14　溢洪道设置闸门后防洪库容减少示意图

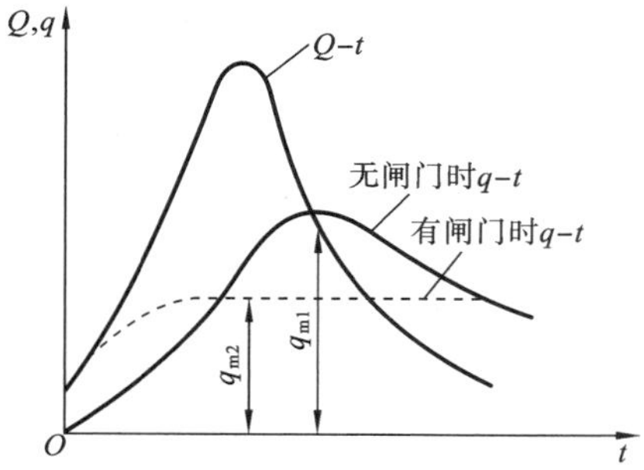

图 9-15　溢洪道设置闸门后最大泄量减少示意图

(3) 有闸门控制时可考虑洪水补偿调节，当区间来水小时，水库可加大下泄流量，使上游洪水和区间洪水错开，从而可有效地削减下游河段的最大流量。

(4) 当溢洪道上设置闸门时，可使正常畜水位 $Z_{蓄}$ 高于防洪限制水位 $Z_{限}$。两者之间的库容在汛期时用于防洪，在非汛期蓄水兴利，这样可使水库的总库容减小。设置闸门有利于解决水库防洪与兴利的矛盾，提高水库综合利用效益。对防洪来说，汛期要求水库水位尽可能低一些，以有利于防洪；对兴利来说，则要求库水位尽可能高一些，以免汛后蓄水量不足，影响兴利用水。有闸门时，可以在主汛期之外分阶段提高防洪限制水位，也可以拦蓄洪水主峰过后的部分洪量，既发挥水库的防洪作用，又能争取多蓄水兴利。

(5) 溢洪道设置闸门，才有可能考虑洪水预报，提前预泄，腾空库容，达到减少总库容的目的。

(6) 可选择较优的工程布置方案。

当溢洪道宽度 B 相同时，若调洪库容 $V_{调}$ 相等，设置闸门可以降低最大泄量 q_m；若 q_m 相等，则有闸门可以减少 $V_{调}$；若 $V_{调}$、q_m 都相等，则所需溢洪道宽度要比无闸门的小得多。因此，根据地形、地质条件、淹没损失及枢纽布置情况，可以优选 B、$V_{调}$ 和 q_m 的组合方案。

模块 2　有闸门控制时水库调洪计算的特点

水库溢洪道有闸门控制的调洪计算原理与无闸门控制时的相同，其调洪计算的特点如下：

(1) 溢洪道有闸门控制时，水库调洪计算的起调水位(防洪限制水位)一般低于正常蓄水位，高于堰顶高程。这样在防洪限制水位和正常蓄水位之间的库容既可兴利，又可以防洪，从而缓解了防洪要腾空库容与兴利要蓄水之间的矛盾。而汛前限制水位高于堰顶高程，就可以从洪水开始时得到较高的泄流水头，增大洪水初期的泄洪量，以减轻下游防洪的压力。对于以兴利为主的水库，防洪限制水位的确定应以汛后能蓄满兴利库容为原则。

(2) 只有闸门全开才属自由泄流，相当于无闸门控制，可用列表试算法、双辅助曲线法或单辅助曲线法进行计算，当闸门没有全开时，属控制泄流，可直接用水量平衡方程计算。

(3) 水库溢洪道有闸门控制的调洪计算，要结合下游是否有防洪要求所拟定的调洪方式进行。

模块 3　有闸门控制的水库调洪计算

调洪方式：根据水库自身和下游防洪要求，对一场洪水进行调度时，利用泄洪设施泄放流量的时程变化形式，也称泄洪方式或防洪调度方式，即制定的调洪规则，如闸门启闭和非常泄洪设施启用等规则。拟定水库调洪方式时要考虑有无闸门控制、有无区间来水、是否承担下游防洪任务、是否考虑预报调度等。

针对无下游防洪任务的水库调洪方式，其溢洪设施一般不设置闸门；对于有下游防洪任务的水库调洪方式，其溢洪设施设置闸门。若水库距下游防护地点近，区间洪水可忽略，则采用固定泄流调洪方式或分级控制泄量调洪方式；若水库距下游防护地点远，区间洪水不忽略，则采用补偿调洪方式或错峰调洪方式。前者较理想，后者属于较实际的方式；另外还有预报预泄调洪方式等。下面从水库是否承担下游防洪任务进行说明。

1. 水库不承担下游防洪任务

当水库下游无防洪要求时，水库的防洪任务主要是确保大坝的安全。当洪水来临时，水库水位在防洪限制水位，闸门前已经具有一定的水头(有闸门控制时，一般防洪限制水位高于堰顶高程)。如果打开闸门，则具有较大的泄洪能力，在没有洪水预报的情形下，当洪水开始进入水库时，为了保证兴利要求，如果入库流量 Q 不大于水库防洪限制水位的泄洪能力 $q_{限}$，则应将闸门逐渐打开，水库控制泄量，使下泄流量等于入库流量。库水位维持在防洪限制水位，如图 9-16 所示 t_1 时刻以前的泄流情况。随后因 t_1 时刻闸门全部打开，水库进入自由泄流状态，库水位逐渐上升，泄流量增大，到 t_2 时刻，下泄流量最大，库水位达最高。此后，泄流量逐渐减小。这种调洪方式为控制与自由泄流相结合。

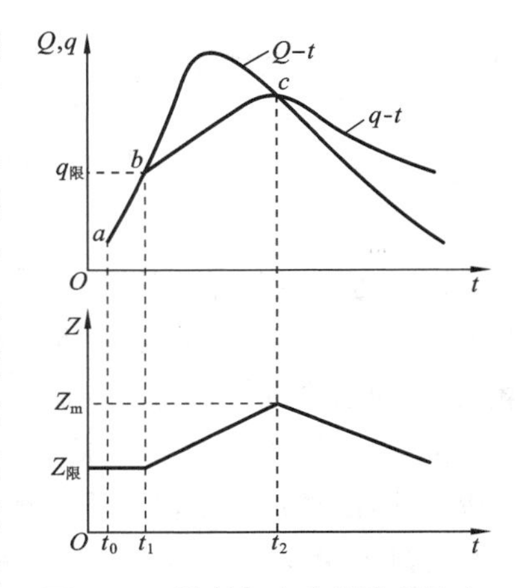

图 9-16　控制与自由泄流相结合

对于图 9-16 所示出流方式，其中 bc 段与无闸门控制的调洪计算方法完全一致。只是 b、c 点不一定取在固定时段的分界点上，需要正确判定它们的位置。至于控制泄量的 ab 段，泄量等于来水量，即 $q=Q$，故库水位不变。

2. 水库承担下游防洪任务

当水库下游有防洪要求，且水库与下游防洪地区之间无区间入流或区间入流可忽略时，水库采用分级控制泄流的调洪方式。

当入库洪水小于或等于下游防洪对象标准的洪水时，水库最大泄量不应超过下游安全泄量；当入库洪水的标准超过下游防洪标准时，不再满足下游防洪要求，而以水库本身安全为主，全力泄洪。然而，洪水发生是随机的，在无短期洪水预报的情况下，如何判别洪水是否超过下游防洪标准？常用的方法是采用库水位来判别，当库水位低于防洪高水位时，应以下游安全泄量控制泄洪；当库水位达到防洪高水位时，而水库来水量仍然大于泄量，此时应转入更高一级的防洪，加大水库泄量。

在规划设计阶段，在泄洪建筑物方案一定的情况下，对不同频率的洪水调洪计算，其计算程序必须是自最低一级防洪标准的洪水开始，求得防洪库容和相应的防洪高水位后，再对更高一级的防洪标准的洪水调洪计算，推求防洪特征库容和水位，直至完成大坝校核洪水的调洪计算。这种调洪计算方式称为多级防洪调节。图 9-17 所示的为不同频率的洪水入库时，水库出流过程和库水位的变化过程。

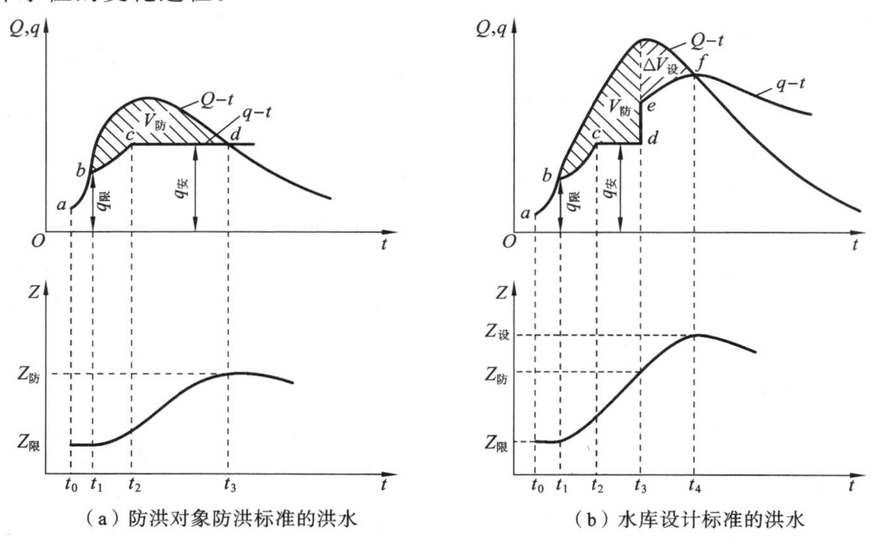

（a）防洪对象防洪标准的洪水　　（b）水库设计标准的洪水

图 9-17　水库多级防洪调节

针对防洪对象标准的洪水如图 9-17(a)所示，洪水来临时水库处于防洪限制水位。当入库流量 Q 小于水库防洪限制水位的泄洪能力 $q_{限}$ 时，水库控制泄量，使下泄流量等于入库流量，水库的水位维持在防洪限制水位 $Z_{限}$，如图中 ab 段。t_1 时刻 b 点的泄流量已经等于防洪限制水位 $q_{限}$，闸门已经全开。此后溢洪道变为自由泄流，由于入库流量大于下泄流量，故库水位不断上涨，溢洪道的下泄流量也随着增大，如图 9-17(a)中 bc 段。当 t_2 时刻下泄流量达到下游安全泄流量 $q_{安}$ 时(c 点)，为了保证下游防护对象的安全，下泄流量不应该超过 $q_{安}$，这就必须逐渐关闭闸门，形成固定泄流，也称削平头操作方式(cd 段)。水库泄流过程为 $abcd$，t_3 时刻相应的蓄洪量达到最大值，此值即防洪库容 $V_{防}$，相应的库水位即为防洪高水位 $Z_{防}$。

如图9-17(b)所示，针对大坝本身设计标准的洪水，水库的泄流过程，在库水位达到防洪高水位之前与图9-17(a)中的完全相同。t_3 时刻相应的蓄洪量等于 $V_{防}$，而此后的来水量仍大于泄水量，说明水库入库洪水的标准已超过下游防洪对象标准，为了保证大坝本身的安全，在 t_3 时刻(d 点)，应将闸门立即全部打开，下泄流量突然增大到 e 点而再次形成自由泄流，至 t_4 时刻 f 点下泄流量达最大值，t_3—t_4 时段增加的蓄洪量为 $\Delta V_{设}$，$V_{防}+\Delta V_{设}$ 就是设计调洪库容 $V_{设调}$，t_4 时刻的库水位即设计洪水位 $Z_{设}$。

若仅有正常溢洪道，对大坝校核洪水所采取的调洪方式则与设计洪水的相同，根据其出流过程可以求得校核调洪库容和校核洪水位。当除有正常溢洪道之外，还有非常溢洪道时，对校核洪水的调洪计算方法见后面叙述。

推求图9-17中水库出流过程的方法，在自由泄流段 bc 和 ef，可以采用半图解法；在控制段 ab 和 cd，因下泄流量已知，故由水量平衡方程即可求出各个时刻的蓄水量。但是各转折点时刻不一定在取定的固定时段的分界点上，需要正确判断它们的位置，往往需要采用试算法。

【例9-5】 某水库溢洪道设置闸门，下游有防洪要求，且水库与下游防洪对象之间的区间入流较小，可忽略。试根据所提供的资料推求水库的防洪库容和防洪高水位、设计调洪库容和设计洪水位。基本资料如下：

(1) 水库水位-容积关系如表9-7中(1)、(2)栏所示。

(2) 水库泄洪建筑物采用泄洪洞和溢洪道。泄洪洞型式为圆形压力洞，设置一孔，直径为4.8 m，洞口处高程为114.0 m，非淹没出流，流量系数 $\mu=0.56$；溢洪道采用实用堰，堰顶高程为134.5 m，堰宽为72 m，淹没系数、侧收缩系数均取1，流量系数 $m=0.40$。

(3) 水库的防洪限制水位为136 m。

(4) 水库正常运用设计标准为 $p=0.2\%$，校核标准为 $p=0.1\%$，下游防护对象铁路桥的防洪标准为 $p=1\%$，安全泄量 $q_{安}=1000\ m^3/s$。

(5) 频率 $p=0.2\%$ 时的设计洪水过程线，如表9-8中的(1)、(2)栏。

解　计算步骤如下：

(1) 计算并绘制蓄泄曲线和调洪计算辅助曲线。根据泄洪建筑物型式和尺寸，泄洪洞和溢洪道的出流公式分别为

$$q_{洞}=\mu A\sqrt{2gh_{洞}}=0.56\times3.14\times2.4^2\times\sqrt{2gh_{洞}}=44.84\sqrt{h_{洞}}$$

式中：$h_{洞}$ 为洞心水头，$h_{洞}=Z-116.4$，116.4为洞心高程。

$$q_{溢}=m\sqrt{2g}Bh^{3/2}=0.40\sqrt{2g}\times72h^{3/2}=127.5h^{3/2}$$

式中：h 为堰顶水头，$h=Z-134.5$。

绘制蓄泄曲线和调洪计算辅助曲线有关要素的计算数据如表9-7所示。计算时段 $\Delta Z=6$ h。为提高图解精度，库容采用汛限水位以上库容 V'。由表9-7中的(3)、(6)栏相应数值可绘制蓄泄关系曲线(图略)，由表9-7中(6)、(7)栏相应数值可绘制辅助曲线 q-$\left(\frac{V'}{\Delta t}+\frac{q}{2}\right)$，限于篇幅，图略。

(2) $p=1\%$ 时的洪水调洪计算。按照图9-17(a)所示的调洪方式调洪计算，下泄流量不超过 $q_{安}=1000\ m^3/s$，求得最大蓄洪量即防洪库容 $V_{防}=266.529\times10^6\ m^3$，防洪高水位 $Z_{防}=142.75$ m(计算过程略)。

表 9-7　某水库调洪计算辅助曲线计算表

水位 Z /m	库容 V /($\times 10^6$ m^3)	V' /($\times 10^6$ m^3)	$q_{洞}$ /(m^3/s)	$q_{溢}$ /(m^3/s)	q /(m^3/s)	$\frac{V'}{\Delta t}+\frac{q}{2}$ /(m^3/s)
(1)	(2)	(3)	(4)	(5)	(6)	(7)
136	382.0	0	199	234	433	216
137	416.5	34.5	204	504	708	1951
138	452.6	70.6	208	835	1043	3790
139	490.0	108	213	1217	1430	5715
140	531.3	149.3	218	1645	1862	7843
141	573.3	191.3	222	2113	2335	10024
142	615.3	233.3	227	2619	2846	12224
143	657.3	275.3	231	3160	3391	14441
144	699.3	317.3	236	3733	3969	16674
145	741.3	359.3	240	4338	4578	18923
146	783.3	401.3	244	4972	5216	21187
147	825.3	443.3	248	5635	5883	23465

(3) $p=0.2\%$时的洪水调洪计算。建立计算表如表 9-8 所示。起调水位为防洪限制水位 136.0 m，由表 9-7 可知，相应泄流能力为 433 m^3/s。

在表 9-8 中，6 日 2—8 时，入库流量小于或约等于 $q_{限}$，控制泄量 $q=Q$，库水位维持在防洪限制水位，此后闸门全开，自由泄流，至 7 日 8 时 42 分，下泄流量达到下游的安全泄量 1000 m^3/s，蓄洪量 $V'=68.082\times 10^6$ m^3，小于 $V_{防}=266.529\times 10^6$ m^3，应满足下游防洪要求，控制下泄流量为 1000 m^3/s，至 7 日 23 时蓄洪量为 266.524×10^6 m^3，约等于 $p=1\%$时洪水相应的防洪库容 $V_{防}=266.529\times 10^6$ m^3，来水量仍然大于泄水流量，表明本次洪水的频率已经超过 1%，为了大坝本身的安全，不再控制下泄流量，闸门全开，自由泄流。8 日 8 时下泄流量达到最大值 5450 m^3/s，水库蓄洪量也达到最大值 414.063×10^6 m^3，该蓄洪量即水库的设计调洪库容，相应设计洪水位为 146.25 m。

对于控制泄流的 6 日 2—8 时、7 日 8 时 42 分至 23 时，下泄流量已知，利用水量平衡方程即可得到(7)栏时段蓄洪量 ΔV，进而计算(8)栏累计蓄洪量 V'。对于自由泄流的范围 6 日 8 时至 7 日 8 时 42 分、7 日 23 时至 8 日 14 时，当闸门全开或控制的转折时刻，不正好在 $\Delta t=6$ h 的时段分界处时，相应的时段不能使用半图解法。例如 7 日 8 时 42 分、7 日 23 时的自由下泄流量均须试算得出，与 7 日 23 时相邻时刻的 8 日 2 时的流量，由于 $\Delta t\neq 6$ h，故该时刻下泄流量也须试算得出，只当 $\Delta t=6$ h 的自由泄流时段才能采用半图解法。在求得了逐时刻的下泄流量 q 之后，利用水量平衡方程可得(7)栏时段蓄洪量 ΔV，进而计算(8)栏累计蓄洪量 V'。

通过上述调洪计算可知，该水库防洪库容 $V_{防}=266.529\times 10^6$ m^3，防洪高水位 $Z_{防}=142.75$ m；设计调洪库容为 414.063×10^6 m^3，设计洪水位为 146.25 m。

表9-8　某水库 $p=0.2\%$ 时的洪水调洪计算表

时间（日　时）	Q /(m³/s)	$\bar{Q}$ /(m³/s)	$\frac{V'}{\Delta t}+\frac{q}{2}$ /(m³/s)	q /(m³/s)	$\bar{q}$ /(m³/s)	ΔV /(×10⁶ m³)	V' /(×10⁶ m³)	说明
(1)	(2)	(3)	(4)	(5)	(6)	(7)	(8)	(9)
6　2	200			200				下泄流量等于来水流量，维持防洪限制水位
8	438		250	438			0	
		874			469	8.748		闸门全开，自由泄洪
14	1310		686	500			8.748	
		1215			570	13.932		
20	1120		1401	640			22.680	
		1150			673	10.303		
7　2	1180		1911	705			32.983	
		2195			838	29.311		
8	3210		3401	970			62.294	
		3282			985	5.788		
8：42	3354			1000			68.082	闸门由全开转向逐渐关小，使下泄流量维持在1000 m³/s
		4059			1000	58.366		
14	4764			1000			126.448	
		4902			1000	84.283		
20	5040			1000			210.731	
		6166			1000	55.793		
23	7292			1000/3300			266.524	蓄洪量等于防洪库容，来水量仍较大，故闸门全开
		9546			3725	62.867		
8　2	11800		17400	4150			329.391	
		8720			4800	84.672		
8	5640		21970	5450			414.063	蓄洪量达最大，库水位达到最高，以后逐渐下降
		4825			5365	−11.664		
14	4010		21345	5280			402.399	
		⋮			⋮	⋮		

以上介绍的是水库与下游防洪地区之间无区间入流，或者区间入流可以忽略的调洪计算方法。如果水库与下游防护地区之间的区间洪水不可忽略，当发生洪水时，水库仅能控制的是入库洪水，因此，为满足防护地区的防洪要求，水库要考虑区间来水大小进行补偿放水，这种调节洪水的方式称为防洪补偿调节。规划设计阶段的防洪补偿调节计算可以参考相关书籍的内容。

需要说明的是，无论采用何种调洪方式，必须规定水库总的最大下泄流量不能超过本次洪水发生在未建库情况下的坝址最大流量，避免人为加大洪灾。

模块4　有闸门控制的水库防洪计算

1. 防洪方案的拟订

对于无闸门控制的溢洪道水库来说，防洪方案较为简单，只是拟订不同的溢流堰顶宽度，但是对于有闸门控制的溢洪道水库来说，组成防洪计算方案的因素很多，除堰顶宽度 B 外，还有堰顶高程 $Z_{堰}$、防洪限制水位 $Z_{限}$、闸门顶高程 $Z_{门}$ 等。此外，当有非常泄洪设施时，还要考虑其位置、类型、规模、启用水位等因素；任何一项因素有所改变，都会构成一种新的拟定方案，对于这种比较复杂的情况，拟定出的方案非常多的时候，要注意全面深入地分析研究，抓住主要矛盾，尽可能排除一些互相制约的因素，减少拟定方案的盲目性。当闸门顶以上没有胸墙时，闸门顶高程 $Z_{门}$ 应不低于正常蓄水位 $Z_{蓄}$；溢洪道堰顶高程 $Z_{堰}$ 为闸门顶高程 $Z_{门}$ 与闸门高度 $h_{门}$ 之差，闸门高度应以结构设计的允许最大高度为限，然后结合附近的地形、地质条件拟定 $Z_{堰}$ 的比较方案；防洪限制水位是根据洪水特性、防洪要求、兴利库容等因素确定的，对于防洪来说，希望防洪限制水位 $Z_{限}$ 定得低一些，以便有更多的库容来容纳洪水，以利防洪安全，这样也能降低工程造价。但是 $Z_{限}$ 定得太低，会使兴利得不到保证，若没有洪水，兴利库容就可能蓄不够，这对兴利来说是不允许的。因此，$Z_{限}$ 应是在不破坏设计洪水的原则下取最低值；在保证防洪安全的条件下取最高值。

2. 拟定调洪方式

设置闸门控制的溢洪道的下泄流量随着闸门的启闭，有时属于控制泄流，有时属于全开的自由泄流，有时除溢洪道泄流外，还可能运用非常泄洪设施。因此，调洪计算时，应先根据下游防洪要求、非常泄洪运用条件、是否有可靠的洪水预报等情况来拟订调洪方式，即定出各种条件下启闭闸门规则和启用非常泄洪设施规则，调洪计算就根据所定的规则进行。

各水库的具体情况不同，调洪方式也就不一样。下面只分析一种较简单的情况，学习如何拟定调洪方式。当水库上游发生一场大洪水时，不考虑预报，且洪水开始时的库水位在防洪限制水位处。洪水刚开始时，入库流量 Q 小于 $Z_{限}$ 时的溢洪道泄流能力，即 $Q<q_{限}$，此时要保证库水位不变，以保证兴利用水要求，则应控制闸门开度，使下泄流量 q 等于入库流量 Q。如图 9-18 所示的 ab 段；随着 Q 增大，达到 $Q>q_{限}$ 时，即闸堰的下泄能力小于入库流量，这时应在保证下游安全的条件下尽快泄洪，闸门全开自由泄流，如图 9-18 所示的 bc 段；但由于 $Q>q$，蓄水量增加，库水位不断上涨，闸堰的下泄能力不断增大，当下泄能力大于下游允许泄量 $q_{允}$ 时，则应关小闸门，控制下泄流量 $q=q_{允}$，如图 9-18 所示的 cd 段；由于 Q 持续大于 $q_{允}$，库水位继续上涨，当库水位超过防洪高水位 $Z_{防}$ 时，说明此次洪水超过了下游防洪标准，这时应把保证大坝的安全作为主要目标，将闸门全开，自由泄流，如图 9-18 所示的 ef 段；若库水位继续上涨，达到了启用非常泄洪设施的水位 $Z_{启}$，入库流量仍很大，则此时应使非常泄洪设施投入使用，即各种泄洪措施共同排泄洪水，如图 9-19 中所示的曲线 $fghi$，以确保大坝安全。

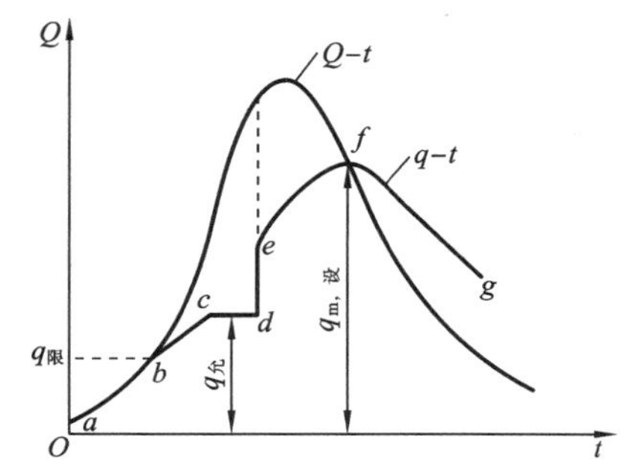

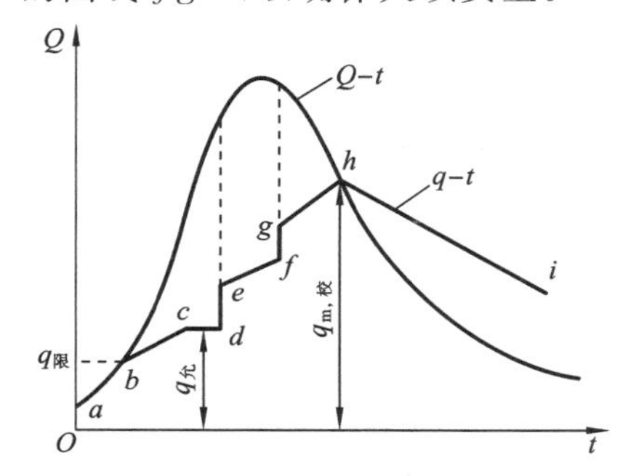

图 9-18　设置闸门控制的溢洪道设计标准洪水计算　　**图 9-19　设置闸门控制的溢洪道校核标准洪水计算**

3. 调洪计算

确定调洪方式后，就很容易根据不同的条件进行调洪计算。如对设计标准的洪水，如图 9-18 所示，ab 段是控制泄流，按入库流量大小控制下泄；cd 段也是控制泄流，按 $q_{允}$ 控制下泄；bc 段和 efg 段都是自由泄流，可按之前所述方法求得，这样就可求得整个下泄流量过程线 $abcdefg$，从而得出 $q_{m,设}$ 和 $Z_{设}$，对于校核标准的洪水，如图 9-19 所示，f 点以前的计算方法与设计标准洪水的完全一样，而曲线 ghi 用自由泄流的方法求得。其泄流能力应包括正常和非常的泄洪设施，从而求得整个下泄流量过程线 $abcdefg$ 和 $q_{m,校}$ 与 $Z_{校}$。

4. 进行方案比较和选择

溢洪道设置闸门时的方案比较和选择与前述溢洪道无闸门时的情况基本相同，就是对各方案都计算出溢洪道建筑物投资、水库下游堤防费用及下游淹没损失，也计算出大坝投资及水库上游淹没损失，然后再比较各方案的经济、技术、政治等因素，综合分析后，选出最佳的防洪方案。

复习思考题

1. 水库的调洪作用是什么？水库调洪计算的任务是什么？
2. 水库防洪调节计算的基本原理是什么？
3. 简述采用列表试算法进行防洪调节计算的方法步骤。
4. 采用双辅助曲线法调洪计算的原理和计算步骤是什么？
5. 采用单辅助曲线法调洪计算的原理和计算步骤是什么？

6. 某年调节水库的流域面积为 62 km^2，水库水位-库容关系曲线如表 9-9 所示，灌溉要求死水位为 53.32 m。水库年水面蒸发量为 1185 mm，蒸发量的多年平均年内分配系数如表 9-10 所示，库内水文地质条件较好，渗漏损失按水库时段蓄水量的 0.6%估算。相应于灌溉设计保证率 $P_{灌}=80\%$ 的枯水代表年的来水过程及用水过程如表 9-10 所示，设计标准 $P=1\%$ 时的设计洪水过程如表 9-11 所示，溢洪道为无闸门控制的实用堰，堰宽 $B=70$ m，实用堰的流量系数 $M=1.77$，下游没有防护要求。

表 9-9　某水库水位库容曲线摘录表

水位/m	50.5	51.0	52.0	53.0	54.0	55.0	56.0	57.0
库容/万立方米	0	1.33	20.0	65.3	140.2	246.7	386.4	560.7
水位/m	28.0	59.0	60.0	61.0	62.0	63.0	64.0	65.0
库容/万立方米	770.4	1016.8	1300.0	1620.7	1980.0	2378.3	2817.0	3297.0

表 9-10　某水库 $P_{灌}=80\%$ 时设计代表年来水、用水及蒸发损失资料表

项目 \ 月	4	5	6	7	8	9	10	11	12	1	2	3	合计
来水量/万立方米	136	197	117	78	79	360	436	203	85	63	62	79	1895
用水量/万立方米	181	335	483	502	148								1649
蒸发年内分配系数/(%)	8.53	11.8	14.21	13.05	13.30	9.81	7.61	4.69	3.21	3.09	3.82	6.88	100

表 9-11 某水库设计洪水过程线资料表

时间 t/h	0	1	2	3	4	5	6	7	8	9	10
$Q_{1\%}$/(m^3/s)	0	390	770	1150	986	820	656	492	326	162	0

(1) 确定设计保证率 $P_{灌}$=80%时的设计兴利库容和正常蓄水位。

(2) 分别用列表试算法、单辅助曲线法求设计标准为 P=1%时的泄流过程线、水库蓄水过程线、最大泄量、设计调洪库容和设计洪水位。

7. 已知某水库调洪计算资料如下:

(1) 设计频率 p=5%时的洪水过程线如表 9-12 所示。

(2) 水库的泄洪建筑物为溢洪道,设有五个孔的闸门,每个孔高 10 m,宽 12 m,堰顶高程为 50 m,汛前水位为 54 m,水电站水轮机最大过水能力 Q_T=120 m^3/s,下游安全允许泄量 $q_{允}$=2500 m^3/s。溢洪道的泄流能力公式 $q=MB\sqrt{2g}H^{3/2}$,流量系数 M=0.45。

表 9-12 某水库 p=5%洪水过程线资料

时间/h	0	6	12	18	24	30	36	42	48	54	60	66	72
流量/(m^3/s)	250	450	750	1250	2000	2750	3200	3400	3600	4800	5950	5750	5200
时间/h	78	84	90	96	102	108	114	120	126	132	138	144	
流量/(m^3/s)	4500	4000	3250	2700	1800	1400	1100	800	700	650	400	250	

(3) 水库水位-容积关系如表 9-13 所示。

表 9-13 某水库水位-容积关系

水位/m	45	46	50	51	52	53	54	55	56	57	58	59	60	61
容积/亿立方米	1.85	2.1	3.5	4.0	4.5	5.0	5.5	6.1	6.7	7.3	8.0	9.0	10.5	13.0

(4) p=1%时的设计洪水过程线如表 9-14 所示。

表 9-14 某水库 p=1%时的设计洪水过程线

时间/h	0	6	12	18	24	30	36	42	48	54	60	66	
流量/(m^3/s)	500	766	1480	2200	3000	3400	3800	4100	4500	6900	7600	7300	
时间/h	72	78	84	90	96	102	108	114	120	126	132	138	144
流量/(m^3/s)	6850	5900	5000	4400	3600	2850	1950	1600	1300	1100	950	650	360

要求:(1) 绘制 p=1%时的设计洪水过程线和水库水位-容积关系曲线;

(2) 计算并绘制调洪辅助曲线;

(3) 调洪计算,确定防洪标准 p=5%时的防洪库容和防洪高水位;

(4) 确定拦洪库容和设计洪水位,并绘制 p=1%时的设计洪水的调洪泄流过程线。

项目10 水库调度

【任务目标】

了解水库调度的意义、内容和任务，初步了解水库优化调度的基本内容；熟悉年调节水库兴利调度图的基本调度线及分区；了解水库的防洪调度图。

【技能目标】

初步会用水库调度图进行水库的控制运用。

任务1 水库调度的意义、内容和任务

1. 水库调度的意义

前面讨论的都是水利水电工程规划方面的问题，核心内容是论证工程方案的经济可行性，并选定水利水电工程的主要参数。待工程建成后，领导部门和管理单位最为关心的问题是如何将工程的设计效益充分展示出来。但在生产实践中，水利工程尤其是水库工程在管理上存在一定的困难。主要原因是：水库工程的工作情况与所在河流的水文情况密切相关，而天然的水文情况是多变的，即使有较长的水文资料也不可能完全掌握未来的水文情势。目前水文和气象预报科学的发展水平还不能作出足够精确的长期预报。因此，若管理不当可能造成损失，这种损失或者是因洪水调度不当带来的，或者是因不能保证正常供水而引起的，也可能是因不能充分利用水资源或水能资源而造成的。

在难以确切掌握天然来水的情况下，管理上常可能出现各种问题。例如，在担负有防洪任务的综合利用水利枢纽上，若仅从防洪安全的角度出发，在整个汛期内都要留出全部防洪库容，等待洪水的来临，这样在一般的水文年份中，水库到汛期后可能蓄不到正常蓄水位，因此减少了充分利用兴利库容来获利的可能性，得不到最大的综合效益。反之，若单纯从提高兴利效益的角度出发，过早将防洪库容蓄满，则汛末再出现较大洪水，就会措手不及，甚至造成损失严重的洪灾。从供水期水电站的工作来看，也可能出现类似的问题。在供水期初若水电站过分地加大出力，则水库很早放空，当后来的天然水量不能满足水电站保证的出力要求时，系统的正常工作将遭受破坏；反之，若供水期初水电站的出力过小，到枯水期末还不能腾空水库，而后来的天然水量又可能很快蓄满水库并开始弃水，这样就不能充分利用水资源和水能资源，显然也是很不经济的。

为了避免上述因管理不当而造成的损失，或将这种损失减小到最低限度，应当对水库的运行根据比较理想的规则进行合理的控制，换句话说，就是要提出合理的水库调度方法进行水库调度。按照国民经济各部门的要求，运用水库的调蓄能力，利用水利枢纽的各种建筑物与设备，控制并调节河川天然径流，达到除水害兴水利的目的，称为水库调度，亦称水库的控制运用。

2. 水库调度的内容

水库调度工作是调节河川径流、保障水库安全、充分发挥水库综合利用效益的关键环节。在水库调度工作中应在国家的方针政策指导下，根据工程设计指标，如水库的特征水位、工程效益，并结合当时的河川径流、水库蓄水量、供水量及综合利用要求等情况，编制水库调度计划，作为防洪与兴利调度的基本依据。其内容可分为两方面：① 防洪调度计划方面，主要包括分期防洪限制水位的分析与确定、水库防洪泄流方式、非常情况下的保坝措施，并绘制防洪调度图；② 兴利调度计划方面，主要包括当年各月入库径流量和下游河道可利用水量的中长期预报分析值、水库供水计划、水库水量损失、计划供水兴利调节，并绘制兴利预报调度线和统计调度图。

3. 水库调度的任务

遵照国家的方针政策和有关条例规定，在水库原设计的基础上，根据工程、水文、蓄水和国民经济各部门的要求等情况，以恰当的调度方式，确定水库运行中的蓄泄水量和水位，合理解决防洪与兴利的矛盾，发挥水库最大的综合利用效益。对已建成的水库，一方面，要根据工程竣工的情况，核定水库原各项计划指标，如水库的特征水位、库容、效益等，进一步充实完善原设计的水库调度方案；另一方面，在运行中要合理调度，充分发挥水库的综合效益。

水库兴利调度的任务是，在保证水库安全的前提下，利用水库的调蓄能力，重新分配河川径流，以适应兴利用水的要求，发挥水库的综合利用效益。

水库防洪调度就是在汛期为满足水库及下游防洪要求，根据洪水、库容和工程设施研究确定水库的蓄泄方案。汛期保障水库安全是管理水库的首要任务，水库只有安全才能蓄水兴利。水库防洪调度的任务可分为两个方面。

(1) 解决水库蓄洪与泄洪的矛盾，即正确处理下游防洪安全与水库防洪安全的矛盾。汛期流域发生暴雨或特大暴雨时，洪量很大，而水库能够拦蓄的洪量有限。如果蓄洪过多，水库的水位超过设计洪水位，则将会危及水库的安全，故必须泄洪。当泄洪流量加上区间流量超过下游河道的安全下泄流量时，就会造成下游水灾。究竟下泄流量为多大、泄洪时间怎样安排，需要通过防洪调度，恰当地解决水库蓄洪与泄洪的矛盾，以满足下游及水库的防洪要求。如果发生超标准洪水或可能最大洪水，需采取有效措施，确保大坝安全，尽量减少洪灾损失。

(2) 解决防洪安全与兴利蓄水的矛盾。从防洪安全来说，防洪限制水位低比较安全，但对兴利蓄水不利；从兴利蓄水来说，防洪限制水位高可多蓄水兴利，但调洪可能不够，从而影响防洪安全。如防洪调度得当，既可满足一定的防洪要求，又可增加水库蓄水量，充分发挥水库的兴利效益。如吉林省海龙水库设计兴利库容约为 7000 万立方米，由于认真收集分析水库运行资料，在研究洪水规律的基础上，实行分期抬高防洪限制水位，合理地提高了水库的调节能力。

4. 水库调度图

水库调度常根据水库调度图来实现。水库调度图由一些基本调度线组成，这些调度线是具有控制性意义的水库蓄水量（或水位）变化过程线，是根据过去的水文资料和枢纽的综合利用任务绘制出的。有了调度图，就可根据水利枢纽在某一时刻的水库蓄水情况及其在调度图相应的工作区域，决定该时刻的水库操作方法。水库基本调度图如图 10-1、图 10-2 所示。

应当指出，水库调度图不仅可用于指导水库的运行调度，增加编制各部门生产任务的预见性和计划性，提高各水利部门的工作可靠性和水量利用率，更好地发挥水库的综合利用效益；

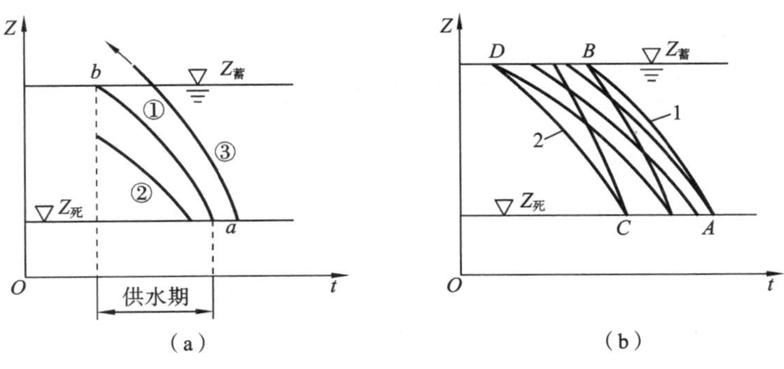

图 10-1 水库供水期基本调度线

1—上基本调度线；2—下基本调度线

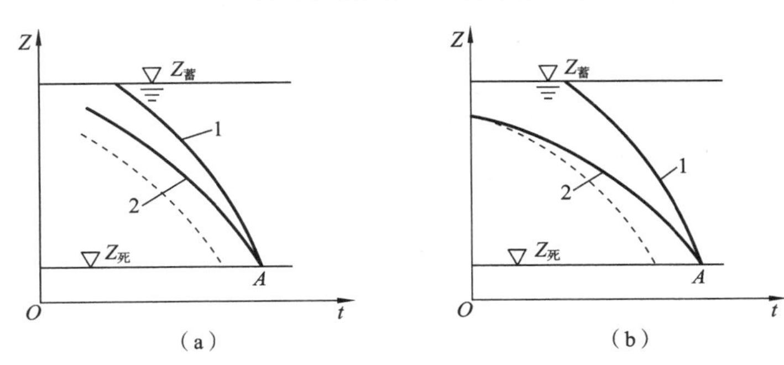

图 10-2 供水期基本调度线的修正

1—上基本调度线；2—修正后的下基本调度线

同时也可用来合理确定和校核水利水电工程的主要参数（正常蓄水位、死水位及装机容量等）及水电站的动能指标（出力和发电量）。

绘制水库调度图所依据的基本资料有：

(1) 来水径流资料；

(2) 水库特性资料和下游水位-流量关系资料；

(3) 水库的各种特征水位资料；

(4) 水电站水轮机运行综合特性曲线和有压引水系统水头损失资料；

(5) 水电站保证出力图；

(6) 其他综合利用要求，如灌溉、航运等部门的要求。

由于水库调度图是根据过去的水文资料绘制出来的，因此它只反映以往资料中几种带有控制性的典型情况，而未能包括将来可能出现的各种径流特性。实际的来水量变化情况与绘制调度图所依据的资料不尽相同，如果机械地按调度图操作水库，就可能出现不合理的结果，如发生大量弃水或汛末水库蓄不满等情况。因此，为了能够使水库做到有计划地蓄水、泄水和利用水，充分发挥水库的调蓄作用，获得尽可能大的综合利用效益，必须把调度图和水文预报结合起来考虑，根据水文预报成果和各部门的实际需要进行合理的水库调度。

任务2 水库的兴利调度

这里主要介绍以发电为主要任务的水电站的水库调度问题，讨论兴利基本调度线的绘制和兴利调度图的组成。

模块 1 年调节水电站水库基本调度线

1. 供水期基本调度线的绘制

在水电站水库正常蓄水位和死水位已定的情况下，年调节水电站供水期水库调度的任务是：对于频率小于或等于设计保证率的来水年份，应在发足保证出力的前提下，尽量利用水库的有效蓄水（包括水量及水头的利用）加大出力，使水库在供水期末泄放至死水位。对于设计保证率以外的特枯年份，应在充分利用水库有效蓄水的前提下，尽量减少水电站正常工作的破坏程度。供水期水库基本调度线就是为完成上述调度任务而绘制的。

根据水电站保证出力图与各年流量资料及水库特性等，用列表法或图解法由死水位逆时序进行水能计算，可以得到各种年份指导水库调度的蓄水指示线，如图 10-1(a)所示。图中的 ab 线是根据设计枯水年资料作出的。它的意义是：天然来水情况一定时，使水电站在供水期按保证出力图工作，各时刻水库应有的水位。设计枯水年供水期初如水库水位在 b 处（$Z_{蓄}$），则按保证出力图工作到供水期末时，水库水位恰好消落至 a（$Z_{死}$）。由于各种水文年天然来水量及其分配过程不同，若按照同样的保证出力图工作，则可以发现天然来水愈丰的年份，其蓄水指示线的位置愈低（见图 10-1(a)中②线），即对来水较丰的年份即使水库蓄水量少一些，仍可按保证出力图工作，满足电力系统电力电量平衡的要求；反之，来水愈枯的年份，其蓄水指示线位置愈高（见图 10-1(a)中③线）。

在实际运行时，由于事先不知道来水属于何种年份，只好绘出典型水文年的供水期水库蓄水指示线，然后在这些曲线的右边作一条上包线 AB（见图 10-1(b)）作为供水期的上基本调度线（防破坏线），同样，在这些曲线的左边作一条下包线 CD，作为下基本调度线（限制出力线）。两基本调度线间的区域称为水电站保证出力工作区。只要供水期水库水位一直处在该区域，则不论天然来水情况如何，水电站均能按保证出力图工作。

实际上，只要设计枯水年供水期的水电站正常工作能得到保证，丰水年、平水年供水期的正常工作得到保证是不会有问题的。因此，在水库调度中可取各种不同典型的设计枯水年供水期蓄水指示线的上、下包线作为供水期基本调度线，来指导水库的运用。

基本调度线的绘制步骤可归纳如下。

（1）选择符合设计保证率的若干典型年，并对之进行必要的修正，使它满足两个条件：一是典型年供水期平均出力应等于或接近保证出力；二是供水期终止时刻应与设计保证率范围内多数年份一致。为此，可根据供水期平均出力保证率曲线，选择 4～5 个等于或接近保证出力的年份作为典型年，并将各典型年逐时段的流量加以修正，以得出计算用的各年径流分配过程。

（2）对各典型年修正后的来水过程，按保证出力图自供水期末死水位开始进行逐时段（月）的水能计算，逆时序倒算至供水期初，求得各年供水期按保证出力图工作所需的水库蓄水指示线。

（3）取各典型年指示线的上、下包线，即得供水期上、下基本调度线。上基本调度线表示水电站按保证出力图工作时，各时刻所需的最高库水位，利用它可使水库管理人员在任何年供水期中（特枯年例外）有可能知道水库中何时有多余水量，可以使水电站加大出力工作，以充分利用水资源。下基本调度线表示水电站按保证出力图工作所需的最低库水位。当某时刻库水位低于该线所表示的库水位时，水电站就要降低出力工作了。

为了防止由于汛期开始较迟，较长时间再低水位运行引起水电站出力的剧烈下降而造成正常工作的集中破坏，可将两条基本调度线结束于同一时刻，即结束于洪水最迟的开始时刻。处理的方法是：将下基本调度线（见图 10-2 中的虚线）水平移动至通过 A 点（见图 10-2(a)），或者将下基本调度线的上端与上基本调度线的下端连起来，得出修正后的下基本调度线（见图 10-2(b)）。

2. 蓄水期基本调度线的绘制

一般来说，水电站在丰水期除按保证出力图工作外，还有多余水量可供利用。水电站蓄水期水库调度的任务是：在保证水电站工作可靠性和水库蓄满的前提下，尽量利用多余水量加大出力，以提高水电站和电力系统的经济效益。蓄水期基本调度线就是为完成上述任务而绘制的。

水库蓄水期上、下基本调度线也是先求出许多水文年的蓄水期水库水位指示线，然后作它们的上、下包线求得的。这些基本调度线的绘制也可以和供水期一样采用典型年的方法，即根据前面选出的若干典型年修正后的来水过程，对各年蓄水期从正常蓄水位开始，按保证出力图进行出力为已知情况的水能计算，逆时序倒算求得保证水库蓄满的水库蓄水指示线。为了防止由于汛期开始较迟而过早降低库水位引起正常工作的破坏，常将下基本调度线的起点 h' 向后移至洪水开始最迟的时刻 h 点，并作 gh 光滑曲线，如图 10-3 所示。

上面介绍了采用供水期、蓄水期分别绘制基本调度线的方法，但有时也用各典型年的供水期、蓄水期的水库蓄水指示线连续绘出的方法，即自死水位开始逆时序倒算至供水期初，接着算至蓄水期初再回到死水位为止，然后取整个调节期的上、下包线作为基本调度线。

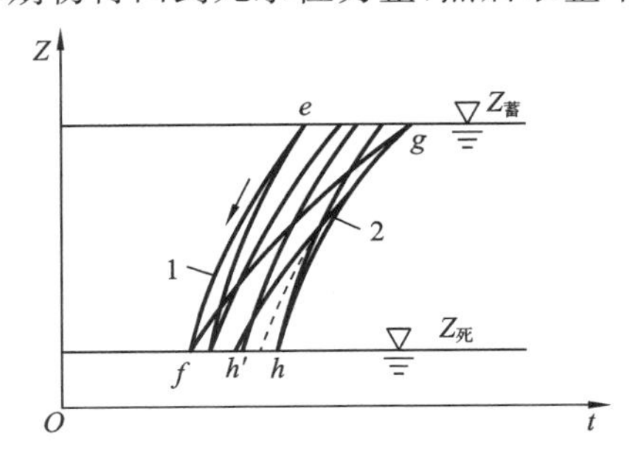

图 10-3　蓄水期水库基本调度线

1—上基本调度线；2—下基本调度线

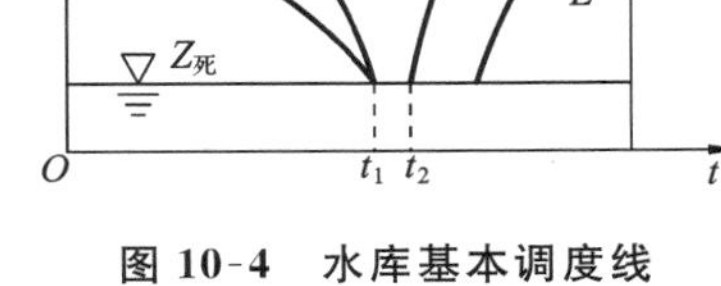

图 10-4　水库基本调度线

1—上基本调度线；2—下基本调度线

3. 水库基本调度图

将上面求得的供、蓄水期基本调度线绘在同一张图上，就可得到基本调度图，如图 10-4 所示。该图由基本调度线划分为 5 个区域：

(1) 供水期出力保证区（A 区）。当水库水位在此区域时，水电站按保证出力图工作，以保证电力系统正常运行。

(2) 蓄水期出力保证区（B 区）。其意义同 A 区。

(3) 加大出力区（C 区）。当水库水位在此区域内时，水电站可以加大出力（大于保证出力图规定的出力）工作，以充分利用水能资源。

(4) 供水期出力减小区（D 区）。当水库水位在此区域内时，水电站应及早减小出力（小于保证出力图规定的出力)工作。

(5) 蓄水期出力减小区(E 区)。其意义同 D 区。

由上述可见,在水库运行过程中,基本调度图能对水库的合理调度起到指导作用。

模块 2　多年调节水电站水库基本调度线

1. 绘制方法及特点

如果调节周期历时比较稳定,多年调节水电站水库基本调度线的绘制原则上可用和年调节水库相同的原理和方法。所不同的是,要以连续的枯水年系列和连续的丰水年系列来绘制基本调度线。但是,往往由于水文资料不足,包括的水库供水周期和蓄水周期数目较少,不可能将各种丰水年与各种枯水年的组合情况全包括进去,因而作出的曲线是不可靠的。同时方法比较繁杂,使用也不方便。因此,实际常采用较为简化的方法,即计算典型年法。其特点是不研究多年调节的全周期,而只研究连续枯水系列的第一年和最后一年的水库工作情况。

2. 计算典型年及其选择

为了保证连续枯水年系列内都能按水电站保证出力图工作,只有当多年调节水库的多年库容蓄满后还有多余水量时,才能允许水电站加大出力运行;在多年库容放空,而来水又不足以保证出力运行时,才允许降低出力运行。根据这样的基本要求,分析枯水年系列第一年和最后一年的工作情况。

对于枯水年系列的第一年,如果该年末多年库容仍能够蓄满,也就是该年供水期不足水量可由其蓄水期多余水量补充,而且该年来水正好满足按保证出力图工作所需要的水量,那么根据这样的来水情况绘出的水库蓄水指示线即为上基本调度线。显然,当遇到来水情况丰于按保证出力图工作所需要的水量时,可以允许水电站加大出力运行。

对于枯水年系列的最后一年,如果该年年初水库多年库容虽已放空,但该年来水正好满足按保证出力图工作的需要,因此到年末水库水位虽达到死水位,但仍没有影响电力系统的正常工作,则根据这种来水情况绘制的水库蓄水指示线,即可以作为水库下基本调度线。只有遇到水库多年库容已经放空且来水量小于按保证出力图工作所需要的水量时,水电站才不得不限制出力运行。

根据上面的分析,选出的计算典型年最好应具备这样的条件:该年的来水量正好等于按保证出力图工作所需要的水量。可以在水电站的天然来水资料中,选出符合所述条件而且径流年内分配不同的若干年份为典型年,然后对这些年的各月流量值进行必要修正(可以按保证流量或保证出力的比例进行修正),即得计算典型年。

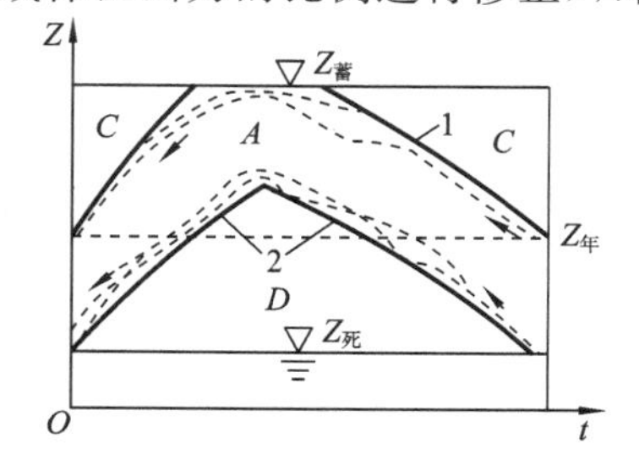

图 10-5　多年调节水库基本调度线

1—上基本调度线;2—下基本调度线

3. 基本调度线的绘制

根据上面选出的各计算典型年,即可绘制多年调节水库的基本调度线。先对每个年份按保证出力图自蓄水期末的正常蓄水位,逆时序倒算(逐月计算)至蓄水期初的年消落水位。然后再自供水期末的年消落水位倒算至供水期初相应的正常蓄水位。这样就可求得各年按保证出力图工作的水库蓄水指示线(见图 10-5 中的虚线)。取这些指示线的上包线即得上基本调度线(见图 10-5 中的1线)。

同样,对枯水年系列最后一年的各计算典型年,供水期末自死水位开始按保证出力图逆时序计算至蓄水期初又回到死水位为止,求得各年逐月按保证出力图工作时的水库蓄水指示线。取这些线的下包线作为下基本调度线。

将上、下基本调度线绘于同一张图上,即构成多年调节水库基本调度图,如图10-5所示。图上 A、C、D 区的意义同年调节水库基本调度图的,这里的 A 区就等同于图10-4上的 A、B 两区。

模块3 加大出力和降低出力调度线

在水库运行过程中,当实际库水位落于上基本调度线之上时,说明水库有多余水量,为充分利用水能资源,应加大出力予以利用;而当实际库水位落于下基本调度线以下时,说明水库存水不足以保证后期按保证出力图工作,为防止正常工作被集中破坏,应及早适当降低出力运行。

1. 加大出力调度线

在水电站实际运行过程中,供水期初总是先按保证出力图工作。但运行至 t_i 时,发现水库实际水位比该时刻水库上基本调度线相应的水位高出 ΔZ_i(见图10-6)。相应于 ΔZ_i 的这部分水库蓄水称为可调余水量。可用它来加大水电站出力,但如何合理利用,必须根据具体情况来分析。一般有以下三种运用方式:

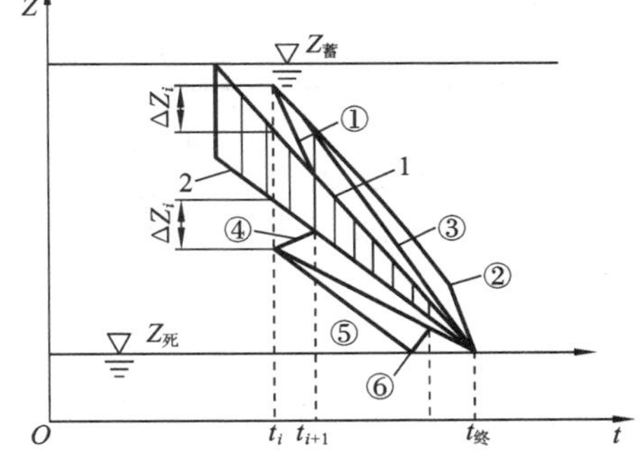

图10-6 加大出力和降低出力的调度方式

1—上基本调度线;2—下基本调度线

(1) 立即加大出力。使水库水位在时段末 t_{i+1} 就落在上调度线上(见图10-6中①线)。这种方式对水量利用比较充分,但出力不够均匀。

(2) 后期集中加大出力(见图10-6中②线)。这种方式可使水电站较长时间处于较高水头下运行,对发电有利,但出力也不够均匀。如汛期提前来临,还可能发生弃水。

(3) 均匀加大出力(见图10-6中③线)。这种方式可使水电站出力均匀,也能充分利用水能资源。

在分析确定余水量利用方式后,可用图解法或列表法求算加大出力调度线。

2. 降低出力调度线

如水电站按保证出力图工作,经过一段时间至 t_i 时,由于出现特枯水情况,水库供水的结果使水库处于下基本调度线以下,出现不足水量。这时系统的正常工作难免要遭受破坏。对这种情况,水库调度有以下三种方式。

(1) 立即降低出力。使水库蓄水在 t_{i+1} 时就回到下基本调度线上(见图10-6中④线)。这种方式一般引起的破坏强度较小,破坏时间也比较短。

(2) 后期集中降低出力(见图10-6中⑤线)。水电站一直按保证出力图工作,水库有效蓄水放空后按天然流量工作。如果此时蓄水量很小,则将引起水电站出力的剧烈下降。这种调度方式比较简单，且系统正常工作破坏的持续时间较短，但破坏强度大是其最大的弱点。采用这种方式时应慎重。

(3) 均匀降低出力(见图 10-6 中⑥线)。这种方式使破坏时间长一些，但破坏强度最小。一般情况下，常按这种方式绘制降低出力线。

将上、下基本调度线及加大出力和降低出力调度线同绘于一张图上，就构成了以发电为主要目的的调度全图。根据它可以有效地指导水电站的运行。

任务 3　水库的防洪调度

为了确保水库安全，实现水库防洪要求，充分发挥水库综合效益的水库控制运用方式，称为水库防洪调度。当发生洪水时，利用水库的防洪库容，根据水库及下游防洪的设计标准，合理解决入库洪水、水库拦洪与水库泄洪的关系，进行水库防洪调度，其基本依据是水库防洪调度图。

模块 1　水库防洪调度图

水库防洪调度图由汛期防洪限制水位、防洪高水位、设计洪水位及校核洪水位等线组成，如图 10-7 所示。这些水位都是汛期水库防洪调度的特征水位，其推求方法前已讲述，下面再补充讲述分期抬高防洪限制水位的问题。我国水库调度的实践证明：由当地暴雨发生的规律，汛期一般可分为初汛期、主汛期和尾汛期(也可按情况分为两期或四期)。初汛期和尾汛期的洪水较小，可以适当提高一些防洪限制水位，以增加兴利蓄水量。主汛期洪水较大，防洪限制水位可低一些，以提高水库的抗洪能力。分期抬高汛期防洪限制水位，是解决防洪与兴利矛盾的有效方法。我国绝大多数河流的洪水由暴雨形成，从水库所在流域上的暴雨和洪水发生的时间和次数，统计分析洪水出现的规律性，以确定汛期洪水的分期。如某中型水库统计 1963—1982 年日雨量超过 30 mm 的次数，列入表 10-1 中。从表中的统计可以得出初汛期、主汛期和尾汛期出现的时期。

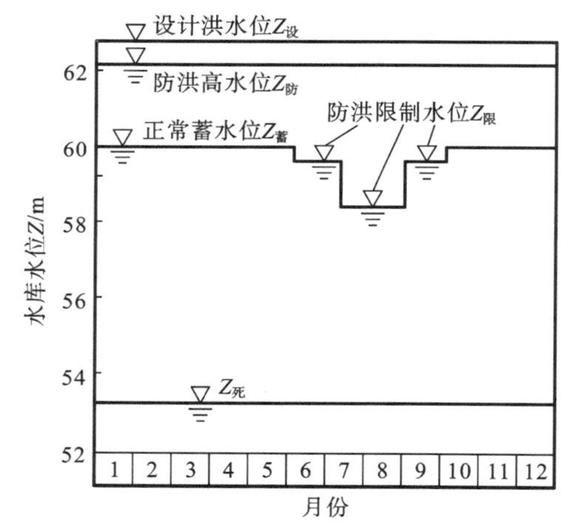

图 10-7　水库防洪调度图

表 10-1　某水库日降水量大于 30 mm 的次数统计

月	6			7			8			9		
旬	上	中	下	上	中	下	上	中	下	上	中	下
次数	0	2	3	6	11	8	9	12	9	5	3	2
洪水分期		初汛期			主汛期					尾汛期		

分析出洪水发生的规律后，推求汛期分期防洪限制水位 $Z_{限}$，大体上有两种途径：

(1) 各分期采用不同的防洪设计标准。如上述中型水库主汛期水库设计洪水标准采用 $P=$

1%，初汛期和尾汛期采用 $P=2\%$，而各分期选用同一洪水理论频率曲线。根据汛期中各分期的设计洪水，分别进行调洪演算，得出各分期的防洪限制水位 $Z_{限}$。由于主汛期洪水标准较高，则 $Z_{限}$ 较低；非主汛期洪水标准较低，则 $Z_{限}$ 较高。这种途径常用于缺乏资料的中小型水库。

(2) 各分期采用相同的防洪设计标准。由流量资料或暴雨资料推求汛期各分期的设计洪水，如初汛期为6月10日至7月10日，将每年这个时期中的最大洪峰流量选出，组成系列，进行频率分析，得出初汛期的设计洪峰流量。同理，分别求出其他时期的设计洪峰流量。虽然洪水的频率相同，但主汛期的洪水大于其他时期的，故主汛期推求的 $Z_{限}$ 较低。而非主汛期下同标准的设计洪水较小，推求的 $Z_{限}$ 较高，也就是抬高了汛期限制水位，可多蓄水兴利，这种途径常用于有实测资料的大中型水库。

通常泄洪建筑物都设置有闸门。只有在控制泄洪情况下，才能制定分期防洪限制水位，在非主汛期提高防洪限制水位，增加兴利蓄水。

在水库管理中，根据工程情况往往确定了水库允许的最高水位 $Z_{允}$，来推求防洪限制水位 $Z_{限}$。$Z_{允}$ 可能大于、等于或小于水库设计洪水位 $Z_{设洪}$。为了避免试算，可从 $Z_{允}$ 开始往下调洪计算，这种方法称为调洪逆运算。若用前述的调洪运算方法，则需假设起调水位并往上调洪计算，看所得的最高水位是否与 $Z_{允}$ 相符，如果不符，则重新假设起调水位再算，直至相符为止，此时的起调水位即为 $Z_{允}$ 条件下的 $Z_{限}$。

模块2 应用短期洪水预报进行防洪调度

在防洪调度中应用短期洪水预报，就是在洪水即将来临之前，根据预报进行预泄，腾空一部分库容用于防洪。因此减少了预留的防洪库容，可使 $Z_{限}$ 提高到水库预蓄水位 $Z_{预}$，从而可增加水库用于兴利蓄水的库容。

1. 下游无防洪、无错峰要求时的预报调度方式

若出现水库设计标准的入库洪水，防洪调度过程示意如图10-8所示。洪水来临前为水库预蓄水位 $Z_{预}$，开始降雨时刻 t_0 对应于 a 点；经暴雨径流预报至泄洪开闸时间 t_1，对应于 b、c 点；预蓄水位 $Z_{预}$ 相应的泄流量为 $q_{预}$，对应于 c 点；防洪限制水位相应的泄流量为 $q_{限}$，对应于 d 点。开闸放水的 c 到 d 的时间为预泄期 $t_{预}$。d 点时库水位下降至 $Z_{限}$；当泄流过程到 f 点

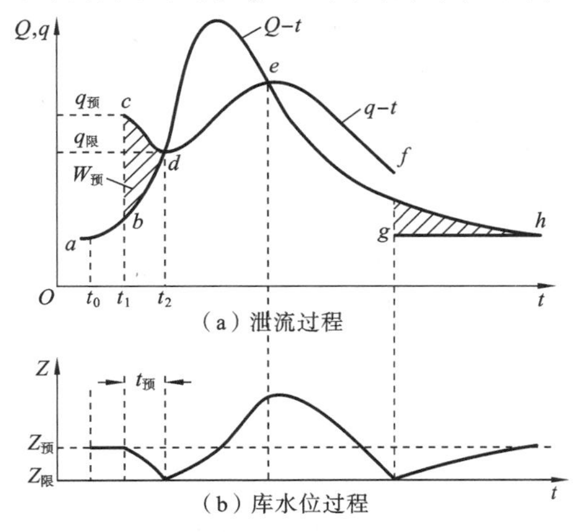

图10-8 下游无防洪、无错峰要求时的预报调度示意图

时，根据预报控制泄流拦蓄洪水尾部，使库水位回蓄到 $Z_{预}$。如果入库洪水不是设计洪水，而是预报洪水，也可参照此方式进行调度。

从图 10-8 可见，水库预蓄水量 $W_{预}$ 为 b、c、d 围成的面积，即 $Z_{限} \sim Z_{预}$ 的库容差。t_0—t_1 为预报传递时间，传递时间越短，则 $W_{预}$ 越大。故采用现代化的通信、计算技术，加快预报，缩短预报传递时间可增加 $W_{预}$。确定 $W_{预}$ 的原则：能在入库洪水流量等于 $q_{限}$ 时，在不影响水库泄洪的情况下，将预蓄水量 $W_{预}$ 泄出。

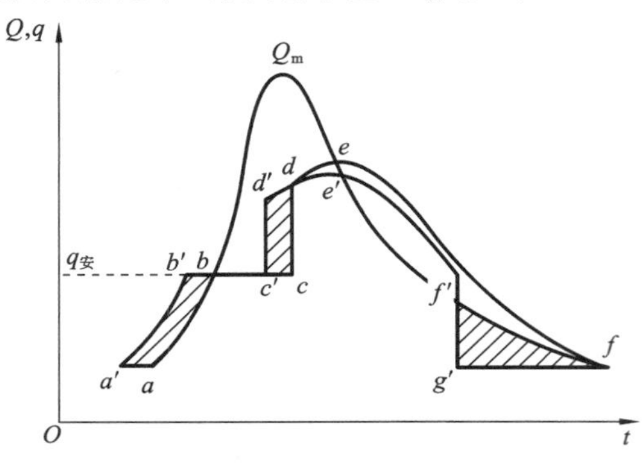

图 10-9 水库分级防洪预报调度示意图

2. 下游有防洪任务的预报调度方式

水库既有下游防洪要求（洪水标准较低），又有水库本身的防洪任务（洪水标准较高）。当入库洪水超过下游防洪标准时自由泄流。在两种防洪标准分级调洪的情况下，应用短期洪水预报的调度方式，如图 10-9 所示。

无水文预报水库分级调洪的泄流过程为 $abcdef$。但是有了降雨径流预报，可提前判断所出现的洪水大小。泄流时间可由 a 点提前到 $a'b'c'd'e'f'g'f$。可预蓄水量 $W_{预}$ 为 $S_{a'abb'} + (S_{bcdeQ_m} - S_{bc'd'e'Q_m})$。同图 10-9 一样也可利用预报，拦蓄洪水尾部，使水库水位回蓄到 $Z_{预}$。

任务 4 水库优化调度简介

前面介绍的用时历法绘制水库调度图，概念清楚，使用方便，得到了广泛的应用。但是在任何年份，不管来水的丰枯，只要在某一时刻的库水位相同，就采取完全相同的水库调度方式是有缺陷的。实际上各年来水变化很大，如不能针对面临时段变化的来水流量进行水库调度，则很难充分利用水能资源，达到获取最大效益的目的。所以，水库优化调度，必须考虑当时来水流量变化的特点，即在某一具体时刻 t，要确定面临时段的最优出力，不仅需要当时的水库水位，还需要当时水库的来水流量。因此，水库优化调度的基本内容是：根据水库的入流过程，遵照优化调度准则，运用最优化方法，寻求比较理想的水库调度方案，使发电、防洪、灌溉、供水等各部门在整个分析期内的总效益最大。

关于水库调度中采用的优化准则，前面已介绍过经济准则。目前较为广泛采用的是在满足各综合利用水利部门一定要求的前提下，水电站群发电量最大的准则。常见的表示方法如下：

（1）在满足电力系统水电站群总保证出力要求的前提下（符合规定的设计保证率），使水电站群的年发电量期望值最大，这样可不至于发生因发电量绝对值最大而引起保证出力降低的情况。

（2）对以火电为主、水电为辅的电力系统中的调峰、调频电站，使水电站供水期的保证电能值最大。

（3）对以水电为主、火电为辅的电力系统中的水电站，使水电站群的总发电量最大，或者使系统总燃料消耗量最小，也有用电能损失最小来表示的。

根据实际情况选定优化准则后，表示该准则的数学式就是进行以发电为主的水库优化调度工作时所用的目标函数，而其他条件，如工程规模、设备能力及各种限制条件（包括政策性限制）和调度时必须考虑的边界条件，统称为约束条件，也可以用数学式来表示。

根据前面介绍的兴利调度，可以知道编制水库调度方案中蓄水期、供水期的上、下基本调度线问题，均是多阶段决策过程的最优化问题。每一计算时段（如1个月）就是一个阶段，水库蓄水位就是状态变量，各综合利用部门的用水量和水电站的出力、发电量均为决策变量。

多阶段决策过程是指这样的过程，如将它划分为若干个相互有联系的阶段，则在它的每一个阶段都需要作出决策，并且某一阶段的决策确定以后，常常不仅影响下一阶段的决策，而且影响整个过程的综合效果。各个阶段所确定的决策构成一个决策序列，通常称它为一个策略。由于各阶段可供选择的决策往往不止一个，因而就组合成许多策略供选择。因为不同的策略其效果也不同，多阶段决策过程的优化问题，就是要在可供选择的那些策略中，选出效果最佳的策略。

动态规划是解决多阶段决策过程最优化的一种方法。所以国内许多单位都在用动态规划的原理研究水库优化调度问题。当然，动态规划在一定条件下也可以解决一些与时间无关的静态规划中的最优化问题，这时只要人为地引起“时段”因素，就可变为一个多阶段决策问题。例如，最短路线问题的求解，也可利用动态规划。

动态规划的概念和基本原理比较直观，容易理解，方法比较灵活，常为人们所采用，所以在工程技术、经济、工业生产及军事等部门都有广泛的应用。许多问题利用动态规划去解决，常比利用线性规划或非线性规划更有效。不过当维数（或者状态变量）超过三个时，解题时需要计算机的储存量相当大，或者必须研究采用新的解算方法。这是动态规划的主要弱点，在采用时必须留意。

动态规划是靠递推关系从终点逐时段向始头方向寻求最优解的一种方法。然而，单纯的递推关系是不能保证获得最优解的，一定要通过最优化原理的应用才能实现。

关于最优化原理，结合水库优化调度的情况来讲就是，若将水电站某一运行时间（如水库供水期）按时间顺序划分为 t_0—t_n 个时刻，划分成 n 个相等的时段（如月）。设以某时刻 t_i 为基准，则称 t_0—t_i 为以往时期，t_i—t_{i+1} 为面临时期，t_{i+1}—t_n 为余留时期。水电站在这些时期中的运行方式可由各时段的决策函数——出力及水库蓄水情况组成的序列来描述。如果水电站在 t_i—t_n 内的运行方式是最优的，那么包括在其中的 t_{i+1}—t_n 内的运行方式也必定是最优的。如果已对余留时期 t_{i+1}—t_n 按最优调度准则进行了计算，那么面临时段 t_i—t_{i+1} 的最优调度方式可以这样选择：使面临时段和余留时期所获得的综合效益符合选定的最优调度准则。

根据上面的叙述，得出寻找最优运行方式的方法，就是从最后一个时段（t_{n-1}—t_n）开始（这时的库水位常是已知的，例如水库期末的库水位是死水位），逆时序逐时段进行递推计算，推求前一时段（面临时段）的合适决策，以求出水电站在整个 t_0—t_n 时期的最优调度方式。很明显，对每次递推计算来说，余留时期的效益是已知的（如发电量已知），而且是最优策略，只有面临时段的决策变量是未知数，所以是不难求解的，可以根据规定的调度准则来求解。

对于一般决策过程，假设有 n 个阶段，每阶段可供选择的决策变量有 m 个，则有这种过程的最优策略实际上就需要求解 mn 维函数方程。显然，求解维数众多的方程，既需要花费很多时间，而且不是一件容易的事情。上述最优化原理利用递推关系将这样一个复杂的问题化为 n 个 m 维问题求解，因而使求解过程大为简化。

如果最优化目标使目标函数极大化，则根据最优化原理，可将全周期的目标函数用面临时

段和余留时期两部分之和表示。对于第一时段，目标函数 f_1^* 为

$$f_1^*(s_0,x_1)=\max[f_1(s_0,x_1)+f_2^*(s_1,x_2)] \tag{10-1}$$

式中：s 为状态变量，下标数字表示时刻；x 为决策变量，下标数字表示时段；$f_1(s_0,x_1)$ 为第一时段状态处于 s_0 作出决策 x_1 所得的效益；$f_2^*(s_1,x_2)$ 为从第二时段开始一直到最后时段（即余留时期）的效益。

对于第 2 至第 n 时段及第 i 至第 n 时段的效益，按最优化原理同样可以写成以下的式子：

$$f_2^*(s_1,x_2)=\max[f_2(s_1,x_2)+f_3^*(s_2,x_3)] \tag{10-2}$$

$$f_1^*(s_{i-1},x_i)=\max[f_i(s_{i-1},x_i)+f_{i+1}^*(s_i,x_{i+1})] \tag{10-3}$$

对于第 n 时段，f_n^* 可写为

$$f_n^*(s_{n-1},x_n)=\max[f_n(s_{n-1},x_n)] \tag{10-4}$$

以上就是动态规划递推公式的一般形式。如果从第 n 时段开始，假定不同的时段初状态 s_{n-1}，只需确定该时段的决策变量 x_n（在 $x_{n1},x_{n2},\cdots,x_{mn}$ 中选择）。对于第 $n-1$ 时段，只要优选决策变量 x_{n-1}，一直到第一时段，只需优选 x_1。前面已说过，动态规划根据最优化原理，将本来是 mn 维的最优化问题变成了 n 个 m 维问题求解，以上递推公式便是最好的说明。

在介绍动态规划基本原理和基本方法的基础上，要补充说明以下几点。

（1）对于输入具有随机因素的过程，在应用动态规划求解时，各阶段的状态往往需要用概率分布表示，目标函数则用数学期望反映。为了与前面介绍的确定性动态规划区别，一般将这种情况下所用的最优化技术称为随机动态规划。其求解步骤与确定性的基本相同，不同之处是要增加一个转移概率矩阵。

（2）为了克服系统变量维数过多带来的困难，可以采用增量动态规划。求解递推方程的过程是：首先选择一个满足诸约束条件的可行策略作为初始策略；其次在该策略的规定范围内求解递推方程，以求得比原策略更优的新的可行策略；然后重复上述步骤，直至策略不再增优或者满足某一收敛准则为止。

（3）当动态规划应用于水库群情况时，每阶段需要决策的变量不只是一个，而是若干个（等于水库数）。因此，计算工作量将大大增加。在递推求最优解时，需要考虑的不只是面临时段一个水库 S 种（S 为库容区划分的区段数）可能放水中的最优值，而是 M 个水库各种可能放水组合，即 SM 种方案中的最优值。

为加深对方法的理解，下面举一个经简化过的水库调度例子。

某年调节水库 11 月初开始蓄水，次年 4 月末放空至死水位，供水期共 6 个月，如每个月作为一个阶段，则共有 6 个阶段。为了简化，假定已经过初选，每阶段只留 3 种状态（以圆圈表示出）和 5 种决策（以线条表示），由它们组成 S_0 至 S_6 的许多种方案，如图 10-10 所示。图中线段上面的数字代表各月根据入库径流采取不同决策可获得的效益。

用动态规划优先方案时，从 4 月末死水位处开始逆时序递推计算。对于 4 月初，3 种状态各有 1 种决策，孤立地看，S_{51} 至 S_6 的方案较佳，但从全局来看不一定是这样的，暂时不能做决定，要看前面的情况。

将 3、4 这 2 个月的供水情况一起研究，看 3 月初情况，先研究状态 S_{41}，显然是 $S_{41}S_{52}S_6$ 较 $S_{41}S_{51}S_6$ 为好，因前者 2 个月的总效益为 12，较后者的为大，应选前者为最优方案。将各状态选定方案的总效益写在线段下面的括号中，没有写明总效益的均为淘汰方案。同理可得另外两种状态的最优决策。$S_{42}S_{53}S_6$ 方案优于 $S_{42}S_{52}S_6$ 方案，总效益为 14；$S_{43}S_{53}S_6$ 的总效益为

10。对 3、4 这 2 个月来说，在 S_{41}、S_{42}、S_{43} 三种状态中，以 $S_{42}S_{53}S_6$ 这种方案最佳，它的总效益为 14(其他两方案的分别为 12 和 10)。

再看 2 月初的情况，2 月份是面临时段，3、4 月是余留时期。余留时期的总效益就是写在括号中的最优决策的总效益。这时的任务是选定面临时段的最优决策，以使该时段和余留时期的总效益最大。以状态 S_{31} 为例，面临时段的 2 种决策中的第 2 种决策较佳，总效益为 13+14=27；对状态 S_{32}，则以第 1 种决策较佳，总效益为 26；同理可得 S_{33} 的总效益为 17(唯一决策)。

继续对 1 月初、12 月初、11 月初的情况进行研究，可由递推的办法选出最优决策。最后决定的方案是 $S_0S_{11}S_{22}S_{32}S_{42}S_{53}S_6$，总效益为 83，用双线表示在图 10-10 上。

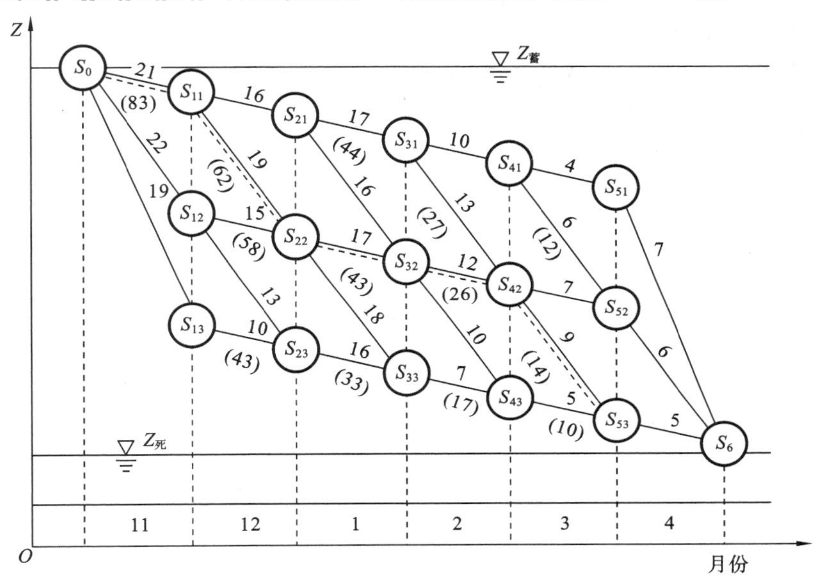

图 10-10　动态规划进行水库调度的简化例子

应该说明的是，如果时段增多，状态数目增加，决策数目增加，而且决策过程中还要进行试算，那么整个计算是比较繁杂的，一定要用计算机来进行计算。

复习思考题

1. 何谓水库调度？水库调度计划的内容是什么？
2. 水库调度的意义是什么？
3. 绘制水库调度图需要哪几方面的资料？
4. 水库兴利调度及防洪调度的任务各是什么？
5. 为什么要编制汛期分期防洪限制水位？如何确定汛期洪水的分期？
6. 如何推求汛期分期防洪限制水位？
7. 溢洪道自由泄流情况下，调洪逆运算推求 $Z_{限}$ 的方法步骤是什么？
8. 分级控制泄流情况下，调洪逆运算推求 $Z_{限}$ 的方法步骤是什么？
9. 短期洪水预报在水库调度中有哪些作用？

10. 水库下游无防洪、无错峰要求的预报调度方式如何？
11. 下游有防洪任务的预报调度方式如何？
12. 中型水库洪水预报综合相关图的绘制方法和步骤是什么？
13. 如何应用洪水预报综合相关图？
14. 如何编制水库抗洪能力查算图？
15. 如何应用水库抗洪能力查算图？
16. 供水期基本调度线的绘制方法步骤是什么？
17. 年调节水电站供水期水库调度的任务是什么？
18. 年调节水电站蓄水期水库调度的任务是什么？
19. 水库基本调度图由哪几个区域组成？
20. 加大出力和降低出力调度各有哪几种运用方式？

附录A　P-Ⅲ型频率曲线的离均系数Φ_P值表

C_S \ $P/(\%)$	0.01	0.1	0.2	0.33	0.5	1	2	5	10	20	50	75	90	95	99
0.0	3.72	3.09	2.88	2.71	2.58	2.33	2.05	1.64	1.28	0.84	0.00	−0.67	−1.28	−1.64	−2.33
0.1	3.93	3.23	3.00	2.82	2.67	2.40	2.11	1.67	1.29	0.84	−0.02	−0.68	−1.27	−1.62	−2.25
0.2	4.15	3.38	3.12	2.92	2.76	2.47	2.16	1.70	1.30	0.83	−0.03	−0.69	−1.26	−1.59	−2.18
0.3	4.37	3.52	3.24	3.03	2.86	2.54	2.21	1.73	1.31	0.82	−0.05	−0.70	−1.24	−1.55	−2.10
0.4	4.60	3.67	3.36	3.14	2.95	2.62	2.26	1.75	1.32	0.82	−0.07	−0.71	−1.23	−1.52	−2.03
0.5	4.82	3.81	3.48	3.25	3.04	2.68	2.31	1.77	1.32	0.81	−0.08	−0.71	−1.22	−1.49	−1.96
0.6	5.05	3.96	3.60	3.35	3.13	2.75	2.35	1.80	1.33	0.80	−0.10	−0.72	−1.20	−1.45	−1.88
0.7	5.27	4.10	3.72	3.45	3.22	2.82	2.40	1.82	1.33	0.79	−0.12	−0.72	−1.18	−1.42	−1.81
0.8	5.50	4.24	3.85	3.55	3.31	2.89	2.45	1.84	1.34	0.78	−0.13	−0.73	−1.17	−1.38	−1.74
0.9	5.73	4.39	3.97	3.65	3.40	2.96	2.50	1.86	1.34	0.77	−0.15	−0.73	−1.15	−1.35	−1.66
1.0	5.96	4.53	4.09	3.76	3.49	3.02	2.54	1.88	1.34	0.76	−0.16	−0.73	−1.13	−1.32	−1.59
1.1	6.18	4.67	4.20	3.86	3.58	3.09	2.58	1.89	1.34	0.74	−0.18	−0.74	−1.10	−1.28	−1.52
1.2	6.41	4.81	4.32	3.95	3.66	3.15	2.62	1.91	1.34	0.73	−0.19	−0.74	−1.08	−1.24	−1.45
1.3	6.64	4.95	4.44	4.05	3.74	3.21	2.67	1.92	1.34	0.72	−0.21	−0.74	−1.06	−1.20	−1.38
1.4	6.87	5.09	4.56	4.15	3.83	3.27	2.71	1.94	1.33	0.71	−0.22	−0.73	−1.04	−1.17	−1.32
1.5	7.09	5.23	4.68	4.24	3.91	3.33	2.74	1.95	1.33	0.69	−0.24	−0.73	−1.02	−1.13	−1.26
1.6	7.32	5.37	4.80	4.34	3.99	3.39	2.78	1.96	1.33	0.68	−0.25	−0.73	−0.99	−1.10	−1.20
1.7	7.54	5.50	4.91	4.43	4.07	3.44	2.82	1.98	1.32	0.68	−0.27	−0.72	−0.97	−1.06	−1.14
1.8	7.77	5.64	5.01	4.52	4.15	3.50	2.85	1.99	1.32	0.64	−0.28	−0.72	−0.94	−1.02	−1.09
1.9	7.99	5.77	5.12	4.61	4.23	3.55	2.88	2.00	1.31	0.63	−0.29	−0.72	−0.92	−0.98	−1.04
2.0	8.21	5.91	5.22	4.70	4.30	3.61	2.91	2.00	1.30	0.61	−0.31	−0.71	−0.895	−0.949	−0.989
2.1	8.43	6.04	5.33	4.79	4.37	3.66	2.93	2.00	1.29	0.59	−0.32	−0.71	−0.869	−0.914	−0.945
2.2	8.65	6.17	5.43	4.88	4.44	3.71	2.96	2.00	1.28	0.57	−0.33	−0.70	−0.844	−0.879	−0.905
2.3	8.87	6.30	5.53	4.97	4.51	3.76	2.99	2.01	1.27	0.55	−0.34	−0.69	−0.820	−0.849	−0.867
2.4	9.08	6.42	5.63	5.05	4.58	3.81	3.02	2.01	1.26	0.54	−0.35	−0.68	−0.795	−0.820	−0.831
2.5	9.30	6.55	5.73	5.12	4.65	3.85	3.04	2.01	1.25	0.52	−0.36	−0.67	−0.772	−0.791	−0.800
2.6	9.51	6.67	5.82	5.20	4.72	3.89	3.06	2.01	1.23	0.50	−0.37	−0.66	−0.748	−0.764	−0.769
2.7	9.72	6.79	5.92	5.28	4.78	3.93	3.09	2.01	1.22	0.48	−0.37	−0.65	−0.726	−0.736	−0.740
2.8	9.93	6.91	6.01	5.36	4.84	3.97	3.11	2.01	1.21	0.46	−0.38	−0.64	−0.702	−0.710	−0.714
2.9	10.14	7.03	6.10	5.44	4.90	4.01	3.13	2.01	1.20	0.44	−0.39	−0.63	−0.680	−0.687	−0.690

续表

C_S \ P/(%)	0.01	0.1	0.2	0.33	0.5	1	2	5	10	20	50	75	90	95	99
3.0	10.35	7.15	6.20	5.51	4.96	4.05	3.15	2.00	1.18	0.42	−0.39	−0.62	−0.658	−0.665	−0.667
3.1	10.56	7.26	6.30	5.59	5.02	4.08	3.17	2.00	1.16	0.40	−0.40	−0.60	−0.639	−0.644	−0.645
3.2	10.77	7.38	6.39	5.66	5.08	4.12	3.19	2.00	1.14	0.38	−0.40	−0.59	−0.621	−0.624	−0.625
3.3	10.97	7.49	6.48	5.74	5.14	4.15	3.21	1.99	1.12	0.36	−0.40	−0.58	−0.604	−0.606	−0.606
3.4	11.17	7.60	6.56	5.80	5.20	4.18	3.22	1.98	1.11	0.34	−0.41	−0.57	−0.587	−0.588	−0.588
3.5	11.37	7.72	6.65	5.86	5.25	4.22	3.23	1.97	1.09	0.32	−0.41	−0.55	−0.570	−0.571	−0.571
3.6	11.57	7.83	6.73	5.93	5.30	4.25	3.24	1.96	1.08	0.30	−0.41	−0.54	−0.555	−0.556	−0.556
3.7	11.77	7.94	6.81	5.99	5.35	4.28	3.25	1.95	1.06	0.28	−0.42	−0.53	−0.540	−0.541	−0.541
3.8	11.97	8.05	6.89	6.05	5.40	4.31	3.26	1.94	1.04	0.26	−0.42	−0.52	−0.526	−0.526	−0.526
3.9	12.16	8.15	6.97	6.11	5.45	4.34	3.27	1.93	1.02	0.24	−0.41	−0.506	−0.513	−0.513	−0.513
4.0	12.36	8.25	7.05	6.18	5.50	4.37	3.27	1.92	1.00	0.23	−0.41	−0.495	−0.500	−0.500	−0.500
4.1	12.55	8.35	7.13	6.24	5.54	4.39	3.28	1.91	0.98	0.21	−0.41	−0.484	−0.488	−0.488	−0.488
4.2	12.74	8.45	7.21	6.30	5.59	4.41	3.29	1.90	0.96	0.19	−0.41	−0.473	−0.476	−0.476	−0.476
4.3	12.93	8.55	7.29	6.36	5.63	4.44	3.29	1.88	0.94	0.17	−0.41	−0.462	−0.465	−0.465	−0.465
4.4	13.12	8.65	7.36	6.41	5.68	4.46	3.30	1.87	0.92	0.16	−0.40	−0.453	−0.455	−0.455	−0.455
4.5	13.30	8.75	7.43	6.46	5.72	4.48	3.30	1.85	0.90	0.14	−0.40	−0.444	−0.444	−0.444	−0.444
4.6	13.49	8.85	7.50	6.52	5.76	4.50	3.30	1.84	0.88	0.13	−0.40	−0.435	−0.435	−0.435	−0.435
4.7	13.67	8.95	7.57	6.57	5.80	4.52	3.30	1.82	0.86	0.11	−0.39	−0.426	−0.426	−0.426	−0.426
4.8	13.85	9.04	7.64	6.63	5.84	4.54	3.30	1.80	0.84	0.09	−0.39	−0.417	−0.417	−0.417	−0.417
4.9	14.04	9.13	7.70	6.68	5.88	4.55	3.30	1.78	0.82	0.08	−0.38	−0.408	−0.408	−0.408	−0.408
5.0	14.22	9.22	7.77	6.73	5.92	4.57	3.30	1.77	0.80	0.06	−0.379	−0.400	−0.400	−0.400	−0.400
5.1	14.40	9.31	7.84	6.78	5.95	4.58	3.30	1.75	0.78	0.05	−0.374	−0.392	−0.392	−0.392	−0.392
5.2	14.57	9.40	7.90	6.83	5.99	4.59	3.30	1.73	0.76	0.03	−0.369	−0.385	−0.385	−0.385	−0.385
5.3	14.75	9.49	7.96	6.87	6.02	4.60	3.30	1.72	0.74	0.02	−0.363	−0.377	−0.377	−0.377	−0.377
5.4	14.92	9.57	8.02	6.91	6.05	4.62	3.29	1.70	0.72	0.00	−0.358	−0.370	−0.370	−0.370	−0.370
5.5	15.10	9.66	8.08	6.96	6.08	4.63	3.28	1.68	0.70	−0.01	−0.353	−0.364	−0.364	−0.364	−0.364
5.6	15.27	9.71	8.14	7.00	6.11	4.64	3.28	1.66	0.67	−0.03	−0.349	−0.357	−0.357	−0.357	−0.357
5.7	15.45	9.82	8.21	7.04	6.14	4.65	3.27	1.65	0.65	−0.04	−0.344	−0.351	−0.351	−0.351	−0.351
5.8	15.62	9.91	8.27	7.08	6.17	4.67	3.27	1.63	0.63	−0.05	−0.339	−0.345	−0.345	−0.345	−0.345
5.9	15.78	9.99	8.32	7.12	6.20	4.68	3.26	1.61	0.61	−0.06	−0.334	−0.339	−0.339	−0.339	−0.339
6.0	15.94	10.07	8.38	7.15	6.23	4.68	3.25	1.59	0.59	−0.07	−0.329	−0.333	−0.333	−0.333	−0.333
6.1	16.11	10.15	8.43	7.19	6.26	4.69	3.24	1.57	0.57	−0.08	−0.325	−0.328	−0.328	−0.328	−0.328
6.2	16.28	10.22	8.49	7.23	6.28	4.70	3.23	1.55	0.55	−0.09	−0.320	−0.323	−0.323	−0.323	−0.323
6.3	16.45	10.30	8.54	7.26	6.30	4.70	3.22	1.53	0.53	−0.10	−0.315	−0.317	−0.317	−0.317	−0.317
6.4	16.61	10.38	8.60	7.30	6.32	4.71	3.21	1.51	0.51	−0.11	−0.311	−0.313	−0.313	−0.313	−0.313

附录B　P-Ⅲ型频率曲线的模比系数K_P值表

1. $C_S=C_V$

C_V \ P/(%)	0.01	0.1	0.5	1	2	5	10	20	50	75	90	95	99
0.05	1.19	1.16	1.13	1.12	1.11	1.09	1.07	1.04	1.00	0.97	0.94	0.92	0.89
0.10	1.39	1.32	1.27	1.24	1.21	1.17	1.13	1.08	1.00	0.93	0.87	0.84	0.78
0.15	1.61	1.50	1.41	1.37	1.32	1.26	1.20	1.13	1.00	0.90	0.81	0.77	0.67
0.20	1.83	1.68	1.55	1.49	1.43	1.34	1.26	1.17	0.99	0.86	0.75	0.68	0.56
0.25	2.07	1.86	1.70	1.63	1.55	1.43	1.33	1.21	0.99	0.83	0.69	0.61	0.47
0.30	2.31	2.06	1.86	1.76	1.66	1.52	1.39	1.25	0.98	0.79	0.63	0.54	0.37
0.35	2.57	2.26	2.02	1.91	1.78	1.61	1.46	1.29	0.98	0.76	0.57	0.47	0.28
0.40	2.84	2.47	2.18	2.05	1.90	1.70	1.53	1.33	0.97	0.72	0.51	0.39	0.19
0.45	3.13	2.69	2.35	2.19	2.03	1.79	1.60	1.37	0.97	0.69	0.45	0.33	0.10
0.50	3.42	2.91	2.52	2.34	2.16	1.89	1.66	1.40	0.96	0.65	0.39	0.26	0.02
0.55	3.72	3.14	2.70	2.49	2.29	1.98	1.73	1.44	0.95	0.61	0.34	0.20	−0.06
0.60	4.03	3.38	2.88	2.65	2.41	2.08	1.80	1.48	0.94	0.57	0.28	0.13	−0.13
0.65	4.36	3.62	3.07	2.81	2.55	2.18	1.87	1.52	0.93	0.53	0.23	0.07	−0.20
0.70	4.70	3.87	3.25	2.97	2.68	2.27	1.93	1.55	0.92	0.50	0.17	0.01	−0.27
0.75	5.05	4.13	3.45	3.14	2.82	2.37	2.00	1.59	0.91	0.46	0.12	−0.05	−0.33
0.80	5.40	4.39	3.65	3.31	2.96	2.47	2.07	1.62	0.90	0.42	0.06	−0.10	−0.39
0.85	5.78	4.67	3.86	3.49	3.11	2.57	2.14	1.66	0.88	0.37	0.01	−0.16	−0.44
0.90	6.16	4.95	4.06	3.66	3.25	2.67	2.21	1.69	0.86	0.34	−0.04	−0.22	−0.49
0.95	6.56	5.24	4.28	3.84	3.40	2.78	2.28	1.73	0.85	0.31	−0.09	−0.27	−0.55
1.00	6.96	5.53	4.49	4.02	3.54	2.88	2.34	1.76	0.84	0.27	−0.13	−0.32	−0.59

2. $C_S=2C_V$

C_V \ $P/(\%)$	0.01	0.1	0.5	1	2	5	10	20	50	75	90	95	99
0.05	1.20	1.16	1.13	1.12	1.11	1.08	1.06	1.04	1.00	0.97	0.94	0.92	0.89
0.10	1.42	1.34	1.27	1.25	1.21	1.17	1.13	1.08	1.00	0.93	0.87	0.84	0.78
0.15	1.67	1.54	1.43	1.38	1.33	1.26	1.20	1.12	0.99	0.90	0.81	0.77	0.69
0.20	1.92	1.73	1.59	1.52	1.45	1.35	1.26	1.16	0.99	0.86	0.75	0.70	0.59
0.22	2.04	1.82	1.66	1.58	1.50	1.39	1.29	1.18	0.98	0.84	0.73	0.67	0.56
0.24	2.16	1.91	1.73	1.64	1.55	1.43	1.32	1.19	0.98	0.83	0.71	0.64	0.53
0.25	2.22	1.96	1.77	1.67	1.58	1.45	1.33	1.20	0.98	0.82	0.70	0.63	0.52
0.26	2.28	2.01	1.80	1.70	1.60	1.46	1.34	1.21	0.98	0.82	0.69	0.62	0.50
0.28	2.40	2.10	1.87	1.76	1.66	1.50	1.37	1.22	0.97	0.79	0.66	0.59	0.47
0.30	2.52	2.19	1.94	1.83	1.71	1.54	1.40	1.24	0.97	0.78	0.64	0.56	0.44
0.35	2.86	2.44	2.13	2.00	1.84	1.64	1.47	1.28	0.96	0.75	0.59	0.51	0.37
0.40	3.20	2.70	2.32	2.16	1.98	1.74	1.54	1.31	0.95	0.71	0.53	0.45	0.30
0.45	3.59	2.98	2.53	2.33	2.13	1.84	1.60	1.35	0.93	0.67	0.48	0.40	0.26
0.50	3.98	3.27	2.74	2.51	2.27	1.94	1.67	1.33	0.92	0.64	0.44	0.34	0.21
0.55	4.42	3.58	2.97	2.70	2.42	2.04	1.74	1.41	0.90	0.59	0.40	0.30	0.16
0.60	4.85	3.89	3.20	2.89	2.57	2.15	1.80	1.44	0.89	0.56	0.35	0.26	0.13
0.65	5.33	4.22	3.44	3.09	2.74	2.25	1.87	1.47	0.87	0.52	0.31	0.22	0.10
0.70	5.81	4.56	3.68	3.29	2.90	2.36	1.94	1.50	0.87	0.49	0.27	0.18	0.08
0.75	6.33	4.93	3.93	3.50	3.06	2.46	2.00	1.52	0.82	0.45	0.24	0.15	0.06
0.80	6.85	5.30	4.19	3.71	3.22	2.57	2.06	1.54	0.80	0.42	0.21	0.12	0.04
0.85	7.41	5.69	4.46	3.93	3.39	2.68	2.12	1.56	0.77	0.39	0.18	0.10	0.03
0.90	7.93	6.08	4.74	4.15	3.56	2.78	2.19	1.58	0.75	0.35	0.15	0.08	0.02
0.95	8.59	6.48	5.02	4.38	3.74	2.89	2.25	1.60	0.72	0.31	0.13	0.07	0.01
1.00	9.21	6.91	5.30	4.61	3.91	3.00	2.30	1.61	0.69	0.29	0.11	0.05	0.01

3．$C_S=3C_V$

C_V \ $P/(\%)$	0.01	0.1	0.5	1	2	5	10	20	50	75	90	95	99
0.05	1.20	1.17	1.14	1.12	1.11	1.08	1.07	1.04	1.00	0.97	0.94	0.92	0.89
0.10	1.44	1.35	1.29	1.25	1.22	1.17	1.13	1.08	0.99	0.93	0.88	0.85	0.79
0.15	1.71	1.56	1.45	1.40	1.35	1.26	1.20	1.12	0.99	0.89	0.82	0.78	0.70
0.20	2.02	1.79	1.63	1.55	1.47	1.36	1.27	1.16	0.98	0.86	0.76	0.71	0.62
0.25	2.35	2.05	1.82	1.72	1.61	1.46	1.34	1.20	0.97	0.82	0.71	0.65	0.56
0.30	2.72	2.32	2.02	1.89	1.75	1.56	1.40	1.23	0.96	0.78	0.66	0.60	0.50
0.35	3.12	2.61	2.24	2.07	1.90	1.66	1.47	1.26	0.94	0.74	0.61	0.55	0.46
0.40	3.56	2.92	2.46	2.26	2.05	1.76	1.54	1.29	0.92	0.70	0.57	0.50	0.42
0.42	3.75	3.06	2.56	2.34	2.11	1.81	1.56	1.31	0.91	0.69	0.55	0.49	0.41
0.45	4.04	3.26	2.70	2.46	2.21	1.87	1.60	1.32	0.90	0.67	0.53	0.47	0.39
0.48	4.34	3.47	2.85	2.58	2.31	1.93	1.65	1.34	0.89	0.65	0.51	0.45	0.38
0.50	4.55	3.62	2.96	2.67	2.37	1.98	1.67	1.35	0.88	0.64	0.49	0.44	0.37
0.52	4.76	3.76	3.06	2.75	2.44	2.02	1.69	1.36	0.87	0.62	0.48	0.42	0.36
0.54	4.98	3.91	3.16	2.84	2.51	2.06	1.72	1.36	0.86	0.61	0.47	0.41	0.36
0.55	5.09	3.99	3.21	2.88	2.54	2.08	1.73	1.36	0.86	0.60	0.46	0.41	0.36
0.56	5.20	4.07	3.27	2.93	2.57	2.10	1.74	1.37	0.85	0.59	0.46	0.40	0.35
0.58	5.43	4.23	3.38	3.01	2.64	2.14	1.77	1.38	0.84	0.58	0.45	0.40	0.35
0.60	5.66	4.38	3.49	3.10	2.71	2.19	1.79	1.38	0.83	0.57	0.44	0.39	0.35
0.65	6.26	4.81	3.77	3.33	2.88	2.29	1.85	1.40	0.80	0.53	0.41	0.37	0.34
0.70	6.90	5.23	4.06	3.56	3.08	2.40	1.90	1.41	0.78	0.50	0.39	0.36	0.34
0.75	7.57	5.68	4.36	3.80	3.24	2.50	1.96	1.42	0.76	0.48	0.38	0.35	0.34
0.80	8.26	6.14	4.66	4.05	3.42	2.61	2.01	1.43	0.72	0.46	0.36	0.34	0.34
0.85	9.00	6.62	4.98	4.29	3.59	2.71	2.06	1.43	0.69	0.44	0.35	0.34	0.34
0.90	9.75	7.11	5.30	4.54	3.78	2.81	2.10	1.43	0.67	0.42	0.35	0.34	0.33
0.95	10.54	7.62	5.62	4.80	3.96	2.91	2.14	1.43	0.64	0.39	0.34	0.34	0.33
1.00	11.35	8.15	5.98	5.05	4.15	3.00	2.18	1.42	0.61	0.38	0.34	0.34	0.33

4. $C_S=4C_V$

C_V \ $P/(\%)$	0.01	0.1	0.5	1	2	5	10	20	50	75	90	95	99
0.05	1.21	1.17	1.14	1.12	1.11	1.08	1.06	1.04	1.00	0.97	0.94	0.92	0.89
0.10	1.46	1.37	1.30	1.26	1.23	1.18	1.13	1.08	0.99	0.93	0.88	0.85	0.80
0.15	1.76	1.59	1.47	1.41	1.35	1.27	1.20	1.12	0.98	0.89	0.82	0.78	0.72
0.20	2.10	1.85	1.66	0.58	1.49	1.37	1.27	1.16	0.97	0.85	0.77	0.72	0.65
0.25	2.49	2.13	1.87	1.76	1.64	1.47	1.34	1.19	0.96	0.82	0.72	0.67	0.60
0.30	2.92	2.44	2.10	1.94	1.79	1.57	1.40	1.22	0.94	0.78	0.68	0.63	0.56
0.35	3.40	2.78	2.34	2.14	1.95	1.68	1.47	1.25	0.92	0.74	0.64	0.59	0.54
0.40	3.92	3.15	2.60	2.36	2.11	1.78	1.53	1.27	0.90	0.71	0.60	0.56	0.52
0.42	4.15	3.30	2.70	2.44	2.18	1.83	1.56	1.28	0.89	0.70	0.59	0.55	0.52
0.45	4.49	3.54	2.87	2.58	2.28	1.89	1.59	1.29	0.87	0.68	0.58	0.54	0.51
0.48	4.86	3.79	3.04	2.71	2.39	1.96	1.63	1.30	0.86	0.66	0.56	0.54	0.51
0.50	5.10	3.96	3.15	2.80	2.45	2.00	1.65	1.31	0.84	0.64	0.55	0.53	0.50
0.52	5.36	4.12	3.27	2.90	2.52	2.04	1.67	1.31	0.83	0.63	0.55	0.53	0.50
0.55	5.76	4.39	3.44	3.03	2.63	2.10	1.70	1.31	0.82	0.62	0.54	0.52	0.50
0.58	6.18	4.67	3.62	3.19	2.74	2.16	1.74	1.32	0.80	0.60	0.53	0.51	0.50
0.60	6.45	4.85	3.75	3.29	2.81	2.21	1.76	1.32	0.79	0.59	0.52	0.51	0.50
0.65	7.18	5.34	4.07	3.53	2.99	2.31	1.80	1.32	0.76	0.57	0.51	0.50	0.50
0.70	7.95	5.84	4.39	3.78	3.18	2.41	1.85	1.32	0.73	0.55	0.51	0.50	0.50
0.75	8.76	6.36	4.72	4.03	3.36	2.50	1.88	1.32	0.71	0.54	0.51	0.50	0.50
0.80	9.62	6.90	5.06	4.30	3.55	2.60	1.91	1.30	0.68	0.53	0.50	0.50	0.50
0.85	10.49	7.46	5.42	4.55	3.74	2.68	1.94	1.29	0.65	0.52	0.50	0.50	0.50
0.90	11.41	8.05	5.77	4.82	3.92	2.76	1.97	1.27	0.63	0.51	0.50	0.50	0.50
0.95	12.37	8.65	6.13	5.09	4.10	2.84	1.99	1.25	0.60	0.51	0.50	0.50	0.50
1.00	13.36	9.25	6.50	5.37	4.27	2.92	2.00	1.23	0.59	0.50	0.50	0.50	0.50

附录C　三点法用表——S 与 C_S 关系表

1. P=1%—50%—99%

S	0	1	2	3	4	5	6	7	8	9
0.0	0.00	0.03	0.05	0.07	0.10	0.12	0.15	0.17	0.20	0.23
0.1	0.26	0.28	0.31	0.34	0.36	0.39	0.41	0.44	0.47	0.49
0.2	0.52	0.54	0.57	0.59	0.62	0.65	0.67	0.70	0.73	0.76
0.3	0.78	0.81	0.84	0.86	0.89	0.92	0.94	0.97	1.00	1.02
0.4	1.05	1.08	1.10	1.13	1.16	1.18	1.21	1.24	1.27	1.30
0.5	1.32	1.36	1.39	1.42	1.45	1.48	1.51	1.55	1.58	1.61
0.6	1.64	1.68	1.71	1.74	1.78	1.81	1.84	1.88	1.92	1.95
0.7	1.99	2.03	2.07	2.11	2.16	2.20	2.25	2.30	2.34	2.39
0.8	2.44	2.50	2.55	2.61	2.67	2.74	2.81	2.89	2.97	3.05
0.9	3.14	3.22	3.33	3.46	3.59	3.73	3.92	4.14	4.44	4.90

2. P=3%—50%—97%

S	0	1	2	3	4	5	6	7	8	9
0.0	0.00	0.04	0.08	0.11	0.14	0.17	0.20	0.23	0.26	0.29
0.1	0.32	0.35	0.38	0.42	0.45	0.48	0.51	0.54	0.57	0.60
0.2	0.63	0.66	0.70	0.73	0.76	0.79	0.82	0.86	0.89	0.92
0.3	0.95	0.98	1.01	1.04	1.08	1.11	1.14	1.17	1.20	1.24
0.4	1.27	1.30	1.33	1.36	1.40	1.43	1.46	1.49	1.52	1.56
0.5	1.59	1.63	1.66	1.70	1.73	1.76	1.80	1.83	1.87	1.90
0.6	1.94	1.97	2.00	2.04	2.08	2.12	2.16	2.20	2.23	2.27
0.7	2.31	2.36	2.40	2.44	2.49	2.54	2.58	2.63	2.68	2.74
0.8	2.79	2.85	2.90	2.96	3.02	3.09	3.15	3.22	3.29	3.37
0.9	3.46	3.55	3.67	3.79	3.92	4.08	4.26	4.50	4.75	5.21

3. $P=5\%-50\%-95\%$

S	0	1	2	3	4	5	6	7	8	9
0.0	0.00	0.04	0.08	0.12	0.16	0.20	0.24	0.27	0.31	0.35
0.1	0.38	0.41	0.45	0.48	0.52	0.55	0.59	0.63	0.66	0.70
0.2	0.73	0.76	0.80	0.84	0.87	0.90	0.94	0.98	1.01	1.04
0.3	1.08	1.11	1.14	1.18	1.21	1.25	1.28	1.31	1.35	1.38
0.4	1.42	1.46	1.49	1.52	1.56	1.59	1.63	1.66	1.70	1.74
0.5	1.78	1.81	1.85	1.88	1.92	1.95	1.99	2.03	2.06	2.10
0.6	2.13	2.17	2.20	2.24	2.28	2.32	2.36	2.40	2.44	2.48
0.7	2.53	2.57	2.62	2.66	2.70	2.76	2.81	2.86	2.91	2.97
0.8	3.02	3.07	3.13	3.19	3.25	3.32	3.38	3.46	3.52	3.60
0.9	3.70	3.80	3.91	4.03	4.17	4.32	4.49	4.72	4.94	5.43

4. $P=10\%-50\%-90\%$

S	0	1	2	3	4	5	6	7	8	9
0.0	0.00	0.05	0.10	0.15	0.20	0.24	0.29	0.34	0.38	0.43
0.1	0.47	0.52	0.56	0.60	0.65	0.69	0.74	0.78	0.83	0.87
0.2	0.92	0.96	1.00	1.04	1.08	1.13	1.17	1.22	1.26	1.30
0.3	1.34	1.38	1.43	1.47	1.51	1.55	1.59	1.63	1.67	1.71
0.4	1.75	1.79	1.83	1.87	1.91	1.95	1.99	2.02	2.06	2.10
0.5	2.14	2.18	2.22	2.26	2.30	2.34	2.38	2.42	2.46	2.50
0.6	2.54	2.58	2.62	2.66	2.70	2.74	2.78	2.82	2.86	2.90
0.7	2.95	3.00	3.04	3.08	3.13	3.18	3.24	3.28	3.33	3.38
0.8	3.44	3.50	3.55	3.61	3.67	3.74	3.80	3.87	3.94	4.02
0.9	4.11	4.20	4.32	4.45	4.59	4.75	4.96	5.20	5.56	—

附录 D　三点法用表——C_S 与 Φ 值的 C_S 关系表

C_S	$\Phi_{50\%}$	$\Phi_{1\%}-\Phi_{99\%}$	$\Phi_{3\%}-\Phi_{97\%}$	$\Phi_{5\%}-\Phi_{95\%}$	$\Phi_{10\%}-\Phi_{90\%}$
0.0	0.000	4.652	3.762	3.290	2.564
0.1	−0.017	4.648	3.756	3.287	2.560
0.2	−0.033	4.645	3.750	3.284	2.557
0.3	−0.055	4.641	3.743	3.278	2.550
0.4	−0.068	4.637	3.736	3.273	2.543
0.5	−0.084	4.633	3.732	3.266	2.532
0.6	−0.100	4.629	3.727	3.259	2.522
0.7	−0.116	4.624	3.718	3.246	2.510
0.8	−0.132	4.620	3.709	3.233	2.498
0.9	−0.148	4.615	3.692	3.218	2.483
1.0	−0.164	4.611	3.674	3.204	2.468
1.1	−0.179	4.606	3.656	3.185	2.448
1.2	−0.194	4.601	3.638	3.167	2.427
1.3	−0.208	4.595	3.620	3.144	2.404
1.4	−0.223	4.590	3.601	3.120	2.380
1.5	−0.238	4.586	3.582	3.090	2.353
1.6	−0.253	4.586	3.562	3.062	2.326
1.7	−0.267	4.587	3.541	3.032	2.296
1.8	−0.282	4.588	3.520	3.002	2.265
1.9	−0.294	4.591	3.499	2.974	2.232
2.0	−0.307	4.594	3.477	2.945	2.198
2.1	−0.319	4.603	3.496	2.918	2.164
2.2	−0.330	4.613	3.440	2.890	2.130
2.3	−0.340	4.625	3.421	2.862	2.095
2.4	−0.350	4.636	3.403	2.833	2.060
2.5	−0.359	4.648	3.385	2.806	2.024
2.6	−0.367	4.660	3.367	2.778	1.987
2.7	−0.376	4.674	3.350	2.749	1.949
2.8	−0.383	4.687	3.333	2.720	1.911
2.9	−0.389	4.701	3.318	2.695	1.876
3.0	−0.395	4.716	3.303	2.670	1.840
3.1	−0.399	4.732	3.288	2.645	1.806
3.2	−0.404	4.748	3.273	2.619	1.772
3.3	−0.407	4.765	3.259	2.594	1.738
3.4	−0.410	4.781	3.245	2.568	1.705
3.5	−0.412	4.796	3.225	2.543	1.670
3.6	−0.414	4.810	3.216	2.518	1.635
3.7	−0.415	4.824	3.203	2.494	1.600
3.8	−0.416	4.837	3.189	2.470	1.570
3.9	−0.415	4.850	3.175	2.446	1.536
4.0	−0.414	4.863	3.160	2.422	1.502
4.1	−0.412	4.876	3.145	2.396	1.471
4.2	−0.410	4.888	3.130	2.372	1.440
4.3	−0.407	4.901	3.115	2.348	1.408
4.4	−0.404	4.914	3.100	2.325	1.376
4.5	−0.400	4.924	3.084	2.300	1.345
4.6	−0.396	4.934	3.067	2.276	1.315
4.7	−0.392	4.942	3.050	2.251	1.286
4.8	−0.388	4.949	3.034	2.226	1.257
4.9	−0.384	4.955	3.016	2.200	1.229
5.0	−0.379	4.961	2.997	2.174	1.200
5.1	−0.374		2.978	2.148	1.173
5.2	−0.370		2.960	2.123	1.145
5.3	−0.365			2.098	1.118
5.4	−0.360			2.072	1.090
5.5	−0.356			2.047	1.063
5.6	−0.350			2.021	1.035

参 考 文 献

[1] 崔振才.水文及水利水电规划[M].北京:中国水利水电出版社,2007.

[2] 黎国胜.工程水文与水利计算[M].郑州:黄河水利出版社,2009.

[3] “工程水文与水利计算”课程建设团队.工程水文与水利计算[M].北京:中国水利水电出版社,2010.

[4] 朱岐武,拜存有.水文与水利水电规划[M].2版.郑州:黄河水利出版社,2008.

[5] 林辉,汪繁荣,黄泽钧.水文及水利水电规划[M].北京:中国水利水电出版社,2007.

[6] 詹道江,徐向阳,陈元芳.工程水文学[M].4版.北京:中国水利水电出版社,2010.

[7] 朱伯俊.水利水电规划[M].北京:中国水利水电出版社,1992.

[8] 梁忠民,仲平安,华家鹏.水文水利计算[M].2版.北京:中国水利水电出版社,2008.